U0358734

河北省耕地质量图集

◎ 张瑞芳　杨瑞让　李旭光　王　红　等　编著

中国农业科学技术出版社

图书在版编目（CIP）数据

河北省耕地质量图集 / 张瑞芳等编著 . —北京：中国农业科学技术出版社，2019.9
ISBN 978-7-5116-4418-3

Ⅰ . ①河… Ⅱ . ①张… Ⅲ . ①耕地资源－河北－图集 Ⅳ . ① F323.211-64

中国版本图书馆 CIP 数据核字（2019）第 209071 号

责任编辑　李　雪　徐定娜
责任校对　贾海霞

出 版 者　中国农业科学技术出版社
　　　　　北京市中关村南大街 12 号　邮编：100081
电　　话　（010）82109707（编辑室）（010）82109702（发行部）
　　　　　（010）82109709（读者服务部）
传　　真　（010）82109707
网　　址　http://www.castp.cn
发　　行　各地新华书店
印 刷 者　北京富泰印刷有限责任公司
开　　本　787 mm×1 092 mm　1 /16
印　　张　20.25
字　　数　519 千字
版　　次　2019 年 9 月第 1 版　2019 年 9 月第 1 次印刷
定　　价　198.00 元

《河北省耕地质量图集》
编著委员会

主　　任：杨瑞让

副 主 任：仝少杰　　何　煦　　王素华　　顾　　　　李娟茹

　　　　　苏武臣　　王桂锋　　齐立学　　潘永成　　于宝海

　　　　　刘子晶　　张建发　　王玉秀

委　　员：宋小颖　　赵会芳　　姜永忠　　李海峡　　荆玲玲

　　　　　杜　通　　刘明美　　王贵霞　　李建军　　李建良

　　　　　贾　莹　　韩江伟　　李艳辉　　张立宏　　浦玉朋

《河北省耕地质量图集》
编著人员

主 编 著：张瑞芳　　杨瑞让　　李旭光　　王　红

副主编著：周大迈　　彭正萍　　杨苏恺　　赵　旭　　郧　琪

编著人员：（排名不分先后）

张里占	张海燕	张　弛	刘淑桥	段霄燕
张　培	冯洪恩	刘晓丽	赵　立	刘克桐
王玲欣	吴永泽	刘　磊	王桂锋	王译萱
刘子晶	仝少杰	张广辉	李娟茹	张建发
毛卫东	张树明	苏武臣	王贵霞	李济民
郜文军	刘丽云	梁　虹	门　杰	马　阳
李龙江	姚培清	石二国	金哲石	王亚军
薄艺星	贾洪男	李淑静	陈书珍	方　竹
梁　笛	王　平	王玉秀	朱子龙	郑　涛
赵　斌	冯　伟	张淑省	常冬梅	董　静
弓运泽	秦　焱	杜娜钦		

序

　　耕地是人类赖以生存和发展的最根本的物质基础，是一切植物生长最基本的源泉。开展耕地质量评价，掌握耕地质量等级及其演变规律，对优化耕地资源配置、调整农业种植结构、发展特色农业、促进农业可持续发展等具有十分重要的意义。

　　河北省人多地少、耕地后备资源不足，合理利用耕地资源，切实保护耕地，对农业的可持续发展十分重要。改革开放40年来，河北省农业基础设施条件、农业综合生产能力、农业装备水平大幅度提高，有力推动了全省农业农村经济的长足发展。但目前，全省耕地总体质量偏低、耕地用养失衡，非农建设用地与基本农田保护矛盾加剧，耕地资源减少的趋势不可逆转，特别是土地成本增加、产出承载量加重，致使部分耕地出现质量退化。通过耕地质量评价成果开发利用，能够为土壤改良、培肥地力、退化耕地修复等提供有力的科学依据。

　　《河北省耕地质量图集》是基于河北省2016年耕地质量评价成果编著而成。本次耕地质量评价利用全国第二次土壤普查土壤成果、全国测土配方施肥项目相关数据，以地理信息（GIS）和卫星定位（GPS）技术手段，以数字化的耕地资源管理单元为基础，根据耕地质量指标选取的原则，确定评价要素，采用特尔斐法、模糊数学、层次分析等多种方法确定各指标隶属函数和权重，并计算每个耕地资源管理单元的综合得分，用积累曲线等方法划分耕地质量等级，耕地质量评价成果符合客观实际。

　　该图集全面反映了全省耕地资源规模变化和耕地资源质量状况，提出耕地资源合理配置及相应的对策措施，为开展耕地质量退化预警，强化农田污染动态监测，保护耕地生态环境，加强耕地资源保护和综合利用，构建耕地资源资产管理制度具有十分重要参考价值。

　　我欣喜于并祝贺《河北省耕地质量图集》出版和发行，相信这项成果为落实"藏粮于地、藏粮于技"战略，提高农业综合生产能力，保障粮食安全，实现乡村振兴和农业可持续发展产生重要而深远的影响。欣然为序。

中国工程院院士

前　言

　　《河北省耕地质量图集》是全面、系统反映河北省耕地质量等级状况的专业图集。集中展示了耕地质量等级分布、耕地空间和属性特征、耕地质量状况和水平，为全省耕地规划利用、农业结构调整、特色产业发展、耕地质量保护与提升和农业可持续提供了重要的科学依据。

　　本图集是在县域耕地质量等级评价基础上编制而成。共有141个县级耕地质量等级评价成果图件，153篇省、市、县耕地质量评价等级成果编制说明，并附有耕地基本情况、耕地质量等级划分、耕地属性特征及耕地利用建议等内容。

　　县域耕地质量等级评价成果按照《耕地质量划分规范》（NY/T 2872—2015）和《耕地地力调查与质量评价技术规程》（NY/T 1634—2008）要求，结合河北省实际制定全省统一的《耕地质量评价工作方案》《耕地质量技术规范》和耕地综合指数划分标准。在此基础上，利用行政区划图和土壤图、国土二调土地利用现状图，按照评价样点代表性、典型性、科学性和可比性原则，兼顾地形地貌、肥力高低、作物种类和管理水平等因素，选取评价样点，对评价样点缺失数据进行补充调查。全省141个县（市、区）融合确定调查点位24 508个，补充调查、查阅资料共取得有效数据23.88万个，通过数据审核、筛选、录入，建立了规范的县域耕地资源空间数据库和属性数据库。

　　本图集的编制得到了河北农业大学、河北省农林科学院和各市、县土壤肥料管理部门的大力支持，他们提供了大量基础性图件资料和补充调查材料，为图集编制做出了贡献，在此一并表示感谢！

　　尽管编著者花费了大量时间和精力，但由于数据庞大，编者水平有限，不足之处在所难免，敬请广大读者批评指正。

编著者

目　录

･ 邢台市 ･

• 保定市 •

• 廊坊市 •

• 衡水市 •

• 张家口市 •

河北省耕地质量等级

1. 等级评价依据

根据国务院办公厅《关于印发编制自然资源资产负债表试点方案的通知》（国办发〔2015〕82号）和河北省政府办公厅《关于编制自然资源资产负债表试点工作的通知》（冀政办字〔2016〕26号）要求，并参照中华人民共和国农业行业标准《耕地质量划分规范》（NY/T 2872—2015）、中华人民共和国农业行业标准《耕地地力调查与质量评价技术规程》（NY/T 1634—2008）进行评价。

2. 等级评价原则

按照党中央、国务院和河北省委、省政府关于加快推进生态文明建设，推进京津冀协同发展的决策部署和要求，全面加强耕地资源统计调查和监测基础工作，推动建立健全科学规范的耕地资源统计调查制度，摸清各地市、县市耕地资源资产的家底及其变动情况。从耕地资源保护和管控的现实需要出发，在耕地质量划分规范框架下，编制反映耕地资源实物存量及变动情况的资产负债表，以构建科学、规范、管用的耕地资源资产管理体系。

3. 耕地等级评价

按照全国《耕地质量划分规范》（NY/T 2872—2015）要求，经专家论证，将河北省耕地质量划分为105个平原区和36个山地丘陵区，分别对县域耕地质量等级进行评价（见表）。

河北省耕地质量划分区域范围表

区域	县、市、区
（一）山地丘陵区（36个）	围场、丰宁、沽源、康保、张北、尚义、隆化、滦平、兴隆、平泉、宽城、青龙、承德、万全、怀安、阳原、蔚县、宣化、涿鹿、怀来、赤城、崇礼、涞源、武安、邢台、赞皇、平山、井陉、涉县、阜平、易县、抚宁、卢龙、遵化、迁西、迁安
（二）平原区（105个）	昌黎、丰润、玉田、滦县、大厂、三河、香河、涞水、涿州、高碑店、定兴、容城、徐水、顺平、清苑、满城、望都、曲阳、唐县、博野、安国、蠡县、栾城、定州、高邑、赵县、辛集、晋州、元氏、藁城、鹿泉、正定、灵寿、行唐、新乐、无极、深泽、临城、柏乡、隆尧、内丘、任县、沙河、南和、宁晋、邯山、永年、肥乡、成安、磁县、临漳、乐亭、滦南、丰南、安次、固安、永清、霸州、文安、大城、雄县、安新、高阳、广阳、曹妃甸、任丘、河间、沧县、青县、黄骅、海兴、盐山、孟村、南皮、东光、泊头、吴桥、献县、肃宁、安平、饶阳、深州、武强、阜城、景县、武邑、桃城、冀县、枣强、故城、新河、巨鹿、平乡、广宗、南宫、威县、清河、临西、鸡泽、曲周、馆陶、广平、大名、魏县、邱县

（1）确定评价指标体系　按照全国《耕地质量划分规范》（NY/T 2872—2015）要求，经专家论证，平原区选择有机质、耕层厚度、有效磷、速效钾、耕层质地、灌溉能力、排涝能力、地形部位、障碍因素、盐渍化程度10个评价指标；山地丘陵区选择有效土层厚度、有机质、

有效磷、速效钾、田面坡度、耕层质地、灌溉能力、地形部位、障碍因素 9 个评价指标。通过层次分析法，确定每个因子的权重值，并对各评价指标进行分级、赋值（见表）。

山地丘陵区耕地质量等级划分指标分值及隶属度表

指标	指标范围、分值及隶属度							
有效土层	厚度（cm）	≥ 60 cm	30～60 cm	≤ 30 cm				
	分值	100	60	30				
	隶属度	1	0.6	0.3				
有机质	有机质（g/kg）	25	20	18	15	12	10	6
	分值	100	95	90	80	70	60	50
	隶属度	1	0.9	0.8	0.65	0.5	0.35	0.2
有效磷	有效磷（mg/kg）	30	25	20	15	10	5	3
	分值	100	90	80	65	50	40	20
	隶属度	1	0.9	0.8	0.65	0.5	0.4	0.2
速效钾	速效钾（mg/kg）	200	180	150	120	90	60	30
	分值	100	90	80	70	60	50	30
	隶属度	1	0.9	0.8	0.7	0.6	0.5	0.3
田面坡度	田面坡度（°）	≤ 3	3～5	5～10	10～15	15～20	20～25	
	分值	100	80	60	50	30	10	
	隶属度	1	0.8	0.6	0.5	0.2	0.1	
耕层质地	耕层质地	中壤	轻壤	砂壤	重壤	砂土	黏土	
	分值	100	90	80	75	70	60	
	隶属度	1	0.8	0.6	0.5	0.4	0.3	
灌溉能力	灌溉能力	充分满足	满足	基本满足	不满足			
	分值	100	85	75	50			
	隶属度	1	0.9	0.8	0.5			
地形部位	地形部位	河流冲积平原低阶地	山前倾斜平原中、下部	河流冲积平原河漫滩	河流冲积平原河谷阶地	山前倾斜平原上部	河流冲积平原边缘地带	山前倾斜平原前缘	低山丘陵
	分值	100	85	80	70	60	55	40	30
	隶属度	1	0.85	0.8	0.7	0.6	0.55	0.4	0.3

（续表）

指标	指标范围、分值及隶属度					
障碍因素	障碍因素	无	轻度沙化	轻度盐碱	中度、重度沙化	中重盐碱	重度盐碱
	分值	100	85	80	75	70	60
	隶属度	1	0.85	0.8	0.75	0.7	0.6

平原区耕地质量等级划分指标分值及隶属度表

指标	指标范围、分值及隶属度									
有机质	有机质（g/kg）	30	25	20	18	15	12	10	6	
	分值	100	95	90	80	70	60	50	40	
	隶属度	1	0.9	0.8	0.65	0.5	0.35	0.3	0.2	
耕层厚度	耕层厚度（cm）	30	25	20	18	15	12	10	6	
	分值	100	95	90	80	70	60	50	40	
	隶属度	1	0.9	0.8	0.65	0.5	0.35	0.3	0.2	
有效磷	有效磷（mg/kg）	35	30	25	20	15	10	5		
	分值	100	95	90	80	70	50	30		
	隶属度	1	0.9	0.8	0.65	0.5	0.4	0.2		
速效钾	速效钾（mg/kg）	200	180	150	120	90	60	30		
	分值	100	90	80	70	60	50	30		
	隶属度	1	0.9	0.8	0.7	0.6	0.5	0.3		
耕层质地	耕层质地	中壤	轻壤	砂壤	重壤	砂土	黏土			
	分值	100	90	80	75	70	60			
	隶属度	1	0.8	0.6	0.5	0.4	0.3			
灌溉能力	灌溉能力	充分满足	满足	基本满足	不满足					
	分值	100	85	75	50					
	隶属度	1	0.9	0.8	0.5					
排涝能力	排涝能力	充分满足	满足	基本满足	不满足					
	分值	100	85	70	50					
	隶属度	1	0.9	0.8	0.5					
地形部位	地形部位	山前平原	冲洪积扇	微斜平原	缓平坡地	交接洼地	平原高阶	丘陵中部下部	滨海低平地	坡地上部	丘陵上部
	分值	100	85	80	75	70	60	50	40	30	20
	隶属度	1	0.85	0.8	0.75	0.7	0.6	0.50	0.4	0.3	0.2

（续表）

指标	指标范围、分值及隶属度					
障碍因素	障碍因素	无	黏化层	沙姜层	白浆层	夹砂层	夹砾石层
	分值	100	85	80	75	60	50
	隶属度	1	0.85	0.8	0.75	0.6	0.5
盐渍化程度	盐渍化程度	无	轻度	中度	重度		
	分值	100	80	60	30		
	隶属度	1	0.8	0.6	0.3		

（2）收集图件数据　图件资料包括各个县（区）国土二调土地利用现状图、行政区划图和土壤图及相关图件。把各种图件叠加形成的图斑作为评价单元。

（3）布点、调查、建库　利用行政区划图、土壤图和土地利用现状图（国土二调成果图），借助县域耕地质量调查与评价成果，按照《河北省耕地质量等级划分技术规范（试行）》样点确定原则，选择各个县（区）评价样点，填写每个样点基本情况调查表，建立数据库。按照山区丘陵县 3 000～5 000 亩（15 亩 =1 hm²。全书同）确定 1 个样点，面积比较小的土属或者土种评价样点不少于 2 个，对评价样点的地理位置、土类、亚类、土属、土种、地形部位、有效土层厚度、耕层厚度、耕层质地、田面坡度、障碍因素、常年耕作制度、小麦产量、玉米产量、其他主栽作物及产量、有机质、有效磷、速效钾、灌溉能力、排涝能力、盐渍化程度、清洁程度等情况进行调查，填写调查表。将调查表中的数据录入、审核，建立规范的县域耕地资源空间数据库和属性数据库。

（4）建立评价模型　根据各评价因子的空间分布图或属性库，将各评价因子数据赋值给评价单元。点位分布图采用插值的方法转换为数据矢量图，矢量分布图直接与评价单元图叠加，通过加权统计、属性提取给评价单元赋值，并通过专家论证确定各区域评价指标的权重。

（5）划分耕地质量等级　通过县域耕地资源管理信息系统，建立层次分析模型，构建判断矩阵，进行层次分析单排序、总排序及一致性检验，计算各指标隶属度，确定各个评价单元的耕地质量综合评价指数和耕地面积，根据河北省耕地 10 等地所对应的综合评价指数标准，对耕地质量划分等级，计算出各等级耕地对应的耕地面积和耕地平均质量等级。

通过县域耕地资源管理信息系统，利用层次分析法计算出各评价单元的耕地资源综合评价指数和耕地面积，分别确定平原区和山地丘陵区的 10 等地综合评价指数和相对应的耕地面积。平原区综合评价指数在 0.571 4～0.977 3，采用等距法划分，≥0.869 7 为 1 级，0.842 9～0.869 7 为 2 级，0.816 1～0.842 9 为 3 级，0.789 3～0.816 1 为 4 级，0.762 5～0.789 3 为 5 级，0.735 7～0.762 5 为 6 级，0.708 9～0.735 7 为 7 级，＜0.708 9 为 8 级。山地丘陵区综合评价指数在 0.443 8～0.990 7 范围，采用等距法划分，≥0.945 6 为 1 级，0.897 5～0.945 6 为 2 级，0.849 4～0.897 5 为 3 级，0.801 3～0.849 4 为 4 级，0.753 2～0.801 3 为 5 级，0.705 1～0.753 2 为 6 级，0.657 0～0.705 1 为 7 级，＜0.657 0 为 8 级。

经过实地调查、数据统计分析、咨询专家和结果验证，平原区 3 等地与山地丘陵区 1 等地对等合并。平原区地块等级不考虑 9、10 等，山地丘陵区地块等级不考虑 1、2 等，确定了河北省 10 个耕地质量等级。省级 1 等和 2 等地分别对应平原区 1 等和 2 等地，省级 3 等对应平原区 3 等和山地丘陵区 1 等之和，省级 4 等对应平原区 4 等和山地丘陵区 2 等之和，省级 5 等对应平原区 5 等和山地丘陵区 3 等之和，省级 6 等对应平原区 6 等和山地丘陵区 4 等之和，省级 7 等对应平原区 7 等和山地丘陵区 5 等之和，省级 8 等对应平原区 8 等和山地丘陵区 6 等之和，省级 9 等对应山地丘陵区 7 等，省级 10 等对应山地丘陵区 8 等。在此基础上分别计算求取各县（区）在省级统一评价标准下的 1～10 等地对应的耕地面积，汇总完成 10 级耕地评价指数、相对应的耕地面积和平均耕地质量等级。2016 年河北省全省耕地总面积 6 561 352.77hm²（2014 年，国土），耕地质量评价等级为 5.18。

石家庄市

石家庄市耕地质量等级

1.耕地基本情况

石家庄市处于河北省中南部，属于暖温带半湿润季风气候区，季节性变化显著，四季分明，干湿期明显。年均温度 12.5℃，≥ 10℃积温 4 161.0 ～ 4 530.9℃，无霜期 159 ～ 220 d，年降水量 442.4 ～ 578.7 mm。该市域跨太行山地和华北平原两大地貌单元。西部地处太行山中段，包括井陉县、井陉矿区全部及平山县、赞皇县、行唐县、灵寿县、鹿泉市、元氏县等六县（市、区）的山区部分，面积约占全市总面积的 50%。东部为滹沱河冲积平原，包括新乐市、无极县、深泽县、辛集市、晋州市、藁城区、高邑县、赵县、栾城区、正定县、石家庄市区的全部及平山县、赞皇县、行唐县、灵寿县、鹿泉区、元氏县六县（市、区）的平原部分。全市分为山地、丘陵、平原 3 类，境内地理状态相对差别较大，地域性小气候也很明显。在各种成土因素的相互作用下形成的土壤类型主要有山地草甸土、棕壤、褐土、潮土、盐土、风沙土、新积土、粗骨土、石质土、沼泽土、水稻土。全市总耕地面积 526 336.79 hm²，主要种植作物有玉米、小麦、果菜等。

2.耕地质量等级划分

本次实际统计的是石家庄市（不包含辛集市）中的 16 个县（区），其中 13 个平原区县（正定县、赵县、元氏县、新乐市、无极县、深泽县、藁城区、鹿泉区、灵寿县、晋州市、行唐县、栾城区、高邑县），3 个山地丘陵区（平山县、井陉县、赞皇县），总面积 513 523.03 hm²，共完成 1 972 个调查点。市区（长安区、新华区、桥西区、裕华区、高新区、井陉矿区）作物产量与周边县市区作物产量相当，通过专家论证，确定耕地质量等级暂定使用周边县市区等级。由此，石家庄市 22 个县（区），按照河北省耕地质量 10 等级划分标准 1、2、3、4、5、6、7、8、9、10 级耕地的面积分别为 128 128.40、72 818.62、86 783.00、98 063.65、40 262.42、8 211.39、12 523.23、27 983.69、20 486.29、31 076.10 hm²，所占全市耕地面积比例分别为 24.34%、13.83%、16.49%、18.63%、7.65%、1.56%、2.38%、5.32%、3.89%、5.91%，通过加权平均求得石家庄市平均耕地质量等级为 3.77（见表）。

石家庄市耕地质量等级统计表

等级	1级	2级	3级	4级	5级	6级	7级	8级	9级	10级
面积（hm²）	128 128.40	72 818.62	86 783.00	98 063.65	40 262.42	8 211.39	12 523.23	27 983.69	20 486.29	31 076.10
百分比（%）	24.34	13.83	16.49	18.63	7.65	1.56	2.38	5.32	3.89	5.91

3.结果确定

结合此次得到的耕地质量等级分布图，将评价结果与调查表中农户近 3 年的冬小麦和夏玉米产量进行对比分析，同时邀请县、市、省级专家进行论证，证明石家庄市本次耕地质量评价结果与当地实际情况基本吻合。

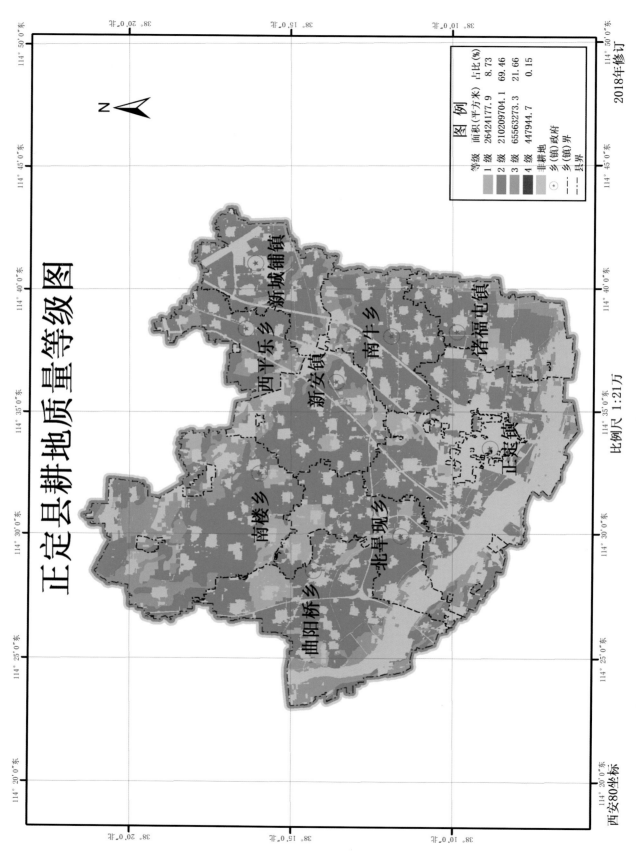

正定县耕地地质量等级图

N

比例尺 1:21万

图 例			
等级	面积(平方米)	占比(%)	
1级	26424177.9	8.73	
2级	210209704.1	69.46	
3级	65563273.3	21.66	
4级	447944.7	0.15	

非耕地
⊙ 乡(镇)政府
----- 乡(镇)界
----- 县界

新城铺镇

西平乐乡

新安镇

南牛乡

褚福屯镇

正定镇

南楼乡

北早现乡

曲阳桥乡

2018年修订

西安80坐标

正定县耕地质量等级

1. 耕地基本情况

正定县位于北温带半干旱、半湿润季风气候区，属于温带大陆性季风气候，四季分明。地处太行山东麓，山前冲洪积扇的中上部，为山前倾斜平原。其母质为洪积冲积和冲积淤积母质。在各种成土因素的相互作用下形成的正定县土壤分为褐土、潮土、水稻土 3 个类型。全县土地总面积中耕地占 65.44%，园地占 0.72%，林地占 3.93%，草地占 0.11%，建设用地占 21.79%，水域及水利设施用地占 5.65%，其他土地占 2.35%。耕地的总面积为 302 645 100.0 m² （453 967.7 亩），主要种植作物为小麦、玉米、豆类、花生、蔬菜等。

2. 耕地质量等级划分

利用县域耕地资源管理信息系统，采用层次分析法，确定该县耕地综合评价指数在 0.742 812 ～ 0.876 933 范围。按照河北省耕地质量 10 等级划分标准，耕地等级划分为 1、2、3、4 等地，面积分别为 26 424 177.9、210 209 704.1、65 563 273.3、447 944.7 m²（见表）。通过加权平均，该县的耕地质量平均等级为 2.13。

正定县耕地质量等级统计表

等级	1级	2级	3级	4级
面积（m²）	26 424 177.9	210 209 704.1	65 563 273.3	447 944.7
百分比（%）	8.73	69.46	21.66	0.15

3. 耕地属性特征及利用建议

（1）耕地属性特征　正定县耕地灌溉能力处于"基本满足"状态，排水能力处于"基本满足"状态。耕层厚度平均值为 18 cm，地形部位为洪冲积扇；耕地无盐渍化，无明显障碍因素；耕层质地以中壤居多，占到取样点的 51.67%，砂壤、轻壤分别占 26.67% 和 21.67%；有机质平均含量为 18.91 g/kg，其中 5% 的取样点有机质低于 10 g/kg，41.67% 取样点有机质含量高于 20 g/kg；有效磷平均含量为 33.88 mg/kg，其中 80% 高于 20 mg/kg；速效钾平均含量为 91.28 mg/kg，其中 33.33% 高于 100 mg/kg。该县耕地有机质含量整体偏低，有效磷含量整体处于中等水平，速效钾含量整体中等偏低。

（2）耕地利用建议　一是针对水资源日益匮乏的现状，为保障正定县农业的良好发展，应提高节水意识，发展节水型农业，推广节水抗旱品种；修建田间防渗工程，铺设防渗管道、安装微喷水肥一体化设施，提高耕地灌溉用水的利用率和生产率。二是针对正定县有机质、速效钾含量偏低的状况，实施有机、无机肥料结合施用，增施有机肥，以改善土壤结构，推广秸秆还田技术，增强土壤的保水、保肥能力，并提高土壤肥力，适量增加钾肥用量。通过测土配方施肥技术的推广应用，补充土壤中的养分元素，实现土壤的养分平衡，提高肥料利用率。三是调整农业种植结构，合理布局，不断提高劳动生产率和农田产出率，有效地挖掘和发挥土地资源的潜力和效益。

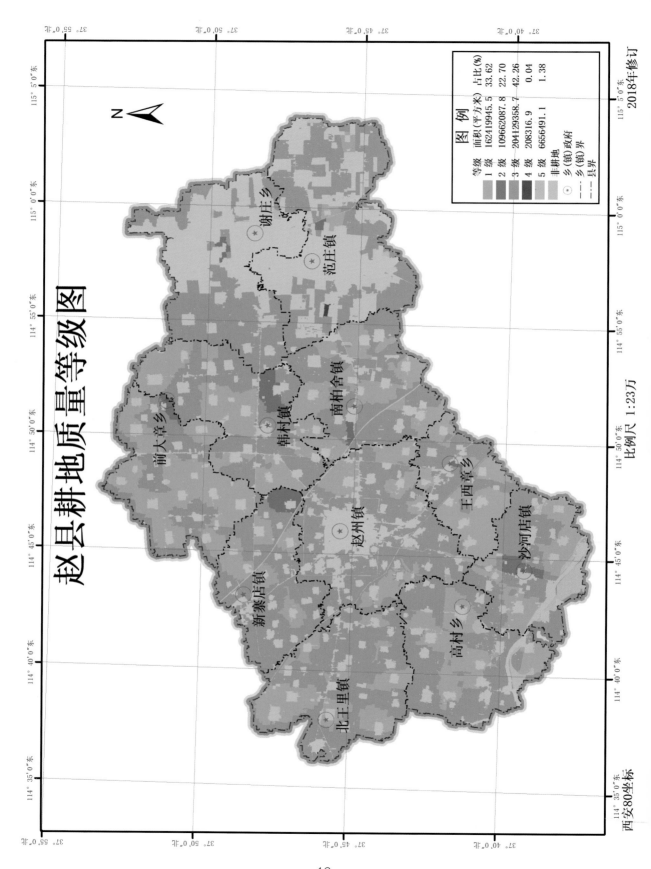

赵县耕地质量等级图

比例尺 1:23万

2018年修订

图 例

等级	面积(平方米)	占比(%)
1 级	162419945.5	33.62
2 级	109662087.8	22.70
3 级	204129358.7	42.26
4 级	208316.9	0.04
5 级	6656491.1	1.38

非耕地

⊙ 乡(镇)政府
— · — · 乡(镇)界
— · — · 县界

谢庄乡

范庄镇

南柏舍镇

韩村镇

前大章乡

王西章乡

沙河店镇

赵州镇

新寨店镇

高村乡

北王里镇

西安80坐标

赵县耕地质量等级

1. 耕地基本情况

赵县属于季风气候区暖温带半湿润地区，四季分明。地处太行山东麓中段的山前冲积平原，地形平坦开阔，在流水的作用下，形成一系列古河道、岗地和洼地。由于大地貌的单一，各种成土条件差异不大，土壤类型较简单，分为褐土和潮土。全县土地总面积中耕地占73.0%，园地占 10.17%，林地占 0.13%，草地占 0.01%，建设用地占 15.84%，水域及水利设施用地占 0.85%。耕地的总面积为 483 076 200.0 m²（724 614.3 亩），主要种植作物为小麦、玉米、蔬菜、果树等。

2. 耕地质量等级划分

利用县域耕地资源管理信息系统，采用层次分析法，确定该县耕地综合评价指数在0.786 814～0.951 005 范围。按照河北省耕地质量 10 等级划分标准，耕地等级划分为 1、2、3、4、5 等地，面积分别为 162 419 945.5、109 662 087.8、204 129 358.7、208 316.9、6 656 491.1 m²（见表）。通过加权平均，该县的耕地质量平均等级为 2.12。

赵县耕地质量等级统计表

等级	1级	2级	3级	4级	5级
面积（m²）	162 419 945.5	109 662 087.8	204 129 358.7	208 316.9	6 656 491.1
百分比（%）	33.62	22.70	42.26	0.04	1.38

3. 耕地属性特征及利用建议

（1）耕地属性特征　赵县耕地灌溉能力处于"满足"状态，排水能力处于"充分满足"状态。耕层厚度平均值为 20 cm，地形部位为外围平地。耕地无盐渍化，无明显障碍因素。耕层质地以轻壤为主，占到取样点的 80.85%，砂壤、中壤分别占 11.35% 和 7.8%。有机质平均含量为 20.3 g/kg，其中 3.54% 的取样点有机质低于 10 g/kg，58.87% 取样点有机质含量高于 20 g/kg。有效磷平均含量为 23.15 mg/kg，其中 38.3% 高于 20 mg/kg。速效钾平均含量为140.60 mg/kg，其中 78.72% 高于 100 mg/kg。该县耕地有机质含量整体中等水平，有效磷含量整体中等偏低，速效钾含量整体中等偏低。

（2）耕地利用建议　一是调整农业种植结构，合理布局，不断提高劳动生产率和农田产出率，有效地挖掘和发挥土地资源的潜力和效益。二是面对赵县水资源日益匮乏的现状，实施结构调整，建立节水型农业种植结构，种植抗旱作物及品种，大力发展节水灌溉农业，发展节水灌溉配套设施，积极推广先进的喷灌、滴灌、微灌、管灌等灌溉节水技术；大力实施蓄水工程，提高地表水的调蓄能力。三是针对赵县土壤养分含量现状，实施沃土工程，秸秆还田，提高土壤有机质含量，培肥地力。推广测土配方施肥技术，实现平衡施肥，稳步提高土壤肥力。

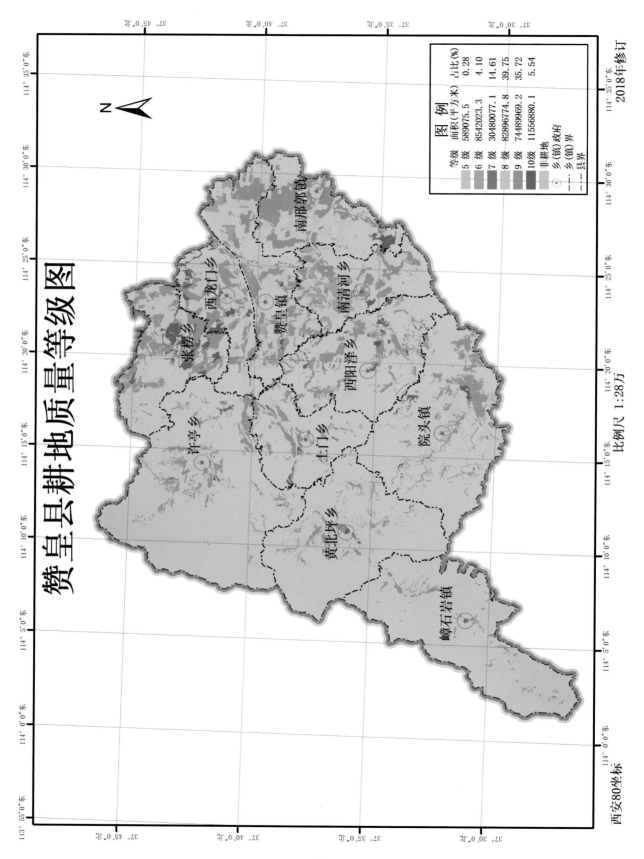

赞皇县耕地地质量等级图

图 例		
等级	面积（平方米）	占比(%)
5 级	589075.5	0.28
6 级	8542023.3	4.10
7 级	30480077.1	14.61
8 级	82896774.8	39.75
9 级	74489969.2	35.72
10级	11556880.1	5.54
非耕地		

⊛ 乡（镇）政府
— ·— 乡（镇）界
— ··— 县界

南邢郭镇
西龙门乡
张楞乡
赞皇镇
南清河乡
许亭乡
西阳泽乡
土门乡
院头镇
黄北坪乡
嶂石岩镇

比例尺 1:28万

西安80坐标

· 12 ·

赞皇县耕地质量等级

1. 耕地基本情况

赞皇县属暖温带半湿润季风型大陆性气候，四季分明。地处太行山主岭东侧，华北平原西缘，全县分为山地、丘陵、平原3类地貌。境内地理状态相对差别较大，地域性小气候也很明显。在各种成土因素的相互作用下形成的赞皇县土壤有棕壤、褐土、草甸土3个土类。全县土地总面积中耕地占27.12%，园地占19.41%，林地占30.37%，草地占12.97%，建设用地占6.62%，水域及水利设施用地占2.91%，其他土地占0.61%。耕地的总面积为208 554 800.0 m²（312 832.2亩），主要种植作物为小麦、玉米、花生、蔬菜等。

2. 耕地质量等级划分

利用县域耕地资源管理信息系统，采用层次分析法，求取该县耕地综合评价指数在0.595 158～0.874 372范围。按照河北省耕地质量10等级划分标准，耕地等级划分为5、6、7、8、9、10等地，面积分别为589 075.5、8 542 023.3、30 480 077.1、82 896 774.8、74 489 969.2、11 556 880.1 m²（见表）。通过加权平均，该县的耕地质量平均等级为8.23。

赞皇县耕地质量等级统计表

等级	5级	6级	7级	8级	9级	10级
面积（m²）	589 075.5	8 542 023.3	30 480 077.1	82 896 774.8	74 489 969.2	11 556 880.1
百分比（%）	0.28	4.10	14.61	39.75	35.72	5.54

3. 耕地属性特征及利用建议

（1）耕地属性特征　赞皇县耕地灌溉能力处于"基本满足"和"满足"状态，排水能力处于"基本满足"和"满足"状态。耕层厚度平均值为19 cm，地形部位为低级阶地、低山谷地、低山丘陵、河谷、河谷阶地、缓坡沟谷、阶地、丘陵缓坡、山麓平原，分别占取样点的4.29%、2.82%、1.41%、9.86%、12.68%、5.63%、7.04%、43.66%、14.29%。耕地无盐渍化，无明显障碍因素。耕层质地以轻壤为主，占到取样点的76.06%，砂壤、中壤分别占12.68%和11.26%。有机质平均含量为19.22 g/kg，其中1.41%的取样点有机质低于10 g/kg，只有36.62%取样点有机质含量高于20 g/kg。有效磷平均含量为21.09 mg/kg，其中40.85%高于20 mg/kg。速效钾平均含量为123.92 mg/kg，其中77.46%高于100 mg/kg。该县耕地有机质含量整体偏低，有效磷含量整体中等偏低，速效钾含量整体中等偏低。

（2）耕地利用建议　一是面对赞皇县水资源日益匮乏的现状，实施结构调整，建立节水型农业种植结构，种植抗旱作物及品种，建设井灌区综合节水工程，大力发展节水灌溉农业，发展节水灌溉配套设施，积极推广先进的喷灌、滴灌、微灌、管灌等灌溉节水技术；大力实施蓄水工程，提高地表水的调蓄能力。建设高标准农田灌溉体系、高标准农田排涝体系、农田灌溉监测体系、农田抗旱体系等农田抗旱工程。二是针对赞皇县有机质含量偏低的状况，实施沃土工程，秸秆还田，利用当地养殖业的发展增施腐熟粪肥，减少环境污染，提高土壤有机质含量，培肥地力。推广测土配方施肥技术，实现平衡施肥，稳步提高土壤肥力。三是针对部分田面坡度较大的现状，平整土地，严禁粗耕滥用和大水漫灌，防止水土流失。

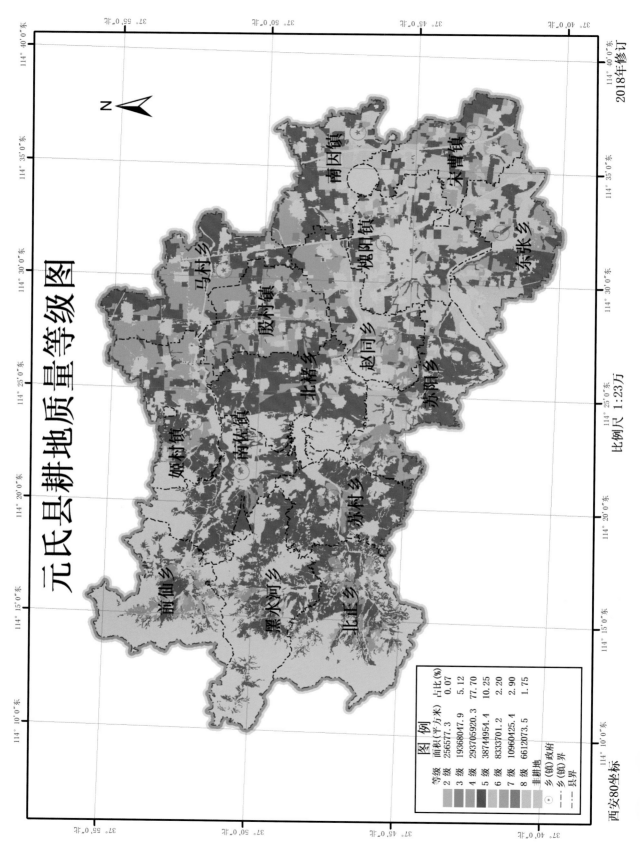

元氏县耕地质量等级图

元氏县耕地质量等级

1.耕地基本情况

元氏县地处太行山东麓，属北温带亚温润气候区。全县分为低山、丘陵、平原、沟谷4个组成部分。由于县内地质地貌差异明显，成土母质复杂多样，加上水热条件变化的影响，致使全县土壤类型较多，分别为褐土类、草甸土类、潮土类、风沙土类。全县土地总面积中耕地占60.22%，园地占0.92%，林地占6.25%，草地占5.24%，建设用地占15.22%，水域及水利设施用地占3.58%，其他土地占8.57%。耕地的总面积为377 981 700.0 m²（566 972.6亩），主要种植作物为小麦、玉米、棉花、花生、油菜、芝麻、大豆、红薯、蔬菜、瓜果等。

2.耕地质量等级划分

利用县域耕地资源管理信息系统，采用层次分析法，确定该县耕地综合评价指数在0.671 745～0.854 435范围。按照河北省耕地质量10等级划分标准，耕地等级划分为2、3、4、5、6、7、8等地，面积分别为256 577.3、19 368 047.9、293 705 920.3、38 744 954.4、8 333 701.2、10 960 425.4、6 612 073.5 m²（见表）。通过加权平均求得该县的耕地质量平均等级为4.25。

元氏县耕地质量等级统计表

等级	2级	3级	4级	5级	6级	7级	8级
面积（m²）	256 577.3	19 368 047.9	293 705 920.3	38 744 954.4	8 333 701.2	10 960 425.4	6 612 073.5
百分比（%）	0.07	5.12	77.70	10.25	2.20	2.90	1.75

3.耕地属性特征及利用建议

（1）耕地属性特征 元氏县耕地32.11%的取样点灌溉能力处于"不满足"状态，排水能力基本处于"满足"状态。耕层厚度平均值为20 cm，地形部位为河流低阶、河流阶地、河漫滩、缓平坡地、丘陵、山前平原、山前平原倾斜上部，分别占取样点的2.75%、2.75%、1.83%、8.26%、25.69%、5.50%、53.21%。耕地无盐渍化，大多数耕地无明显障碍因素，少数为夹砂层和夹砾层等障碍因素。耕层质地以轻壤为主，占到取样点的92.66%，砂土、砂壤分别占3.67%和3.67%。有机质平均含量18.78 g/kg，其中2.75%的取样点有机质低于10g/kg，只有36.7%取样点有机质含量高于20 g/kg。有效磷平均含量25.05 mg/kg，其中53.21%高于20 mg/kg。速效钾平均含量108.47 mg/kg，其中45.87%高于100 mg/kg。元氏县耕地灌溉能力较差，水资源不足、灌溉保证率低，耕地土层较薄，有机质含量整体偏低，有效磷含量整体中等偏高，速效钾含量整体中等偏低。

（2）耕地利用建议 一是针对元氏县的具体情况，采取用地和养地相结合，改良和利用相结合，生物措施和工程措施相结合，有机肥料和无机肥料相结合等措施，大力改造中低产田，不断提高劳动生产率和农田产出率，有效地挖掘和发挥土地资源的潜力和效益，促进农业生产的发展。二是元氏县水资源日益匮乏，让有限的农业水资源满足农业生产的需要，针对元氏县农业生产现状，推广节水抗旱品种，实施农田水利设施改造提升工程，大力发展节水灌溉，逐步实现管道输水、滴灌、微灌等节水灌溉措施，提高灌溉保证率、提高水分利用效率。三是针对元氏县有机质含量偏低的状况，合理安排作物轮作，调整土壤的养分供应能力，增施有机肥，降低化肥用量，合理确定氮、磷、钾和微量元素的适宜用量，稳步提升土壤有机质含量、改善土壤物理性状，提高土壤肥力。

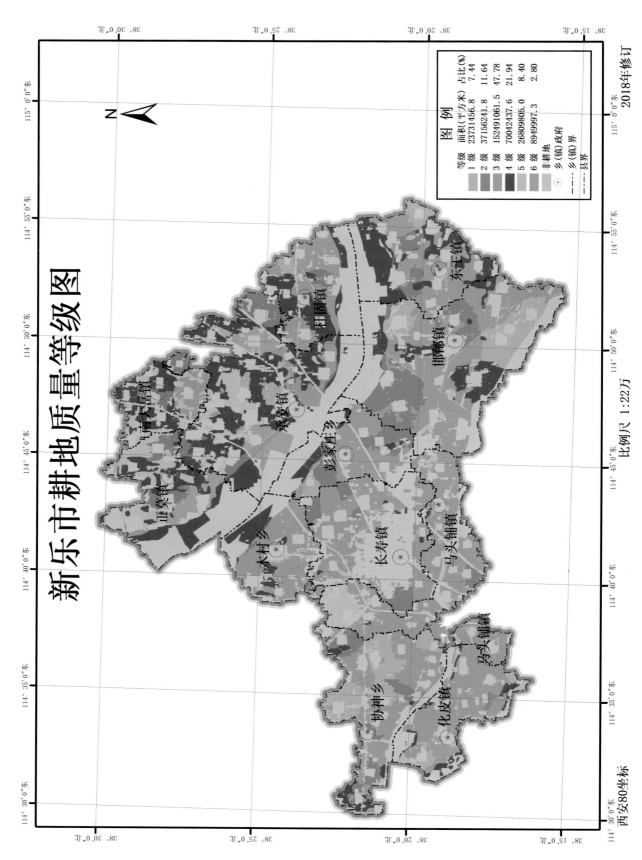

新乐市耕地地质量等级图

2018年修订

比例尺 1:22万

西安80坐标

图 例

等级	面积(平方米)	占比(%)
1 级	23731456.8	7.44
2 级	37156241.8	11.64
3 级	152491061.5	47.78
4 级	70042437.6	21.94
5 级	26809805.0	8.40
6 级	8949997.3	2.80

非耕地
⊙ 乡(镇)政府
—·— 乡(镇)界
———— 县界

东王镇
和固镇
邯郸镇
承安镇
彭家庄乡
南大岳镇
正莫镇
木村乡
长寿镇
马头铺镇
协神乡
化皮镇
邪头铺镇

新乐市耕地质量等级

1. 耕地基本情况

新乐市地处太行山东麓山前倾斜平原，属暖温带半湿润季风型大陆性气候，四季分明。由于地貌比较单一，气候无差异，使得全县土壤类型简单，分为褐土、潮土2类。全市土地总面积中耕地占63.83%，园地占0.69%，林地占3.68%，草地占4.69%，建设用地占18.64%，水域及水利设施用地占8.46%。耕地的总面积为319 181 000.0 m²（478 771.5亩），主要种植作物为小麦、玉米、花生、瓜菜等。

2. 耕地质量等级划分

利用县域耕地资源管理信息系统，采用层次分析法，确定该县耕地综合评价指数在0.685 622～0.912 759范围。按照河北省耕地质量10等级划分标准，耕地等级划分为1、2、3、4、5、6等地，面积分别为23 731 456.8、37 156 241.8、152 491 061.5、70 042 437.6、26 809 805.0、8 949 997.3 m²（见表）。通过加权平均，该市的耕地质量平均等级为3.20。

新乐市耕地质量等级统计表

等级	1级	2级	3级	4级	5级	6级
面积（m²）	23 731 456.8	37 156 241.8	152 491 061.5	70 042 437.6	26 809 805.0	8 949 997.3
百分比（%）	7.44	11.64	47.78	21.94	8.40	2.80

3. 耕地属性特征及利用建议

（1）耕地属性特征　新乐市耕地灌溉能力处于"基本满足"状态，排水能力处于"充分满足"状态。耕层厚度平均值为13 cm，地形部位为冲、洪积扇中上部。耕地无盐渍化，无明显障碍因素。耕层质地以轻壤为主，占到取样点的69.77%，30.23%为砂壤。有机质平均含量为15.19 g/kg，其中13.95%的取样点有机质低于10 g/kg，只有22.09%取样点有机质含量高于20 g/kg。有效磷平均含量为20.44 mg/kg，其中45.35%高于20 mg/kg。速效钾平均含量为57.26 mg/kg，其中只有3.49%高于100 mg/kg。该市耕地有机质含量整体偏低，有效磷含量整体中等偏低，速效钾含量整体偏低。

（2）耕地利用建议　一是积极开展以田、水、路、林、村综合整治为主的中低产田改造工作，不断提高农田产出率，有效地挖掘和发挥土地资源的潜力和效益。农田基本建设和水利建设同步进行，支持农业产业结构优化，减少自然灾害损毁耕地，减少水土流失，改善农业生态环境。二是水资源供需矛盾日益突出，针对新乐市农业生产现状，推广旱作农业技术，免耕少耕，镇压保墒，选用抗旱良种；发展节水灌溉配套设施，积极推广管灌、滴灌、微喷灌等先进节水技术；实施蓄水工程，提高地表水的调蓄能力，提高水的有效利用率。三是针对新乐市有机质、速效钾含量低的状况，积极推广配方施肥、平衡施肥等技术，开展增施有机肥、种植绿肥、秸秆还田工作，稳步提升土壤有机质含量、改善土壤物理性状、提高钾的有效性，提高土壤肥力。

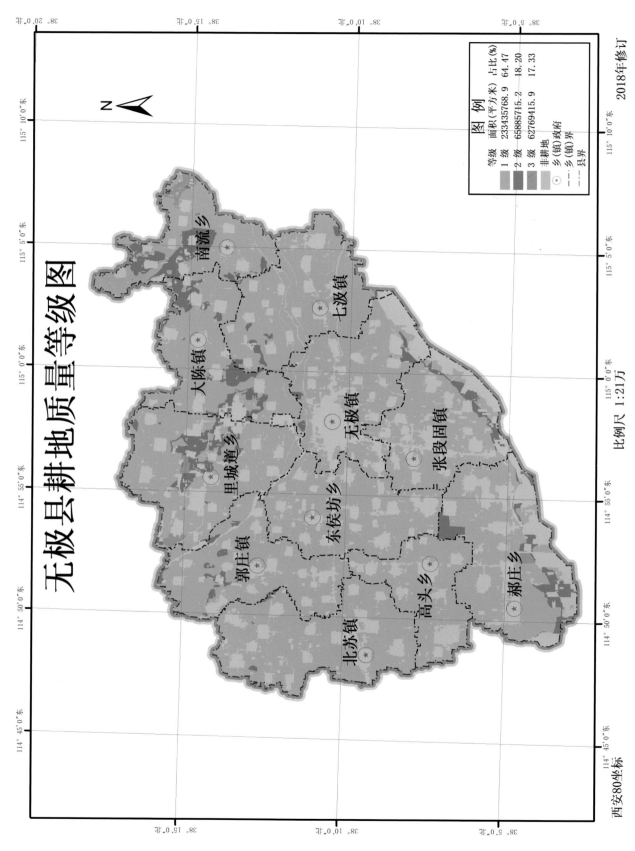

无极县耕地地质量等级图

2018年修订

比例尺 1:21万

西安80坐标

图 例

等级	面积(平方米)	占比(%)
1级	23435768.9	64.47
2级	65885715.2	18.20
3级	6276915.9	17.33

非耕地
乡(镇)政府
—·—乡(镇)界
----县界

南流乡

七汲镇

大陈镇

里城道乡

无极镇

张段固镇

东侯坊乡

郝庄乡

郭庄镇

高头乡

北苏镇

无极县耕地质量等级

1. 耕地基本情况

无极县属暖温带半干旱地区，地处太行山东麓山前洪冲积平原，土壤母质为河流冲积物。由于地貌比较单一，气候无差异，使得全县土壤类型不多，分为褐土、潮土、风沙土3大土类。全县土地总面积中耕地占75.40%，园地占0.91%，林地占1.13%，草地占0.99%，建设用地占18.62%，水域及水利设施用地占2.96%。耕地的总面积为362 090 900.0 m²（543 136.4亩），主要种植作物为小麦、玉米、花生、瓜菜等。

2. 耕地质量等级划分

利用县域耕地资源管理信息系统，采用层次分析法求取该县耕地综合评价指数在0.819 015～0.967 218范围。耕地按照河北省耕地质量10等级划分标准，耕地等级划分为1、2、3等地，面积分别为233 435 768.9、65 885 715.2、62 769 415.9 m²（见表）。通过加权平均求得该县的耕地质量平均等级为1.52。

无极县耕地质量等级统计表

等级	1级	2级	3级
面积（m²）	233 435 768.9	65 885 715.2	62 769 415.9
百分比（%）	64.47	18.20	17.33

3. 耕地属性特征及利用建议

（1）耕地属性特征　无极县耕地灌溉能力处于"充分满足"状态，排水能力处于"充分满足"状态。耕层厚度平均值为20 cm，地形部位为山前倾斜洪积平原中部。耕地无盐渍化，无明显障碍因素。耕层质地以轻壤为主，占到取样点的76.19%，砂土、砂壤、中壤分别占10.88%、10.88%和2.04%。有机质平均含量为19.6 g/kg，其中0.68%的取样点有机质低于10 g/kg，45.58%取样点有机质含量高于20 g/kg。有效磷平均含量为25.34 mg/kg，其中74.83%高于20 mg/kg。速效钾平均含量为94.43 mg/kg，其中只有35.37%高于100 mg/kg。该县耕地土层较薄，有机质含量整体偏低，有效磷含量整体处于中等水平，速效钾含量整体中等偏低。

（2）耕地利用建议　一是针对无极县的具体情况，采取用地和养地相结合，改良和利用相结合，生物措施和工程措施相结合，有机肥料和无机肥料相结合等措施，大力改造中低产田，不断提高劳动生产率和农田产出率，有效挖掘和发挥土地资源的潜力和效益，促进农业生产的发展。二是水资源短缺已成定局，农业用水必须提高水的利用率，让有限的农业水资源满足农业生产的需要，针对无极县农业现状，实施传统灌溉技术与现代技术组装配套，工程节水与农艺节水技术相结合的模式，推广节水抗旱品种，改造现有水利设施，大力发展节水灌溉，逐步实现管道输水、滴灌、微灌等节水灌溉措施，提高灌溉保证率、提高水分利用效率。三是针对无极县有机质、速效钾含量偏低的状况，推广测土配方施肥技术，合理确定氮、磷、钾和微量元素的施用量，增施有机肥，降低化肥用量，合理安排作物轮作，调整土壤的养分供应能力，逐步提高土壤肥力。

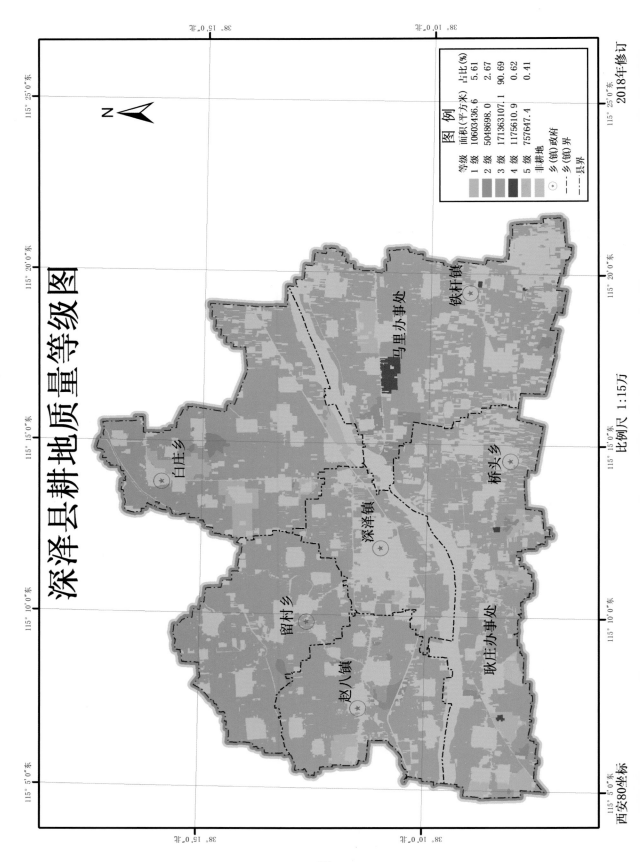

深泽县耕地地质量等级图

比例尺 1:15万　　　2018年修订

西安80坐标

图　例		
等级	面积(平方米)	占比(%)
1级	1060343.6	5.61
2级	5048698.0	2.67
3级	171363107.1	90.69
4级	1175610.9	0.62
5级	757647.4	0.41
非耕地		

⊙ 乡(镇)政府
--- 乡(镇)界
--- 县界

白庄乡

留村乡

赵八镇

深泽镇

马里办事处

铁杆镇

桥头乡

耿庄办事处

深泽县耕地质量等级

1. 耕地基本情况

深泽县属暖温带大陆性季风气候，地处太行山东麓山前洪冲积平原，土壤母质为河流冲积物。由于地貌比较单一，气候无差异，使得全县土壤类型不多，分为褐土、潮土、风沙土3大土类。全县土地总面积中耕地占65.40%，园地占7.98%，林地占1.17%，草地占0.08%，建设用地占19.93%，水域及水利设施用地占5.41%，其他土地占0.02%。耕地的总面积为188 948 500.0 m^2（283 422.8 亩），主要种植作物为小麦、玉米、花生、瓜菜等。

2. 耕地质量等级划分

利用县域耕地资源管理信息系统，采用层次分析法，确定该县耕地综合评价指数在 0.774 328 ～ 0.947 915 范围。按照河北省耕地质量10等级划分标准，耕地等级划分为 1、2、3、4、5 等地，面积分别为 10 603 436.6、5 048 698.0、171 363 107.1、1 175 610.9、757 647.4 m^2（见表）。通过加权平均，该县的耕地质量平均等级为2.88。

深泽县耕地质量等级统计表

等级	1级	2级	3级	4级	5级
面积（m^2）	10 603 436.6	5 048 698.0	171 363 107.1	1 175 610.9	757 647.4
百分比（%）	5.61	2.67	90.69	0.62	0.41

3. 耕地属性特征及利用建议

（1）耕地属性特征　深泽县耕地灌溉能力处于"充分满足"状态，排水能力处于"满足"状态。耕层厚度平均值为 17 cm，地形部位为冲、洪积扇前缘。耕地无盐渍化，无明显障碍因素。耕层质地以轻壤为主，占到取样点的78.46%，砂壤、中壤分别占7.69%和13.85%。有机质平均含量为 14.68 g/kg，其中24.62%的取样点有机质低于 10 g/kg，只有10.77%取样点有机质含量高于 20 g/kg。有效磷平均含量为 25.3 mg/kg，其中64.62%高于 20 mg/kg。速效钾平均含量为 110.8 mg/kg，其中56.92%高于 100 mg/kg。该县耕地有机质含量整体偏低，有效磷含量整体处于中等，速效钾含量整体中等偏低。

（2）耕地利用建议　一是针对深泽县的具体情况，采取用地和养地相结合，改良和利用相结合，生物措施和工程措施相结合，有机肥料和无机肥料相结合等措施，大力改造中低产田，不断提高劳动生产率和农田产出率，有效地挖掘和发挥土地资源的潜力和效益，促进农业生产的发展。二是深泽县水资源日益匮乏，让有限的农业水资源满足农业生产的需要，针对深泽县农业生产现状，推广节水抗旱品种，实施农田水利设施改造提升工程，大力发展节水灌溉，逐步实现管道输水、滴灌、微灌等节水灌溉措施，提高灌溉保证率、提高水分利用效率。三是针对深泽县有机质含量偏低的状况，合理安排作物轮作，调整土壤的养分供应能力，增施有机肥，降低化肥用量，合理确定氮、磷、钾和微量元素的适宜用量，稳步提升土壤有机质含量、改善土壤物理性状，提高土壤肥力。

平山县耕地质量等级图

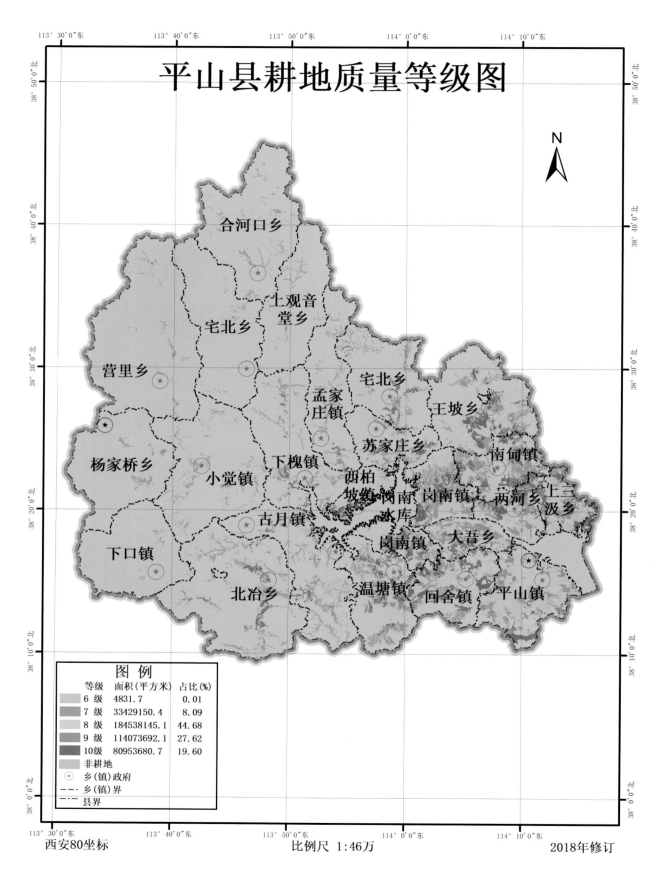

图 例		
等级	面积(平方米)	占比(%)
6 级	4831.7	0.01
7 级	33429150.4	8.09
8 级	184538145.1	44.68
9 级	114073692.1	27.62
10级	80953680.7	19.60
非耕地		
⊙ 乡(镇)政府		
- - - 乡(镇)界		
·-·- 县界		

西安80坐标　　　　　　　　比例尺 1:46万　　　　　　　　2018年修订

平山县耕地质量等级

1. 耕地基本情况

平山县属暖温带半湿润季风大陆性气候。该县地处太行山中段东麓，海拔较高，全县地貌属山地类，有亚高山、中山、低山、丘陵、平原，兼有阶地、岗坡、谷地、凹地等多种地貌类型。由于县内地质地貌差异明显，成土母质复杂多样，加上水热条件变化的影响，致使全县土壤类型较多，分别为亚高山草甸土类、棕壤类、褐土类、潮土类、粗骨土类、石质土类。全县土地总面积中耕地占 18.35%，林地占 33.36%，园地占 1.26%，草地占 36.82%，建设用地占 4.31%，水域及水利设施用地占 5.35%，其他土地占 0.56%。耕地的总面积为 412 999 500.0 m^2（619 499.3 亩），主要种植作物为小麦、玉米、花生、棉花、瓜菜等。

2. 耕地质量等级划分

利用县域耕地资源管理信息系统，采用层次分析法，确定该县耕地综合评价指数在 0.589 636 ~ 0.825 563 范围。按照河北省耕地质量 10 等级划分标准，耕地等级划分为 6、7、8、9、10 等地，面积分别为 4 831.70、33 429 150.4、184 538 145.1、114 073 692.1、80 953 680.7 m^2（见表）。通过加权平均，该县的耕地质量平均等级为 8.59。

平山县耕地质量等级统计表

等级	6级	7级	8级	9级	10级
面积（m^2）	4 831.7	33 429 150.4	184 538 145.1	114 073 692.1	80 953 680.7
百分比（%）	0.01	8.09	44.68	27.62	19.60

3. 耕地属性特征及利用建议

（1）耕地属性特征　平山县耕地灌溉能力处于"基本满足"到"满足"状态，排水能力处于"基本满足"到"充分满足"状态。耕地无明显障碍因素。地形部位为河流冲积平原低阶地、山前倾斜平原、河谷阶地、低山丘陵，分别占取样点的 6.67%、8.33%、63.00%、22.00%。有效土层厚度较薄，40 cm 占 100%，田面坡度平均值为 0.40。耕层质地以壤土为主，占到取样点的 70.67%，砂壤和黏土分别占 26.00% 和 3.33%。有机质平均含量为 15.80 g/kg，其中 5.33% 的取样点有机质低于 10 g/kg，只有 8.00% 取样点有机质含量高于 20 g/kg。有效磷平均含量为 29.94 mg/kg，其中 7.00% 取样点低于 10 mg/kg，55.33% 高于 20 mg/kg。速效钾平均含量为 101.77 mg/kg，其中 31.67% 取样点高于 100 mg/kg。该县耕地有机质含量处于中等水平，有效磷含量中等偏高，速效钾含量处于中等偏高水平。

（2）耕地利用建议　一是连年干旱致使平山县水资源日益匮乏，为保障农业生产的良性发展，把传统灌溉技术与现代技术组装配套，工程节水与农艺节水技术相结合，实施"工程 + 农艺 + 管理节水"多种模式组合，提高水资源利用率。二是针对平山县有机质、有效磷含量低的现状，推广测土配方施肥技术，协调氮、磷、钾比例，充分利用丰富的有机肥源，积造有机肥料，增加有机肥施用量，活化土壤，培肥地力。三是实施退耕还林、种草、种药、恢复植被，运用工程、农艺、生物措施相结合的综合开发改造措施，建设围山转、反坡梯田、窄带或宽带梯田，并种植生态防护林，形成防风固沙体系，减少农业气象灾害，使农田生态环境得到改善。

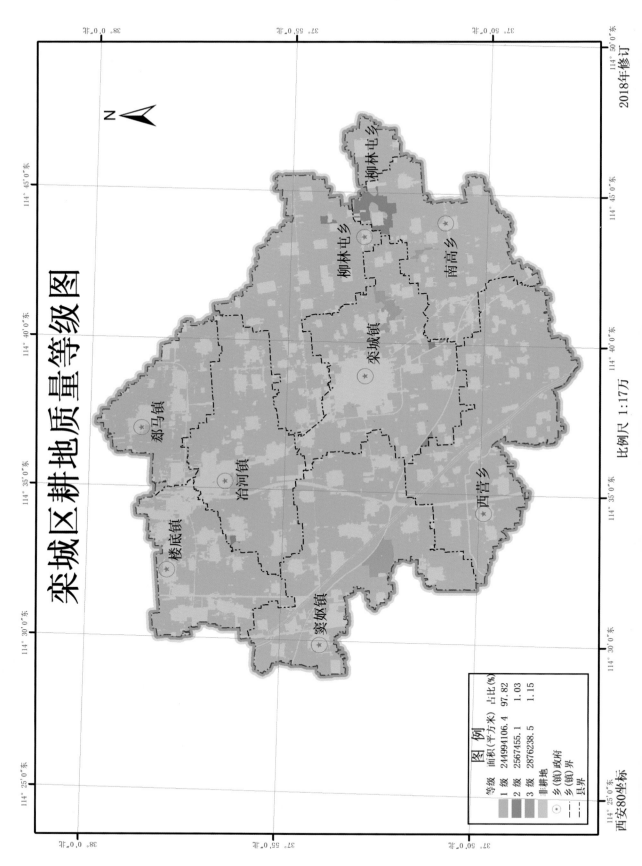

栾城区耕地质量等级图

2018年修订

比例尺 1:17万

N

图 例		
等级	面积(平方米)	占比(%)
1级	24994106.4	97.82
2级	2567455.1	1.03
3级	2876238.5	1.15
非耕地		
⊛ 乡(镇)政府		
— — 乡(镇)界		
— - — 县界		

西安80坐标

郄马镇

冶河镇

楼底镇

窦妪镇

西营乡

栾城镇

南高乡

柳林屯乡

柳林屯乡

栾城区耕地质量等级

1．耕地基本情况

栾城区（原栾城县）地处冀中平原西部，境内土壤发育于洪积冲积母质上，由于所处温带季风气候条件、山前平原地形和水文条件的影响，自然土壤属褐土，在长期耕作影响下，逐渐演变为农业土壤。全区土地总面积中耕地占74.50%，园地占0.13%，林地占1.60%，草地占0.08%，建设用地占23.11%，水域及水利设施用地占0.58%。耕地的总面积为250 437 800.0 m²（375 656.7亩），主要种植作物为玉米、小麦、棉花、蔬菜等。

2．耕地质量等级划分

利用县域耕地资源管理信息系统，采用层次分析法，确定该区耕地综合评价指数在0.831 208～0.977 266范围。按照河北省耕地质量10等级划分标准，耕地等级划分为1、2、3等地，面积分别为244 994 106.4、2 567 455.1、2 876 238.5 m²（见表）。通过加权平均，该区的耕地质量平均等级为1.03。

栾城区耕地质量等级统计表

等级	1级	2级	3级
面积（m²）	244 994 106.4	2 567 455.1	2 876 238.5
百分比（%）	97.82	1.03	1.15

3．耕地属性特征及利用建议

（1）耕地属性特征　栾城区耕地灌溉能力处于"充分满足"状态，排水能力处于"充分满足"状态。耕层厚度平均值为18 cm，地形部位为冲、洪积扇前缘。耕地无盐渍化，半数耕地无明显障碍因素，其他耕地障碍因素为沙姜层、夹砂层和黏化层。耕层质地为轻壤，占取样点的79.45%，中壤占21.55%。有机质平均含量为20.78 g/kg，其中64.38%取样点有机质含量高于20 g/kg。有效磷平均含量为20.62 mg/kg，其中35.62%高于20 mg/kg。速效钾平均含量为180.68 mg/kg，其中87.67%高于100 mg/kg。该区耕地有机质含量呈整体中等水平，有效磷含量整体中等偏低，速效钾含量中等偏高。

（2）耕地利用建议　一是针对栾城区的具体情况，采取用地和养地相结合，改良和利用相结合，生物措施和工程措施相结合等措施，通过土地整理、水土保持、污染治理等措施提高土地的质量，以便恢复、提高土地的自然生态功能与经济生产能力。二是栾城区水资源短缺已成定局，让有限的农业水资源满足农业生产的需要，针对其农业现状，调整农业种植结构，推广抗旱作物品种，推广节水灌溉工程节水技术、管理节水技术以及农业节水技术，包括防渗渠道、低压管道、喷灌、微灌、滴灌以及各种节水栽培技术，从而提高水资源的利用率。三是针对栾城区养分含量的状况，走由无机农业向以有机为主、有机与无机相结合的农业转变之路，推广测土配方施肥技术，减少化肥的施用量，合理确定氮、磷、钾配比，增加有机肥的用量，开展种植绿肥、秸秆还田工作，稳步提升土壤有机质含量，提高土壤肥力。

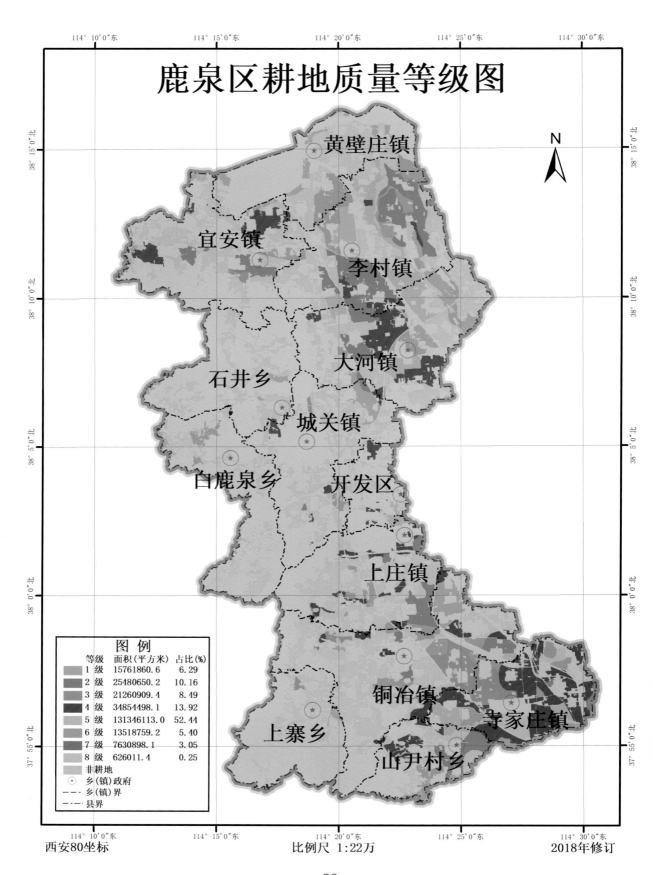

鹿泉区耕地质量等级图

图　例		
等级	面积(平方米)	占比(%)
1 级	15761860.6	6.29
2 级	25480650.2	10.16
3 级	21260909.4	8.49
4 级	34854498.1	13.92
5 级	131346113.0	52.44
6 级	13518759.2	5.40
7 级	7630898.1	3.05
8 级	626011.4	0.25
非耕地		
⊙ 乡(镇)政府		
—— 乡(镇)界		
—·— 县界		

西安80坐标　　　　　　　比例尺 1:22万　　　　　　　2018年修订

鹿泉区耕地质量等级

1. 耕地基本情况

鹿泉区（原鹿泉市）属暖温带半湿润季风型大陆性气候。该区位于华北平原的中南部边缘，属太行山中段低山丘陵和山前倾斜平原，全区分为低山丘陵、丘陵台地、山前倾斜平原、河漫滩4个组成部分。境内地质地貌差异明显，成土母质复杂，加上水热条件变化的影响，全县土壤分为褐土、潮土、沼泽土3类。全区土地总面积中耕地占45.29%，园地占4.44%，林地占7.80%，草地占11.22%，建设用地占23.33%，水域及水利设施用地占4.98%，其他土地占2.89%。耕地的面积为250 479 700.0 m²（375 719.6亩），主要种植作物为小麦、玉米、豆类、蔬菜等。

2. 耕地质量等级划分

利用县域耕地资源管理信息系统，采用层次分析法，确定该区耕地综合评价指数在0.665 709～0.917 378范围。按照河北省耕地质量10等级划分标准，耕地等级划分为1、2、3、4、5、6、7、8等地，面积分别为15 761 860.6、25 480 650.2、21 260 909.4、34 854 498.1、131 346 113.0、13 518 759.2、7 630 898.1、626 011.4 m²（见表）。通过加权平均，该区的耕地质量平均等级为4.26。

鹿泉区耕地质量等级统计表

等级	1级	2级	3级	4级	5级	6级	7级	8级
面积（m²）	15 761 860.6	25 480 650.2	21 260 909.4	34 854 498.1	131 346 113.0	13 518 759.2	7 630 898.1	626 011.4
百分比（%）	6.29	10.16	8.49	13.92	52.44	5.40	3.05	0.25

3. 耕地属性特征及利用建议

（1）耕地属性特征　鹿泉区耕地灌溉能力15.89%处于"不满足"状态，排水能力处于"基本满足"到"充分满足"状态。耕层厚度平均值为14 cm，地形部位为冲洪积扇前缘、冲洪积扇中上部、低丘坡麓、缓丘坡麓、低山缓坡地、坡式梯地、河流冲积平原的河漫滩和丘陵低山中下部及坡麓平坦地，分别占取样点的43.05%、4.64%、7.28%、17.22%、5.96%、19.86%、1.32%和0.66%。耕地无盐渍化，无明显障碍因素。耕层质地以轻壤为主，轻壤、砂壤、中壤分别为84.11%、1.99%和13.91%。有机质平均含量为20.04 g/kg，其中4.64%的取样点有机质低于10 g/kg，49.01%取样点有机质含量高于20 g/kg。有效磷平均含量为22.95 mg/kg，其中47.02%高于20 mg/kg。速效钾平均含量为108.51 mg/kg，其中只有50.99%高于100 mg/kg。该区水资源不足、灌溉保证率低，耕地有机质含量呈整体中等水平，有效磷含量整体中等偏低，速效钾含量整体中等偏低。

（2）耕地利用建议　一是积极开展用地和养地相结合、改良和利用相结合、生物措施和工程措施相结合的中低产田改造工作，不断提高劳动生产率和农田产出率，有效地挖掘和发挥土地资源的潜力和效益。二是针对鹿泉区水资源现状，采用"工程＋农艺＋管理节水"配套方式，调整种植结构，推广抗耐旱作物及抗旱品种；修建地埋防渗输水管道、铺设低压管道、安装喷灌设施，发展节水灌溉，提高水的有效利用率。三是针对鹿泉区养分含量的状况，增施有机肥，推广测土配方施肥技术，合理使用化肥，优化氮磷钾配比，提高化肥利用率，使耕地地力水平保持常新。四是针对部分地势坡度较大的地块，实施退耕还林、种草、种药、恢复植被，种植生态防护林，减少水土流失风险。

灵寿县耕地质量等级图

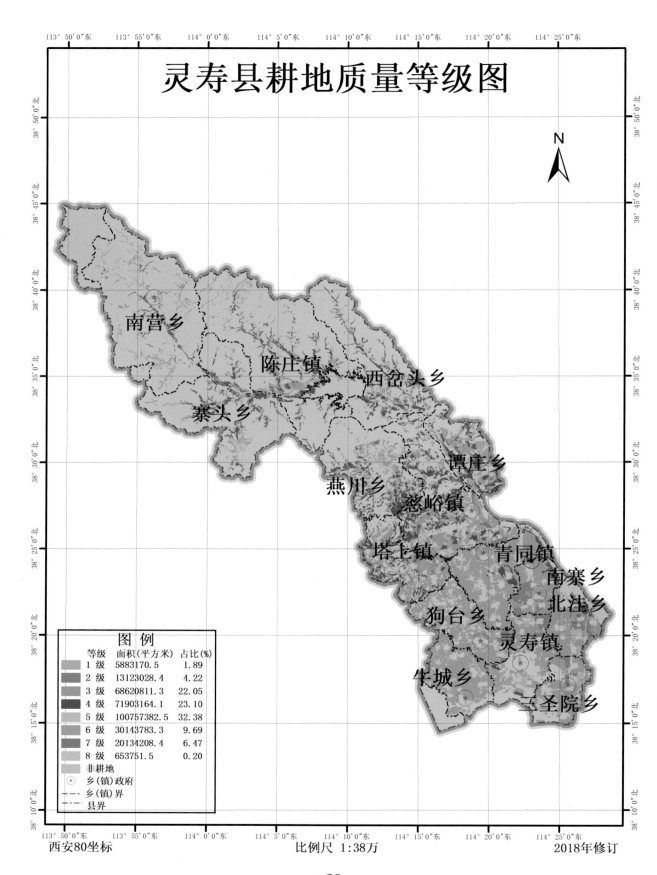

图 例

等级	面积(平方米)	占比(%)
1 级	5883170.5	1.89
2 级	13123028.4	4.22
3 级	68620811.3	22.05
4 级	71903164.1	23.10
5 级	100757382.5	32.38
6 级	30143783.3	9.69
7 级	20134208.4	6.47
8 级	653751.5	0.20

非耕地
⊙ 乡(镇)政府
--- 乡(镇)界
-·- 县界

西安80坐标　　　　　比例尺 1:38万　　　　2018年修订

· 28 ·

灵寿县耕地质量等级

1. 耕地基本情况

灵寿县属于温带大陆性季风气候。地处太行山东麓，海拔较高，全县分为中山、丘陵、平原3个组成部分，气候的变化和差异较大。由于县内地质地貌差异明显，成土母质复杂多样，加上水热条件变化的影响，致使全县土壤类型较多，分别为亚高山草甸土类、棕壤类、褐土类、潮土类、沼泽土类。全县土地总面积中耕地占32.55%，园地占1.28%，林地占25.33%，草地占24.12%，建设用地占8.59%，水域及水利设施用地占5.08%，其他土地占3.06%。耕地的总面积为311 219 300.0 m²（466 829.0亩），主要种植作物为小麦、玉米、甘薯、瓜菜等。

2. 耕地质量等级划分

利用县域耕地资源管理信息系统采用层次分析法，确定该县耕地综合评价指数在0.668 256～0.918 891范围。按照河北省耕地质量10等级划分标准，耕地等级划分为1、2、3、4、5、6、7、8等地，面积分别为5 883 170.5、13 123 028.4、68 620 811.3、71 903 164.1、100 757 382.5、30 143 783.3、20 134 208.4、653 751.5 m²（见表）。通过加权平均，该县的耕地质量平均等级为4.35。

灵寿县耕地质量等级统计表

等级	1级	2级	3级	4级	5级	6级	7级	8级
面积（m²）	5 883 170.5	13 123 028.4	68 620 811.3	71 903 164.1	100 757 382.5	30 143 783.3	20 134 208.4	653 751.5
百分比（%）	1.89	4.22	22.05	23.10	32.38	9.69	6.47	0.20

3. 耕地属性特征及利用建议

（1）耕地属性特征 灵寿县耕地灌溉能力基本处于"基本满足"到"充分满足"状态，排水能力处于"基本满足"到"充分满足"状态。耕层厚度平均值为18 cm，地形部位为冲洪积扇、缓平坡地、坡地上部、丘陵中部、丘陵下部和山前平原，分别占取样点的6.03%、37.07%、3.45%、10.34%、0.86%和42.24%。耕地无盐渍化，大部分耕地无明显障碍因素，少部分耕地障碍因素为夹砂层、夹砾石层和黏化层。耕层质地以中壤居多，占到取样点的44.83%，砂土、砂壤、轻壤、重壤和黏土分别占2.59%、23.28%、20.69%、7.76%和0.86%。有机质平均含量为18.42 g/kg，其中7.76%的取样点有机质低于10 g/kg，只有35.34%取样点有机质含量高于20 g/kg。有效磷平均含量为28.39 mg/kg，其中43.10%高于20 mg/kg。速效钾平均含量为97.86 mg/kg，其中只有30.17%高于100 mg/kg。该县耕地有机质含量整体偏低，有效磷含量整体中等偏高，速效钾含量整体中等偏低。

（2）耕地利用建议 一是水资源短缺已成定局，针对水资源现状，修建地埋防渗输水管道、地面应用输水小白龙减少输水过程中的水资源浪费。通过安装喷灌设施，发展节水灌溉，提高水的有效利用率。二是针对灵寿县有机质、速效钾含量低的状况，推广测土配方施肥技术，开展增施有机肥、种植绿肥、秸秆还田工作，稳步提升土壤有机质含量、改善土壤物理性状、提高钾的有效性、提高土壤肥力。三是针对部分田面坡度较大的现状，平整土地，减少水土流失风险。

井陉县耕地质量等级图

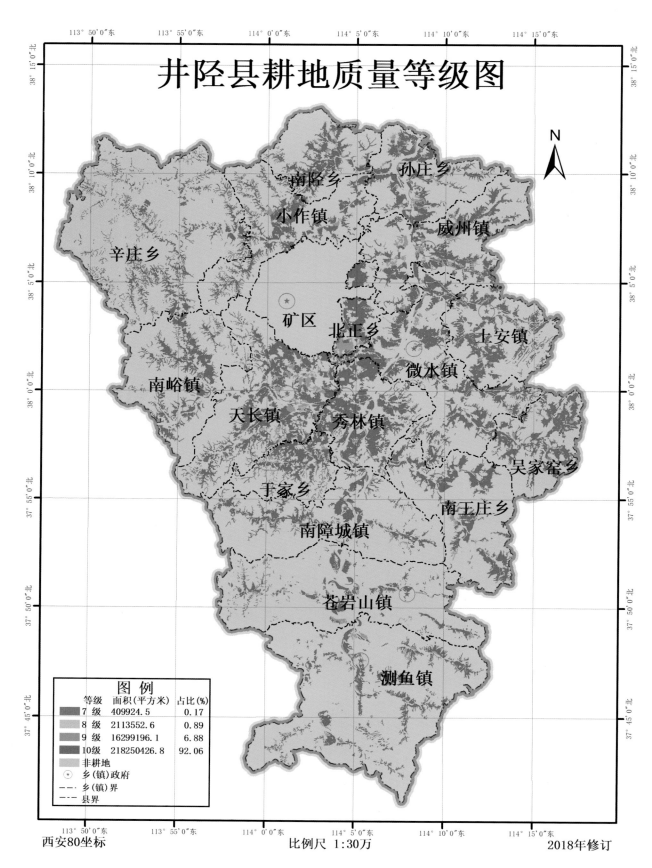

井陉县耕地质量等级

1. 耕地基本情况

井陉县地处太行山东麓，属于暖温带半湿润大陆季风气候。全县分为河川谷地、丘陵、低山、中山 4 个组成部分，气候的变化和差异较大。在各种成土因素的相互作用下井陉县土壤分为棕壤、褐土、草甸土 3 个土类。全县土地总面积中耕地占 21.27%，园地占 1.83%，林地占 31.54%，草地占 33.03%，建设用地占 7.34%，水域及水利设施用地占 2.95%，其他土地占 2.04%。耕地的总面积为 237 073 100.0 m^2（355 609.7 亩），主要种植作物为玉米、小麦、蔬菜等。

2. 耕地质量等级划分

利用县域耕地资源管理信息系统采用层次分析法，确定该县耕地综合评价指数在 0.503 49 ~ 0.777 901 范围。按照河北省耕地质量 10 等级划分标准，耕地等级划分为 7、8、9、10 等地，面积分别为 409 924.5、2 113 552.6、16 299 196.1、218 250 426.8 m^2（见表）。通过加权平均，该县的耕地质量平均等级为 9.91。

井陉县耕地质量等级统计表

等级	7 级	8 级	9 级	10 级
面积（m^2）	409 924.5	2 113 552.6	16 299 196.1	218 250 426.8
百分比（%）	0.17	0.89	6.88	92.06

3. 耕地属性特征及利用建议

（1）耕地属性特征　井陉县耕地灌溉能力 63.64% 的取样点处于"不满足"状态，排水能力处于"满足"到"充分满足"状态。极少数无明显障碍因素，大多数障碍因素为灌溉改良型、瘠薄培肥型和坡地梯改型。地形部位为低阶地、低丘坡麓、低山缓坡地、低山丘陵坡地、封闭洼地、岗地、岗坡地、沟谷地、阶地、丘陵低谷地、丘陵低山中下部及坡麓平坦地、丘陵坡地中上部以及低山丘陵的岗地顶部、上中部，分别占取样点的 3.64%、2.73%、3.64%、1.82%、0.91%、11.82%、38.18%、10.91%、10.91%、6.36%、0.91%、0.91%、7.27%。有效土层厚度大于 60 cm 占 15.45%，30 ~ 60 cm 占 84.55%，田面坡度平均值为 7°。轻壤、砂壤、中壤和重壤分别占 88.18%、9.09%、1.82% 和 0.91%。有机质平均含量为 19.91 g/kg，其中 0.91% 取样点含量低于 10 g/kg，只有 38.18% 取样点高于 20 g/kg。有效磷平均含量为 19.77 mg/kg，其中 34.55% 低于 10 mg/kg。速效钾平均含量为 122.67 mg/kg，其中 65.45% 高于 100 mg/kg。该县水资源不足、灌溉保证率低，有机质含量整体偏低，有效磷含量整体中等偏低，速效钾含量中等水平。

（2）耕地利用建议　一是水资源短缺制约着井陉县耕地质量的提升，针对农业生产现状，在浅山丘陵区修建塘坝、蓄水窖等措施，拦蓄地上水，配套节水设施提高自然降水的利用率；低山丘陵区有计划开采地下水，对现存井灌、渠灌工程进行整修配套，提高设施利用效率。坡耕地围埂打堎，栽植生物埂，蓄住天上水，保住土中墒，提高坡耕的蓄水保肥能力。二是针对井陉县有机质、有效磷含量偏低的状况，充分利用丰富的有机肥源，积造有机肥料，增加有机肥施用量，活化土壤，培肥地力。在化肥施用上，搞好因土施肥，配方施肥，提高肥效。三是县域内 25° 以上陡坡耕地和库区周围的旱耕地要实施退耕还林，种草、种药、恢复植被，严禁乱砍滥伐，发展水平林带和草带，沟谷筑坝拦洪，抓好小流域治理，减轻水土流失和洪灾的发生频率，整修水平梯田，提高农田蓄水抗旱能力，减少农业气象灾害，使农田生态环境得到改善。

晋州市耕地质量等级图

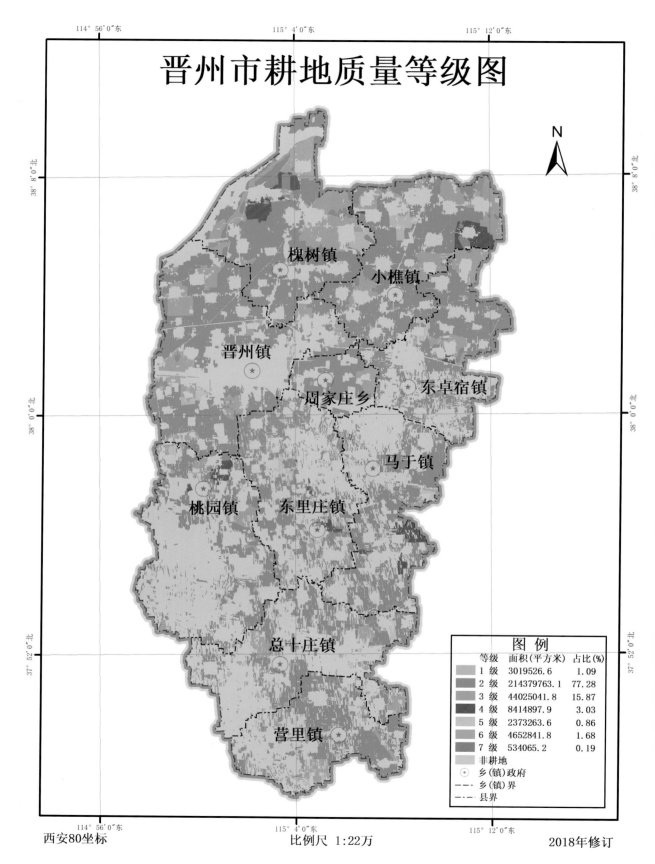

西安80坐标   比例尺 1:22万   2018年修订

图例

等级	面积（平方米）	占比（%）
1级	3019526.6	1.09
2级	214379763.1	77.28
3级	44025041.8	15.87
4级	8414897.9	3.03
5级	2373263.6	0.86
6级	4652841.8	1.68
7级	534065.2	0.19
非耕地		

⊙ 乡（镇）政府
--- 乡（镇）界
-·-· 县界

晋州市耕地质量等级

1. 耕地基本情况

晋州市位于冀中坳陷南端，太行山山前倾斜平原，处在洪积冲积扇的中上部，属于暖温带大陆性季风气候，大陆性气候特点明显，四季分明。晋州市地貌类型单一，小地貌复杂，这一特点决定了晋州市土壤类型较简单，分为褐土和风沙土2类。全市土地总面积中耕地占47.60%，园地占27.42%，林地占1.68%，草地占0.50%，建设用地占21.28%，水域及水利设施用地占1.51%，其他土地占0.01%。耕地的总面积为277 399 400.0 m²（416 099.1亩），主要种植作物为玉米、小麦、蔬菜、果树等。

2. 耕地质量等级划分

利用县域耕地资源管理信息系统，采用层次分析法，确定该市耕地综合评价指数在0.720 97～0.895 136范围。按照河北省耕地质量10等级划分标准，耕地等级划分为1、2、3、4、5、6、7等地，面积分别为3 019 526.6、214 379 763.1、44 025 041.8、8 414 897.9、2 373 263.6、4 652 841.8、534 065.2 m²（见表）。通过加权平均，该市的耕地质量平均等级为2.31。

晋州市耕地质量等级统计表

等级	1级	2级	3级	4级	5级	6级	7级
面积（m²）	3 019 526.6	214 379 763.1	44 025 041.8	8 414 897.9	2 373 263.6	4 652 841.8	534 065.2
百分比（%）	1.09	77.28	15.87	3.03	0.86	1.68	0.19

3. 耕地属性特征及利用建议

（1）耕地属性特征　晋州市耕地灌溉能力处于"满足"状态，排水能力处于"基本满足"和"满足"状态。地形部位为冲洪积扇和河漫滩，各占取样点的98.93%和1.07%。耕地无盐渍化，大多数耕地无明显障碍因素，极少数耕地障碍因素为夹砂层。耕层质地为轻壤，占取样点的74.38%，砂土、砂壤和中壤分别占2.14%、14.23%和9.25%。有机质平均含量为14.98 g/kg，其中14.59%取样点有机质含量低于10 g/kg，只有12.81%取样点有机质含量高于20 g/kg。有效磷平均含量为20.62 mg/kg，其中40.93%高于20 mg/kg。速效钾平均含量为125.36 mg/kg，其中60.14%高于100 mg/kg。该市有机质含量整体偏低，有效磷含量整体中等偏低，速效钾含量中等。

（2）耕地利用建议　一是实行田、水、路、林、村综合治理，合理配置，大力改造中低产田，不断提高劳动生产率和农田产出率，有效地挖掘和发挥土地资源的潜力和效益，促进农业生产的发展。二是晋州市水资源日益匮乏，为保障农业生产的良性发展，把传统灌溉技术与现代技术组装配套，工程节水与农艺节水技术相结合，推广节水灌溉技术，包括防渗渠道、低压管道、喷灌、微灌、滴灌以及各种节水栽培技术，从而提高水资源的利用率。三是针对晋州市有机质含量偏低的状况，合理安排作物轮作，调整土壤的养分供应能力，增施有机肥，降低化肥用量，合理确定氮、磷、钾和微量元素的适宜用量，稳步提升土壤有机质含量、改善土壤物理性状，提高土壤肥力。

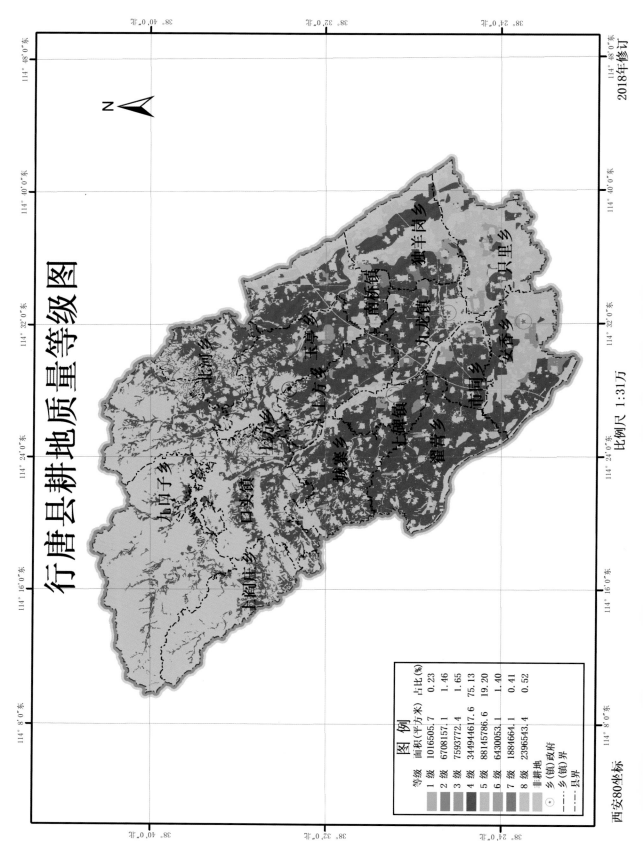

行唐县耕地地质量等级图

2018年修订

比例尺 1:31万

西安80坐标

图 例		
等级	面积(平方米)	占比(%)
1级	1016505.7	0.23
2级	6708157.1	1.46
3级	7593772.4	1.65
4级	34494617.6	75.13
5级	88145786.6	19.20
6级	6430053.1	1.40
7级	1884664.1	0.41
8级	2396543.4	0.52
非耕地		
⊛ 乡(镇)政府		
—··— 乡(镇)界		
—·— 县界		

行唐县耕地质量等级

1. 耕地基本情况

行唐县处于暖温带半湿润季风性气候区。该县位于太行山东麓浅山丘陵区与华北平原的交接地带，全县分为低山、丘陵、平原3个组成部分，气候的变化和差异较大。由于县内地质地貌差异明显，成土母质复杂多样，加上水热条件变化的影响，致使全县土壤类型较多，分别为褐土类、草甸土类、潮土类、沼泽土类。全县土地总面积中耕地占52.45%，林地占7.36%，园地占2.23%，草地占23.03%，建设用地占9.45%，水域及水利设施用地占3.51%，其他土地占1.97%。耕地的总面积为459 120 100.0 m²（688 680.2亩），主要种植作物为玉米、小麦、谷子、蔬菜、果树等。

2. 耕地质量等级划分

利用县域耕地资源管理信息系统，采用层次分析法，确定该县耕地综合评价指数在0.572 987 ~ 0.873 954范围。按照河北省耕地质量10等级划分标准，耕地等级划分为1、2、3、4、5、6、7、8等地，面积分别为1 016 505.7、6 708 157.1、7 593 772.4、344 944 617.6、88 145 786.6、6 430 053.1、1 884 664.1、2 396 543.4 m²（见表）。通过加权平均，该县的耕地质量平均等级为4.20。

行唐县耕地质量等级统计表

等级	1级	2级	3级	4级	5级	6级	7级	8级
面积（m²）	1 016 505.7	6 708 157.1	7 593 772.4	344 944 617.6	88 145 786.6	6 430 053.1	1 884 664.1	2 396 543.4
百分比（%）	0.23	1.46	1.65	75.13	19.20	1.40	0.41	0.52

3. 耕地属性特征及利用建议

（1）耕地属性特征　行唐县耕地灌溉能力20.54%的取样点处于"不满足"状态，排水能力处于"满足"到"充分满足"状态。耕层厚度平均值为14 cm，地形部位为河漫滩、丘陵、山麓平原和山区，各占取样点的2.68%、17.86%、69.64%和9.82%。耕地无盐渍化，半数耕地无明显障碍因素，其他耕地障碍因素为夹砂层、黏化层等。耕层质地以轻壤、中壤为主，占到取样点的80.36%，砂壤、重壤和黏土分别占17.86%、0.89%和0.89%。有机质平均含量为21.11 g/kg，其中4.46%的取样点有机质低于10 g/kg，57.14%取样点有机质含量高于20 g/kg。有效磷平均含量为32.13 mg/kg，其中75%高于20 mg/kg。速效钾平均含量为83.53 mg/kg，其中18.75%高于100 mg/kg。行唐县耕地灌溉能力较差，水资源不足、灌溉保证率低，耕地有机质含量呈中等水平，有效磷含量整体偏高，速效钾含量整体中等偏低。

（2）耕地利用建议　一是调整农业种植结构，合理布局，不断提高劳动生产率和农田产出率，有效地挖掘和发挥土地资源的潜力和效益。二是水资源短缺是制约行唐县耕地质量提升的瓶颈因素，针对行唐县水资源现状，改造现有水利设施，大力发展节水灌溉，逐步实现管道输水、滴灌、微灌等节水灌溉措施，提高灌溉保证率、提高水分利用效率。三是针对行唐县土壤养分的状况，实施有机、无机肥料结合施用，增施有机肥，以改善土壤结构，推广秸秆还田技术，增强土壤的保水、保肥能力，并提高土壤肥力，适量增加钾肥用量。通过测土配方施肥技术的推广应用，补充土壤中的养分元素，实现土壤的养分平衡，提高肥料利用率。

藁城区耕地质量等级图

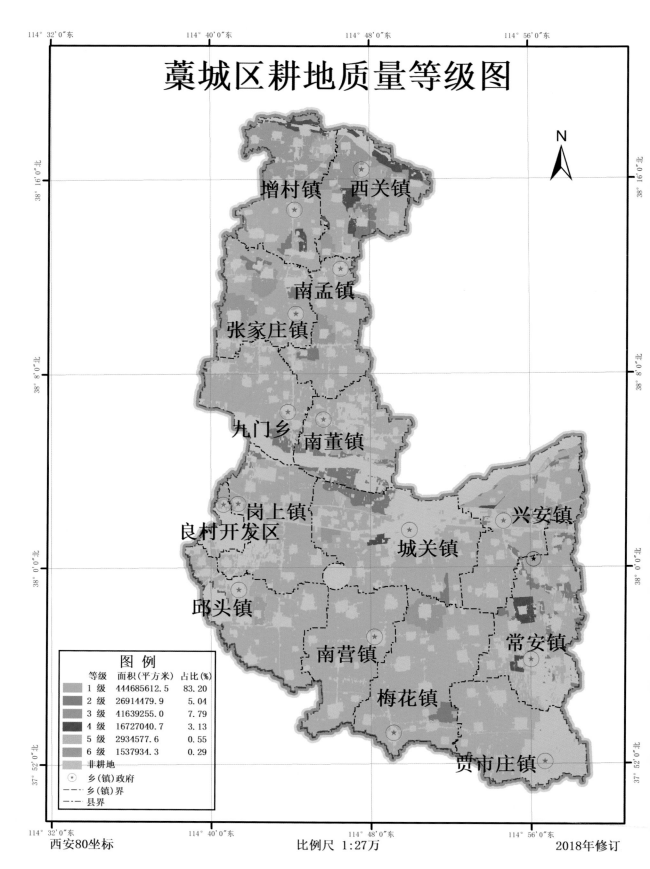

图 例		
等级	面积(平方米)	占比(%)
1 级	444685612.5	83.20
2 级	26914479.9	5.04
3 级	41639255.0	7.79
4 级	16727040.7	3.13
5 级	2934577.6	0.55
6 级	1537934.3	0.29
非耕地		
⊙ 乡(镇)政府		
— — 乡(镇)界		
—·— 县界		

增村镇　西关镇

南孟镇

张家庄镇

九门乡　南董镇

岗上镇　良村开发区　城关镇　兴安镇

邱头镇

南营镇　常安镇

梅花镇

贾市庄镇

西安80坐标　　　　　比例尺 1:27万　　　　　2018年修订

藁城区耕地质量等级

1. 耕地基本情况

藁城区（原藁城县）处于暖温带半湿润大陆性季风气候区，大陆性气候特点明显，四季分明。藁城区处于太行山东麓山洪冲积平原，土壤母质为河流冲积物，加上气候的变化和差异不大，所以土壤类型较简单，分为褐土和潮土 2 类。全区土地总面积中耕地占 68.71%，园地占 4.87%，林地占 1.38%，草地占 2.07%，建设用地占 20.35%，水域及水利设施用地占 2.42%，其他土地占 0.19%。耕地的总面积为 534 438 900.0 m²（801 658.4 亩），主要种植作物为玉米、小麦、花生、瓜菜等。

2. 耕地质量等级划分

利用县域耕地资源管理信息系统，采用层次分析法，确定该区耕地综合评价指数在 0.820 725 ~ 0.964 288 范围。按照河北省耕地质量 10 等级划分标准，耕地等级划分为 1、2、3、4、5、6 等地，面积分别为 444 685 612.5、26 914 479.9、41 639 255.0、16 727 040.7、2 934 577.6、1 537 934.3 m²（见表）。通过加权平均，该区的耕地质量平均等级为 1.34。

藁城区耕地质量等级统计表

等级	1级	2级	3级	4级	5级	6级
面积（m²）	444 685 612.5	26 914 479.9	41 639 255.0	16 727 040.7	2 934 577.6	1 537 934.3
百分比（%）	83.20	5.04	7.79	3.13	0.55	0.29

3. 耕地属性特征及利用建议

（1）耕地属性特征　藁城区耕地灌溉能力处于"充分满足"状态，排水能力处于"充分满足"状态。耕层厚度平均值为 14 cm，地形部位为山前洪积平原。耕地无盐渍化，无明显障碍因素。耕层质地为轻壤，占取样点的 85.34%，砂土、砂壤、中壤和黏土分别占 2.58%、7.76%、3.88% 和 0.43%。有机质平均含量为 19.78 g/kg，其中 6.03% 取样点有机质含量低于 10 g/kg，54.74% 取样点有机质含量高于 20 g/kg。有效磷平均含量为 39.74 mg/kg，其中 71.12% 高于 20 mg/kg。速效钾平均含量为 140.01 mg/kg，其中 68.1% 高于 100 mg/kg。该区有机质含量整体偏低，有效磷含量整体偏高，速效钾含量中等偏高。

（2）耕地利用建议　一是积极开展用地和养地相结合、改良和利用相结合、生物措施和工程措施相结合的中低产田改造工作，不断提高劳动生产率和农田产出率，有效地挖掘和发挥土地资源的潜力和效益，缓解全区人口增长与耕地减少的矛盾。二是藁城区水资源短缺已成定局，让有限的农业水资源满足农业生产的需要，针对其农业现状，推广节水灌溉工程节水技术、管理节水技术以及农业节水技术，包括防渗渠道、低压管道、喷灌、微灌、滴灌以及各种节水栽培技术，从而提高水资源的利用率。三是针对藁城区有机质的状况，走由无机农业向以有机为主、有机与无机相结合的农业转变之路，减少化肥、农药的施用量，增加有机肥的用量，推广测土配方施肥技术，开展种植绿肥、秸秆还田工作，稳步提升土壤有机质含量，提高土壤肥力；实行科学的耕作制度，如轮作、间作、套种、休耕等方法，做到用地与养地相结合。

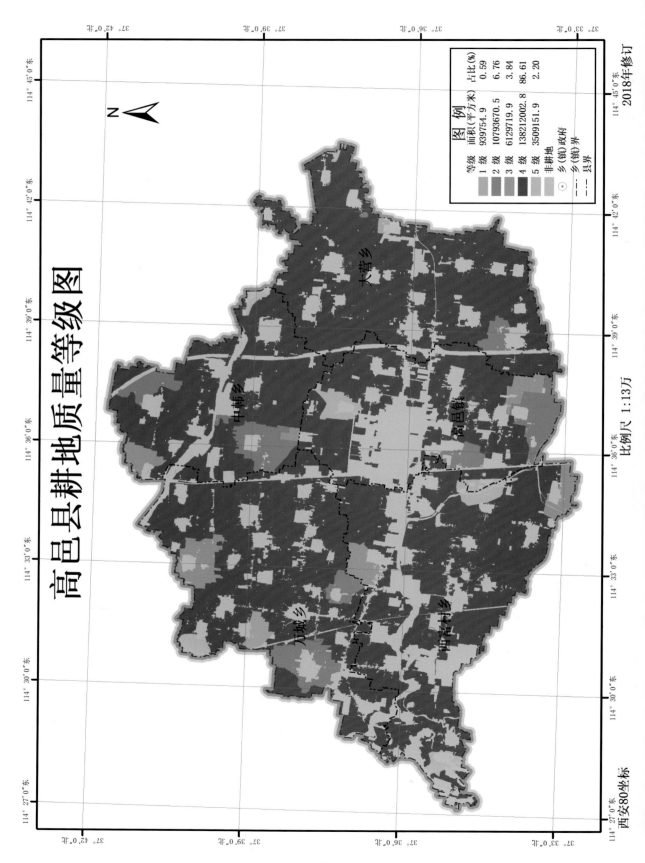

高邑县耕地地质量等级图

图 例		
等级	面积(平方米)	占比(%)
1 级	939754.9	0.59
2 级	10793670.5	6.76
3 级	6129719.9	3.84
4 级	138212002.8	86.61
5 级	3509151.9	2.20
非耕地		
⊙ 乡(镇)政府		
—·— 乡(镇)界		
—·— 县界		

大营乡

中韩乡

高邑镇

万城乡

西富村乡

比例尺 1:13万

西安80坐标

高邑县耕地质量等级

1. 耕地基本情况

高邑县地处太行山东麓山前洪冲积平原，属于暖温带半湿润大陆气候。全县分为低山丘陵岗坡、洪冲积扇扇形平原、冲积扇交接洼地3个组成部分。因主要成土母质为洪积冲积物，所以土壤类型较简单，分为褐土和潮土2类。全县土地总面积中耕地占74.76%，园地占0.90%，林地占2.06%，建设用地占19.35%，水域及水利设施用地占2.35%，其他土地占0.58%。耕地的总面积为159 584 300.0 m²（239 376.5亩），主要种植作物为玉米、小麦、蔬菜等。

2. 耕地质量等级划分

利用县域耕地资源管理信息系统，采用层次分析法，确定该县耕地综合评价指数在0.767 584～0.890 639范围。按照河北省耕地质量10等级划分标准，耕地等级划分为1、2、3、4、5等地，面积分别为939 754.9、10 793 670.5、6 129 719.9、138 212 002.8、3 509 151.9 m²（见表）。通过加权平均，该县的耕地质量平均等级为3.83。

高邑县耕地质量等级统计表

等级	1级	2级	3级	4级	5级
面积（m²）	939 754.9	10 793 670.5	6 129 719.9	138 212 002.8	3 509 151.9
百分比（%）	0.59	6.76	3.84	86.61	2.20

3. 耕地属性特征及利用建议

（1）耕地属性特征 高邑县耕地灌溉能力处于"基本满足"到"满足"状态，排水能力处于"满足"到"充分满足"状态。耕层厚度平均值为14 cm，地形部位为山前平原。耕地无盐渍化，无明显障碍因素。耕层质地为轻壤，占取样点的75.41%，砂壤、重壤和黏土分别占4.92%、14.75%和4.92%。有机质平均含量为18.99 g/kg，其中只有36.07%取样点有机质含量高于20 g/kg。有效磷平均含量为26.29 mg/kg，其中40.98%高于20 mg/kg。速效钾平均含量为135.56 mg/kg，其中85.25%高于100 mg/kg。该县有机质含量整体偏低，有效磷含量整体中等偏高，速效钾含量中等偏高。

（2）耕地利用建议 一是针对高邑县的具体情况，对中低产田的改良应采取用地和养地相结合，改良和利用相结合，生物措施和工程措施相结合，有机肥料和无机肥料相结合等措施，逐步建设成为具有较高生产能力的高产稳产农田。二是高邑县水资源日益匮乏，为保障农业生产的可持续发展，把传统灌溉技术与现代技术组装配套，工程节水与农艺节水技术相结合，推广节水灌溉工程节水技术、管理节水技术以及农业节水技术，包括防渗渠道、低压管道、喷灌、微灌、滴灌以及各种节水栽培技术，从而提高水资源的利用率。三是针对高邑县有机质含量偏低的状况，采取增施有机肥，降低化肥用量，合理确定氮、磷、钾和微量元素的适宜用量，稳步提升土壤有机质含量、改善土壤物理性状，提高土壤肥力。

邯郸市

邯郸市耕地质量等级

1. 耕地基本情况

邯郸市位于河北省南端，西依太行山脉，东接华北平原，属于暖温带半湿润季风气候区。年平均气温13.5℃，年平均降雨量为500～560 mm，无霜期为200～210 d，积温分布呈明显西少东多分布，≥0℃积温，山区多年平均为4 679℃，平原为5 088℃。该市处于太行山中南部中低山向河北平原西南部过渡地带，地形地貌复杂多变，形式多样，中低山、丘陵、盆地、平原和洼地均有分布，地势总趋势为西高东低。以京广铁路西侧100 m等高线为界，西部为中低山、丘陵和山间盆地等，包括涉县、武安、峰峰矿区的全部及永年、邯山区（原邯郸县）、磁县的部分区域；京广铁路西侧100 m等高线以东，为邯郸平原区，平原区按成因和形态特征可划分为太行山山前冲积洪积平原和中东部冲积湖积平原，山前平原沿太行山山麓呈条带状分布，高程在50～100 m，中东部平原地势低洼，一般海拔在50 m以下。境内地理状态相对差别较大，地域性小气候也很明显。在各种成土因素的相互作用下形成的土壤类型主要有棕壤、褐土、潮土、风沙土、粗骨土、石质土、沼泽土、水稻土、盐土、新积土。全市总耕地面积676 087.83 hm²，主要种植作物有玉米、小麦、棉花、果菜等。

2. 耕地质量等级划分

本次实际统计的是邯郸市15个县（市、区），总面积658 933.08 hm²，不包括4个合并区。合并区作物产量与临近县（市）作物产量相当，通过专家论证，前者耕地质量等级暂定使用后者等级，按照省土肥站要求邯山区、复兴区、峰峰矿区使用武安市最高等级计算，丛台区使用原邯郸县最高等级计算。由此，邯郸市19个县（市、区），总面积676 087.83 hm²，按照河北省耕地质量10等级划分标准1、2、3、4、5、6、7、8、9、10级耕地的面积分别为60 459.62、57 687.94、99 700.30、167 701.79、146 432.54、74 875.38、40 087.09、15 937.55、4 997.47、8 208.16 hm²，所占全市耕地面积比例分别为8.94%、8.53%、14.75%、24.8%、21.66%、11.07%、5.93%、2.36%、0.74%、1.22%，通过加权平均求得邯郸市平均耕地质量等级为4.23。

邯郸市耕地质量等级统计表

等级	1级	2级	3级	4级	5级	6级	7级	8级	9级	10级
面积（hm²）	60 459.62	57 687.94	99 700.30	167 701.79	146 432.54	74 875.38	40 087.09	15 937.55	4 997.47	8 208.16
百分比（%）	8.94	8.53	14.75	24.80	21.66	11.07	5.93	2.36	0.74	1.22

3. 结果确定

结合此次得到的耕地质量等级分布图，将评价结果与调查表中农户近3年的冬小麦和夏玉米产量进行对比分析，同时邀请县、市、省级专家进行论证，证明邯郸市本次耕地质量评价结果与当地实际情况基本吻合。

鸡泽县耕地质量等级图

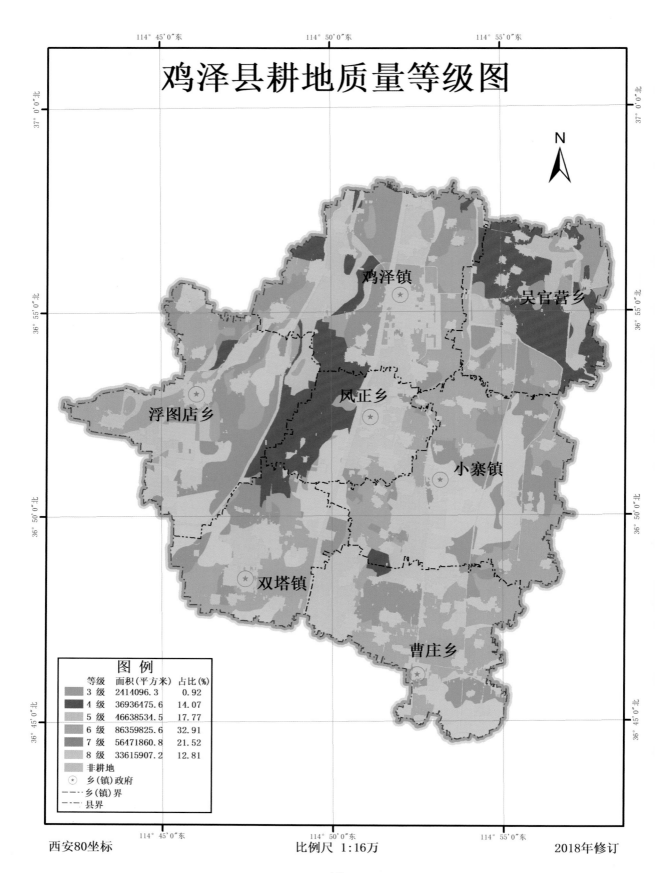

114°45'0"东　　　114°50'0"东　　　114°55'0"东

N

鸡泽镇

吴官营乡

凤正乡

浮图店乡

小寨镇

双塔镇

曹庄乡

等级	面积（平方米）	占比（%）
3 级	2414096.3	0.92
4 级	36936475.6	14.07
5 级	46638534.5	17.77
6 级	86359825.6	32.91
7 级	56471860.8	21.52
8 级	33615907.2	12.81

图 例

非耕地
⊙ 乡(镇)政府
--- 乡(镇)界
-·- 县界

西安80坐标　　　　　比例尺 1:16万　　　　　2018年修订

· 42 ·

鸡泽县耕地质量等级

1. 耕地基本情况

鸡泽县位于邯郸地区东北部，属于黑龙港流域，气候属温带半湿润大陆性季风气候区。该县位于沙洺河冲积扇与漳河冲积扇的交接洼地，以及漳河泛滥时在交接洼地中留下的自然故道。由于受沙河、彰河、洺河的影响，县域内微地貌变化多，主要有：缓岗，二坡地，河间洼地等呈南北带状分布。该县共有潮土、褐土 2 个土类。全县土地总面积中耕地占 79.90%，园地占 0.40%，林地占 0.40%，建设用地占 15.00%，水域及水利设施用地占 3.10%，其他土地占 1.20%。耕地的面积为 262 436 700.0 m²（393 655.0 亩），主要种植作物为小麦、玉米、棉花、蔬菜等。

2. 耕地质量等级划分

利用县域耕地资源管理信息系统，采用层次分析法，确定该县耕地综合评价指数在 0.684 394 5 ～ 0.822 700 1 范围，按照河北省耕地质量 10 等级划分标准，耕地等级划分为 3、4、5、6、7、8 级耕地，面积分别为 2 414 096.3、36 936 475.6、46 638 534.5、86 359 825.6、56 471 860.8、33 615 907.2 m²（见表）。通过加权平均，该县的耕地质量平均等级为 5.98。

鸡泽县耕地质量等级统计表

等级	3 级	4 级	5 级	6 级	7 级	8 级
面积（m²）	2 414 096.3	36 936 475.6	46 638 534.5	86 359 825.6	56 471 860.8	33 615 907.2
百分比（%）	0.92	14.07	17.77	32.91	21.52	12.81

3. 耕地属性特征及利用建议

（1）耕地属性特征　鸡泽县耕地取样点灌溉能力全部处于"满足"状态，排水能力全部取样点处于"不满足"状态。耕层厚度平均值为 20 cm，地形部位为冲积扇下部。耕地无盐渍化，无明显障碍因素。耕层质地以壤土为主，其中轻壤土占到取样点的 77.50%，中壤土占到取样点的 12.50%，砂壤土占到取样点的 10.00%。有机质平均含量为 14.1 g/kg，其中 87.50% 取样点的有机质含量介于 10 ～ 20 g/kg，12.50% 取样点的有机质含量高于 20 g/kg。有效磷的平均含量为 21.2 mg/kg，52.50% 取样点的有效磷含量介于 10 ～ 40 mg/kg，47.50% 取样点的有效磷含量高于 40 mg/kg。速效钾平均含量为 111.8 mg/kg，其中 60.00% 取样点的速效钾介于 100 ～ 200 mg/kg，40.00% 取样点的速效钾低于 100 mg/kg。该县有机质含量偏低，有效磷含量中等偏低，速效钾含量中等。

（2）耕地利用建议　一是针对该县低产地区进行综合治理，关键是治水，应采取以工程措施为主，生物、土壤措施为辅的方法，有效地控制地下潜水位、土地平整，在全县范围内进行农田生态环境的整治工程。二是综合运用各种措施（包括物理的、化学的、生物的）对土壤加以治理和改造。同时，引进优良品种，合理施用微量元素肥料，适当降低复种指数、压缩耗肥作物、实行豆科作物轮作，以及适当耕翻耙耱、镇压中耕等，进一步改善土壤理化、生物性状，提高土壤肥力和土地生产力。三是积极发展畜牧业，努力实现农林牧综合发展，建立良性循环的优化农田生态系统。在以农户分散养殖的基础上，以养殖专业户和联户为龙头来带动试验区、示范区和扩散区的畜牧业生产。农牧结合的养殖规模不宜过大，以小型为主，实行小规模、大群体，逐步形成以种植业为基础，养殖业为纽带来带动和促进农副产品加工业的发展，实现农林牧全面发展，种养加综合经营的农业生态经济系统。

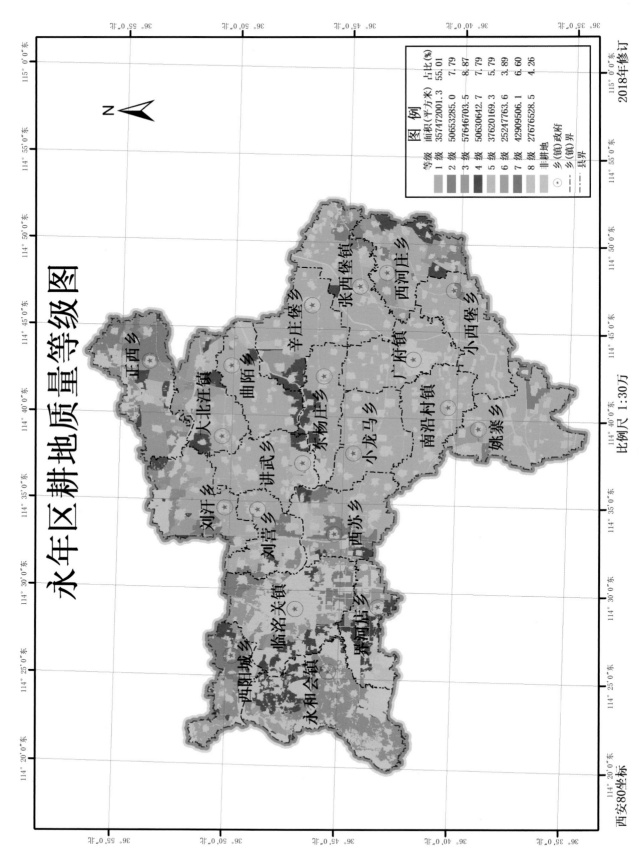

永年区耕地质量等级图

图 例		
等级	面积(平方米)	占比(%)
1级	357472001.3	55.01
2级	50653285.0	7.79
3级	57646703.5	8.87
4级	50630642.7	7.79
5级	37620169.3	5.79
6级	25247763.6	3.89
7级	42909506.1	6.60
8级	27676528.5	4.26

非耕地
乡(镇)政府
乡(镇)界
县界

比例尺 1:30万

正西乡

大北汪镇

曲陌乡

辛庄堡乡

张西堡镇

西河庄乡

刘汉乡

讲武乡

蔡杨庄乡

小龙马乡

广府镇

小西堡乡

临洺关镇

西阳城乡

永和会镇

吴河店乡

西苏乡

南沿村镇

姚寨乡

2018年修订

西安80坐标

永年区耕地质量等级

1.耕地基本情况

永年区（原永年县）位于邯郸地区正北部，地处半湿润半干旱地区，属暖温带大陆性季风气候。永年区地处低山丘陵与华北平原的交接地带，地势西高东低，地貌主要有丘陵、平原和洼淀3大类型。全区土壤类型比较多，土壤共划分为褐土、潮土、沼泽土、风砂土、石质土、粗骨土、新积土7个土类。全区土地总面积中耕地占74.80%，园地占0.50%，林地占1.10%，草地占1.90%，建设用地占17.50%，水域及水利设施用地占2.70%，其他土地占1.60%。耕地的面积为649 856 600.0 m²（974 784.9亩），主要种植作物为小麦、玉米、棉花、蔬菜等。

2.耕地质量等级划分

利用县域耕地资源管理信息系统，采用层次分析法，确定该区耕地综合评价指数在0.578 56～0.905 5范围。按照河北省耕地质量10等级划分标准，耕地等级划分为1、2、3、4、5、6、7、8等地，面积分别为357 472 001.3、50 653 285.0、57 646 703.5、50 630 642.7、37 620 169.3、25 247 763.6、42 909 506.1、27 676 528.5 m²（见表）。通过加权平均，该区的耕地质量平均等级为4.62。

永年区耕地质量等级统计表

等级	1级	2级	3级	4级	5级	6级	7级	8级
面积（m²）	357 472 001.3	50 653 285.0	57 646 703.5	50 630 642.7	37 620 169.3	25 247 763.6	42 909 506.1	27 676 528.5
百分比（%）	55.01	7.79	8.87	7.79	5.79	3.89	6.60	4.26

3.耕地属性特征及利用建议

（1）耕地属性特征 永年区耕地84.90%取样点的灌溉能力处于"基本满足"到"充分满足"状态，有15.10%的取样点灌溉能力无法满足农业需求，83.30%取样点的排水能力处于"基本满足"到"充分满足"状态，16.70%的取样点排水能力不能满足农业需求。耕层厚度平均值为19 cm，地形部位为洪冲积扇、丘陵中下部、交接洼地、缓平坡地，分别占取样点的73.03%、3.63%、14.85%、8.48%。耕地无盐渍化，基本无明显障碍因素，只有一小部分存在夹砾石层、夹砂层、砂姜层和粘化层等障碍因素。耕层质地以壤土为主，其中轻壤土占到取样点的43.10%，砂壤土占23.60%，沙土占10.90%，中壤土占12.70%，黏土占8.80%，重壤土占0.90%。有机质平均含量为16 g/kg，其中75.50%取样点的有机质含量介于10～20g/kg，13.00%取样点的有机质含量低于10 g/kg，11.50%取样点的有机质含量高于20 g/kg。有效磷平均含量为24.8 mg/kg，其中89.70%取样点的有效磷含量介于10～40 mg/kg。速效钾平均含量为146.5 mg/kg，其中68.20%取样点的速效钾介于100～200 mg/kg，18.20%取样点的速效钾低于100 mg/kg，13.60%取样点的速效钾高于200 mg/kg。该区有机质含量偏低，有效磷含量中等，速效钾含量中等偏高。

（2）耕地利用建议 一是按照"地尽其利，土宜其用，扬长避短，发挥优势"的原则，建立农林牧合理结构，在荒山用于植树养草，发展林果畜牧；严禁毁树开荒，毁苇造田。已经开垦的要逐步退耕还林，退耕还渔。二是针对土壤肥力中等的现状，要用地养地，提高土壤肥力。提高土壤有机质含量，全面增加土壤养分，改善土壤理化性质，增强土壤蓄水保墒，保肥能力。三是积极改良低产土壤。通过种植绿肥，增加土壤养分，改善土壤结构。完善农田基础设施，精耕细管，客土掺沙，加大秸秆还田力度，减轻土壤粘性、板结和龟裂现象。

武安市耕地质量等级图

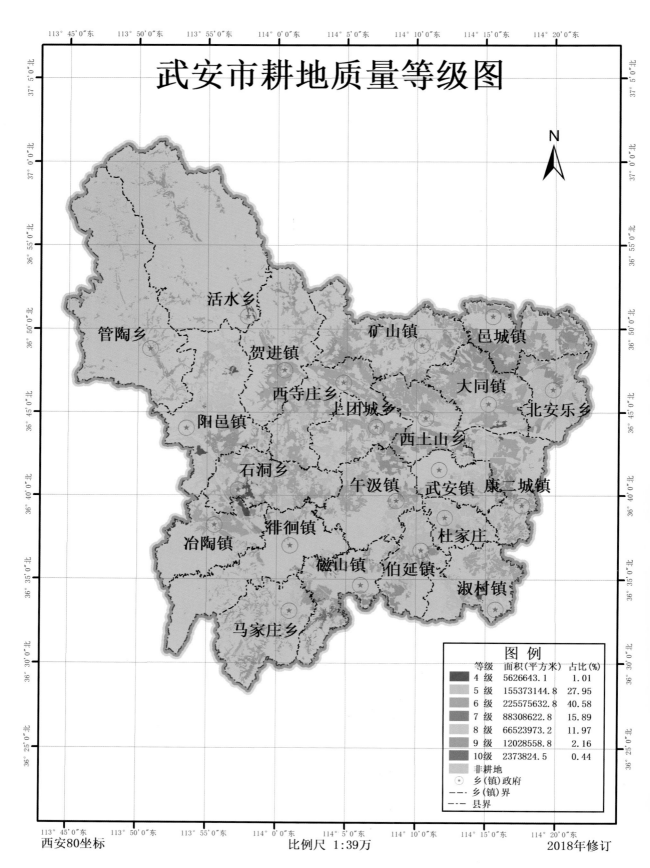

N

图 例		
等级	面积(平方米)	占比(%)
4 级	5626643.1	1.01
5 级	155373144.8	27.95
6 级	225575632.8	40.58
7 级	88308622.8	15.89
8 级	66523973.2	11.97
9 级	12028558.8	2.16
10 级	2373824.5	0.44
非耕地		
⊙ 乡(镇)政府		
—— 乡(镇)界		
—·— 县界		

西安80坐标　　　　　　　比例尺 1:39万　　　　　　2018年修订

武安市耕地质量等级

1. 耕地基本情况

武安市位于河北省南部，邯郸市西侧，太行山东麓，属暖温带大陆性季风气候，四季分明。全市总体地势西高东低，四面环山，中部丘陵、盆地。主要地貌类型有中低山、低山丘陵及盆地 3 大类型。全市土壤类型共划分 2 个土类（棕壤、褐土）和 6 个亚类（生草棕壤土、褐土、淋溶褐土、石灰性褐土、草甸褐土、褐土性土）。全市土地总面积中耕地占 34.90%，园地占 2.00%，林地占 12.60%，草地占 12.80%，建设用地占 12.30%，水域及水利设施用地占 4.00%，其他土地占 21.40%。耕地的面积为 555 810 400.0 m^2（833 715.6 亩），主要种植作物为小麦、玉米、棉花、蔬菜等。

2. 耕地质量等级划分

利用县域耕地资源管理信息系统，采用层次分析法，确定该市耕地综合评价指数在 0.657 0 ~ 0.945 6 范围。按照河北省耕地质量 10 等级划分标准，耕地等级划分为 4、5、6、7、8、9、10 等地，面积分别为 5 626 643.1、155 373 144.8、225 575 632.8、88 308 622.8、66 523 973.2、12 028 558.8、2 373 824.5 m^2（见表）。通过加权平均，该市的耕地质量平均等级为 6.18。

武安市耕地质量等级统计表

等级	4级	5级	6级	7级	8级	9级	10级
面积（m^2）	5 626 643.1	155 373 144.8	225 575 632.8	88 308 622.8	66 523 973.2	12 028 558.8	2 373 824.5
百分比（%）	1.01	27.95	40.58	15.89	11.97	2.16	0.44

3. 耕地属性特征及利用建议

（1）耕地属性特征　武安市耕地 84.30% 取样点的灌溉能力处于"基本满足"到"满足"状态，15.70% 取样点无法满足农业需求，83.60% 取样点的排水能力处于"基本满足"到"满足"状态，16.40% 取样点的排水能力不能满足农业需求。耕地无明显障碍因素。地形部位为低山丘陵坡地、河流冲积平原的边缘地带、低阶地和河漫滩、山前平原的前缘、上部和下部，分别占取样点的 27.61%、9.70%、4.10%、10.82%、23.88%、16.41%、7.46%。有效土层厚度大于 60 cm 的占取样点 71.30%，50 ~ 60 cm 的占 28.70%，田面坡度小于等于 3°。耕层质地以壤土为主，其中轻壤土、砂壤土、中壤土、重壤土各占取样点的 79.10%、8.60%、8.60%、0.40%。有机质平均含量为 19.7 g/kg，其中 51.50% 取样点介于 10 ~ 20 g/kg，48.10% 取样点含量高于 20 g/kg。有效磷平均含量为 17.3 mg/kg，95.90% 取样点含量介于 10 ~ 40 mg/kg。速效钾平均含量为 112.3 mg/kg，其中 57.50% 取样点含量介于 100 ~ 200 mg/kg，42.50% 取样点含量低于 100 mg/kg。该县有机质含量偏低，有效磷含量中等偏低，速效钾含量中等。

（2）耕地利用建议　一是为保证农产品产量的不断提高，要加强有机肥的投入，减少化肥、农药的施用量，提高土壤的养分，培肥地力，提高耕地质量。鼓励农民对土地进行集约化经营，增加对土地的投入。要实行科学的耕作制度，如轮作、间作、套种、休耕等方法，做到用地与养地相结合。制定科学措施，规范农村建设取土地点，保障土壤表层养分。二是加强农业基础设施建设，加大中低产田改造力度，在合理用地，节约用地的同时，积极开发土地资源，解决人口增加，耕地锐减的"人地矛盾"，增强农业发展后劲。

邱县耕地质量等级图

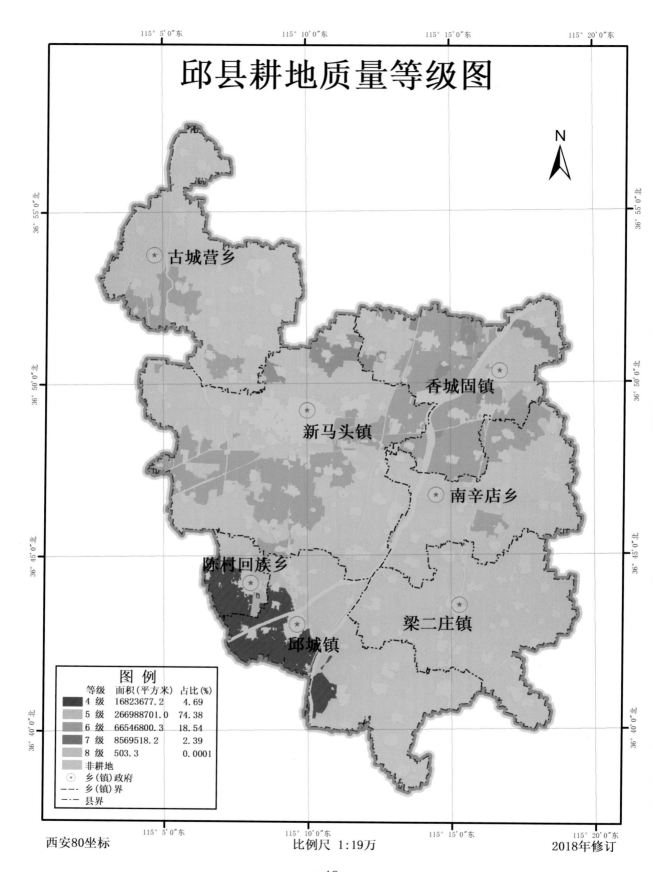

图 例		
等级	面积(平方米)	占比(%)
4级	16823677.2	4.69
5级	266988701.0	74.38
6级	66546800.3	18.54
7级	8569518.2	2.39
8级	503.3	0.0001
非耕地		
⊙ 乡(镇)政府		
— · — 乡(镇)界		
— ·· — 县界		

古城营乡

香城固镇

新马头镇

南辛店乡

陈村回族乡

梁二庄镇

邱城镇

西安80坐标

比例尺 1:19万

2018年修订

邱县耕地质量等级

1. 耕地基本情况

邱县位于黑龙港流域上游、华北平原腹地，属温带半湿润大陆性气候区，四季分明，气候温和。该县属于历代河流冲积平原，地下古河道纵横交错，由于河道多次摆动，小地貌类型复杂，有指状洼地、扇缘洼地、微凸起、古河道缓岗、二坡地、决口扇形地、微斜平地、决口槽状洼地、浅低平地等。全县土壤可分潮土、褐土、盐土3个土类。全县土地总面积中耕地占82.20%，园地占0.90%，林地占0.70%，草地占0.10%，建设用地占12.30%，水域及水利设施用地占3.50%，其他土地占0.40%。耕地的面积为358 929 200.0 m^2（538 393.8亩），主要种植作物为小麦、玉米、棉花等。

2. 耕地质量等级划分

利用县域耕地资源管理信息系统，采用层次分析法，确定该县耕地综合评价指数在0.678 65～0.799 831范围。按照河北省耕地质量10等级划分标准，耕地等级划分为4、5、6、7、8等地，面积分别为16 823 677.2、266 988 701.0、66 546 800.3、8 569 518.2、503.3 m^2（见表）。通过加权平均，该县的耕地质量平均等级为5.19。

邱县耕地质量等级统计表

等级	4级	5级	6级	7级	8级
面积（m^2）	16 823 677.2	266 988 701.0	66 546 800.3	8 569 518.2	503.3
百分比（%）	4.69	74.38	18.54	2.39	0.000 1

3. 耕地属性特征及利用建议

（1）耕地属性特征　邱县耕地全部取样点的灌溉能力处于"基本满足"状态，排水能力全部取样点处于"基本满足"状态。耕层厚度平均值为20 cm，地形部位为洪冲积扇。耕地无盐渍化，且基本无明显障碍，其中有一小部分障碍因素为粘化层。耕层质地以壤土为主，其中轻壤土占到取样点的64.80%，中壤土占到取样点的13.30%，沙土占到取样点的12.40%。有机质平均含量为10.6 g/kg，其中61.90%取样点的有机质含量介于10～20 g/kg，38.10%取样点的有机质含量低于10 g/kg。有效磷平均含量为15.7 mg/kg，93.30%取样点的有效磷含量介于10～40 mg/kg。速效钾平均含量为124.8 mg/kg，其中84.80%取样点的速效钾介于100～200 mg/kg，15.20%取样点的速效钾低于100 mg/kg。该县有机质含量中等偏低，有效磷含量中等偏低，速效钾含量中等。

（2）耕地利用建议　一是针对用地养地不协调，重用轻养问题，应加强有机肥的投入，有机肥料营养全面，可增加更新土壤有机质，能促进土壤微生物繁殖，有利于形成土壤团粒结构，增强土壤保水、保肥、通气能力，具有活化土壤养分，降解土壤中有毒物质的作用。有机肥与化肥配合使用，不仅可以缓解化肥氮、磷、钾比例失调及化肥总量不足的矛盾，还可以提高化肥利用率，减少污染，净化环境，保护生态，培肥地力，提高耕地质量。二是加强农业基础设施建设，加大中低产田改造力度，在合理用地，节约用地的同时，积极开发土地资源，解决人口增加，耕地锐减的"人地矛盾"，增强农业发展后劲。

曲周县耕地质量等级图

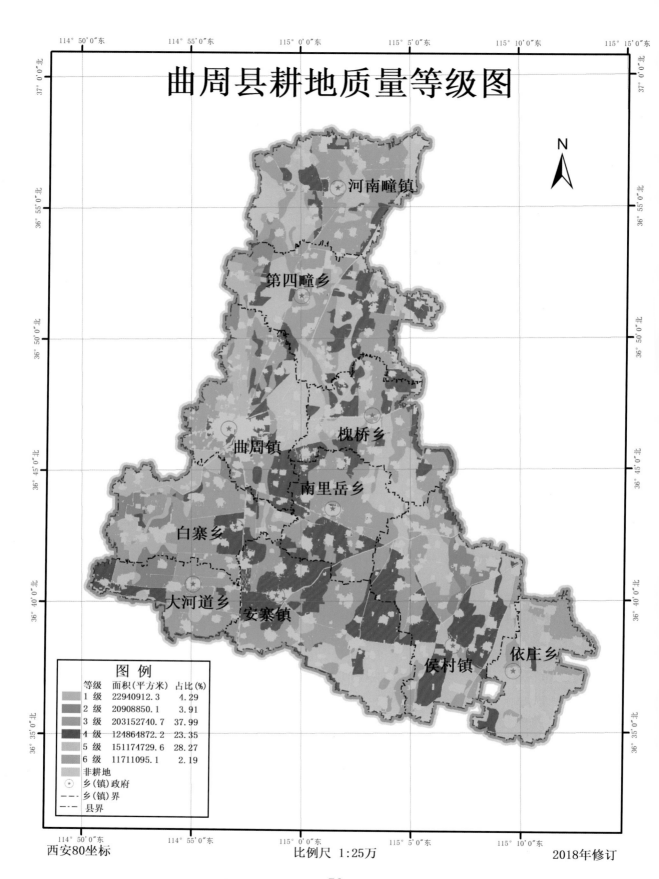

河南疃镇

第四疃乡

槐桥乡

曲周镇

南里岳乡

白寨乡

大河道乡

安寨镇

侯村镇

依庄乡

图 例

等级	面积（平方米）	占比（%）
1 级	22940912.3	4.29
2 级	20908850.1	3.91
3 级	203152740.7	37.99
4 级	124864872.2	23.35
5 级	151174729.6	28.27
6 级	11711095.1	2.19
非耕地		

⊙ 乡（镇）政府

－‥－ 乡（镇）界

－·－ 县界

西安80坐标　　　　　　　比例尺 1:25万　　　　　　　2018年修订

曲周县耕地质量等级

1. 耕地基本情况

曲周县位于河北省南部太行山东麓海河平原的黑龙港流域，属于太行山山前平原南段、漳河冲积扇下缘。该县地处暖温带半湿润大陆性季风气候区，四季分明。全县无山、丘、沟、壑，属典型的平原地貌。全县土壤可分潮土和褐土2个土类。全县土地总面积中耕地占83.00%，园地占0.50%，林地占7.4%，草地占0.60%，建设用地占13.40%，水域及水利设施用地占1.40%，其他土地占0.50%。耕地的面积为534 753 200.0 m²（802 129.8亩），主要种植作物为小麦、玉米、棉花、蔬菜等。

2. 耕地质量等级划分

利用县域耕地资源管理信息系统，采用层次分析法，确定该县耕地综合评价指数在0.690 369 3～0.837 948 6范围。按照河北省耕地质量10等级划分标准，耕地等级划分为1、2、3、4、5、6级耕地，面积分别为22 940 912.3、20 908 850.1、203 152 740.7、124 864 872.2、151 174 729.6、11 711 095.1 m²（见表）。通过加权平均，该县的耕地质量平均等级为3.47。

曲周县耕地质量等级统计表

等级	1级	2级	3级	4级	5级	6级
面积（m²）	22 940 912.3	20 908 850.1	203 152 740.7	124 864 872.2	151 174 729.6	11 711 095.1
百分比（%）	4.29	3.91	37.99	23.35	28.27	2.19

3. 耕地属性特征及利用建议

（1）耕地属性特征 曲周县耕地全部取样点的灌溉能力处于"满足"到"充分满足"状态，排水能力全部取样点处于"基本满足"到"充分满足"状态。耕层厚度平均值为20 cm，地形部位为山前平原。耕地无盐渍化，无明显障碍因素。耕层质地以壤土为主，其中中壤土占到取样点的51.50%，轻壤土占到取样点的24.00%，重壤土占到取样点的21.40%。有机质平均含量为13.3 g/kg，取样点全部介于10～20 g/kg。有效磷平均含量为31.2 mg/kg，87.80%取样点的有效磷含量介于10～40 mg/kg，12.20%取样点的有效磷含量高于40 mg/kg。速效钾平均含量为133.7 mg/kg，其中92.30%取样点的速效钾介于100～200 mg/kg，7.70%取样点的速效钾低于100 mg/kg。该县有机质含量偏低，有效磷的含量高，速效钾含量中等。

（2）耕地利用建议 一是提高土地利用率，加大中低产田改造力度，减少土壤次生盐渍化威胁。采取分期治理、网格化突破，不搞"四面突击"。通过打机井、铺设地下防渗管道、建地上防渗垄沟、新建水利设施、整修农道、建良种繁育田、推广良种等方式，提高中低产田利用率。二是针对粮食面积大、经济效益低、光热资源利用不充分、生产优势不突出等问题，从调整种植结构入手，稳粮棉增果菜，确立主导产业；大力发展棉麦一体化种植，提高光热利用率和土地利用率，夺取粮棉双丰收；发展适度规模经营，提高种植业效益。三是适当发展畜牧业，充分发挥其对资源的优化配置及物质产出作用。以小规模、大群体，分户饲养、集中育肥的家庭庭院养殖业为主；重点发展养牛、养羊等草食类动物。稳定养鸡业、鼓励养猪业、适当发展一些名特新优出口创汇型节粮动物养殖，提高农民收入。

馆陶县耕地质量等级图

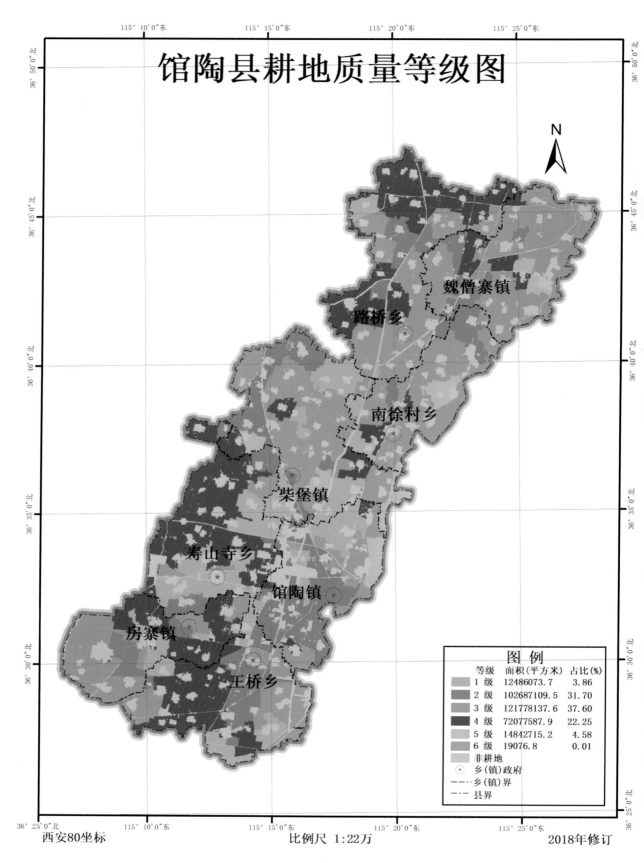

魏僧寨镇

路桥乡

南徐村乡

柴堡镇

寿山寺乡

馆陶镇

房寨镇

王桥乡

N

图 例		
等级	面积(平方米)	占比(%)
1 级	12486073.7	3.86
2 级	102687109.5	31.70
3 级	121778137.6	37.60
4 级	72077587.9	22.25
5 级	14842715.2	4.58
6 级	19076.8	0.01
非耕地		
⊙ 乡(镇)政府		
乡(镇)界		
县界		

西安80坐标   比例尺 1:22万   2018年修订

馆陶县耕地质量等级

1. 耕地基本情况

馆陶县位于华北平原南部，属温带半湿润大陆性气候区，四季分明。该县属冲积平原，由漳河及黄河河水泛滥冲积而成，在河流多次交互沉积，以及剥蚀沉积的影响下，形成了微度起伏的地形，形成一些中小地貌，主要类型有沙河故道、缓岗、二坡地、河间洼地和河旁洼地。土壤分褐土和潮土 2 个土类。全县土地总面积中耕地占 74.80%，园地占 0.60%，林地占 2.20%，草地占 0.40%，建设用地占 16.10%，水域及水利设施用地占 5.20%，其他土地占 0.60%。全县耕地的面积为 323 890 700.0 m^2（485 836.0 亩），主要种植作物为小麦、玉米、棉花、蔬菜等。

2. 耕地质量等级划分

利用县域耕地资源管理信息系统，采用层次分析法，确定该县耕地综合评价指数在 0.770 122 ~ 0.930 169 范围。按照河北省耕地质量 10 等级划分标准，耕地等级划分为 1、2、3、4、5、6 级耕地，面积分别为 12 486 073.7、102 687 109.5、121 778 137.6、72 077 587.9、14 842 715.2、19 076.8 m^2（见表）。通过加权平均，该县的耕地质量平均等级为 2.92。

馆陶县耕地质量等级统计表

等级	1 级	2 级	3 级	4 级	5 级	6 级
面积（m^2）	12 486 073.7	102 687 109.5	121 778 137.6	72 077 587.9	14 842 715.2	19 076.8
百分比（%）	3.86	31.70	37.60	22.25	4.58	0.01

3. 耕地属性特征及利用建议

（1）耕地属性特征　馆陶县耕地 99.00% 取样点的灌溉能力处于"基本满足"到"充分满足"状态，排水能力全部取样点处于"基本满足"到"充分满足"状态。耕地无明显障碍。地形部位为冲洪积扇，有效土层厚度为 110 cm，田面坡度为 2°。耕层质地以壤土为主，其中中壤土占到取样点的 6.20%，轻壤土占到取样点的 58.80%，砂壤土占到取样点的 33.00%。有机质平均含量为 15.3 g/kg，全部取样点有机质含量介于 10 ~ 20 g/kg。有效磷平均含量为 28.1 mg/kg，全部取样点的有效磷含量介于 10 ~ 40 mg/kg。速效钾平均含量为 126.1 mg/kg，68.00% 取样点的速效钾含量介于 100 ~ 200 mg/kg，26.80% 取样点的速效钾含量低于 100 mg/kg，5.20% 取样点的速效钾含量高于 200 mg/kg。该县有机质含量偏低，有效磷含量中等偏高，速效钾含量中等。

（2）耕地利用建议　一是不同作物对土壤也有一定的选择性，因此在安排种植计划时要从土壤、作物、生产条件等方面考虑，做到合理布局。因土种植，在县域西部沙河故道，造林治沙，改土培肥，发展水利林果。在缓岗地带，增施有机肥，合理施用化肥，合理灌溉，扩大红薯、谷子等耐旱耐瘠薄作物面积，适当种植绿肥作物，提倡粮、豆间作套种。二是推广适宜耕种技术，改善土壤耕性。逐年深耕，加深耕层，改善土壤通透性，促进土壤熟化和养分分解；增施有机肥，改善土壤结构；客土掺沙、掺粘，提高土壤生产性能；精耕细作，优化田间管理，逐步提高地力。

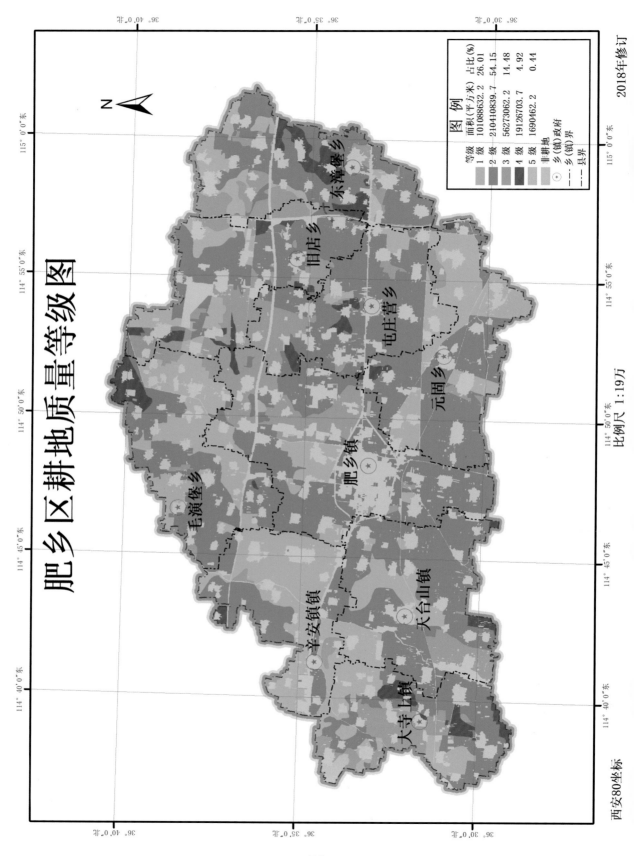

肥乡区耕地质量等级图

2018年修订

比例尺 1:19万

西安80坐标

图　例

等级	面积（平方米）	占比（%）
1 级	101088632.2	26.01
2 级	210410839.7	54.15
3 级	56273062.2	14.48
4 级	19126703.7	4.92
5 级	1690462.2	0.44

非耕地
⊙ 乡（镇）政府
－··－ 乡（镇）界
－·－ 县界

东漳堡乡

旧店乡

屯庄营乡

元固乡

肥乡镇

毛演堡乡

辛安镇镇

天台山镇

大寺上镇

肥乡区耕地质量等级

1. 耕地基本情况

肥乡区（原肥乡县）位于河北省南部，属于太行山山前平原南段、漳河冲积扇中、下部，气候属暖温带半湿润大陆性季风气候区。主要地貌有缓岗和准缓岗，以及缓岗之间规律地分布着微斜平地（二坡地）和浅低平地等。全区土壤可分潮土、褐土、风沙土3个土类。全区土地总面积中耕地占78.80%，园地占1.40%，林地占2.30%，草地占10.00%，建设用地占15.80%，水域及水利设施用地占0.70%。全区耕地的面积为388 589 700.0 m²（582 884.5亩），主要种植作物为小麦、玉米、棉花等。

2. 耕地质量等级划分

利用县域耕地资源管理信息系统，采用层次分析法，确定该区耕地综合评价指数在0.783 614 3 ～ 0.918 956 1范围。按照河北省耕地质量10等级划分标准，耕地等级划分为1、2、3、4、5级耕地，面积分别为101 088 632.2、210 410 839.7、56 273 062.2、19 126 703.7、1 690 462.2 m²（见表）。通过加权平均，该区的耕地质量平均等级为2.00。

肥乡区耕地质量等级统计表

等级	1级	2级	3级	4级	5级
面积（m²）	101 088 632.2	210 410 839.7	56 273 062.2	19 126 703.7	1 690 462.2
百分比（%）	26.01	54.15	14.48	4.92	0.44

3. 耕地属性特征及利用建议

（1）耕地属性特征　全区耕地96.80%取样点的灌溉能力"充分满足"灌溉需求，3.20%取样点的耕地"满足"灌溉需求，排水能力处于"满足"状态。耕层厚度平均值为20 cm，地形部位为山前平原。耕地无盐渍化，无明显障碍因素。耕层质地以轻壤土和中壤土为主，占到取样点的84.80%，0.80%的砂壤土，14.4%的中壤土。有机质平均含量为16.7 g/kg，全部取样点的有机质含量介于10 ～ 20 g/kg。有效磷平均含量为32.56 mg/kg，99.20%取样点的有效磷含量介于10 ～ 40 mg/kg，0.80%取样点的有效磷含量大于40 mg/kg。速效钾平均含量为123.3 mg/kg，其中28.80%取样点的速效钾低于100 mg/kg，71.20%取样点的速效钾介于100 ～ 200 mg/kg。该区有机质含量偏低，有效磷含量较高，速效钾含量中等。

（2）耕地利用建议　一是继续进行农田生态环境整治工程，以工程措施为主，生物、土壤措施为辅的方法，有效地控制地下潜水位、提高盐渍化低产地区农业生产力。二是综合运用各种措施（包括物理的、化学的、生物的）对土壤加以治理和改造。除上述已经提及的以外，还应加大优良品种的引进利用，微量元素肥料的合理施用，适当降低复种指数、压缩耗肥作物、实行豆科作物轮作，以及适当耕翻耙糖、镇压中耕等，改善土壤理、化、生物性状，提高土壤肥力和土地生产力。三是在盐渍土得到初步治理后，采用紫花苜蓿和草木樨等耐盐碱、抗逆性较强的先锋作物作为绿肥来播种，增加地面覆盖，降低积盐过程，进一步改善土壤理化性状。以增施化肥来增加有机质的生产，适当使用化肥，提高作物和秸秆产量，解决有机肥来源问题。

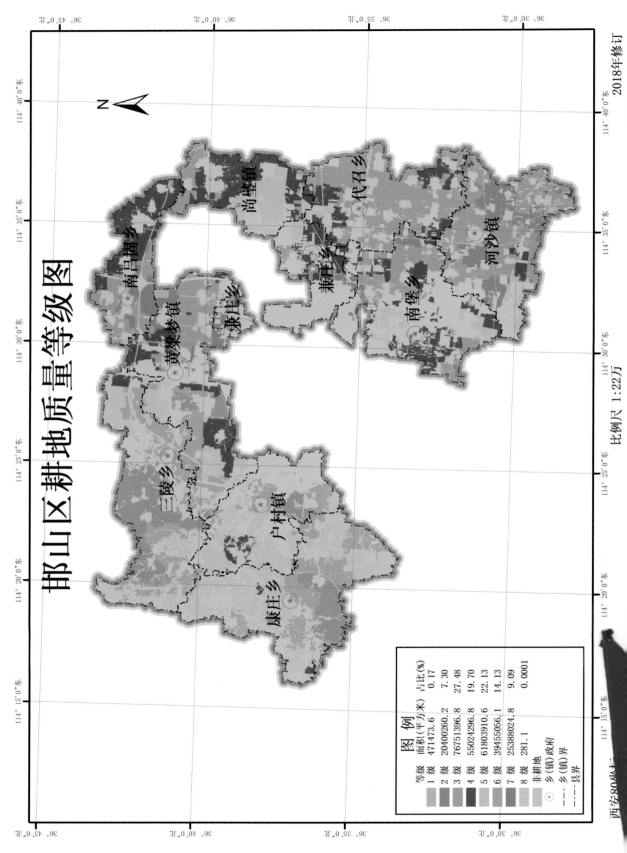

邯山区耕地质量等级图

2018年修订

比例尺 1:22万

图 例

等级	面积(平方米)	占比(%)
1级	471473.6	0.17
2级	20400260.2	7.30
3级	76751396.8	27.48
4级	55024296.8	19.70
5级	61803910.6	22.13
6级	39455056.1	14.13
7级	25388024.8	9.09
8级	281.1	0.0001

非耕地
乡(镇)政府
乡(镇)界
县界

西安80坐标

邯山区耕地质量等级

1. 耕地基本情况

邯山区（原邯郸县）地处河北省的南部，邯郸地区中部。地处山前冲积扇及其向冲积平原过渡地段，属暖温带半湿润地区。由于境内西部依倚太行山东麓，东濒临华北平原的西缘，成土过程复杂，土壤类型多样。全区共有褐土、潮土和水稻土3个土类。全区土地总面积中耕地占80.00%，园地占1.00%，林地占1.50%，城乡居民点占5.90%，工矿占0.90%，水域占3.00%，特殊用地占0.50%，难利用地占5.20%。耕地的面积为 279 294 700.0 m²（418 942.0 亩），主要种植作物为小麦、玉米、果品、蔬菜等。

2. 耕地质量等级划分

利用县域耕地资源管理信息系统，采用层次分析法，确定该区耕地综合评价指数在 0.677 723 ~ 0.872 551 范围。按照河北省耕地质量10等级划分标准，耕地等级划分为1、2、3、4、5、6、7、8级耕地，面积分别为 471 473.6、20 400 260.2、76 751 396.8、55 024 296.8、61 803 910.6、39 455 056.1、25 388 024.8 m²、281.1（见表）。通过加权平均，该区的耕地质量平均等级为 4.35。

邯郸县耕地质量等级统计表

等级	1级	2级	3级	4级	5级	6级	7级	8级
面积（m²）	471 473.6	20 400 260.2	76 751 396.8	55 024 296.8	61 803 910.6	39 455 056.1	25 388 024.8	281.1
百分比（%）	0.17	7.30	27.48	19.70	22.13	14.13	9.09	0.000 1

3. 耕地属性特征及利用建议

（1）耕地属性特征　邯山区耕地 63.60% 取样点的灌溉能力，处于"基本满足"到"满足"状态，36.40% 的取样点处于"不满足"状态，排水能力全部取样点处于"基本满足"到"满足"状态。耕层厚度平均值为 20 cm，地形部位为山前平原。耕地无盐渍化，无明显障碍因素。耕层质地以壤土为主，其中中壤土占到取样点的 62.10%，重壤土占到取样点的 18.60%，轻壤土占到取样点的 8.60%，砂壤土占到取样点的 2.40%，砂土占到取样点的 3.60%。有机质平均含量为 17.7 g/kg，其中 67.10% 取样点的有机质含量介于 10 ~ 20 g/kg，32.90% 取样点的有机质含量高于 20 g/kg。有效磷平均含量为 19.2 mg/kg，95.00% 取样点的有效磷含量介于 10 ~ 40 mg/kg，5% 取样点的有效磷含量低于 10 mg/kg。速效钾平均含量为 137.8 mg/kg，其中 87.10% 取样点的速效钾介于 100 ~ 200 mg/kg，12.90% 取样点的速效钾低于 100 mg/kg。该区有机质含量偏低，有效磷含量偏低，速效钾含量中等。

（2）耕地利用建议　一是针对荒山秃岭利用率低，水土流失严重的问题，应以搞好水土保持为基础，农、林、牧、副、渔五业全面发展，在农业生产上，以两年三熟为主，以秋为主，要重视发挥抗旱、耐瘠作物的优势以及推广抗旱栽培技术和水土保持操作技术。二是针对邯山区自然条件比较复杂的特点，在作物布局上要做到因地制宜，合理配置。西部石质丘陵岗坡干旱缺水，发展抗旱耐瘠作物谷子、甘薯是优势。东部倾斜平原水利条件好，土壤肥力较高，发展需水、需肥作物小麦、玉类是优势，同时还应抓好、杂粮和小宗经济作物的种植如芝麻、绿豆、高粱等也应适当发展。规划滏阳河两岸地区发展蔬菜生产、沙带地区发展瓜果生产。通过增施有机肥、推广平衡施肥、轮作倒茬、间作套种、扩种绿肥作物等多种方式，不断满足农业发展需求。

涉县耕地质量等级图

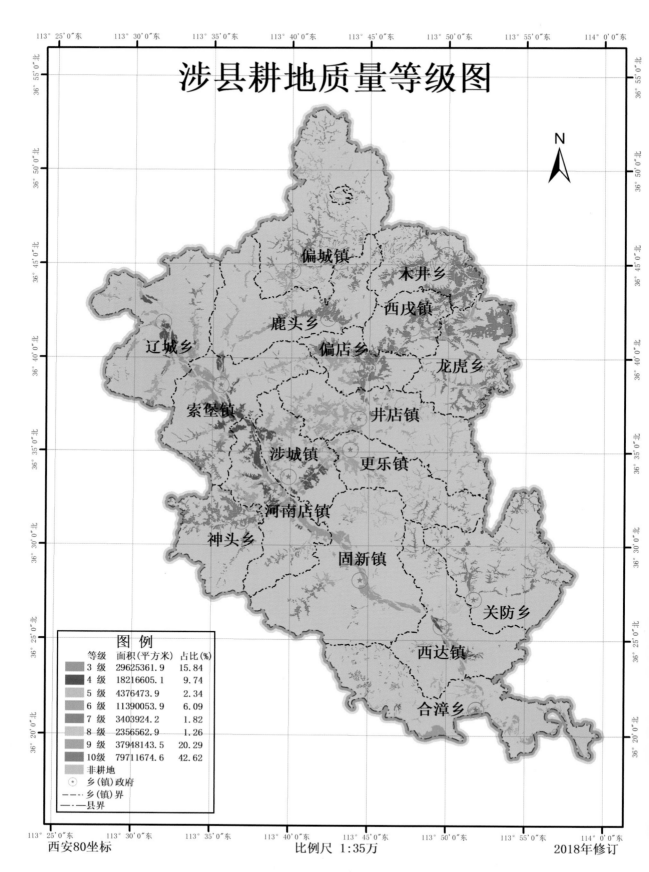

图 例		
等级	面积(平方米)	占比(%)
3 级	29625361.9	15.84
4 级	18216605.1	9.74
5 级	4376473.9	2.34
6 级	11390053.9	6.09
7 级	3403924.2	1.82
8 级	2356562.9	1.26
9 级	37948143.5	20.29
10级	79711674.6	42.62
非耕地		
⊙ 乡(镇)政府		
— — 乡(镇)界		
— · — 县界		

西安80坐标　　　　比例尺 1:35万　　　　2018年修订

涉县耕地质量等级

1. 耕地基本情况

涉县位于河北省西南部，属于太行山南麓，属暖温带半湿润大陆性季风气候区，冬春季节寒冷干燥，夏季温暖多雨，明显表现出干湿季节更替。县域地形复杂，山多岭高，沟谷纵横，地势自西北向东南缓缓倾斜，主要有涉北高寒中山区、涉西南中山区、涉东南涉中低山区、涉中黄土盆地、漳河谷地。全县土壤可分褐土、草甸土、水稻土 3 个土类。全县土地总面积中耕地占 12.86%，园地占 0.19%，林占 57.88%，草地占 20.44%，建设用地占 6.36%，水域及水利设施用地占 1.06%，其他土地占 1.22%。耕地的面积为 187 028 800.0 m²（280 543.2 亩），主要种植作物为小麦、玉米、谷子等。

2. 耕地质量等级划分

利用县域耕地资源管理信息系统，采用层次分析法，确定该县耕地综合评价指数在 0.596 5 ～ 0.984 9 范围。按照河北省耕地质量 10 等级划分标准，耕地等级划分为 3、4、5、6、7、8、9、10 级耕地，面积分别为 29 625 361.9、18 216 605.1、4 376 473.9、11 390 053.9、3 403 924.2、2 356 562.9、37 948 143.5、79 711 674.6 m²（见表）。通过加权平均，该县的耕地质量平均等级为 7.66。

涉县耕地质量等级统计表

等级	3级	4级	5级	6级	7级	8级	9级	10级
面积（m²）	29 625 361.9	18 216 605.1	4 376 473.9	11 390 053.9	3 403 924.2	2 356 562.9	37 948 143.5	79 711 674.6
百分比（%）	15.84	9.74	2.34	6.09	1.82	1.26	20.29	42.62

3. 耕地属性特征及利用建议

（1）耕地属性特征　涉县耕地 68.3% 取样点的灌溉能力处于"不满足"状态。耕地无明显障碍。地形部位为低山丘陵坡地、河流冲积平原边缘地带、低阶地、河谷基地和河漫滩、山前倾斜平原前缘、上部、中部和中下部，分别占取样点的 31.09%、0.2%、20.37%、0.4%、0.2%、35.50%、1.89%、0.8%、9.45%。有效土层厚度大于 60 cm 占取样点 24.60%，30 ～ 60 cm 的占 75.40%，田面坡度的平均值为 4°。耕层质地以壤土为主，其中轻壤土、中壤土各占取样点的 67.00% 和 33.00%。有机质平均含量为 15.7 g/kg，其中 74.20% 取样点介于 10 ～ 20 g/kg，18.50% 取样点高于 20 g/kg。有效磷平均含量为 12 mg/kg，44.70% 取样点介于 10 ～ 40 mg/kg，55.30% 取样点低于 10 mg/kg。速效钾平均含量为 128.2 mg/kg，其中 69.70% 取样点介于 100 ～ 200 mg/kg，27.30% 取样点低于 100 mg/kg。该县水资源不足、灌溉保证率低，有机质含量、有效磷含量整体偏低，速效钾含量中等。

（2）耕地利用建议　一是建立永久性的农田保护区制度、征收占地相关费等多种措施，保证现有耕地存量不减少。二是为保证农产品产量的不断提高，要加强有机肥的投入。提高土壤的养分，培肥地力，提高耕地质量。鼓励农民对土地进行集约化经营，增加对土地的投入。要实行科学的耕作制度，如轮作、间作、套种、休耕等方法，做到用地与养地相结合。三是加强农业基础设施建设，增加可灌溉设施，提高灌溉耕地的覆盖度。加大中低产田改造力度，在合理用地、节约用地的同时，积极开发土地资源。

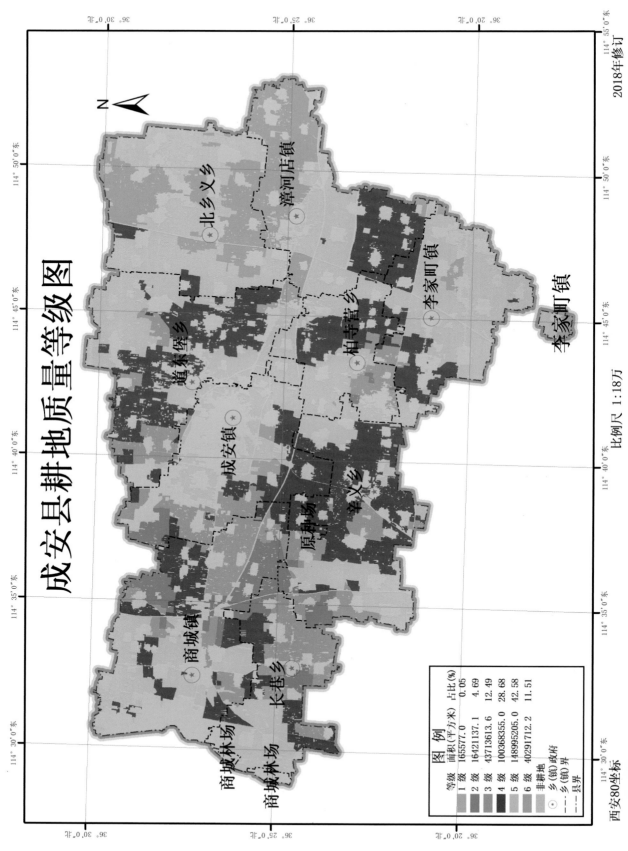

成安县耕地质量等级图

N

图 例		
等级	面积(平方米)	占比(%)
1级	165577.0	0.05
2级	16421137.1	4.69
3级	43713613.6	12.49
4级	100368355.0	28.68
5级	148995205.0	42.58
6级	40291712.2	11.51
非耕地		
⊙ 乡(镇)或政府		
--- 乡(镇)界		
--- 县界		

北乡义乡

漳河店镇

道东堡乡

柏寺营乡

李家疃镇

成安镇

辛义乡

原种场

李家疃镇

商城镇

长巷乡

商城林场

商城林场

比例尺 1:18万

2018年修订

西安80坐标

成安县耕地质量等级

1. 耕地基本情况

成安县属温带大陆性季风气候，冬春干旱多风，夏秋多雨。地质构造属于华北地台的南段，宁晋断陷区，为黄河、漳河冲积平原，其中小型地貌类型主要是缓岗、二坡地、低平地、浅平洼地，其变化不大。由于大地貌的单一，因此土壤类型较简单，分为褐土、潮土和风沙土。全县土地总面积中耕地占 75.05%，林地占 2.51%，园地占 4.02%，草地占 0.69%，建设用地占 16.57%，水域及水利设施用地占 1.15%，其他用地占 0.02%。耕地的总面积为 349 955 600.0 m² （524 933.4 亩），主要种植作物为小麦、玉米、棉花、花生、红薯、草莓、蔬菜、果品等。

2. 耕地质量等级划分

利用县域耕地资源管理信息系统层次分析法，确定该县耕地综合评价指数在 0.736 9 ～ 0.899 7 范围。按照河北省耕地质量 10 等级划分标准，耕地等级划分为 1、2、3、4、5、6 等地。面积分别为 165 577.0、16 421 137.1、43 713 613.6、100 368 355.0、148 995 205.0、40 291 712.2 m²（见表）。通过加权平均，该县的耕地质量平均等级为 4.44。

成安县耕地质量等级统计表

等级	1级	2级	3级	4级	5级	6级
面积（m²）	165 577.0	16 421 137.1	43 713 613.6	100 368 355.0	148 995 205.0	40 291 712.2
百分比（%）	0.05	4.69	12.49	28.68	42.58	11.51

3. 耕地属性特征及利用建议

（1）耕地属性特征　成安县耕地全部取样点的灌溉能力处于"基本满足"到"充分满足"状态，排水能力处于"基本满足"状态。耕层厚度平均值为 20 cm，地形部位为冲洪积扇。耕地无盐渍化，无明显障碍因素。耕层质地以轻壤、中壤为主，占到取样点的 92.63%，7.37% 的土壤为砂壤和重壤。有机质平均含量为 16.20 g/kg，取样点的有机质含量全部在 10 ～ 20 g/kg。有效磷平均含量为 17.90 mg/kg，其中 64.73% 取样点的有效磷含量在 10 ～ 20 mg/kg。速效钾平均含量为 129.20 mg/kg，其中 99.47% 取样点的速效钾高于 100 mg/kg。该县有机质含量整体偏低，有效磷含量整体偏低，速效钾含量中等偏高水平。

（2）耕地利用建议　一是制定合理的用地规划，保证基本农田面积，同时加强现有耕地的农田基本建设，逐步建成高产稳产田。二是针对成安县农业现状，让有限的农业水资源满足农业生产的需要，改造现有水利设施，发展节水灌溉，逐步实现管道输水、滴灌、微灌等节水灌溉措施，提高灌溉保证率、提高水分利用效率。三是针对成安县有机质、有效磷含量低的状况，开展增施有机肥、种植绿肥、秸秆还田工作，稳步提升土壤有机质含量、改善耕地土壤物理、化学性状，提高耕地土壤保肥、供肥的能力，改善土壤结构，提高磷的有效性，提高土壤肥力。推广测土配方施肥技术，实现平衡施肥，稳步提高土壤肥力。

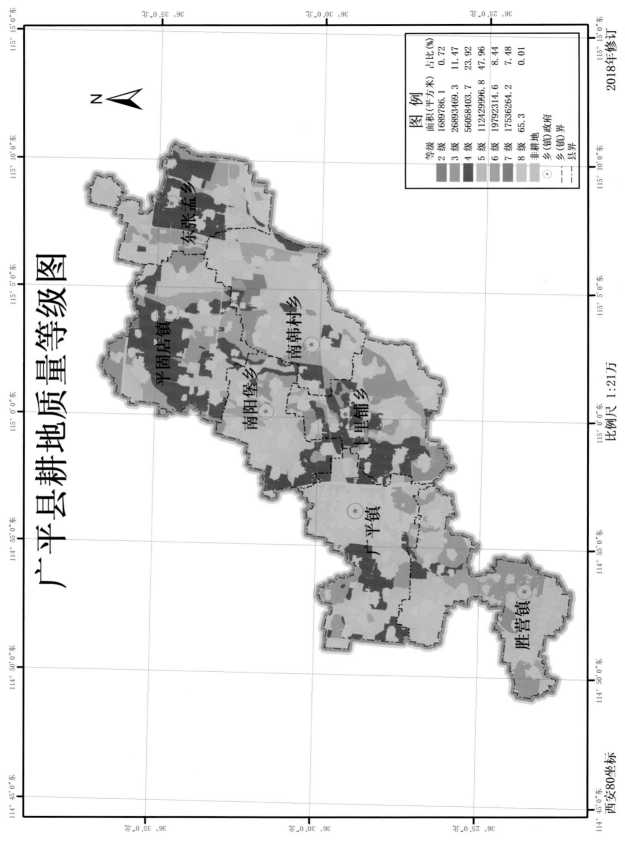

广平县耕地质量等级图

2018年修订

N

图 例		
等级	面积(平方米)	占比(%)
2 级	1689786.1	0.72
3 级	26893469.3	11.47
4 级	56058403.7	23.92
5 级	112429996.8	47.96
6 级	19792314.6	8.44
7 级	17536264.2	7.48
8 级	65.3	0.01
非耕地		
⊙ 乡(镇)政府		
乡(镇)界		
县界		

东张孟乡

平固店镇

南阳堡乡

南韩村乡

十里铺乡

广平镇

胜营镇

比例尺 1:21万

西安80坐标

广平县耕地质量等级

1. 耕地基本情况

广平县位于河北省南部，邯郸地区东部，处于温暖带半湿润半干旱季风气候区。在全县境内土壤形成主要受黄河、漳河影响。由于河流的多次泛滥改道，沉积物相互覆盖，造成了地形变化的差异性，地貌类型的多样性，主要地貌类型有故河道、自然堤缓岗、准缓岗、二坡地、低平地和各种类型的洼地等。全县土壤共划分为褐土和潮土2个土类。全县土地总面积中耕地占76.87%，园地占1.39%，林地占2.49%，草地占0.37%，建设用地占17.46%，水域及水利设施用地占1.04%，其他土地占0.36%。耕地的面积为234 400 300.0 m²（351 600.4亩），主要种植作物为小麦、玉米、棉花等。

2. 耕地质量等级划分

利用县域耕地资源管理信息系统采用层次分析法，确定该县耕地综合评价指数在0.703 361 3 ~ 0.854 620 7范围。按照河北省耕地质量10等级划分标准，耕地等级划分为2、3、4、5、6、7、8级耕地，面积分别为1 689 786.1、26 893 469.3、56 058 403.7、112 429 996.8、19 792 314.6、17 536 264.2、65.3 m²（见表）。通过加权平均求得该县的耕地质量平均等级为4.74。

广平县耕地质量等级统计表

等级	2级	3级	4级	5级	6级	7级	8级
面积（m²）	1 689 786.1	26 893 469.3	56 058 403.7	112 429 996.8	19 792 314.6	17 536 264.2	65.3
百分比（%）	0.72	11.47	23.92	47.96	8.44	7.48	0.01

3. 耕地酸性体质利用建议

（1）耕地属性特征 广平县耕地全部取样点的灌溉能力处于"满足"状态。排水能力全部取样点处于"基本满足"状态。耕层厚度平均值为20 cm，地形部位为山前平原。耕地无盐渍化，无明显障碍因素。耕层质地以壤土为主，其中中壤土占到取样点的28.00%，重壤土占到取样点的24.40%，轻壤土占到取样点的43.90%。有机质平均含量为15.5 g/kg，其中86.60%取样点的有机质含量介于10 ~ 20 g/kg，12.20%取样点的有机质含量高于20 g/kg。有效磷平均含量为18.6 mg/kg，全部取样点的有效磷含量介于10 ~ 40 mg/kg。速效钾平均含量为145.80 mg/kg，全部取样点的速效钾含量介于100 ~ 200 mg/kg。该县有机质含量偏低，有效磷含量偏低，速效钾含量中等偏高。

（2）耕地利用建议 一是适当调整作物布局。不同作物对土壤也有一定的选择性，因此在安排种植计划时要从土壤、作物、生产条件等方面考虑，做到合理布局。因土种植，在粘土地上要以粮食为主，扩大谷类、豆类作物的面积，在沙性土壤上要以棉、油为主，扩大油料作物面积，在两合土上要棉粮并重。园地制宜，安排种植计划时要考虑作物的抗旱性和雨季适应性，在现有条件下取得较大的收益。二是推广事宜耕种技术，改善土壤耕性。逐年深耕，加深耕层，改善土壤通透性，促进土壤熟化和养分分解；增施有机肥，改善土壤结构；客土掺沙、掺粘，提高土壤生产性能；精耕细作，优化田间管理，逐步提高地力。

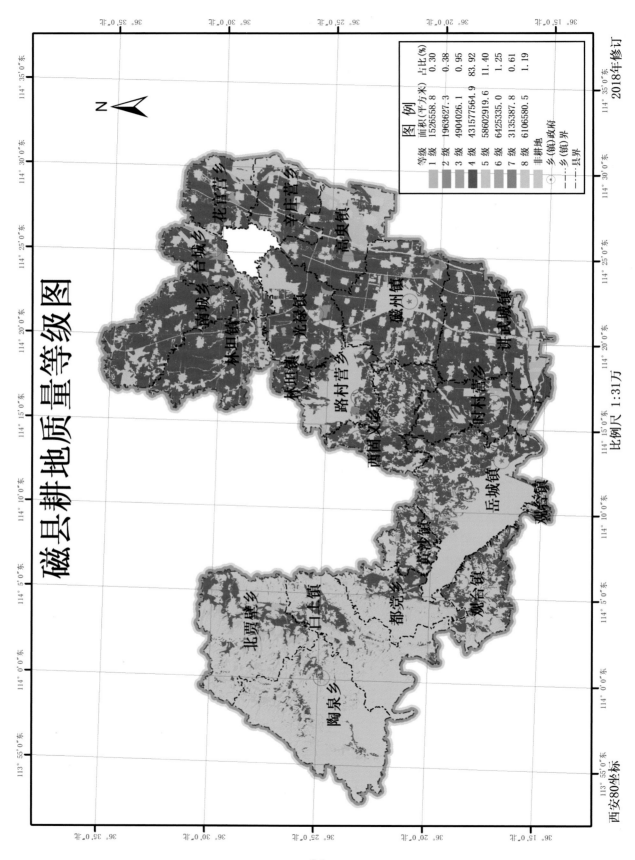

磁县耕地地质量等级图

N

图 例

等级	面积(平方米)	占比(%)
1 级	1526558.8	0.30
2 级	1963627.3	0.38
3 级	4904026.1	0.95
4 级	431577564.9	83.92
5 级	58602919.6	11.40
6 级	6425335.0	1.25
7 级	3135387.8	0.61
8 级	6106580.5	1.19

非耕地
⊙ 乡 (镇) 政府
----- 乡 (镇) 界
----- 县界

2018年修订

比例尺 1:31万

西安80坐标

· 64 ·

磁县耕地质量等级

1.耕地基本情况

磁县属于温带大陆季风气候，冬季寒冷干燥夏季，暖热多雨，雨热同季。由于县内地质地貌差异明显，成土母质复杂多样，加上水热条件变化的影响，致使全县土壤类型较多，有褐土、石质土、潮土、粗骨土、风沙土、水稻土、沼泽土。全县土地总面积中耕地占53.23%，林地占3.40%，园地占0.75%，草地占5.07%，建设用地占14.28%，水域及水利设施用地占总面积的7.40%，其他用地占15.87%。耕地的总面积为514 242 000.0 m²（771 363.0亩），主要种植作物为小麦、玉米、棉花、蔬菜等。

2.耕地质量等级划分

利用县域耕地资源管理信息系统，采用层次分析法，确定该县耕地综合评价指数在0.631 04～0.891 62范围。按照河北省耕地质量10等级划分标准，耕地等级划分为1、2、3、4、5、6、7、8等地，面积分别为1 526 558.8、1 963 627.3、4 904 026.1、431 577 564.9、58 602 919.6、6 425 335.0、3 135 387.8、6 106 580.5 m²（见表）。通过加权平均，该县的耕地质量平均等级为4.18。

磁县耕地质量等级统计表

等级	1级	2级	3级	4级	5级	6级	7级	8级
面积（m²）	1 526 558.8	1 963 627.3	4 904 026.1	431 577 564.9	58 602 919.6	6 425 335.0	3 135 387.8	6 106 580.5
百分比（%）	0.30	0.38	0.95	83.92	11.40	1.25	0.61	1.19

3.耕地属性特征及利用建议

（1）耕地属性特征　磁县耕地38.89%取样点的灌溉能力处于"不满足"状态，排水能力处于"基本满足"到"满足"状态。耕层厚度平均值为20 cm，地形部位为冲洪积扇、低洼平原、交接洼地、丘陵上部和中部、丘前平原、丘前倾斜平原、微斜平原，分别占取样点的2.78%、6.11%、1.11%、2.22%、66.11%、3.88%、0.05%、17.22%。耕地无盐渍化，无明显障碍因素。耕层质地以中壤为主，占到取样点的82.22%，17.78%的土壤为黏土。有机质平均含量为20.06 g/kg，其中只有35%取样点的有机质含量高于20 g/kg。有效磷平均含量为21.36 mg/kg，其中62.22%取样点的有效磷含量大于10 mg/kg。速效钾平均含量为119.9 mg/kg，其中66.11%取样点的速效钾高于100 mg/kg。该县水资源不足、灌溉保证率低，有机质含量整体中等偏低，有效磷含量整体中等偏低，速效钾含量中等。

（2）耕地利用建议　一是合理用地，节约用地，积极开发土地资源。在加大节水农业水利设施建设力度上求突破，实施工艺节水、生物节水、农艺节水，加强节水灌溉工程建设等措施，最大限度的优化农业用水配置，全面提高灌溉水利用系数。二是针对磁县有机质、有效磷、速效钾的含量现状，推行有机、无机肥料相结合的施肥方式，通过施用有机肥料，提高耕地土壤有机质含量，改善耕地土壤物理、化学性状，提高耕地土壤保肥、供肥的能力，改善土壤结构，为无机养分的高效利用提供基础；通过施用无机肥料，逐步提高土壤养分含量并协调土壤养分比例。

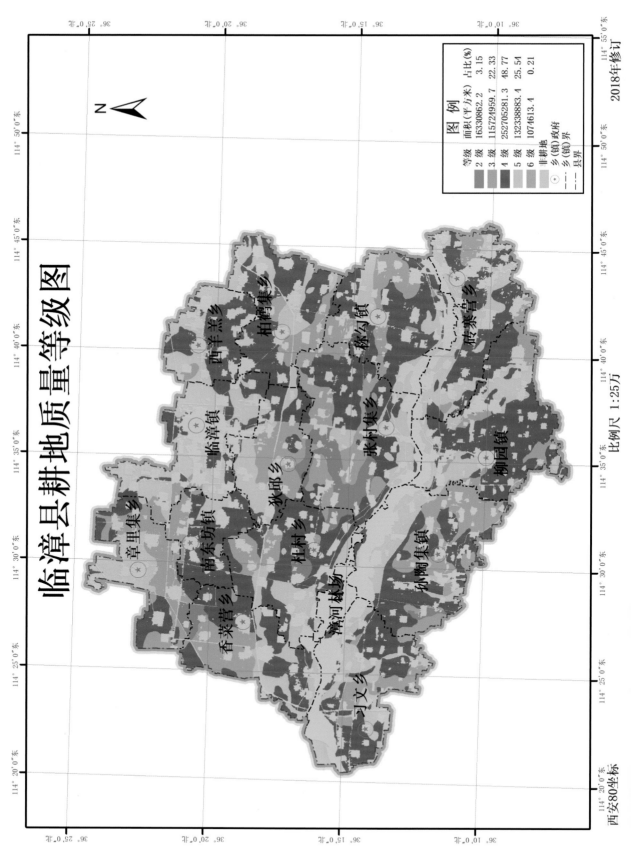

临漳县耕地质量等级图

图 例		
等级	面积(平方米)	占比(%)
2 级	16330862.2	3.15
3 级	115724959.7	22.33
4 级	252705281.3	48.77
5 级	132338883.4	25.54
6 级	1074613.4	0.21
非耕地		
⊙ 乡(镇)政府		
—·— 乡(镇)界		
—·— 县界		

比例尺 1:25万

2018年修订

西安80坐标

临漳县耕地质量等级

1. 耕地基本情况

临漳县地处河北省最南端，因临漳河而得名，气候属暖温带半湿润大陆性季风气候，四季分明，雨热同季。该县处于漳河冲积扇中上部，由于漳河在历史上历经摆动，故河道遍布全县，致使境内地势起伏，微地貌复杂多变，大致形成6个小地貌区域，即缓岗、二坡底、舌形沙丘带、小低平底、微高地、扇形洼地等。全县土壤分为褐土、潮土、沼泽土和风沙土4个土类。全县土地总面积中耕地占72.0%，园地占1.90%，林地占4.60%，草地占1.40%，建设用地占15.00%，水域及水利设施用地占5.10%。耕地的面积为 518 174 600.0 m^2（777 261.9亩），主要种植作物为小麦、玉米、花生、红薯、蔬菜、果品等。

2. 耕地质量等级划分

利用县域耕地资源管理信息系统，采用层次分析法，确定该县耕地综合评价指数在 0.746 889 7 ~ 0.854 193 6 范围。按照河北省耕地质量10等级划分标准，耕地等级划分为2、3、4、5、6级耕地，面积分别为 16 330 862.2、115 724 959.7、252 705 281.3、132 338 883.4、1 074 613.4 m^2（见表）。通过加权平均，该县的耕地质量平均等级为3.97。

临漳县耕地质量等级统计表

等级	2级	3级	4级	5级	6级
面积（m^2）	16 330 862.2	115 724 959.7	252 705 281.3	132 338 883.4	1 074 613.4
百分比（%）	3.15	22.33	48.77	25.54	0.21

3. 耕地属性特征及利用建议

（1）耕地属性特征　临漳县耕地全部取样点的灌溉能力处于"充分满足"状态，排水能力全部取样点处于"中"状态。耕层厚度平均值为19 cm，地形部位为二坡地、二坡地上部、缓岗、山间洼地、扇形平原上部、小低平地、小浅平地，分别占取样点的60.00%、24.52%、1.94%、1.29%、1.29%、4.52%、6.45%。耕地无盐渍化，无明显障碍因素。耕层质地以壤土为主，其中轻壤土占到取样点的53.50%，中壤土占到取样点的18.70%，砂壤土占到取样点的22.50%。有机质平均含量为15.4 g/kg，其中97.40%取样点的有机质含量介于10 ~ 20g/kg。有效磷平均含量为23.9 mg/kg，全部介于10 ~ 40 mg/kg。速效钾平均含量为125.6 mg/kg，全部介于100 ~ 200 mg/kg。该县有机质含量偏低，有效磷含量中等，速效钾含量中等。

（2）耕地利用建议　一是在普遍采取秸秆还田的基础上，还应广开有机肥源。通过科学种田提高单位面积产量。利用渠路边、沙荒种植像紫穗槐、地丁等绿肥和利用圣麻油菜等速生绿肥实行粮肥、棉肥间作。发展畜牧业，完善农林牧三位一体的农业结构，促进有机物质的良性循环。二是针对耕作土壤耕层较浅问题，实行逐年深耕，加深耕层，在现在耕作基础上，根据土体构型，耕翻深度应逐年加深，打破犁底层，改善通透性状，促进土壤熟化，继续推行犁镜后挂松土器的耕作方法，继续精耕细作，调节土壤物理性质，改善土壤肥力中的水、肥、气、热状况，达到熟化改土、提高产量之目的。三是根据当前生产管理体制及土壤状况，以漳河和漳河故道的林带为基础，划分漳北棉粮高产区、漳中粮棉高产培肥区、漳南粮棉油果高产培肥区、漳西粮棉培肥排灌盐改区、缓岗沙地林果治沙养地区等。

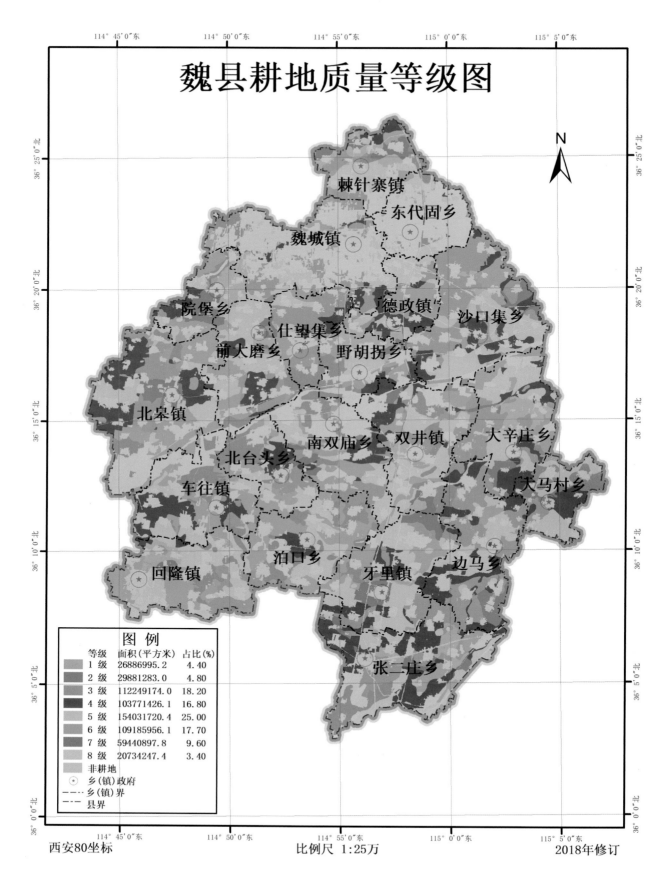

魏县耕地质量等级图

棘针寨镇

东代固乡

魏城镇

院堡乡

德政镇

沙口集乡

仕望集乡

前大磨乡

野胡拐乡

北皋镇

南双庙乡

双井镇

大辛庄乡

北台头乡

车往镇

大马村乡

泊口乡

牙里镇

边马乡

回隆镇

张二庄乡

图 例		
等级	面积(平方米)	占比(%)
1 级	26886995.2	4.40
2 级	29881283.0	4.80
3 级	112249174.0	18.20
4 级	103771426.1	16.80
5 级	154031720.4	25.00
6 级	109185956.1	17.70
7 级	59440897.8	9.60
8 级	20734247.4	3.40

非耕地
⊛ 乡(镇)政府
--- 乡(镇)界
—·— 县界

西安80坐标　　　　　　　比例尺 1:25万　　　　　　　2018年修订

魏县耕地质量等级

1. 耕地基本情况

魏县位于河北省南部，属暖温带半干旱半湿润季风气候区。魏县区域地质构造，属华北地台南段宁晋断陷区。目前的地形地貌是第四纪后，漳河携带大量泥沙冲积而成的扇形平原。由于漳河多次摆动泛滥，县内地形起伏，微地貌变化较大，主要由缓岗，二坡地，河间洼地，河漫滩，决口冲出锥和决口扇形地组成。全县以潮土和褐土为主，潮土占比 78.40%，褐土占比 21.60%。全县土地总面积中耕地占 73.00%，园地占 5.40%，林地占 3.61%，草地占 1.16%，建设用地占 15.00%，水域及水利设施用地占 1.80%。耕地的面积为 616 181 700.0 m^2（924 272.5 亩），主要种植作物为小麦、玉米、棉花、蔬菜等。

2. 耕地质量等级划分

利用县域耕地资源管理信息系统，采用层次分析法，确定该县耕地综合评价指数在 0.666 811 ~ 0.907 542 7 范围。按照河北省耕地质量 10 等级划分标准，耕地等级划分为 1、2、3、4、5、6、7、8 级耕地，面积分别为 26 886 995.2、29 881 283.0、112 249 174.0、103 771 426.1、154 031 720.4、109 185 956.1、59 440 897.8、2 073 4247.4 m^2（见表）。通过加权平均，该县的耕地质量平均等级为 4.62。

魏县耕地质量等级统计表

等级	1级	2级	3级	4级	5级	6级	7级	8级
面积（m^2）	26 886 995.2	29 881 283.0	112 249 174.0	103 771 426.1	154 031 720.4	109 185 956.1	59 440 897.8	2 073 4247.4
百分比（%）	4.40	4.80	18.20	16.80	25.00	17.70	9.60	3.40

3. 耕地属性特征及利用建议

（1）耕地属性特征　魏县耕地全部取样点的灌溉能力处于"满足"状态，排水能力全部取样点处于"基本满足"状态。耕层厚度平均值为 16 cm，地形部位为山前平原。耕地无盐渍化，且耕地无明显障碍，其中有一小部分存在夹砂层和粘化层等障碍因素。耕层质地以壤土为主，其中轻壤土占到取样点的 46.70%，中壤土占 27.10%，砂壤土占 10.90%，砂土占 10.50%。有机质平均含量为 17.5 g/kg，其中 72.90% 取样点的有机质含量介于 10 ~ 20 g/kg，26.60% 取样点的有机质含量高于 20 g/kg。有效磷平均含量为 20.6 mg/kg，96.90% 取样点的有效磷含量介于 10 ~ 40 mg/kg。速效钾平均含量为 149.6 mg/kg，其中 50.10% 取样点的速效钾介于 100 ~ 200 mg/kg，28.10% 取样点的速效钾低于 100 mg/kg，21.80% 取样点的速效钾高于 200 mg/kg。该县有机质含量偏低，有效磷含量中等偏低，速效钾含量中等偏高。

（2）耕地利用建议　一是保证现有耕地存量不减少。为保证农产品产量的不断提高，要加强有机肥的投入，减少化肥、农药的施用量，提高土壤的养分，培肥地力，提高耕地质量。鼓励农民对土地进行集约化经营，增加对土地的投入。要实行科学的耕作制度，如轮作、间作、套种、休耕等方法，做到用地与养地相结合。制定科学措施，规范农村建设取土地点，保障土壤表层养分。二是加强农业基础设施建设，加大中低产田改造力度，在合理用地，节约用地的同时，积极开发土地资源，解决人口增加，耕地锐减的"人地矛盾"，增强农业发展后劲。

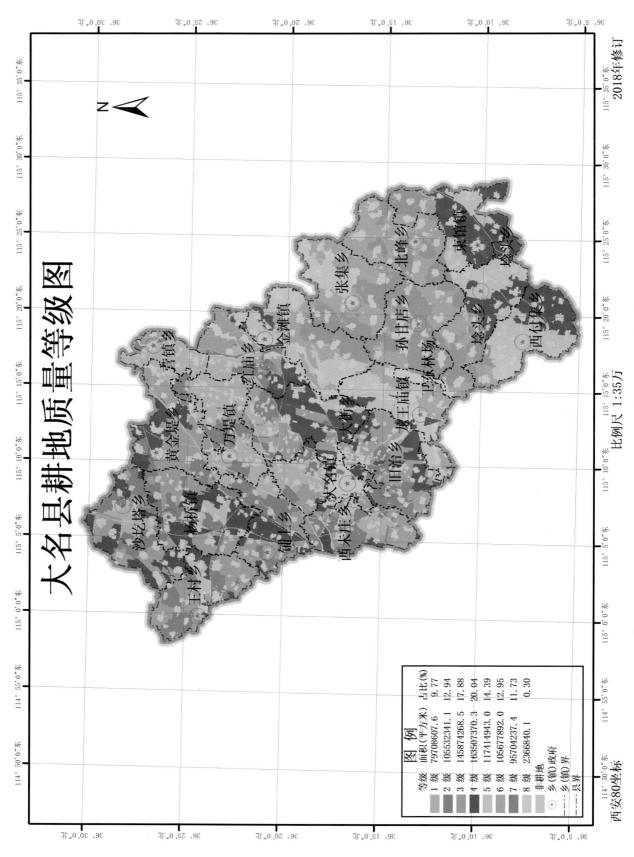

大名县耕地质量等级图

2018年修订

比例尺 1:35万

图 例		
等级	面积(平方米)	占比(%)
1 级	79708607.6	9.77
2 级	105532341.1	12.94
3 级	145874268.5	17.88
4 级	163507370.3	20.04
5 级	117411943.0	14.39
6 级	105677892.0	12.95
7 级	95704237.4	11.73
8 级	2366840.1	0.30
非耕地		
⊙ 乡(镇)政府		
---- 乡(镇)界		
-·-·- 县界		

西安80坐标

· 70 ·

大名县耕地质量等级

1. 耕地基本情况

大名县属温带半湿润大陆性季风气候区，总的气候特点是四季分明，雨量适中，雨热同季，无霜期长，光照充足。该县地处华北平原的南部，整个地形比较平坦，属黄河冲积平原，由于大地貌的单一，各种成土条件差异不是很大，因此大名县土壤类型较简单，分为褐土、潮土和风沙土。全县土地总面积中耕地占79.24%，林地占2.74%，园地占0.49%，草地占0.34%，建设用地占15.19%，水域及水利设施用地占2.00%。耕地的总面积为815 786 500.0 m²（1 223 679.7 亩），主要种植作物为花生、小麦、玉米、大豆、蔬菜、果品等。

2. 耕地质量等级划分

利用县域耕地资源管理信息系统，采用层次分析法，确定该县耕地综合评价指数在0.701 0～0.903 7范围。按照河北省耕地质量10等级划分标准，耕地等级划分为1、2、3、4、5、6、7、8等地，面积分别为79 708 607.6、105 532 341.1、145 874 268.5、163 507 370.3、117 414 943.0、105 677 892.0、95 704 237.4、2 366 840.1 m²（见表）。通过加权平均，该县的耕地质量平均等级为4.04。

大名县耕地质量等级统计表

等级	1级	2级	3级	4级	5级	6级	7级	8级
面积（m²）	79 708 607.6	105 532 341.1	145 874 268.5	163 507 370.3	117 414 943.0	105 677 892.0	95 704 237.4	2 366 840.1
百分比（%）	9.77	12.94	17.88	20.04	14.39	12.95	11.73	0.30

3. 耕地属性特征及利用建议

（1）耕地属性特征　大名县耕地全部取样点的灌溉能力处于"基本满足"到"充分满足"状态，排水能力基本处于"基本满足"到"充分满足"状态。耕层厚度平均值为20 cm，地形部位为冲洪积扇。耕地无盐渍化，无明显障碍因素。耕层质地以砂壤居多，占取样点的37.92%，砂土、轻壤、中壤、重壤分别占到取样点的7.30%、19.38%、18.26%、17.13%。有机质平均含量为14.45 g/kg，其中14.61%取样点的有机质低于10 g/kg，只有11.52%取样点的有机质含量高于20 g/kg。有效磷平均含量为23.72 mg/kg，其中92.70%取样点的有效磷高于10 mg/kg。速效钾平均含量为128.63 mg/kg，其中69.10%取样点的速效钾高于100 mg/kg。该县有机质含量整体偏低，有效磷含量整体中等偏低，速效钾含量中等。

（2）耕地利用建议　一是由于水资源短缺，针对大名县农业现状，改造现有水利设施，发展节水灌溉，逐步实现管道输水、滴灌、微灌等节水灌溉措施，提高灌溉保证率、提高水分利用效率。二是积极开展以田、水、路、林、村综合整治为主的中低产田改造工作，不断提高劳动生产率和农田产出率，有效地挖掘和发挥土地资源的潜力和效益，缓解全县人口增长与耕地减少的矛盾。三是针对大名县有机质的状况，走由无机农业向以有机为主、有机与无机相结合的农业转变之路，减少化肥、农药的施用量，增加有机肥的用量，推广测土配方施肥技术，开展种植绿肥、秸秆还田工作，稳步提升土壤有机质含量，提高土壤肥力；实行科学的耕作制度，如轮作、间作、套种、休耕等方法，做到用地与养地相结合。

邢台市

邢台市耕地质量等级

1. 耕地基本情况

邢台市地处河北省南部，太行山脉南段东麓，华北平原西部边缘。地理坐标在北纬36°45′～37°48′，东经113°52′～115°50′，属温带大陆性季风气候，四季分明，寒暑悬殊，春旱风大，夏热多雨，秋凉时短，冬寒少雪，无霜期长，早霜始于10月中旬，年平均气温为13.9℃，年平均无霜期为207.5d，≥0°积温4 936.3℃，≥10°积温4 449.7℃。年平均降水量为525.1 mm，主要气象灾害有高温、低温、干旱、寒潮、雷暴等。邢台市下辖2个区、2个县级市、15个县。本市地处太行山脉和华北平原交汇处，自西而东山地、丘陵、平原阶梯排列，三者比例2：1：7，境内地理状态相对差别较大，地域性小气候也很明显。在各种成土因素的相互作用下形成的形成的土壤类型主要有棕壤、褐土、潮土、砂姜黑土、沼泽土、水稻土、盐土、红粘土、新积土、风沙土、粗骨土、石质土等。全市总耕地面积701 698.31 hm²，主要种植作物有冬小麦、夏玉米、棉花、果树、蔬菜等。

2. 耕地质量等级划分

本次实际统计的是邢台市的17个县（市），总面积698 059.81 hm²，共完成2 298个调查点，不包括市区内的2个区（桥东区、桥西区）。鉴于桥东区、桥西区作物产量与周边县市区作物产量相当，通过专家论证，确定桥东区、桥西区耕地质量等级暂定使用第5等级。由此，邢台市19个县（市、区）通过对县数据成果进行汇总得出邢台市1、2、3、4、5、6、7、8、9、10级耕地的面积分别为26 292.99、49 402.90、81 764.26、113 220.97、164 107.38、149 994.95、61 890.47、34 275.56、18 507.65、2 241.18 hm²，所占全市耕地面积比例分别为3.75%、7.04%、11.65%、16.14%、23.39%、21.38%、8.82%、4.88%、2.64%、0.32%（见表）。通过加权平均得出全市平均耕地质量等级为4.90。

邢台市耕地质量等级统计表

等级	1级	2级	3级	4级	5级	6级	7级	8级	9级	10级
面积（hm²）	26 292.99	49 402.90	81 764.26	113 220.97	164 107.38	149 994.95	61 890.47	34 275.56	18 507.65	2 241.18
百分比（%）	3.75	7.04	11.65	16.14	23.39	21.38	8.82	4.88	2.64	0.32

3. 结果确定

结合此次得到的耕地质量等级图，将评价结果与调查表中农户近3年的冬小麦和夏玉米产量进行对比分析，同时邀请县、市、省级专家进行论证，表明邢台市本次耕地质量评价结果与当地实际情况基本吻合。

柏乡县耕地质量等级图

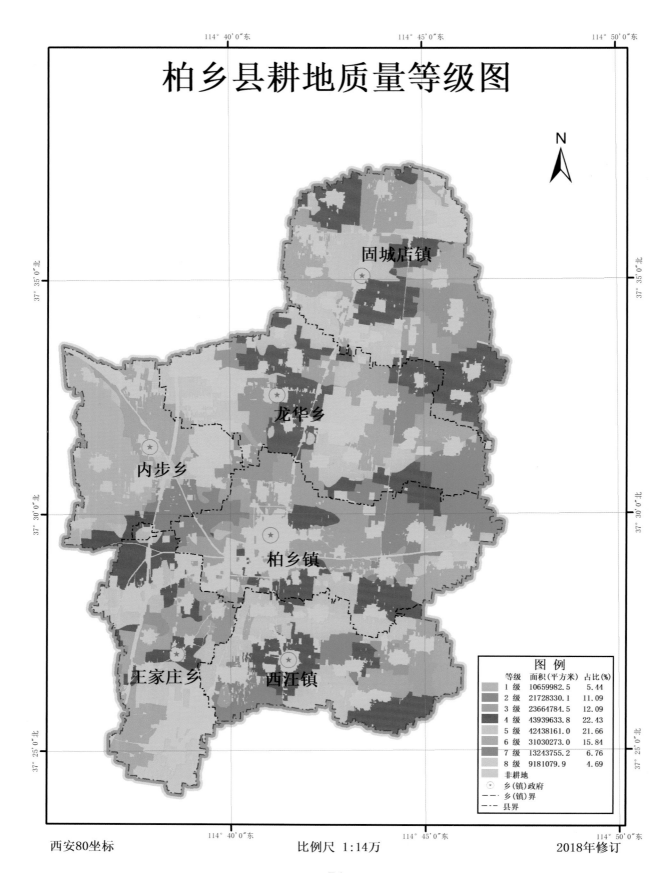

图 例		
等级	面积(平方米)	占比(%)
1 级	10659982.5	5.44
2 级	21728330.1	11.09
3 级	23664784.5	12.09
4 级	43939633.8	22.43
5 级	42438161.0	21.66
6 级	31030273.0	15.84
7 级	13243755.2	6.76
8 级	9181079.9	4.69
非耕地		

⊙ 乡(镇)政府
— — 乡(镇)界
—·— 县界

固城店镇

龙华乡

内步乡

柏乡镇

王家庄乡   西汪镇

西安80坐标   比例尺 1:14万   2018年修订

柏乡县耕地质量等级

1.耕地基本情况

柏乡县地处冀南太行山东麓平原，西靠山前丘陵陇岗，东临宁晋泊低洼地带，为太行山山地与冀南平原的过渡地段，属典型的暖温带大陆性半干旱季风气候区。该县面积较小，水文条件差异不明显，但受地质构造的影响，地质特征存在差异。该县耕地土壤分为褐土和潮土2个土类，耕层质地分为壤质土、砂壤土和重壤土。全县土地总面积中，耕地占76.70%，园地占2.80%，林地占0.80%，草地占1.00%，建设用地占16.10%，水域及水利设施用地占2.10%，其他土地占0.40%。耕地的面积为195 886 000.0 m²（293 829.0 亩），主要种植小麦、玉米、谷子、棉花、花生等。

2.耕地质量等级划分

利用县域耕地资源管理信息系统，采用层次分析法，确定该县耕地综合评价指数在0.662 039 7～0.895 306 8范围。按照河北省耕地质量10等级划分标准，耕地等级划分为1、2、3、4、5、6、7、8级耕地，面积分别为10 659 982.5、21 728 330.1、23 664 784.5、43 939 633.8、42 438 161.0、31 030 273.0、13 243 755.2、9 181 079.9 m²（见表）。通过加权平均，该县的耕地质量平均等级为4.42。

柏乡县耕地质量等级统计表

等级	1级	2级	3级	4级	5级	6级	7级	8级
面积（m²）	10 659 982.5	21 728 330.1	23 664 784.5	43 939 633.8	42 438 161.0	31 030 273.0	13 243 755.2	9 181 079.9
百分比（%）	5.44	11.09	12.09	22.43	21.66	15.84	6.76	4.69

3.耕地属性特征及利用建议

（1）耕地属性特征　柏乡县耕地灌溉能力处于"基本满足"状态，排水能力处于"满足"状态。耕层厚度平均值为20 cm，地形部位为洪冲积扇。耕地无盐渍化，无明显障碍因素。耕层质地以轻壤土占77.30%，中壤土占22.7%。有机质平均含量为16.9 g/kg，其中13.60%的取样点有机质低于10 g/kg，75.8%的取样点有机质含量介于10～20 g/kg，10.60%的取样点有机质含量高于20 g/kg。有效磷平均含量为25 mg/kg，其中12.10%低于10 mg/kg，74.30%介于10～40 mg/kg，13.60%高于40 mg/kg。速效钾平均含量为131.5 mg/kg，其中53.00%低于100 mg/kg，39.40%介于100～200 mg/kg。该县有机质含量偏低，有效磷含量中等，速效钾含量中等偏高。

（2）耕地利用建议　一是全面实施"增"（增施有机肥）、"提"（提高肥料利用率）、"改"（改良土壤）、"防"（防止土壤退化）等耕地质量恢复措施，遏制基本农田土壤退化、地力下降趋势，努力提高耕地综合产出能力。二是开展耕地地力建设，推广秸秆还田、有机肥施用、精确定量平衡施肥等地力培肥技术，使耕地地力在未来几年内有一个大的提高，不断提高耕地质量和产出率。

巨鹿县耕地质量等级图

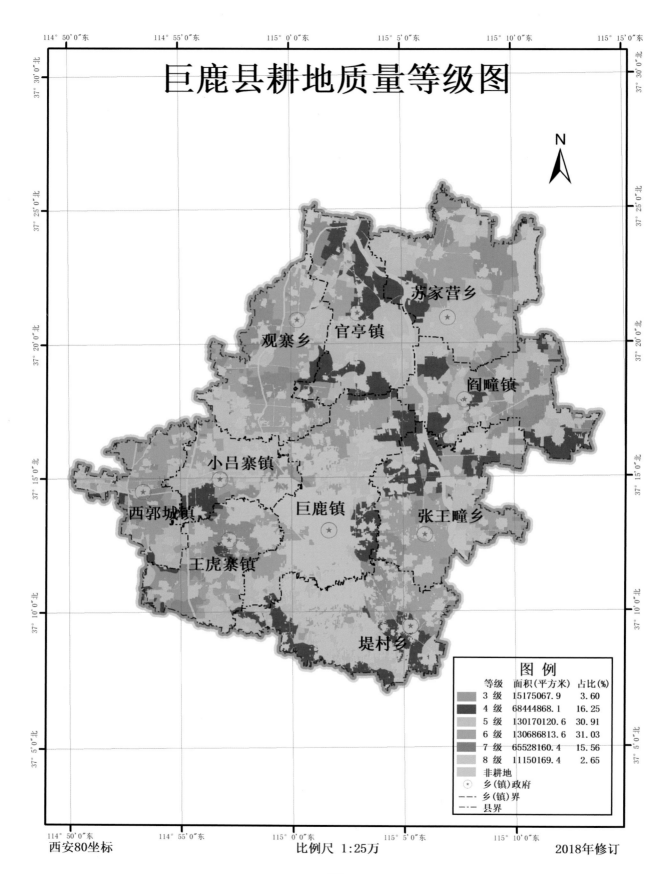

巨鹿县耕地质量等级

1. 耕地基本情况

巨鹿县位于河北省南部，地处邢台地区的中心，属平原地区，位于暖温带半干旱、半温润大陆季风区。该县土壤为渤海凹陷、大陆下沉过程中，黄河沉积物冲填所致，其成土母质均属河流冲积、沉积物，土壤间层极为复杂，层状沉积中以轻壤质居多，间夹有厚度不同的砂质和黏土。全县共分潮土土类、盐土土类和风沙土土类3个土类。全县土地总面积中，耕地占 69.90%，园地占 9.00%，林地占 1.30%，草地占 2.70%，建设用地占 12.60%，水域及水利设施用地占 3.50%，其他土地占 0.90%。耕地的面积为 421 155 200 m²（631 732.8 亩），主要种植作物为小麦、玉米，棉花等。

2. 耕地质量等级划分

利用县域耕地资源管理信息系统，采用层次分析法，确定该县耕地综合评价指数在 0.668 589 4 ～ 0.828 781 2 范围。按照河北省耕地质量 10 等级划分标准，耕地等级划分为 3、4、5、6、7、8 级耕地，面积分别为 15 175 067.9、68 444 868.1、130 170 120.6、130 686 813.6、65 528 160.4、11 150 169.4 m²（见表）。通过加权平均，该县的耕地质量平均等级为 5.47。

巨鹿县耕地质量等级统计表

等级	3级	4级	5级	6级	7级	8级
面积（m²）	15 175 067.9	68 444 868.1	130 170 120.6	130 686 813.6	65 528 160.4	11 150 169.4
百分比（%）	3.60	16.25	30.91	31.03	15.56	2.65

3. 耕地属性特征及利用建议

（1）耕地属性特征　巨鹿县耕地灌溉能力处于"基本满足"状态，排水能力处于"满足"状态。耕层厚度平均值为 25 cm，地形部位为洪冲积扇。多数耕地无盐渍化，只有一小部分存在轻度和中度盐渍化，耕地无明显障碍。耕层质地以轻壤土、砂壤土为主，占到取样点的 85.20%，13.30% 的土壤为中壤土，1.50% 的土壤为风沙土。有机质平均含量为 14.1 g/kg，其中 3.20% 的取样点有机质低于 10 g/kg，96.80% 的取样点有机质含量介于 10 ～ 20 g/kg。有效磷平均含量为 12.9 mg/kg，其中 29.70% 低于 10 mg/kg，69.50% 介于 10 ～ 40 mg/kg，0.80% 高于 40 mg/kg。速效钾平均含量为 131.8 mg/kg，其中 21.90% 低于 100 mg/kg，78.10% 介于 10 ～ 40 mg/kg。该县有机质含量偏低，有效磷含量偏低，速效钾含量中等。

（2）耕地利用建议　一是合理利用土地资源。集中力量，建立基本农田，改广种为少种，改粗放为精耕细作。建立农、林、秒合理结构，实现粮、棉、油合理布局，逐步达到地尽其力，扬长避短，发挥优势，良性循环，最佳效益的目标。二是普遍提高土壤肥力。着力提高土壤有机质含量，下大力解决土壤中磷钾含量偏少的问题，实行种地养地，越种越肥。三是积极改良低产土壤，统一协调水利、耕作和生产措施，综合治理盐化土壤；通过增施有机肥、种植绿肥、加深耕层和客土治沙等措施，实行风沙地和通体砂壤的改壤。

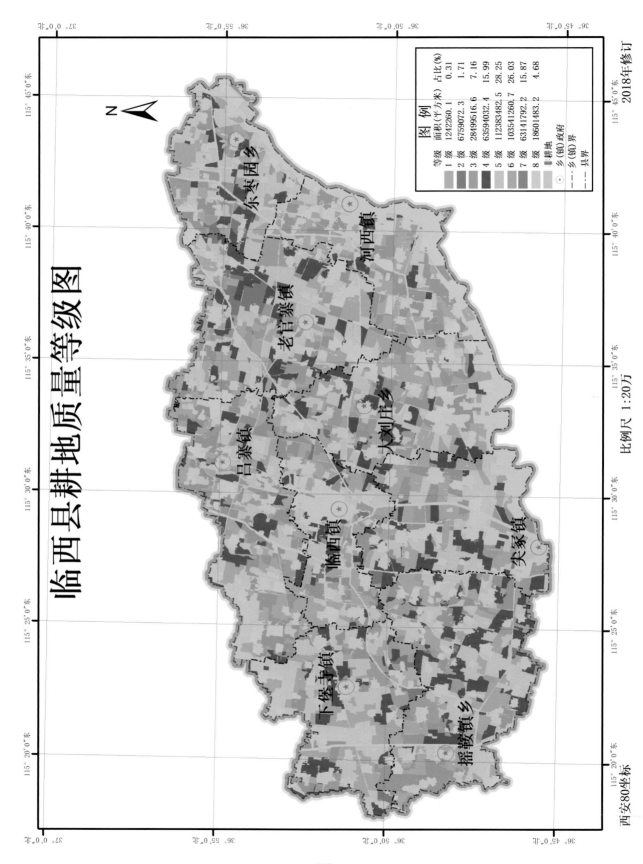

临西县耕地地质量等级图

图　例		
等级	面积(平方米)	占比(%)
1级	1242260.1	0.31
2级	6759072.3	1.71
3级	28499516.6	7.16
4级	63594032.4	15.99
5级	112383482.5	28.25
6级	103541260.7	26.03
7级	63141792.2	15.87
8级	18601483.2	4.68
非耕地		
⊙ 乡(镇)政府		
--- 乡(镇)界		
—·— 县界		

东枣园乡

河西镇

老官寨镇

吕寨镇

八刘庄乡

临西镇

尖冢镇

下堡寺镇

摇鞍镇乡

比例尺 1:20万

2018年修订

西安80坐标

临西县耕地质量等级

1. 耕地基本情况

临西县地处河北省东南部，属黑龙岗流域，属于暖温带大陆性季风气候，该区属太行山山前倾斜平原，处在洪积冲积扇的中上部，地表平坦。土壤质地为潮土类型，典型潮土在全县面积最大，分布广泛占74.06%，褐化潮土占17.84%，盐化潮土占8.10%。全县土地总面积中，耕地占75.00%，园地占0.20%，林地占4.30%，草地占0.10%，建设用地占14.90%，水域及水利设施用地占5.40%，其他土地占0.10%。耕地的面积为 397 762 900.0 m² （596 644.35 亩），主要种植作物为小麦、玉米，棉花等。

2. 耕地质量等级划分

利用县域耕地资源管理信息系统，采用层次分析法，确定该县耕地综合评价指数在 0.669 572 8 ～ 0.890 355 6 范围。按照河北省耕地质量 10 等级划分标准，耕地等级划分为 1、2、3、4、5、6、7、8 级耕地，面积分别为 1 242 260.1、6 759 072.3、28 499 516.6、63 594 032.4、112 383 482.5、103 541 260.7、63 141 792.2、18 601 483.2 m²（见表）。通过加权平均，该县的耕地质量平均等级为 5.35。

临西县耕地质量等级统计表

等级	1 级	2 级	3 级	4 级	5 级	6 级	7 级	8 级
面积（m²）	1 242 260.1	6 759 072.3	28 499 516.6	63 594 032.4	112 383 482.5	103 541 260.7	63 141 792.2	18 601 483.2
百分比（%）	0.31	1.71	7.16	15.99	28.25	26.03	15.87	4.68

3. 耕地属性特征及利用建议

（1）耕地属性特征　临西县灌溉能力能够满足农业生产需求，排水能力处于"中等"状态，地形部位为洪冲积扇。耕地无盐渍化，无明显障碍因素。耕层质地为多样，其中轻壤土占20.70%、中壤土占4.10%、重壤土占18.60%、壤土占45.30%、砂壤土占6.80%、砂土占2.80%、黏土占1.70%。有机质平均含量为 12.9 g/kg，其中 18.70% 的取样点有机质低于 10 g/kg，79.20% 的取样点有机质含量介于 10 ～ 20 g/kg，2.10% 的取样点有机质高于 20 g/kg。有效磷平均含量为 20.33 mg/kg，其中 23.30% 低于 10 mg/kg，68.50% 介于 10 ～ 40 mg/kg，8.20% 高于 40 mg/kg。速效钾平均含量为 114.7 mg/kg，其中 48.60% 低于 100 mg/kg，51.30% 介于 100 ～ 200 mg/kg，仅有 0.10% 高于 200 mg/kg。该县有机质含量偏低，有效磷含量中等偏低，速效钾含量中等。

（2）耕地利用建议　一是采取植树造林、增施有机肥、推广测土配方施肥技术、合理轮作等方式，增强土壤保水、保肥，供水、供肥性能，促使土壤水、肥、气、热协调，增强土壤保肥保水能力。二是充分利用土地资源、发展规模生产，提高产品品质和效益的原则，优化全县种植业布局。三是把传统灌溉技术与现代技术组装配套，工程节水与农艺节水技术相结合，通过推广节水输水和均匀灌溉技术、深耕深松技术和畦田改造技术，以期降低灌溉定额，提高土壤蓄水能力，提高灌溉质量。

广宗县耕地质量等级图

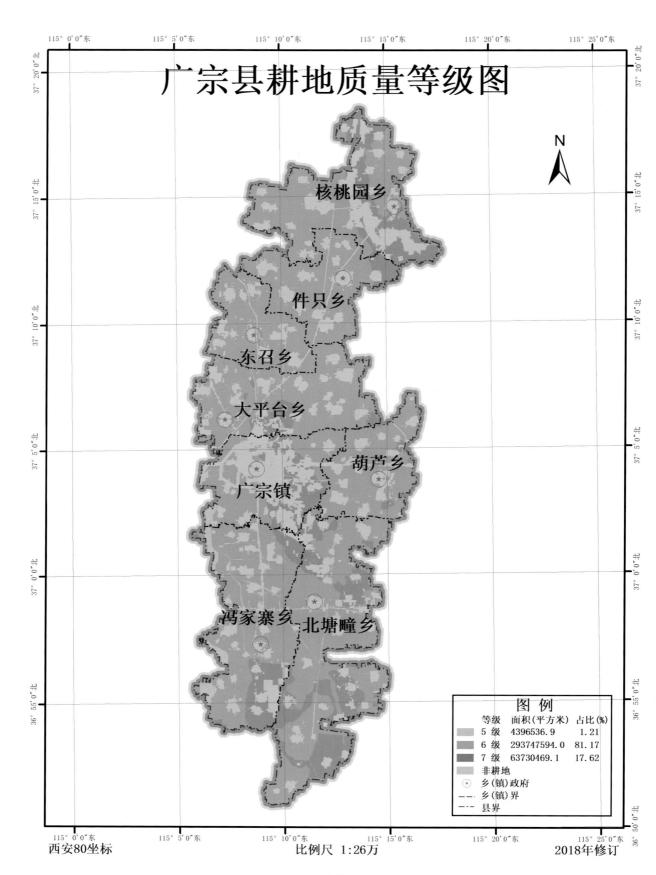

核桃园乡

件只乡

东召乡

大平台乡

葫芦乡

广宗镇

冯家寨乡　北塘疃乡

图　例

等级	面积(平方米)	占比(%)
5 级	4396536.9	1.21
6 级	293747594.0	81.17
7 级	63730469.1	17.62
非耕地		
⊙ 乡(镇)政府		
— — 乡(镇)界		
— ·· — 县界		

西安80坐标　　　　　　　比例尺 1:26万　　　　　　　2018年修订

广宗县耕地质量等级

1. 耕地基本情况

广宗县地处冲积平原，为半干旱大陆性季风型气候，属于半干旱、半湿润的易旱区，四季分明，雨量少且集中。该县成土母质为黄河冲积物，微地貌系漳河，西沙河冲淤而成，纵贯南北的沙带属西沙河决口冲积分造而成。全县地势比较平坦，土壤质地偏轻，构形一般，耕性和通透性比较好。该县的土壤分为潮土土类和盐土土类。全县土地总面积中，耕地占75.20%，园地占20%，林地占60%，草地占2.30%，建设用地占13.40%，水域及水利设施用地占1.30%。耕地的面积为 361 874 600.0 m^2（542 811.9 亩），主要种植作物为小麦、玉米、棉花、西瓜、甘薯等。

2. 耕地质量等级划分

利用县域耕地资源管理信息系统，采用层次分析法，确定该县耕地综合评价指数在0.735 607 2 ~ 0.786 807 2 范围。按照河北省耕地质量10 等级划分标准，耕地等级划分为5、6、7级耕地，面积分别为 4 396 536.9、293 747 594.0、63 730 469.1 m^2（见表）。通过加权平均，该县的耕地质量平均等级为6.16。

广宗县耕地质量等级统计表

等级	5 级	6 级	7 级
面积（m^2）	4 396 536.9	293 747 594.0	63 730 469.1
百分比（%）	1.21	81.17	17.62

3. 耕地属性特征及利用建议

（1）耕地属性特征　广宗县耕地灌溉能力处于"满足"状态，排水能力基本处于"满足"状态。耕层厚度平均值为20 cm，地形部位为河漫滩。耕地无盐渍化，无明显障碍因素。耕层质地为壤土。有机质平均含量为 10.5 g/kg，其中48.00%的取样点有机质低于 10 g/kg，52.00% 的取样点有机质含量介于 10 ~ 20 g/kg。有效磷平均含量为 10.5 mg/kg，其中44.70% 低于 10 mg/kg，55.30% 介于 10 ~ 40 mg/kg。速效钾平均含量为 122.3 mg/kg，其中32.00% 低于 100 mg/kg，62.00% 介于 10 ~ 40 mg/kg，6.00% 高于 400 mg/kg。该县有机质含量偏低，有效磷含量偏低，速效钾含量中等。

（2）耕地利用建议　一是通过秸秆还田、农牧结合、合理轮作、植树造林等多种措施，增加土壤中的有机质含量，使土壤肥力因子——水、肥、气、热得以协调，使农作物能"稳、匀、足、适"地加以利用。二是开展农田基本建设，推动水土保持工作，提高土壤蓄水能力，建立畦田，防止雨水径流；修建蓄水设施，减少沥涝淹渍，以期做到年年有水可用，丰水年有塘可贮。三是推广农林并举，在林下发展农业。粮食作物和经济作物要适土耕种，狠抓有机培肥，种养结合。摒弃粗放耕作管理，根据土壤和地力条件，开展适宜耕作技术推广。

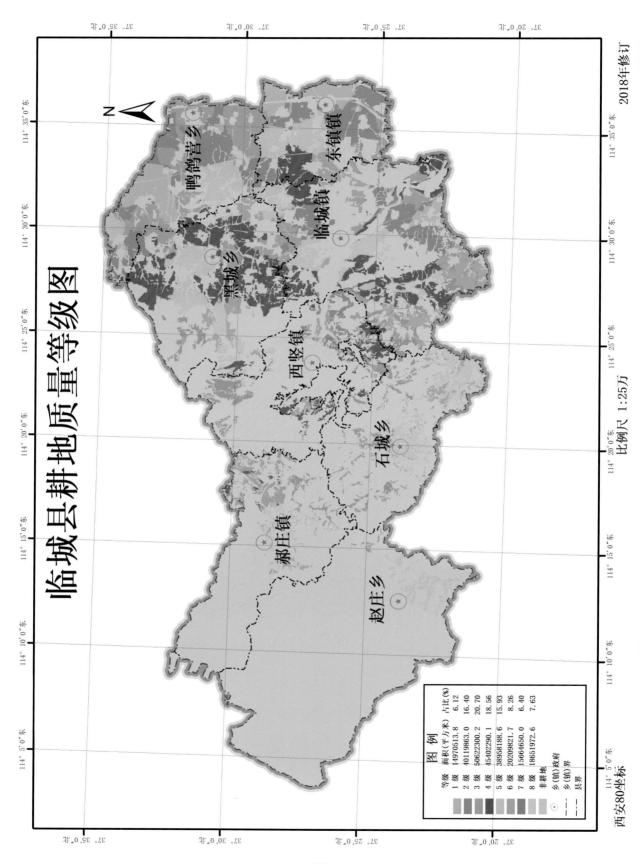

临城县耕地地质量等级图

N

2018年修订

比例尺 1:25万

西安80坐标

图 例		
等级	面积(平方米)	占比(%)
1级	14970513.8	6.12
2级	40119863.0	16.40
3级	50622300.2	20.70
4级	45402290.1	18.56
5级	38958188.6	15.93
6级	20209821.7	8.26
7级	15664650.0	6.40
8级	18651972.6	7.63
非耕地		
⊙ 乡(镇)政府		
--- 乡(镇)界		
--- 县界		

鸭鸽营乡

东镇镇

临城镇

黑城乡

西竖镇

石城乡

郝庄镇

赵庄乡

临城县耕地质量等级

1．耕地基本情况

临城县地处冀南太行山东麓，属于暖温带大陆性季风气候，地势西高东低，呈阶梯状分布，西部为山地，到中部过渡为丘陵，再向东过渡为平原，形成起伏较大的"M"式地形。县内分布有中山、低山、丘陵、平原和局部洼地。根据成土母质，全县土壤分为棕壤、褐土和草甸土3个土类。全县土地总面积中，耕地占33.90%，园地占3.10%，林地占24.20%，草地占22.50%，建设用地占7.80%，水域及水利设施用地占4.50%，其他土地占0.40%。耕地的面积为244 599 600.0 m²（366 899.4亩），主要种植作物为小麦、玉米、大豆、棉花等。

2．耕地质量等级划分

利用县域耕地资源管理信息系统，采用层次分析法，确定该县耕地综合评价指数在0.622 878 6 ～ 0.902 984 7范围。按照河北省耕地质量10等级划分标准，耕地等级划分为1、2、3、4、5、6、7、8级耕地，面积分别为14 970 513.8、40 119 863.0、50 622 300.2、45 402 290.1、38 958 188.6、20 209 821.7、15 664 650.0、18 651 972.6 m²（见表）。通过加权平均，该县的耕地质量平均等级为4.1。

临城县耕地质量等级统计表

等级	1级	2级	3级	4级	5级	6级	7级	8级
面积（m²）	14 970 513.8	40 119 863.0	50 622 300.2	45 402 290.1	38 958 188.6	20 209 821.7	15 664 650.0	18 651 972.6
百分比（%）	6.12	16.40	20.70	18.56	15.93	8.26	6.40	7.63

3．耕地属性特征及利用建议

（1）耕地属性特征　临城县耕地80.6%的耕地灌溉能力处于"基本满足"到"充分满足"，还有19.4%的耕地"不满足"灌溉要求，排水能力处于"基本满足"到"充分满足"状态。耕层厚度平均值为23 cm，地形部位为冲洪积扇、缓平坡地、交接洼地、山前平原、丘陵上部、丘陵中部、丘陵下部，分别占取样点的40.27%、11.11%、4.17%、23.61%、4.17%、12.5%和4.17%。耕地无盐渍化，基本无明显障碍，只有少部分地块障碍因素为黏化层、砂姜层、夹砾石层、夹砂层。耕层质地以轻壤土、重壤土为主，占到取样点的90.00%，10.00%的土壤为砂壤土。有机质平均含量为21.5 g/kg，其中29.2%的取样点有机质含量介于10 ～ 20 g/kg，70.8%的取样点有机质含量高于20 g/kg。有效磷平均含量为16.8 mg/kg，其中25%低于10 mg/kg，75.00%介于10 ～ 40 mg/kg。速效钾平均含量为110.8 mg/kg，其中38.90%低于100 mg/kg，59.70%介于100 ～ 200 mg/kg，只有1.40%高于200 mg/kg。该县水资源不足、灌溉保证率低，有机质含量较高，有效磷含量偏低，速效钾含量中等偏低。

（2）耕地利用建议　一是搞好农田水利基本建设，推广节水灌溉技术；增施有机肥，提升地力，开展中低产田改造；鼓励各类经营主体介入未利用土地开发，谁开发谁受益，综合开发土地资源。二是进一步优化种植业结构，重点是确定粮食作物、经济作物以及瓜菜的合适种植比例，不断提高人民生活的以及发展畜牧业的需要，满足社会需要。

隆尧县耕地地质量等级图

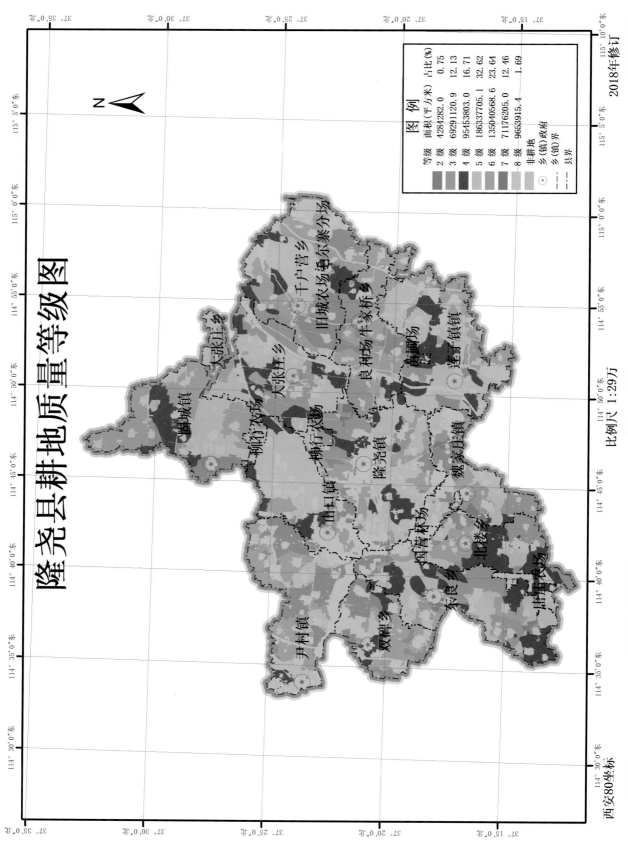

图 例		
等 级	面积 (平方米)	占比 (%)
2 级	4284282.0	0.75
3 级	69291120.9	12.13
4 级	95453803.0	16.71
5 级	186337705.1	32.62
6 级	135040568.6	23.64
7 级	71176205.0	12.46
8 级	9663915.4	1.69
非耕地		
⊙ 乡 (镇) 政府		
----- 乡 (镇) 界		
----- 县界		

西安80坐标　　　　　　　　比例尺 1:29万　　　　　　　2018年修订

隆尧县耕地质量等级

1. 耕地基本情况

隆尧县地处冀南平原，大陆性气候显著，四季分明。县域西部是山麓平原有几个岗和一座山，东部为冲积平原，中部有一交接洼地，属海河低平原旱作农业区。全县土壤分为褐土、潮土、盐土和风化土等4个土类。其中褐土分布在岗坡地的山麓平原上，占40.00%、潮土主要分布在东部冲积平原上，占45.00%。盐土分布在小漳河两岸，占1.20%。风化土主要分布在西部古河道两侧，占总面积的4.70%。全县土地总面积中，耕地占78.40%，园地占0.10%、林地占1.50%，草地占3.10%，建设用地占13.00%，水域及水利设施用地占3.00%。耕地的面积为 571 237 600.0 m^2（856 856.4亩），主要种植粮食作物和棉花等。

2. 耕地质量等级划分

利用县域耕地资源管理信息系统，采用层次分析法，确定该县耕地综合评价指数在 0.665 530 4 ~ 0.854 259 5 范围。按照河北省耕地质量10等级划分标准，耕地等级划分为2、3、4、5、6、7、8级耕地，面积分别为 4 284 282.0、69 291 120.9、95 453 803.0、186 337 705.1、135 040 568.6、71 176 205.0、9 653 915.4 m^2（见表）。通过加权平均，该县的耕地质量平均等级为5.10。

隆尧县耕地质量等级统计表

等级	2级	3级	4级	5级	6级	7级	8级
面积（m^2）	4 284 282.0	69 291 120.9	95 453 803.0	186 337 705.1	135 040 568.6	71 176 205.0	9 653 915.4
百分比（%）	0.75	12.13	16.71	32.62	23.64	12.46	1.69

3. 耕地属性特征及利用建议

（1）耕地属性特征　隆尧县灌溉能力"一般满足"农业生产需求，排水能力"不满足"需求。耕层厚度平均值为18 cm，地形部位为山前平原。10%耕地轻微盐碱，基本无明显障碍，只有少部分地块存在砂姜层。耕层质地为多样，其中轻壤土占2.60%、中壤土占3.20%、壤土占76.80%、砂壤土占13.60%、砂土占1.90%、黏土占1.90%。有机质平均含量为14.8 g/kg，其中14.90%的取样点有机质低于10 g/kg，77.90%的取样点有机质含量介于10 ~ 20 g/kg，7.10%的取样点有机质高于20 g/kg。有效磷平均含量为20 mg/kg，其中1.90%低于10 mg/kg，98.10%介于10 ~ 40 mg/kg。速效钾平均含量为121.1 mg/kg，其中50.60%低于100 mg/kg，46.10%介于100 ~ 200 mg/kg，仅有3.20%高于200 mg/kg。该县有机质含量偏低，有效磷含量中等偏低，速效钾含量中等。

（2）耕地利用建议　一是合理利用耕地，提高耕地肥力。大力推广保护性耕作技术，秸秆还田技术、平衡施肥技术、施用有机肥、轮作、种植绿肥等。调整种植业结构，因地制宜发展生产，提高耕地的产出效益。与此同时增加投入，加强中低产田的改造。加强土地开发和整理，增加耕地的补充量，实现耕地的保护和建设的发展。二是改善耕地环境，提高单位产出。通过植树造林、禁止乱砍滥伐等保护自然资源来改善生态环境，防止水土流失，减少自然灾害的发生频率。通过加强水利基础设施建设，如排灌沟渠硬化、增加排灌设施等，提高防御自然灾害的能力。

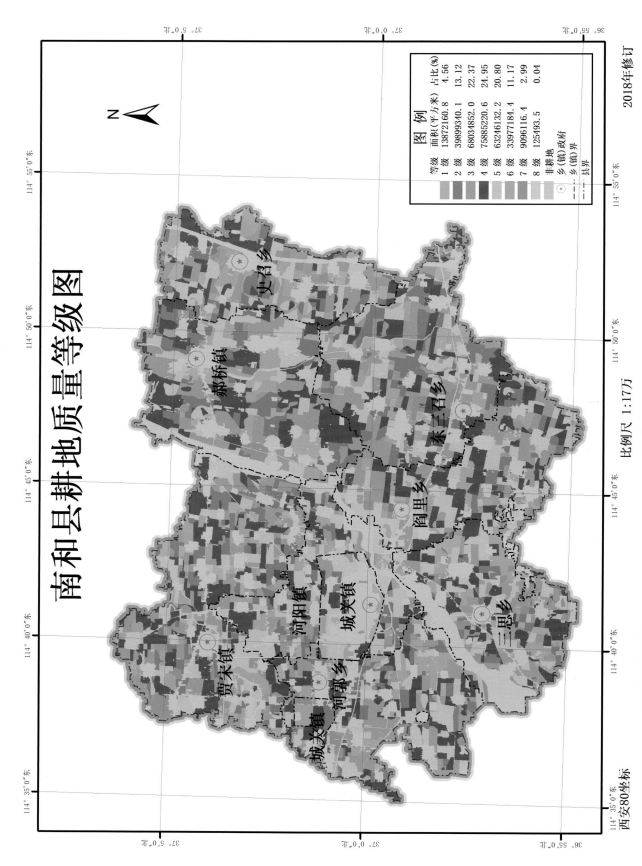

南和县耕地地质量等级图

2018年修订

比例尺 1:17万

西安80坐标

南和县耕地质量等级

1.耕地基本情况

南和县地处河北省东南部，属黑龙岗流域，属于温带大陆性季风气候，该区属太行山山前倾斜平原，处在洪积冲积扇的中上部，地表平坦。土壤质地为潮土类型，典型潮土在全县面积最大，分布广泛占91.88%，湿潮土占1.75%，褐化潮土占5.85%，流向风沙土占0.52%。全县土地总面积中，耕地占77.10%，园地占0.40%，林地占1.40%，草地占0.20%，建设用地占16.50%，水域及水利设施用地4.40%。耕地面积304 136 500.0 m²（456 204.8亩），主要种植作物为小麦、玉米，蔬菜、中药材等。

2.耕地质量等级划分

利用县域耕地资源管理信息系统，采用层次分析法，确定该县耕地综合评价指数在0.702 001 7～0.916 816 3范围。按照河北省耕地质量10等级划分标准，耕地等级划分为1、2、3、4、5、6、7、8级耕地，面积分别为13 872 160.8、39 899 340.1、68 034 852.0、75 885 220.6、63 246 132.2、33 977 184.4、9 096 116.4、125 493.5 m²（见表）。通过加权平均，该县的耕地质量平均等级为5.35。

南和县耕地质量等级统计表

等级	1级	2级	3级	4级	5级	6级	7级	8级
面积（m²）	13 872 160.8	39 899 340.1	68 034 852.0	75 885 220.6	63 246 132.2	33 977 184.4	9 096 116.4	125 493.5
百分比（%）	4.56	13.12	22.37	24.95	20.80	11.17	2.99	0.04

3.耕地属性特征及利用建议

（1）耕地属性特征 南和县灌溉能力"强"，排水能力处于"满足"到"充分满足"状态。耕层厚度平均值为20 cm，地形部位为山前平原。耕地无盐渍化，无明显障碍因素。耕层质地为多样，其中轻壤土占61.54%、砂壤土占35.38%、黏土占3.08%。有机质平均含量为14.9g/kg，其中29.10%的取样点有机质低于10 g/kg，51.40%的取样点有机质含量介于10～20 g/kg，19.50%的取样点有机质高于20 g/kg。有效磷平均含量为24.2 mg/kg，其中22.70%低于10 mg/kg，62.20%介于10～40 mg/kg，15.10%高于40 mg/kg。速效钾平均含量为115.8 mg/kg，其中53.40%低于100 mg/kg，34.90%介于100～200 mg/kg，11.70%高于200 mg/kg。该县有机质含量偏低，有效磷含量中等，速效钾含量中等。

（2）耕地利用建议 一是采取植树造林、增施有机肥、推广测土配方施肥技术、合理轮作等方式，增强土壤保水、保肥，供水、供肥性能，促使土壤水、肥、气、热协调，增强土壤保肥保水能力。二是把传统灌溉技术与现代技术组装配套，工程节水与农艺节水技术相结合，通过推广节水输水和均匀灌溉技术、深耕深松技术和畦田改造技术，以期降低灌溉定额，提高土壤蓄水能力，提高灌溉质量。

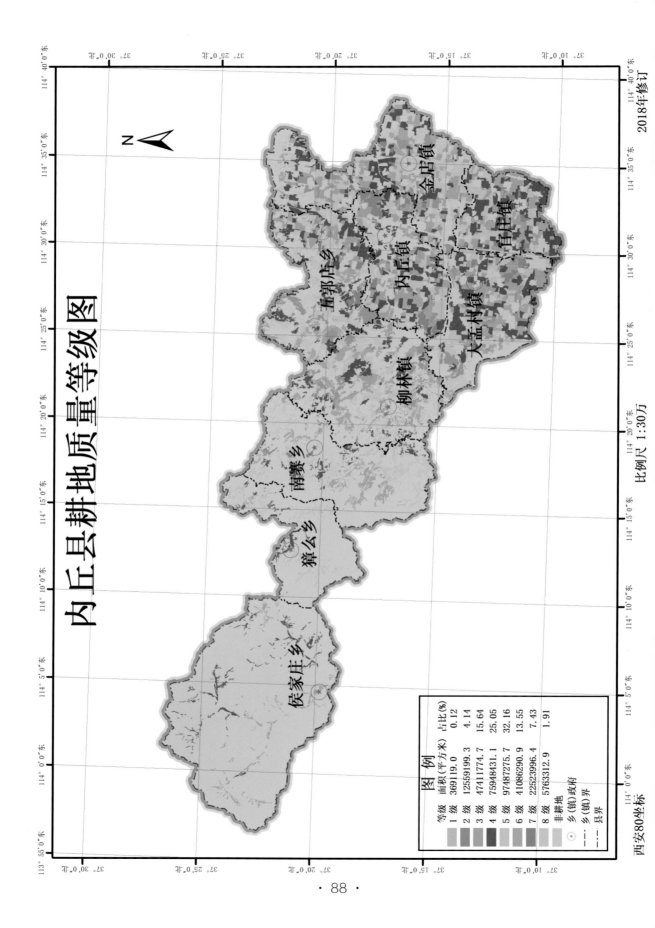

内丘县耕地质量等级图

N

2018年修订

比例尺 1:30万

西安80坐标

金店镇
官庄镇
内丘镇
大孟村镇
柳林镇
南赛乡
獐么乡
侯家庄乡
乔郭店乡

图　例

等级	面积（平方米）	占比（%）
1 级	369119.0	0.12
2 级	12559199.3	4.14
3 级	47411774.7	15.64
4 级	75948431.1	25.05
5 级	97487275.7	32.16
6 级	41086290.9	13.55
7 级	22523996.4	7.43
8 级	5763312.9	1.91

非耕地
乡（镇）政府
乡（镇）界
县界

内丘县耕地质量等级

1. 耕地基本情况

内丘县位于太行山东麓，为分水岭的中低山经岗丘向山前平原过渡地带，地势西高东低。该县属典型的暖温带大陆性半干旱季风气候区，四季分明，光照充足，降雨略少。土壤类型主要是棕壤土和褐土，土地资源丰富。棕壤主要分布在海拔千米以上的中山地，褐土为县境主要土壤类型，分布于千米以下的低山丘陵及山麓平原。全县土地总面积中，耕地占41.20%，园地占5.40%，林地占26.00%，草地占12.10%，建设用地占9.70%，水域及水利设施用地占3.90%，其他土地占1.80%。耕地的面积为303 149 400 m^2（454 724.1亩），主要种植作物为小麦、玉米，大豆、谷子等。

2. 耕地质量等级划分

利用县域耕地资源管理信息系统，采用层次分析法，确定该县耕地综合评价指数在0.673 824 7～0.901 882 2范围。按照河北省耕地质量10等级划分标准，耕地等级划分为1、2、3、4、5、6、7、8级耕地，面积分别为369 119.0、12 559 199.3、47 411 774.7、75 948 431.1、97 487 275.7、41 086 290.9、22 523 996.4、5 763 312.9 m^2（见表）。通过加权平均，该县的耕地质量平均等级为4.65。

内丘县耕地质量等级统计表

等级	1级	2级	3级	4级	5级	6级	7级	8级
面积（m^2）	369 119.0	12 559 199.3	47 411 774.7	75 948 431.1	97 487 275.7	41 086 290.9	22 523 996.4	5 763 312.9
百分比（%）	0.12	4.14	15.64	25.05	32.16	13.55	7.43	1.90

3. 耕地属性特征及利用建议

（1）耕地属性特征　内丘县耕地灌溉能力"可以满足"灌溉要求，排水能力"强"。耕层厚度平均值为20 cm，地形部位主要以洪冲积扇为主，占取样点的82.95%。耕地无盐渍化，基本无明显障碍，只有少部分地块存在砂姜层。耕层质地以壤土为主，占到取样点的87.50%，12.5%的土壤为砂壤土。有机质平均含量为16.6 g/kg，其中20.50%的取样点有机质含量低于10 g/kg，74.20%的取样点有机质含量介于10～20 g/kg，5.30%的取样点有机质含量高于20 g/kg。有效磷平均含量为17.7 mg/kg，其中17.40%低于10 mg/kg，80.80%介于10～40 mg/kg，只有1.80%高于40 mg/kg。速效钾平均含量为75.2 mg/kg，其中74.00%低于100 mg/kg，24.80%介于100～200 mg/kg，只有1.20%高于200 mg/kg。该县有机质含量偏低，有效磷含量偏低，速效钾含量整体偏低。

（2）耕地利用建议　一是抓好中低产田改造。从农田水利基本建设、节水灌溉技术、增施有机肥等方式，使中低产田改造升级，不断提高耕地地力水平和产出效益。二是发展节水农业。机井深度适当加深，以增加农业生产供水量；大力推广地下防渗管道、喷灌及滴灌等节水灌溉方法，大力推广生物节水方法，种植节水抗旱优良品种。三是培肥地力。有机肥与无机肥结合使用，适当增施有机肥，以改善地况、培肥地力。

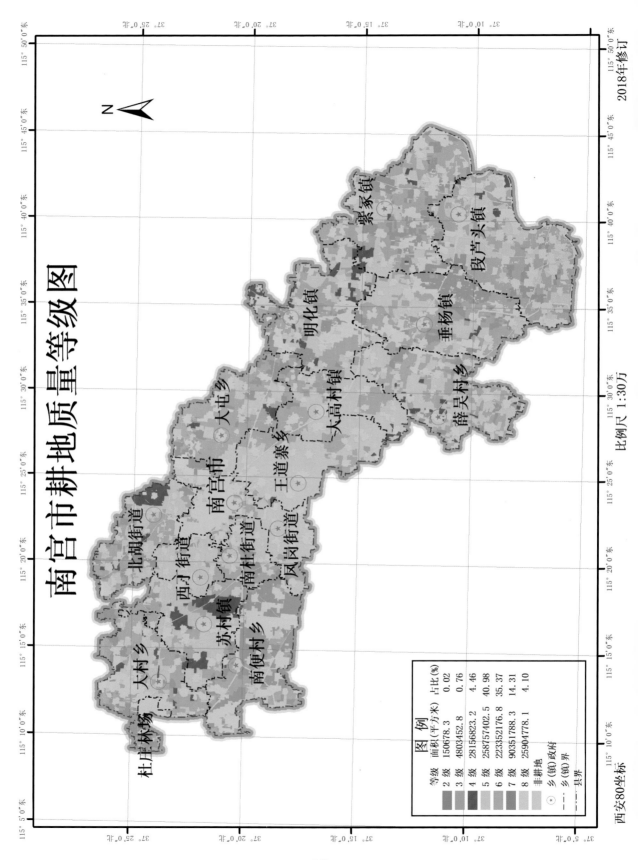

南宫市耕地质量等级图

2018年修订

比例尺 1:30万

西安80坐标

图 例		
等级	面积(平方米)	占比(%)
2级	150678.3	0.02
3级	4803452.8	0.76
4级	28156823.2	4.46
5级	258757402.5	40.98
6级	223352176.8	35.37
7级	90351788.3	14.31
8级	25904778.1	4.10
非耕地		

乡(街)政府
乡(街)界
县界

杜庄林场
北胡街道
西丁街道
南宫市
南杜街道
凤岗街道
大屯乡
明化镇
王道寨乡
大高村镇
薛吴村乡
垂扬乡
明化镇
紫冢镇
段芦头镇
大村乡
苏村乡
南便村乡

· 90 ·

南宫市耕地质量等级

1. 耕地基本情况

南宫市地处河北省中南部、属黑龙港流域、半干旱地区。该市属河流冲积湖积泛滥平原区，地势平坦开阔，总的趋势南高北低，由东南向西北倾斜。微地貌丰富，局部地区出现缓岗、洼地、道沟、坑塘等微地貌。全市分为潮土、盐土和风沙土3个土类。其中潮土占98.27%、盐土占0.13%、风沙土占1.60%。全市土地总面积中，耕地占75.80%，园地占1.90%，林地占2.30%，草地占3.30%，建设用地占13.50%，水域及水利设施用地占2.20%，其他土地占0.80%。耕地面积631 477 100.0 m²（947 215.7亩），主要种植作物为小麦、玉米，棉花等。

2. 耕地质量等级划分

利用县域耕地资源管理信息系统，采用层次分析法，确定该市耕地综合评价指数在0.650 492 1 ~ 0.847 597 8范围。按照河北省耕地质量10等级划分标准，耕地等级划分为2、3、4、5、6、7、8级耕地，面积分别为150 678.3、4 803 452.8、28 156 823.2、258 757 402.5、223 352 176.8、90 351 788.3、25 904 778.1 m²（见表）。通过加权平均，该市的耕地质量平均等级为5.70。

南宫市耕地质量等级统计表

等级	2级	3级	4级	5级	6级	7级	8级
面积（m²）	150 678.3	4 803 452.8	28 156 823.2	258 757 402.5	223 352 176.8	90 351 788.3	25 904 778.1
百分比（%）	0.02	0.76	4.46	40.98	35.37	14.31	4.10

3. 耕地属性特征及利用建议

（1）耕地属性特征　南宫市灌溉能力能够满足农业生产需求，排水能力处于"中等"状态。耕层厚度平均值为15 cm，地形部位为洪冲积扇。多数耕地无盐渍化，只有小部分存在轻度盐渍化，耕地无明显障碍。耕层质地为多样，其中砂壤土占取样点的48%，轻壤土占39%，砂土占取样点的8%，中壤土占取样点的4.3%，此外粘土和粘壤土各占0.33%。有机质平均含量为10.66 g/kg，其中31.56%的取样点有机质低于10 g/kg，68.44%的取样点有机质含量介于10 ~ 20 g/kg。有效磷平均含量为6.25 mg/kg，其中87.38%低于10 mg/kg，11.63%介于10 ~ 40 mg/kg，0.66%高于40 mg/kg。速效钾平均含量为108.55 mg/kg，其中38.33%低于100 mg/kg，60.33%介于100 ~ 200 mg/kg，仅有1.33%高于200 mg/kg。该市有机质含量偏低，有效磷含量中等偏低，速效钾含量中等。

（2）耕地利用建议　一是推广节水、节能、节地型农业生产技术，重点提高农村生活用能中新能源比例、化肥有效利用率和秸秆综合利用率等指标，提高农业科技贡献率，提升农村利用生物能源的水平。二是加快农业产业结构调整。推进集约化种植；重点发展无公害蔬菜、强化棉花产业、小杂粮等高效农业，培育壮大龙头名牌企业，扩大基地规模，实现农业增效、农民增收，加快农业产业化进程，提高农业产业化经营水平。

宁晋县耕地质量等级图

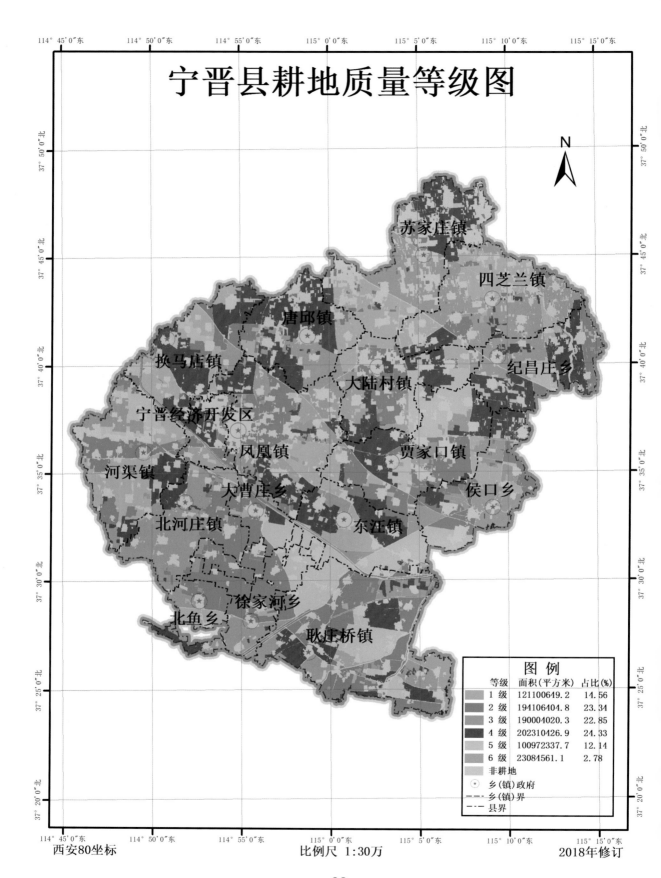

苏家庄镇

四芝兰镇

唐邱镇

换马店镇

纪昌庄乡

大陆村镇

宁晋经济开发区

凤凰镇

贾家口镇

河渠镇

侯口乡

大曹庄乡

北河庄镇

东汪镇

徐家河乡

北鱼乡

耿庄桥镇

图 例		
等级	面积(平方米)	占比(%)
1级	121100649.2	14.56
2级	194106404.8	23.34
3级	190004020.3	22.85
4级	202310426.9	24.33
5级	100972337.7	12.14
6级	23084561.1	2.78
非耕地		
⊙ 乡(镇)政府		
— · — 乡(镇)界		
— · · — 县界		

西安80坐标   比例尺 1:30万   2018年修订

宁晋县耕地质量等级

1. 耕地基本情况

宁晋县位于太行山前冲积平原和黑龙港低平原的交接地带，属太行山东麓冲积平原，地势低平、开阔，自西北向东南倾斜，县域西部为洪积冲扇间平原，壤质土为主，熟化程度高，是县域内粮食主要产区；东北部系河流冲积平原，适宜粮棉、果树生产；县境东南部是山麓平原和低平原的交接洼地，地势低平，河流较多，形成历史上著名的"宁晋泊"，汛期滞洪受涝较多。全县共有潮土、褐土、砂姜黑土、风沙土 4 个土类。全县土地总面积中，耕地占 78.10%，园地占 4.00%，林地占 0.50%，草地占 1.30%，建设用地占 14.20%，水域及水利设施用地占 1.70%，其他土地占 0.20%。耕地的面积为 831 578 400.0 m^2（1 247 367.6 亩）主要种植作物为小麦、玉米，棉花等。

2. 耕地质量等级划分

利用县域耕地资源管理信息系统，采用层次分析法，确定该县耕地综合评价指数在 0.669 344 9 ～ 0.905 450 8 范围。按照河北省耕地质量 10 等级划分标准，耕地等级划分为 1、2、3、4、5、6 级耕地，面积分别为 121 100 649.2、194 106 404.8、190 004 020.3、202 310 426.9、100 972 337.7、23 084 561.1 m^2（见表）。通过加权平均，该县的耕地质量平均等级为 5.35。

宁晋县耕地质量等级统计表

等级	1 级	2 级	3 级	4 级	5 级	6 级
面积（m^2）	121 100 649.2	194 106 404.8	190 004 020.3	202 310 426.9	100 972 337.7	23 084 561.1
百分比（%）	14.56	23.34	22.85	24.33	12.14	2.78

3. 耕地属性特征及利用建议

（1）耕地属性特征　宁晋县灌溉能力"能够满足"农业生产需求，排水能力处于"中等"状态的耕地居多，占 52%，排水能力处于"强"到"较强"状态占 30.70%，还有 17.30% 排水能力"弱"，地形部位为洪冲积扇。多数耕地无盐渍化，只有小部分存在轻度盐渍化，耕地无明显障碍。耕层质地为多样，其中粉砂质粘壤土占 11.40%、壤土占 21.00%、砂土占 6.90%、砂质壤土占 27.20%、粘壤土占 11.70%、黏土占 21.80%。有机质平均含量为 17.7g/kg，其中 7.40% 的取样点有机质低于 10 g/kg，58.40% 的取样点有机质含量介于 10 ～ 20 g/kg，34.20% 的取样点有机质高于 20 g/kg。有效磷平均含量为 17.8 mg/kg，其中 28.70% 低于 10 mg/kg，63.40% 介于 10 ～ 40 mg/kg，7.90% 高于 40 mg/kg。速效钾平均含量为 154.8 mg/kg，其中 30.20% 低于 100 mg/kg，42.60% 介于 100 ～ 200 mg/kg，27.20% 高于 200 mg/kg。该县有机质含量偏低，有效磷含量偏低，速效钾含量中等偏高。

（2）耕地利用建议　一是调整农作物布局。依据耕地划分等级、分布区域、面积、土壤类型，调整作物布局。增加复种指数，提高粮食单产。发展特色农业，大农业结构由单一向多元化转变，结合实际情况逐步调整单一的小麦玉米种植模式，增加粮油、粮棉、粮果、粮蔬等种植形式，积极发展多种经营、发展优质高产、高效农业，增加复种指数，在有限的耕地上获取最大的经济效益。二是加大农业技术投入，提高耕地质量，减少土地污染，搞好种养结合。大力推广测土配方施肥技术、有机质提升技术、秸秆还田技术、保护性耕作技术、良种良法配套以及中低产田改造技术等，不断培肥地力，实现农业生产在有限土地上的可持续发展。

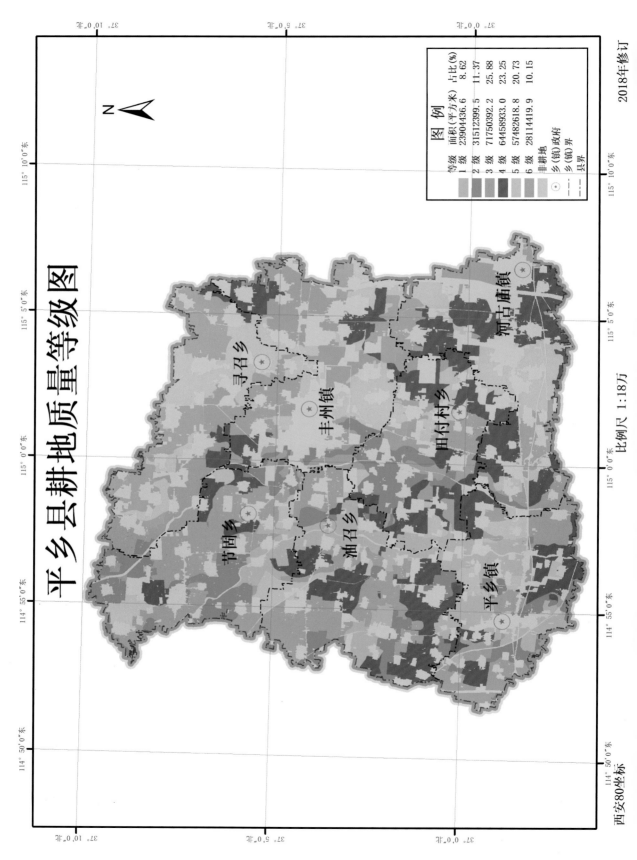

平乡县耕地质量等级图

西安80坐标

比例尺 1:18万

2018年修订

图　例

等级	面积(平方米)	占比(%)
1级	23904436.6	8.62
2级	31512399.5	11.37
3级	71750392.2	25.88
4级	64458933.0	23.25
5级	57482618.8	20.73
6级	28114419.9	10.15

非耕地
⊙ 乡(镇)政府
乡(镇)界
县界

寻召乡
丰州镇
田付村乡
节固乡
油召乡
河古庙镇
平乡镇

平乡县耕地质量等级

1. 耕地基本情况

平乡县位于河北省中南部，地形属于平淤、微有起伏的平原。该县土壤绝大部分属于潮土，占县域面积的99.44%，极少盐土土壤，仅占0.56%。全县土地总面积中，耕地占73.46%，园地占1.39%，林地占1.78%，草地占3.09%，建设用地占17.34%，水域及水利设施用地占1.98%，其他土地占0.96%。耕地的面积为277 223 200.0 m²（415 834.8亩），主要种植作物为小麦、玉米，棉花等。

2. 耕地质量等级划分

利用县域耕地资源管理信息系统，采用层次分析法，确定该县耕地综合评价指数在0.703 745 9～0.909 484 9范围。按照河北省耕地质量10等级划分标准，耕地等级划分为1、2、3、4、5、6级耕地，面积分别为23 904 436.6、31 512 399.5、71 750 392.2、64 458 933.0、57 482 618.8、28 114 419.9 m²（见表）。通过加权平均，该县的耕地质量平均等级为3.67。

平乡县耕地质量等级统计表

等级	1级	2级	3级	4级	5级	6级
面积（m²）	23 904 436.6	31 512 399.5	71 750 392.2	64 458 933.0	57 482 618.8	28 114 419.9
百分比（%）	8.62	11.37	25.88	23.25	20.73	10.15

3. 耕地属性特征及利用建议

（1）耕地属性特征　平乡县耕地灌溉能力可以"满足"耕种需求，排水能力处于"满足"状态。耕层厚度平均值为15 cm，地形部位为洪冲积扇。多数耕地无盐渍化，只有小部分存在轻度、中度和重度盐渍化，基本无明显障碍，部分地块存在粘化层、粘底盘。耕层质地以轻壤土、中壤土为主，占到取样点的83.60%，16.40%的土壤为重壤土。有机质平均含量为16.9g/kg，其中3.70%的取样点有机质低于10 g/kg，73.90%的取样点有机质含量介于10～20 g/kg，22.4%的取样点有机质含量高于20 g/kg。有效磷平均含量为12.8 mg/kg，其中47.80%低于10 mg/kg，49.30%介于10～40 mg/kg。速效钾平均含量为156.5 mg/kg，其中19.40%低于100 mg/kg，60.40%介于10～40 mg/kg。该县有机质含量偏低，有效磷含量偏低，速效钾含量中等偏高。

（2）耕地利用建议　一是因地制宜，构建合理的农业结构。充分利用土地资源，农、林、牧、副、渔五业并举，合理布局。二是提高土壤肥力，要用地养地，通过增施化肥、发展养殖业、发展绿肥作物等多种方式，增加土壤有机质含量。科学施肥，因地用肥，合理调整氮磷比例，逐步提高养分的有效性和肥料的利用率。三是改良土壤，发挥增产潜力。通过水利、耕作和生产措施相结合的方式，精耕细管，改良盐碱土壤。通过客土掺砂、增施有机肥料，克服红黏土的粘重、板结的不良物理性状，改良红黏土壤。

清河县耕地质量等级图

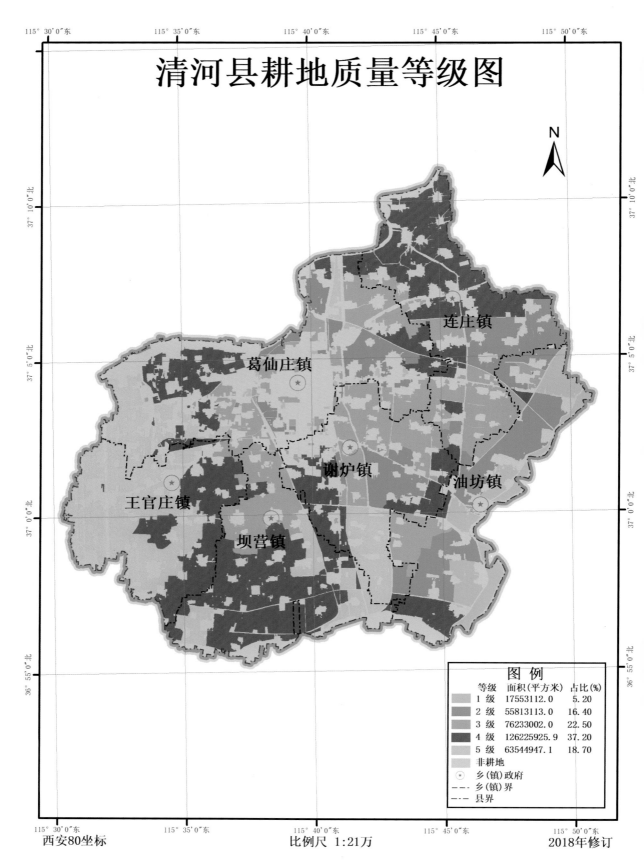

图 例		
等级	面积(平方米)	占比(%)
1 级	17553112.0	5.20
2 级	55813113.0	16.40
3 级	76233002.0	22.50
4 级	126225925.9	37.20
5 级	63544947.1	18.70
非耕地		
⊙ 乡(镇)政府		
—— 乡(镇)界		
—·— 县界		

西安80坐标　　　　　　　比例尺 1:21万　　　　　　　2018年修订

清河县耕地质量等级

1. 耕地基本情况

清河县地处邢台地区东部，属黑龙港流域。该县地势较平坦，西北部和北部略高，逐渐向东和南部倾斜，沿卫运河一带有零星洼地。该县土壤母质是黄河冲积母质，由于历次洪水泛滥，多次沉积复覆，也就决定了清河土壤土体的多层次，共划分为 2 个土类：潮土和风沙土。其中潮土占总耕地面积 99.10%、风沙土占总耕地面积 0.90%。全县土地总面积中，耕地占 70.30%，园地占 1.20%，林地占 0.80%，草地占 2.30%，建设用地占 20.40%，水域及水利设施用地占 4.30%，其他土地占 0.80%。耕地的面积为 339 370 100.0 m² (509 055.2 亩)，主要种植作物为小麦、玉米、棉花等。

2. 耕地质量等级划分

利用县域耕地资源管理信息系统，采用层次分析法，确定该县耕地综合评价指数在 0.779 004 ~ 0.918 63 范围。按照河北省耕地质量 10 等级划分标准，耕地等级划分为 1、2、3、4、5 级耕地，面积分别为 17 553 112.0、55 813 113.0、76 233 002.0、126 225 925.9、63 544 947.1 m² (见表)。通过加权平均，该县的耕地质量平均等级为 3.48。

清河县耕地质量等级统计表

等级	1级	2级	3级	4级	5级
面积 (m²)	17 553 112.0	55 813 113.0	76 233 002.0	126 225 925.9	63 544 947.1
百分比 (%)	5.20	16.40	22.50	37.20	18.70

3. 耕地属性特征及利用建议

(1) 耕地属性特征　清河县耕地灌溉能力处于"充分满足"状态，排水能力处于"充分满足"状态。耕层厚度平均值为 20 cm，地形部位为洪冲积扇。耕地无盐渍化，基本无明显障碍，只有小部分地块存在黏化层。耕层质地以轻壤土、砂壤土为主，占到取样点的 81.70%，6.30% 的土壤为沙土，12.00% 的土壤为中壤土。有机质平均含量为 13.0 g/kg，其中 34.8% 的取样点有机质低于 10 g/kg，55.70% 的取样点有机质含量介于 10 ~ 20 g/kg，9.40% 的取样点有机质含量高于 20 g/kg。有效磷平均含量为 26.8 mg/kg，其中 14.60% 低于 10 mg/kg，62.00% 介于 10 ~ 40 mg/kg，23.40% 大于 40 mg/kg。速效钾平均含量为 51.9 mg/kg，其中 98.10% 低于 100 mg/kg。该县有机质含量偏低，有效磷含量中等偏高，速效钾含量整体偏低。

(2) 耕地利用建议　一是增加有机质含量，培肥地力。推广有机质提升技术、秸秆还田技术、保护性耕作技术、良种良法配套以及中低产田改造技术等，改良土壤，不断提高土壤肥力，增强农业生产后劲。二是合理规划农业布局。东南地区地势比较低洼，土质为中壤，保水保肥能力强，适于种植粮食作物。地势比较低洼，土质为中壤，保水保肥能力强，适于种植粮食作物；中部地区地势比较平坦，土质以砂壤质和轻壤质土为主，排水良好宜粮宜棉，适于各种作物生长；西北地区以砂质土，砂壤土为主，土壤瘠薄，漏水漏肥，并且有较多的沙丘，土壤限制因素较大，可着重发展材林、果林及油料作物。

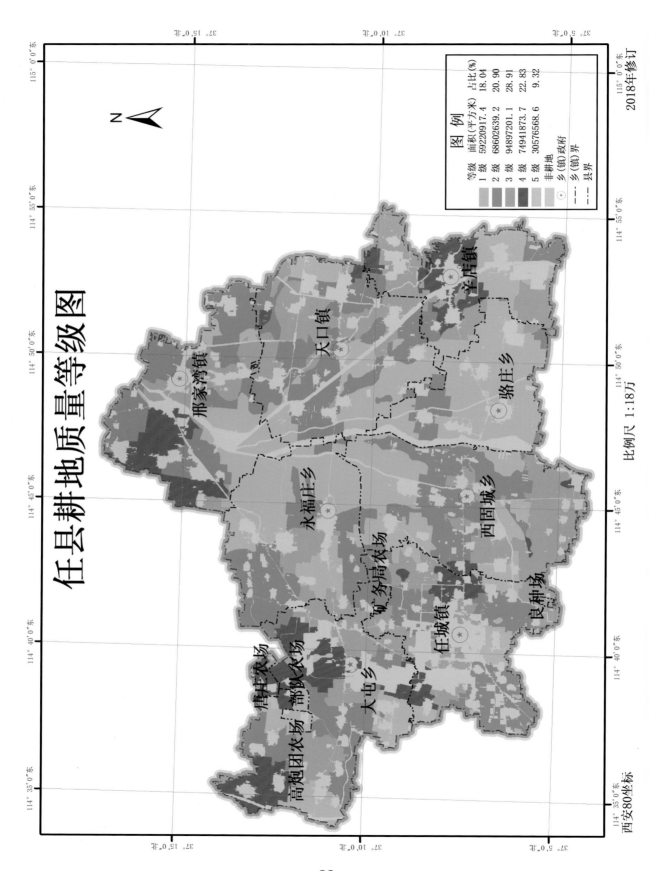

任县耕地地质量等级图

图 例

等级	面积(平方米)	占比(%)
1 级	59220917.4	18.04
2 级	68602639.2	20.90
3 级	94897201.1	28.91
4 级	74941873.7	22.83
5 级	30576568.6	9.32

非耕地
乡(镇)政府
乡(镇)界
县界

比例尺 1:18万

西安80坐标

任县耕地质量等级

1. 耕地基本情况

任县位于邢台地区中南部，地处太行山东麓，由河流、洪水冲积及湖沼沉积而形成，结构类型复杂。西部为太行山冲积平原，土地沙质多；东部历属滏阳河水系冲积平原；县境地势平坦开阔。全县共有褐土和潮土两个土类，土壤受地形地貌影响较大，各类土壤呈有规律的分布。西部山麓平原冲积扇末端区主要分布潮褐土，扇间洼地则分布有脱沼泽潮土。中部交接洼地，主要分布有潮土，大陆泽近围二坡地带分布有脱盐化潮土，泽中老沙洺河故道和洺河故道两条缓岗分布有粘质潮土外，其余多为脱盐化潮土，壤质潮土数量较少。全县土地总面积中，耕地占 77.30%，园地占 0.30%，林地占 2.90%，草地占 0.30%，建设用地占 15.20%，水域及水利设施用地占 4.00%。耕地的面积为 328 239 200.0 m^2（492 358.8 亩），主要种植小麦、玉米、棉花等作物。

2. 耕地质量等级划分

利用县域耕地资源管理信息系统，采用层次分析法，确定该县耕地综合评价指数在 0.764 072 5 ~ 0.915 173 7 范围。按照河北省耕地质量 10 等级划分标准，耕地等级划分为 1、2、3、4、5 级耕地，面积分别为 59 220 917.4、68 602 639.2、94 897 201.1、74 941 873.7、30 576 568.6 m^2（见表）。通过加权平均，该县的耕地质量平均等级为 2.84。

任县耕地质量等级统计表

等级	1级	2级	3级	4级	5级
面积（m^2）	59 220 917.4	68 602 639.2	94 897 201.1	74 941 873.7	30 576 568.6
百分比（%）	18.04	20.90	28.91	22.83	9.32

3. 耕地属性特征及利用建议

（1）耕地属性特征　任县的耕地灌溉能力处于"满足"状态，排水能力处于"满足"状态。耕层厚度平均值为 20 cm，地形部位为山前平原。耕地无盐渍化，无明显障碍因素。耕层质地以轻壤土、中壤土为主，占到取样点的 95.60%，还存在少量的粘质土壤。有机质平均含量为 20.4 g/kg，其中 56.60% 的取样点有机质含量介于 10 ~ 20 g/kg，43.40% 的取样点有机质含量高于 20 g/kg。有效磷含量介于 10 ~ 40 mg/kg，平均含量为 20.2 mg/kg。速效钾平均含量为 172.3 mg/kg，其中 8.00% 低于 100 mg/kg，63.70% 介于 100 ~ 200 mg/kg，28.30% 高于 20 mg/kg。该县有机质含量较高，有效磷含量中等偏低，速效钾含量中等偏高。

（2）耕地利用建议　一是加大实施农业结构调整力度，实现农业结构优化、产业升级，大幅度提高全县耕地资源利用效率，改善农业生态环境，科学合理利用土地资源，实现耕地资源的有效配置和高效利用，达到农民增收、农业增效、社会增益的目标。二是加强基本农田保护：切实保护耕地，加大投入，逐步实现基本农田标准化，基础建设规范化，全面提高基本农田管理和建设水平。促进土地的节约集约利用，有效控制耕地减少，加强建设占用地占补平衡管理，实现同质量耕地占补平衡。三是大力开展中低产田改造：积极开展以田、水、路、林、村综合整治为主的中低产田改造工作，有效地挖掘和发挥土地资源的潜力和效益，积极推广配方施肥、平衡施肥等技术和增加施用有机肥，使土壤肥力提升。

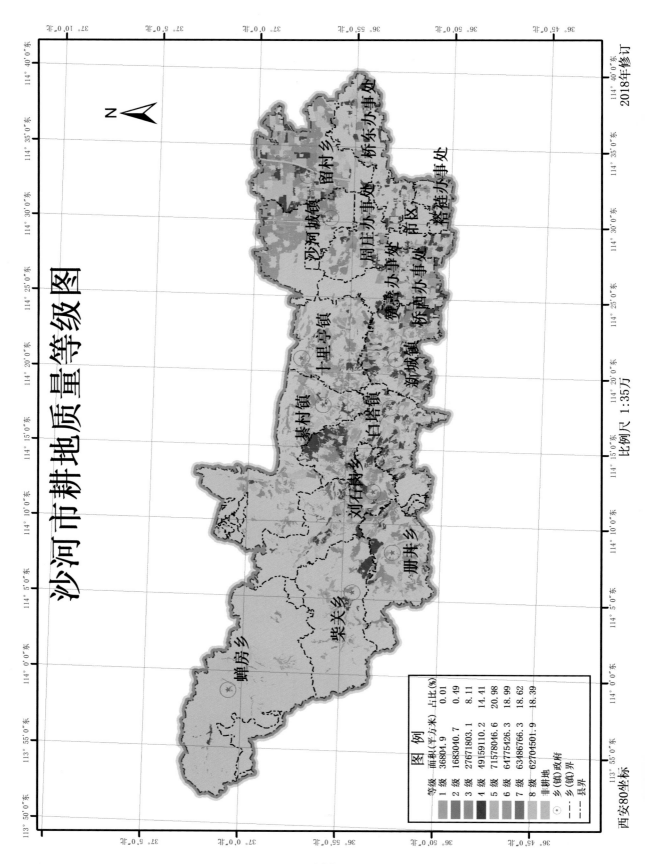

沙河市耕地地质量等级图

2018年修订

比例尺 1:35万

西安80坐标

N

咏河城镇
留村乡
侨东办事处
周庄办事处
前区
褡裢办事处
宴寺办事处
侨西办事处
新城镇
白塔镇
十里亭镇
綦村镇
刘石岗乡
册井乡
蝉房乡
柴关乡

图 例		
等级	面积(平方米)	占比(%)
1 级	36804.9	0.01
2 级	1683040.7	0.49
3 级	27671803.1	8.11
4 级	49159110.2	14.41
5 级	71578046.6	20.98
6 级	64775426.3	18.99
7 级	63486766.3	18.62
8 级	62704501.9	18.39
非耕地		
⊙ 乡(镇)政府		
--- 乡(镇)界		
--- 县界		

沙河市耕地质量等级

1.耕地基本情况

沙河市位于邢台地区南部，该区域地质构造属于华北地台南段和太行山东麓隆断区。全市土壤类型有棕壤、褐土、草甸土、潮土、风沙土等，其中绝大多数为褐土，占比84.50%。全市土地总面积中，耕地占69.90%，园地占总9.00%，林地占1.30%，草地占2.70%，建设用地占12.60%，水域及水利设施用地占3.50%，其他土地占0.90%。耕地的面积为341 095 500.0 m²（511 643.3 亩），主要种植作物为小麦、玉米、花生、谷子等。

2.耕地质量等级划分

利用县域耕地资源管理信息系统，采用层次分析法，确定该市耕地综合评价指数在0.583 864 5～0.884 383 范围。按照河北省耕地质量10 等级划分标准，耕地等级划分为1、2、3、4、5、6、7、8级耕地，面积分别为36 804.9、1 683 040.7、27 671 803.1、49 159 110.2、71 578 046.6、64 775 426.3、63 486 766.3、62 704 501.9 m²（见表）。通过加权平均，该市的耕地质量平均等级为5.79。

沙河市耕地质量等级统计表

等级	1级	2级	3级	4级	5级	6级	7级	8级
面积（m²）	36 804.9	1 683 040.7	27 671 803.1	49 159 110.2	71 578 046.6	64 775 426.3	63 486 766.3	62 704 501.9
百分比（%）	0.01	0.49	8.11	14.41	20.98	18.99	18.62	18.39

3.耕地属性特征及利用建议

（1）耕地属性特征　沙河市耕地灌溉能力"基本满足"到"充分满足"状态，排水能力处于"基本满足"到"满足"状态。耕层厚度平均值为17 cm，地形部位为山前平原。耕地无盐渍化，无明显障碍因素。耕层质地以轻壤土、砂壤土为主，占到取样点的84.50%。有机质平均含量为15.2 g/kg，其中26.40%的取样点有机质低于10 g/kg，46.40%的取样点有机质含量介于10～20 g/kg，27.30%的取样点有机质高于20 g/kg。有效磷平均含量为14.2 mg/kg，其中41.80%低于10 mg/kg，55.50%介于10～40 mg/kg，0.30%高于40 mg/kg。速效钾平均含量为104.1 mg/kg，其中60.90%低于100 mg/kg，39.10%介于10～40 mg/kg。该市有机质含量偏低，有效磷含量偏低，速效钾含量中等。

（2）耕地利用建议　一是合理利用土地资源。集中力量，建立基本农田，改广种为少种，改粗放为精耕细作。建立农、林、牧合理结构，实现粮、棉、油合理布局，逐步达到地尽其力，扬长避短，发挥优势，良性循环，最佳效益的目标。二是普遍提高土壤肥力。着力提高土壤有机质含量，下大力解决土壤中磷钾含量偏少的问题，实行种地养地，越种越肥。三是积极改良低产土壤，统一协调水利、耕作和生产措施，综合治理盐化土壤；通过增施有机肥、种植绿肥、加深耕层和客土治沙等措施，实行风沙地和通体砂壤的改壤。

威县耕地质量等级图

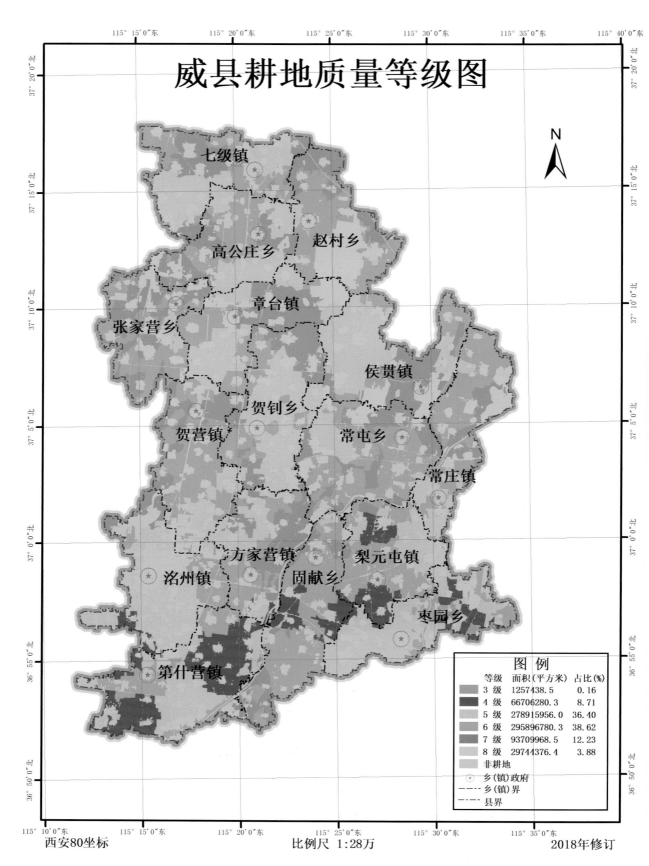

图 例

等级	面积（平方米）	占比（%）
3 级	1257438.5	0.16
4 级	66706280.3	8.71
5 级	278915956.0	36.40
6 级	295896780.3	38.62
7 级	93709968.5	12.23
8 级	29744376.4	3.88
非耕地		

◎ 乡（镇）政府
- · - 乡（镇）界
- ·· - 县界

西安80坐标　　　　比例尺 1:28万　　　　2018年修订

威县耕地质量等级

1. 耕地基本情况

威县位于邢台地区东部的冲积平原上，属于古黄河、古漳河长期泛滥淤积而成的冲积平原区，地势从西南向东北倾斜，海拔高度 30 ～ 50 m，属冀南低平原区，地势平坦，土层深厚，垦殖历史悠久，宜农宜牧。微地貌中，黄河故道纵贯县境而形成的缓岗坡地，因地势低平，径流不畅，故而又形成局部洼地。威县处于暖温带大陆性半干旱季风气候，四季分明。全县土壤划分为风沙土、潮土 2 个土类。全县土地总面积中，耕地占 69.90%，园地占 9.00%，林地占 1.30%，草地占 2.70%，建设用地占 12.60%，水域及水利设施用地占 3.50%，其他土地占 0.90%。耕地面积 766 230 800.0 m² (1 149 346.2 亩)，主要种植作物为小麦、玉米、棉花等。

2. 耕地质量等级划分

利用县域耕地资源管理信息系统，采用层次分析法，确定该县耕地综合评价指数在 0.675 654 6 ～ 0.828 204 5 范围。按照河北省耕地质量 10 等级划分标准，耕地等级划分为 3、4、5、6、7、8 级耕地，面积分别为 1 257 438.5、66 706 280.3、278 915 956.0、295 896 780.3、93 709 968.5、29 744 376.4 m² (见表)。通过加权平均，该县的耕地质量平均等级为 5.66。

威县耕地质量等级统计表

等级	3 级	4 级	5 级	6 级	7 级	8 级
面积（m²）	1 257 438.5	66 706 280.3	278 915 956.0	295 896 780.3	93 709 968.5	29 744 376.4
百分比（%）	0.16	8.71	36.40	38.62	12.23	3.88

3. 耕地属性特征及利用建议

（1）耕地属性特征　威县耕地灌溉能力处于"满足"状态，排水能力处于"满足"状态。耕层厚度平均值为 13 cm，地形部位为河流冲积平原。耕地无盐渍化，无明显障碍因素。耕层质地多样，其中壤质占 63.32%、砂壤占 32.43%、黏土占 3.86%。有机质平均含量为 10.7 g/kg，其中 37.8% 的取样点有机质低于 10 g/kg，62.20% 的取样点有机质含量介于 10 ～ 20 g/kg。有效磷平均含量为 12.4 mg/kg，其中 40.2% 低于 10 mg/kg，59.80% 介于 10 ～ 40 mg/kg。速效钾平均含量为 157.7 mg/kg，其中 10.8% 低于 100 mg/kg，75.70% 介于 100 ～ 200 mg/kg，13.50% 高于 200 mg/kg。该县有机质含量偏低，有效磷含量偏低，速效钾含量中等偏高。

（2）耕地利用建议　一是合理利用土地资源。集中力量，建立基本农田，改广种为少种，改粗放为精耕细作。建立农、林、牧合理结构，实现粮、棉、油合理布局，逐步达到地尽其力，扬长避短，发挥优势，良性循环，最佳效益的目标。二是普遍提高土壤肥力。着力提高土壤有机质含量，下大力解决土壤中磷含量偏少的问题，实行种地养地，越种越肥。三是积极改良低产土壤，统一协调水利、耕作和生产措施；通过增施有机肥、种植绿肥、加深耕层和客土治沙等措施，实行风沙地和通体砂壤的改壤。

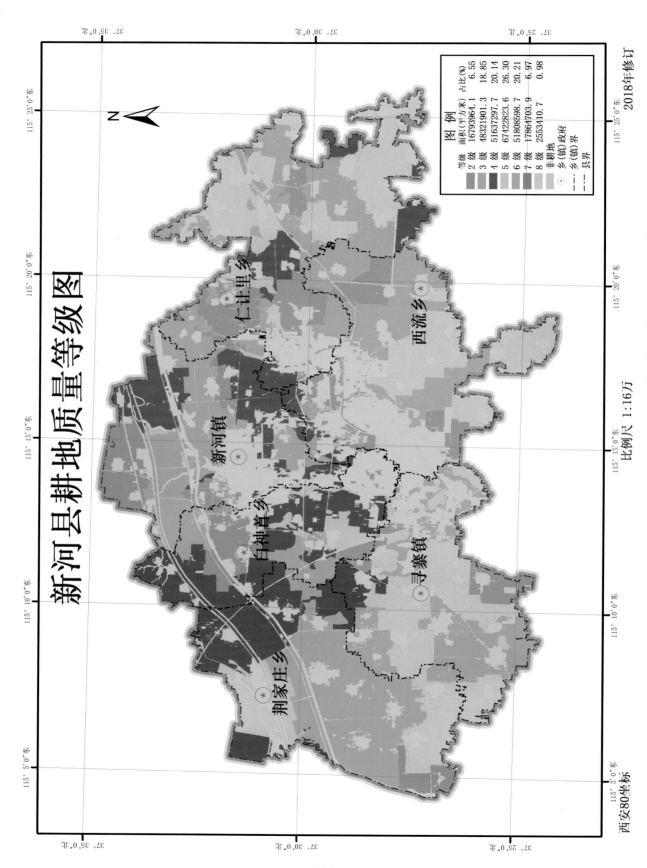

新河县耕地地质量等级图

等级	面积(平方米)	占比(%)
2 级	16793964.1	6.55
3 级	48321901.3	18.85
4 级	51637297.7	20.14
5 级	67422823.6	26.30
6 级	51808598.7	20.21
7 级	17864703.9	6.97
8 级	2553410.7	0.98

图　例

非耕地
⊙ 乡(镇)政府
－－－ 乡(镇)界
－－－ 县界

2018年修订

比例尺 1:16万

西安80坐标

新河县耕地质量等级

1.耕地基本情况

新河县气候属暖温带大陆性季风型半干旱地区，四季分明，寒旱同期，雨热同季。新河县位于邢台地区东北部，为太行山东麓滏阳河冲击平原区，地势平坦，中部略高，呈南高而北低、中间高而东西低形态，海拔 24 ～ 27 m，平均海拔 25 m。按地形全县大体分为湿积涝地、沙压地、低洼地和平原地等 4 种类型。该县土壤母质为近代河流冲积、沉积物，全县地势平坦，但微地貌类型较多。全县土壤均为潮土 1 个土类。全县土地总面积中，耕地占 75.00%，园地占 8.10%，林地占 1.50%，草地占 0.50%，建设用地占 11.60%，水域及水利设施用地占3.40%。耕地的面积为 256 402 700.0 m² （384 604.1 亩），主要种植作物为小麦、玉米，谷子、甘薯、棉花、花生等。

2.耕地质量等级划分

利用县域耕地资源管理信息系统，采用层次分析法，确定该县耕地综合评价指数在0.683 282 3 ～ 0.857 103 2 范围。按照河北省耕地质量 10 等级划分标准，耕地等级划分为 2、3、4、5、6、7、8 级耕地，面积分别为 16 793 964.1、48 321 901.3、51 637 297.7、67 422 823.6、51 808 598.7、17 864 703.9、2 553 410.7 m²（见表）。通过加权平均，该县的耕地质量平均等级为 4.6。

新河县耕地质量等级统计表

等级	2级	3级	4级	5级	6级	7级	8级
面积（m²）	16 793 964.1	48 321 901.3	51 637 297.7	67 422 823.6	51 808 598.7	17 864 703.9	2 553 410.7
百分比（%）	6.55	18.85	20.14	26.30	20.21	6.97	0.98

3.耕地属性特征及利用建议

（1）耕地属性特征　新河县耕地灌溉能力处于"基本满足"状态，排水能力处于"满足"状态。耕层厚度平均值为 18 cm，地形部位为河流冲积平原边缘。多数耕地无盐渍化，只有小部分存在轻度盐渍化，耕地无明显障碍。耕层质地以壤土、砂壤土为主，占到取样点的68.90%，24.60% 的轻壤土和 6.50% 的中壤土。有机质平均含量为 14.6 g/kg，其中 7.7% 的取样点有机质低于 10 g/kg，85.80% 的取样点有机质含量介于 10 ～ 20 g/kg，6.50% 的取样点有机质含量高于 20 g/kg。有效磷平均含量为 22.8 mg/kg，其中 90.10% 介于 10 ～ 40 mg/kg。速效钾平均含量为 121.7 mg/kg，其中 71.40% 介于 100 ～ 200 mg/kg。该县有机质含量偏低，有效磷含量中等，速效钾含量中等。

（2）耕地利用建议　一是增施有机肥料，优化土壤结构，减轻盐害，提高土壤的抗旱、抗碱、耐涝，抗污染等能力，提高肥料的有效性和利用率，防止氮素流失，减轻磷素固定，增强固氮作用。二是因土种植，改良地产区面貌。大搞植树造林，发展果品生产，发挥果树与油料、粮食间作优势，改善土壤的理化性状，提高土壤的抗盐碱性能，抓好抗旱农业建设，大力推广耐旱植物种植，增施肥料，提高产量。三是合理利用土地资源，优化种植结构。按照耕地质量以及市场需求确定种植比例与布局。

邢台县耕地地质量等级图

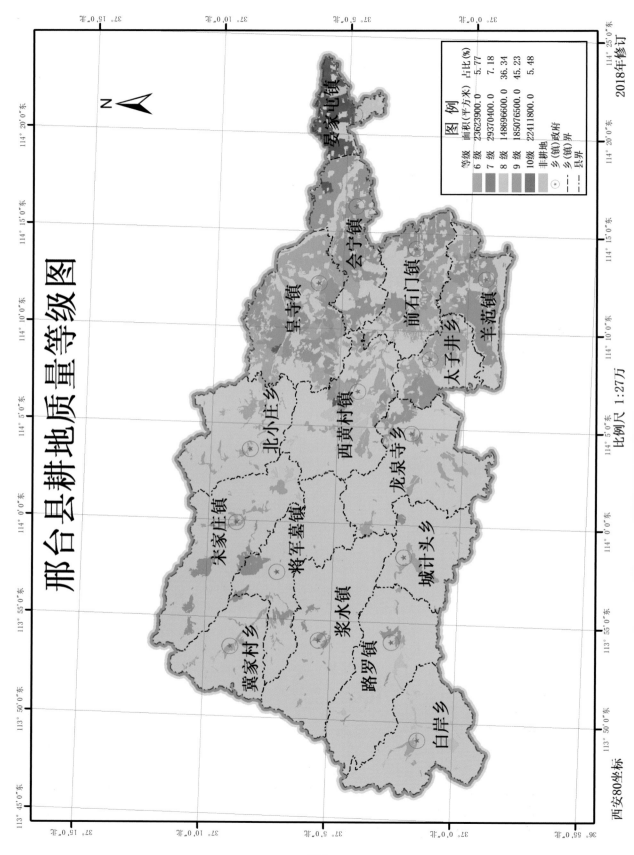

比例尺 1:27万

西安80坐标

2018年修订

· 106 ·

邢台县耕地质量等级

1. 耕地基本情况

邢台县属于北温带大陆性季风型半干旱气候，雨热同季，不同年份降雨量差异较大。该县地处邢台市西部，地形复杂，以中高山、低山丘陵和山麓平原等3类地貌为主，还存在少许的洼地。全县土壤类型较多，分别为棕壤类、褐土类，潮土类、草甸土类、水稻土类和沼泽土类。全县土地总面积中，耕地占22.90%，园地占14.40%，林地占32.50%，草地占18.00%，建设用地占7.20%，水域及水利设施用地占4.10%，其他土地占1.00%。耕地的面积为 409 179 300.0 m² （613 769.0亩），主要种植作物为小麦、玉米，谷子等。

2. 耕地质量等级划分

利用县域耕地资源管理信息系统，采用层次分析法，确定耕地综合评价指数指数在 0.633 203 ～ 0.835 24 范围。依据全省耕地质量等级划分标准，耕地等级划分为6、7、8、9、10级耕地，面积分别为 23 623 900.0、29 370 400.0、148 696 600.0、185 076 500.0、22 411 800.0 m²（见表）。通过加权平均，该县平均耕地质量等级为8.37级。

邢台县耕地质量等级统计表

等级	6级	7级	8级	9级	10级
面积（m²）	23 623 900.0	29 370 400.0	148 696 600.0	185 076 500.0	22 411 800.0
百分比（%）	5.77	7.18	36.34	45.23	5.48

3. 耕地属性特征及利用建议

（1）耕地属性特征　邢台县耕地灌溉能力有88%的耕地处于"满足"到"充分满足"，排水能力处于"满足"状态。耕地障碍因素为无。地形部位为低山丘陵坡地、山前倾斜平原上部、山前倾斜平原中、下部，分别占取样点34.91%、55.19%和9.90%。有效土层厚度小于50 cm占84.00%，16%的耕地土层厚度大于50 cm。田面坡度平均值为6.6°。耕层质地以轻壤土、重壤土为主，占到取样点的90.00%，10.00%的土壤为砂壤土。有机质平均含量为16.9 g/kg，其中9.90%的取样点有机质低于10 g/kg，69.40%的取样点有机质含量介于10～20 g/kg，20.70%的取样点有机质含量高于20 g/kg。有效磷平均含量为19.0 mg/kg，其中37.20%低于10 mg/kg，51.50%介于10～40 mg/kg，11.30%高于40 mg/kg。速效钾平均含量为99.8 mg/kg，其中58.90%低于100 mg/kg。该县有机质含量偏低，有效磷含量中等偏低，速效钾含量整体中等偏低。

（2）耕地利用建议　一是调整布局，因土种植：山区应增加林牧比重，控制粮食作物面积的发展。要"以林为主，以农为副"，积极发展多种经营。在农业内部应对小麦、玉米等喜肥水作物不要盲目扩大面积。在低山，丘陵区应增加耐旱耐瘠的小杂粮的种植。沙、涝区应增加花生、向日葵等油料作物和其他经济作物的种植。二是植树造林，绿化环境：发展牧草，尽快扩大荒坡的覆盖率，增加荒坡上的土层厚度，控制水土流失，促进林茂粮丰，逐年缩小粗骨性褐土的面积。三是培肥地力，以种地养地：增施农家有机粗肥，对平原、丘陵的大面积褐土和潮土土类，可逐步发展绿肥，增加有机质含量，提高土壤肥力。提倡种地养地，人少地宽的地区可搞粮肥间作；人多地窄的地区，非耕地种绿肥作物，割后在田间翻压即可。四是治沙排涝：沙地要造林筑埝防风固沙，洼涝地要修排水沟，对薄土层要逐年加厚培肥。五是因土施肥，科学种田：对薄层土壤，或漏沙地不可盲目深耕，浇水追肥要少量多次，保护好犁底层，减少漏水漏肥。根据配方施肥，增施有机肥增施磷肥，氮磷配合，巧施化肥，逐步提高磷肥肥效，可采取浅施、集中施、根外喷施和氮磷混施等方式。

保定市

保定市耕地质量等级

1.耕地基本情况

保定市位于华北平原北部、冀中平原西部、太行山东麓，属暖温带半湿润大陆性季风气候区，四季分明。年平均气温 13.4 ℃，≥ 10 ℃有效积温 4 000 ～ 4 400 ℃，年平均日照时数 2 200 ～ 2 700 h，无霜期 131 ～ 213 d，年均降水量 498.9 mm。保定市跨太行山地和华北平原两大地貌单元。西部山地丘陵区地处太行山中段，包括涞水县、阜平县、易县、唐县、顺平县、曲阳县、涞源县、满城区、望都县等 9 个县区的山区部分。东部为大清河水系冲积平原和洼淀，包括定兴县、高阳县、安国市、博野县、蠡县、涿州市、高碑店市、保定市区全部平原部分和容城县、雄县、安新县洼淀部分。全市分为山地丘陵、平原、洼淀 3 个组成部分，境内地理状态相对差别较大，地域性小气候也很明显。在各种成土因素的相互作用下形成的土壤类型主要有棕壤、栗钙土、山地草甸土、褐土、石质土、粗骨土、潮土、新积土、风沙土、沼泽土、砂姜黑土、水稻土、盐土。全市总耕地面积 721 778.52 hm^2，主要种植作物有玉米、小麦、棉花、油料作物、果菜等。

2.耕地质量等级划分

评价中，保定市耕地质量区域划分为山地丘陵区和平原区 2 个评价类型区，其中平原区涉及 18 个县区（徐水区、满城区、清苑区、定兴县、涿州市、涞水县、高碑店市、容城县、雄县、安新县、博野县、望都县、唐县、曲阳县、安国市、蠡县、顺平县、高阳县），山地丘陵类型区涉及 3 个县区（涞源县、易县、阜平县），共完成 3 122 个调查点。保定市 21 个县（区）按照河北省耕地质量 10 等级划分标准 1、2、3、4、5、6、7、8、9、10 级耕地的面积分别为 1 144 720 368.1、978 802 747.9、1 221 110 670.5、856 328 378.0、878 274 058.4、863 200 148.5、500 645 814.6、441 765 364.4、236 321 625.4、96 616 024.2 m^2，所占全市耕地面积比例分别为 15.9 %、13.5 %、16.9 %、11.9 %、12.2 %、12.0%、6.9 %、6.1 %、3.3 %、1.3 %（见表）。通过加权平均求得保定市平均耕地质量等级为 4.14。

保定市耕地质量等级统计表

等级	1 级	2 级	3 级	4 级	5 级	6 级	7 级	8 级	9 级	10 级
面积（m^2）	1 144 720 368.1	978 802 747.9	1 221 110 670.5	856 328 378.0	878 274 058.4	863 200 148.5	500 645 814.6	441 765 364.4	236 321 625.4	96 616 024.2
百分比（%）	15.9	13.5	16.9	11.9	12.2	12.0	6.9	6.1	3.3	1.3

3.结果确定

结合此次得到的耕地质量等级图，将评价结果与调查表中农户近 3 年的冬小麦和夏玉米产量进行对比分析，同时邀请县、市、省级专家进行论证，证明保定市本次耕地质量评价结果与当地实际情况基本吻合。

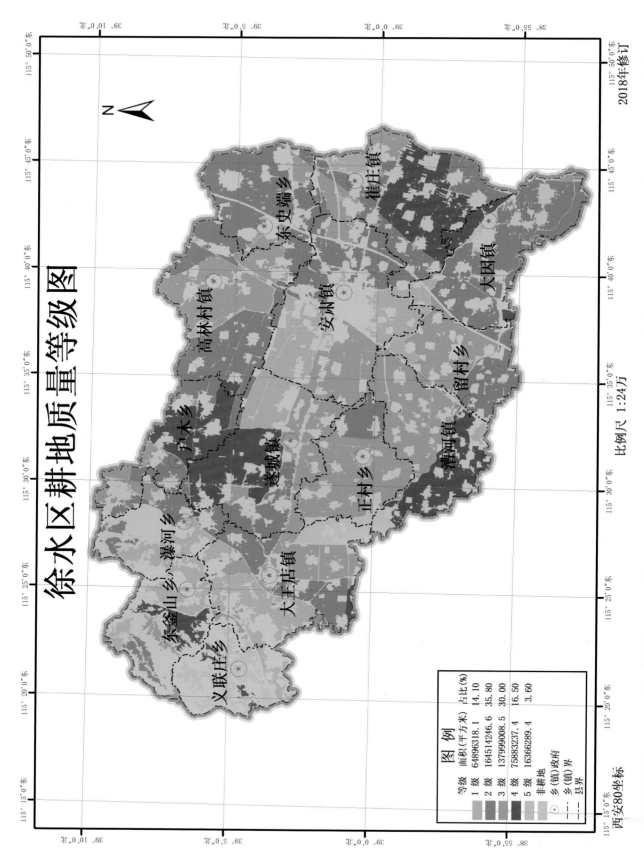

徐水区耕地质量等级图

N

2018年修订

比例尺 1:24万

崔庄镇

东史端乡

大因镇

高林村镇

安肃镇

留村乡

户木乡

遂城镇

漕河镇

正村乡

瀑河乡

东釜山乡

大王店镇

义联庄乡

图 例

等级	面积(平方米)	占比(%)
1级	64896318.1	14.10
2级	164514246.6	35.80
3级	137999008.5	30.00
4级	75883237.4	16.50
5级	16366289.4	3.60

非耕地
⊛ 乡(镇)政府
— · — 乡(镇)界
— · · — 县界

西安80坐标

徐水区耕地质量等级

1. 耕地基本情况

徐水区（原徐水县）属暖温带季风型大陆性气候，四季分明。徐水地处太行山东麓，可划分为2个不同的地貌单元，大致以大王店为界，以西为剥蚀堆积作用形成的丘陵区，以东为由堆积作用所形成的山前倾斜平原。总地势西北高、东南低。区内成土母质为壤质冲积物和沙质冲积物，土壤类型为褐土和潮土。全区土地总面积中耕地占66.81%，园地占1.27%，林地占3.01%，草地占0.30%，建设用地占20.17%，水域及水利设施用地占2.81%，其他土地占5.63%。耕地的总面积为459 659 100.0 m²（689 488.7亩），主要种植作物为玉米、小麦。

2. 耕地质量等级划分

利用县域耕地资源管理信息系统，采用层次分析法，求取该区耕地综合评价指数在0.762 628～0.907 501范围。按照河北省耕地质量等级标准，耕地等级划分为1、2、3、4、5等地，面积分别为64 896 318.1、164 514 246.6、137 999 008.5、75 883 237.4、16 366 289.4 m²（见表）。通过加权平均，该区耕地质量平均等级为2.60。

徐水区耕地质量等级统计表

等级	1级	2级	3级	4级	5级
面积（m²）	64 896 318.1	164 514 246.6	137 999 008.5	75 883 237.4	16 366 289.4
百分比（%）	14.10	35.80	30.00	16.50	3.60

3. 耕地属性特征及利用建议

（1）耕地属性特征　徐水区耕地灌溉能力基本处于"满足"状态，排水能力处于"满足"状态。耕层厚度平均值为16 cm。耕地无盐渍化，无明显障碍因素。耕层质地为中壤、轻壤、砂壤和重壤，分别占取样点的13.19%、51.65%、29.67%和5.49%。有机质平均含量为15.7 g/kg，其中15.38%的取样点有机质低于10 g/kg，只有19.78%的取样点有机质含量高于20 g/kg。有效磷平均含量为17.25 mg/kg，其中30.77%低于10 mg/kg。速效钾平均含量为154.73 mg/kg，其中20.88%低于100 mg/kg。徐水区耕地有机质含量整体偏低，有效磷含量整体中等偏低，速效钾含量整体中等偏高。

（2）耕地利用建议　一是徐水区中低产田存在土壤贫瘠，水利设施不配套，梯田规格较低，土层较薄，土壤耕作性能差，存在部分沙化，还有大面积的耕地质地粗，导致土壤产量不高。改造中低产田，在以施用有机肥料为主的基础上，要合理地施用化肥，使有机肥与化肥混施的比例保持在25：1或30：1。二是在施用化肥时，要做到氮、磷、钾元素肥料配合施，并要结合施用微量元素肥料，防止施肥单一化。三是在有条件的地方应大力开展土壤诊断施肥和科学地进行追肥，就是要根据土壤的特点、农作物的种类，作物需肥临界期和最大效率期、各种化肥的性质和天气变化情况，做到因肥制宜，因地制宜，因时制宜，提高化肥的有利用效率和土壤肥力。

满城区耕地质量等级图

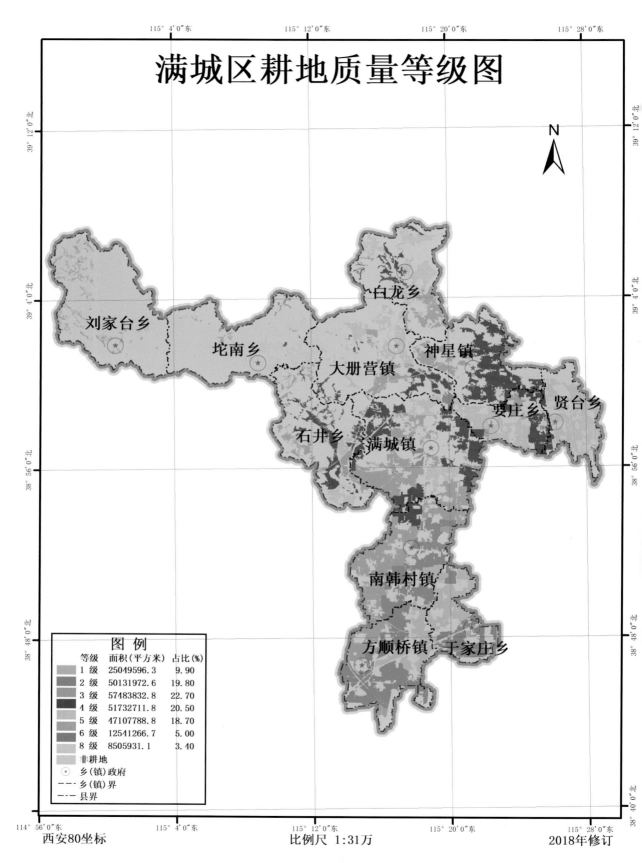

图 例		
等级	面积(平方米)	占比(%)
1级	25049596.3	9.90
2级	50131972.6	19.80
3级	57483832.8	22.70
4级	51732711.8	20.50
5级	47107788.8	18.70
6级	12541266.7	5.00
8级	8505931.1	3.40
非耕地		
⊙ 乡(镇)政府		
--- 乡(镇)界		
·-· 县界		

西安80坐标   比例尺 1:31万   2018年修订

满城区耕地质量等级

1. 耕地基本情况

满城区（原满城县）气候属暖温带半湿润半干旱大陆性季风气候，四季分明，光照充足，雨热同期。满城区位于太行山东麓的山麓平原上，地质构造复杂，岩石种类繁多，在各种因素的相互作用下，形成的土壤类型主要有褐土、潮土和草甸土3个土类。全区土地总面积中耕地占40.81%，园地占6.77%，林地占3.99%，草地占19.60%，建设用地占16.99%，水域及水利设施用地占3.11%，其他土地占8.72%。耕地的总面积为252 553 100.0 m²（378 829.7 亩），主要种植作物有冬小麦、玉米、谷子、薯类等。

2. 耕地质量等级划分

利用县域耕地资源管理信息系统，采用层次分析法，求取该区耕地综合评价指数在0.682 055～0.916 898范围。按照河北省耕地质量等级标准，耕地等级划分为1、2、3、4、5、6、8等地，面积分别为25 049 596.3、50 131 972.6、57 483 832.8、51 732 711.8、47 107 788.8、12 541 266.7、8 505 931.1 m²（见表）。通过加权平均，该区耕地质量平均等级为3.50。

满城区耕地质量等级统计表

等级	1级	2级	3级	4级	5级	6级	8级
面积（m²）	25 049 596.3	50 131 972.6	57 483 832.8	51 732 711.8	47 107 788.8	12 541 266.7	8 505 931.1
百分比（%）	9.90	19.80	22.70	20.50	18.70	5.00	3.40

3. 耕地属性特征及利用建议

（1）耕地属性特征　满城区耕地灌溉能力基本处于"满足"状态，排水能力基本处于"满足"状态。耕层厚度平均值为14 cm，地形部位为低山丘陵坡地、冲洪积扇、河滩高地、丘陵上部和丘陵下部，分别占取样点的7.60%、59.50%、3.80%、22.78%和6.33%。耕地无盐渍化，基本无明显障碍，只有一小部分障碍因素为夹砾石层、沙姜层和夹砂层。耕层质地以轻壤为主，占取样点的88.61%，砂壤占取样点的11.39%。有机质平均含量16.51g/kg，其中2.53%的取样点有机质低于10 g/kg，取样点有机质含量最高25.9 g/kg。有效磷平均含量26.89 mg/kg，98.73%高于10 mg/kg。速效钾平均含量168.68 mg/kg，其中7.59%低于100 mg/kg。该区有机质含量整体偏低，速效钾含量整体中等偏高，有效磷含量整体中等偏高。

（2）耕地利用建议　一是满城区农业生产发展到了专业化生产，长时间连续单一种植某一种作物，多年不变，容易导致土壤养分失调、土壤酸化等一系列问题。应因地制宜，调整好农业种植结构，避免种植结构单一，增加农产品附加值。二是搞好农田基本建设，提高管理水平，实施规模化种植和节水灌溉。三是荒草地、滩涂和其他未利用土地是本区新增耕地潜力的主要来源，应及时对其进行开发和整理，通过"开源"与"节流"有机配合，最大限度地确保耕地占补平衡。四是满城区土壤肥力较好，各地各级农业部门要充分利用科技三下乡活动、科普日、农民科技协会等各种手段，因地制宜，分类指导，利用耕地肥力变化动态情况及时调整指导大面积平衡施肥技术，进一步扩大平衡施肥推广面积。这是避免大面积耕地富营养化现象扩散的主要技术措施。

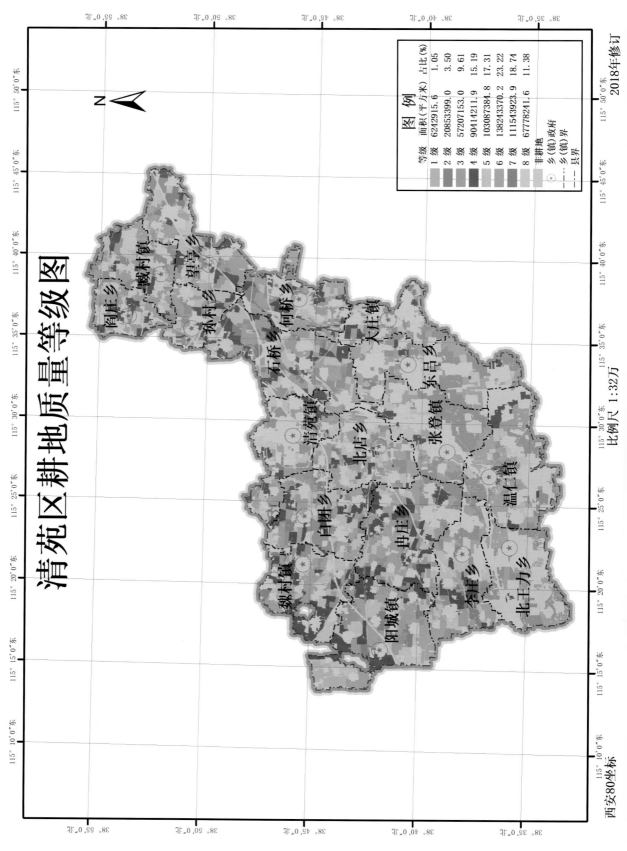

清苑区耕地质量等级图

图　例		
等级	面积（平方米）	占比（%）
1级	6242915.6	1.05
2级	20853399.0	3.50
3级	57207153.0	9.61
4级	90142211.9	15.19
5级	103087384.8	17.31
6级	138243370.2	23.22
7级	111543923.9	18.74
8级	67778241.6	11.38

非耕地
乡（街）政府
乡（镇）界
县界

2018年修订

比例尺 1:32万

西安80坐标

清苑区耕地质量等级

1. 耕地基本情况

清苑区（原清苑县）属于温带季风性气候。清苑区地处冲积扇的中下部，由西向东自然倾斜。清苑区的西半部，由于地势较高，上层土壤基本脱离地下水的作用，发育成的土壤多为潮褐土。东半部，由于地势较高，地下水位相对较高，对土壤的形成影响较大，发育成的土壤多为潮土。近年来，随着地下水位的不断下降，阻断了地下水与上层土壤的联系，上层土壤基本脱离了地下水的影响，部分盐化潮土已向脱盐化潮土演变。全区土地总面积中耕地占71.88%，园地占1.05%，林地占2.30%，建设用地占21.57%，水域及水利设施用地占3.19%。耕地的总面积为595 370 600.0 m²（893 055.9 亩），主要种植作物为玉米、小麦、蔬菜等。

2. 耕地质量等级划分

利用县域耕地资源管理信息系统，采用层次分析法，求取该区耕地综合评价指数在0.622 907 6 ～ 0.912 498 1 范围。按照河北省耕地质量等级标准，耕地等级划分为1、2、3、4、5、6、7、8 等地，面积分别为6 242 915.6、20 853 399.0、57 207 153.0、90 414 211.9、103 087 384.8、138 243 370.2、111 543 923.9、67 778 241.6 m²（见表），通过加权平均，该区耕地质量平均等级为5.46。

清苑区耕地质量等级统计表

等级	1级	2级	3级	4级	5级	6级	7级	8级
面积（m²）	6 242 915.6	20 853 399.0	57 207 153.0	90 414 211.9	103 087 384.8	138 243 370.2	111 543 923.9	67 778 241.6
百分比（%）	1.05	3.50	9.61	15.19	17.31	23.22	18.74	11.38

3. 耕地属性特征及利用建议

（1）耕地属性特征　清苑区耕地灌溉能力处于"满足"状态，排水能力处于"满足"状态。耕层厚度平均值为20 cm，地形部位为冲积平原低平地和冲洪积扇前缘，分别占取样点的92.22% 和7.78%。耕地无盐渍化，无明显障碍。耕层质地为砂土、砂壤、轻壤、中壤和重壤，分别占取样点的30.1%、11.8%、34.5%、16.3% 和7.3%。有机质平均含量为14.61 g/kg，其中14.5% 的取样点有机质低于10 g/kg，只有11.5% 的取样点有机质含量高于20 g/kg。有效磷平均含量为23.53 mg/kg，其中14.17% 低于10 mg/kg。速效钾平均含量为116.70 mg/kg，其中39.83% 低于100 mg/kg。该区耕地有机质含量整体偏低，有效磷含量整体中等偏低，速效钾含量整体中等。

（2）耕地利用建议　一是要因地制宜，调整好农业种植结构，增加农产品附加值，搞好农田基本建设，提高园林管理水平。针对田面坡度大的地区，要降低水土流失；针对地势低洼易涝地区，要提升农田基础设施建设水平，提高灌溉保障率。二是清苑区土壤有机质和有效钾含量偏低，在培肥措施中，主要是增施有机肥料实现种地养地相结合，提高秸秆还田率，逐步提升土壤有机质含量、改善土壤结构，提高土壤肥力。三是土地后备资源的开发和整理，是实现耕地占补平衡的基本途径。荒草地、滩涂和其他未利用土地是本县新增耕地潜力的主要来源，应及时对其进行开发和整理，通过"开源"与"节流"有机配合，最大限度地确保耕地占补平衡。

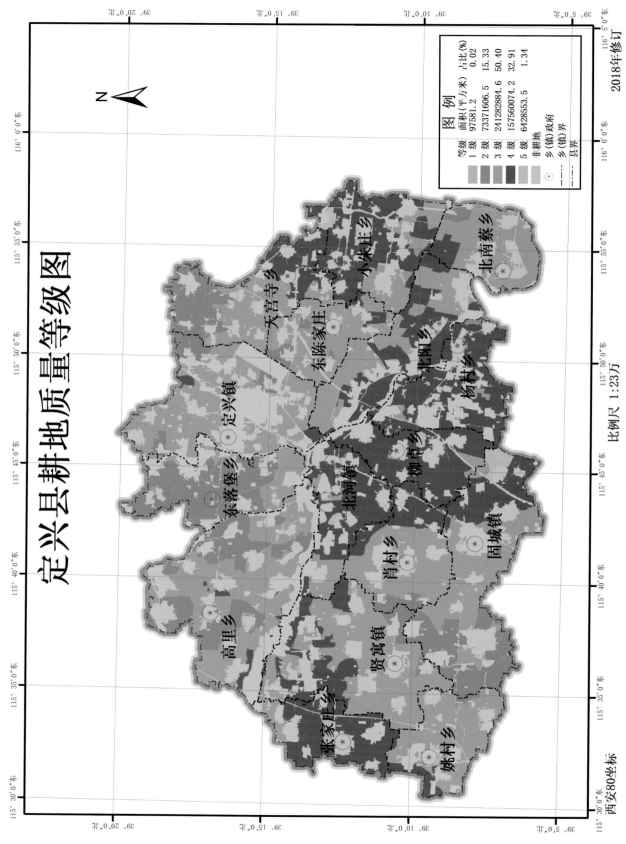

定兴县耕地地质量等级图

图　例

等级	面积(平方米)	占比(%)
1 级	97581.2	0.02
2 级	73371606.5	15.33
3 级	241282884.6	50.40
4 级	157560074.2	32.91
5 级	6428553.5	1.34

非耕地
⊙ 乡(镇)政府
乡(镇)界
县界

北南蔡乡
小朱庄乡
天宫寺乡
东陈家庄
北河乡
北城镇
定兴镇
东落堡乡
杨村乡
柳卓乡
固城镇
肖村乡
高里乡
贤寓镇
张家庄乡
姚村乡

2018年修订　　比例尺 1:23万　　西安80坐标

定兴县耕地质量等级

1. 耕地基本情况

定兴县属东部暖温带半干旱季风性气候地区，大陆性气候特点显著、四季分明。春季干燥多风，夏季炎热多雨，秋季晴和高爽，冬季寒冷少雪。全县境内无山，地势基本平坦，自西北向东南略有倾斜。由于地貌的不同，形成了土壤的差异，在冲积扇的中上部和中部，分布着碳酸盐褐土和潮褐土，在冲积扇的中下部，则分布着潮土和盐化潮土。全县土地总面积中耕地占 69.94%，园地占 0.99%，林地占 3.79%，草地占 0.26%，建设用地占 20.29%，水域及水利设施用地占 4.50%，其他土地占 0.24%。耕地总面积为 478 740 700.0 m²（718 111.1 亩），主要种植小麦、玉米、高粱、谷子、甘薯、花生、芝麻等。

2. 耕地质量等级划分

利用县域耕地资源管理信息系统，采用层次分析法，求取该县耕地综合评价指数在 0.774 425～0.871 596 范围。按照河北省耕地质量等级标准，耕地等级划分为 1、2、3、4、5 等地，面积分别为 97 581.2、73 371 606.5、241 282 884.6、157 560 074.2、6 428 553.5 m²（见表）。通过加权平均，该县耕地质量平均等级为 3.20。

定兴县耕地质量等级统计表

等级	1级	2级	3级	4级	5级
面积（m²）	97 581.2	73 371 606.5	241 282 884.6	157 560 074.2	6 428 553.5
百分比（%）	0.02	15.33	50.40	32.91	1.34

3. 耕地属性特征及利用建议

（1）耕地属性特征　定兴县耕地灌溉能力基本处于"基本满足"状态，排水能力处于"满足"状态。耕层厚度平均值为 19 cm。耕地基本无盐渍化，只有一小部分轻度盐渍化，耕地基本无明显障碍，只有一小部分障碍因素为黏化层、砂姜层和夹砂层。耕层质地以轻壤为主，占取样点的 77.17%，砂壤、中壤、重壤分别占取样点的 2.72%、19.57% 和 0.54%。有机质平均含量 17.27 g/kg，其中 17.93% 的取样点有机质低于 10 g/kg，有 27.72% 的取样点有机质含量高于 20 g/kg。有效磷平均含量 24.44 mg/kg，73.91% 高于 10 mg/kg。速效钾平均含量 89.07 mg/kg，其中 64.67% 低于 100 mg/kg。该县耕地有机质含量整体偏低，有效磷含量整体中等偏低，速效钾含量整体偏低。

（2）耕地利用建议　一是因地制宜，调整好农业种植结构，增加农产品附加值。搞好农田基本建设，提高园林管理水平，实施规模化种植和节水灌溉。二是定兴县土壤有机质和有效钾含量偏低，在培肥措施中，主要是增施有机肥料实现种地养地相结合，逐步提升土壤有机质含量、改善土壤结构，提高土壤熟化程度。三是针对部分田面坡度较大的现状，平整土地，减少水土流失风险。进行农田林网建设，改善农田小气候，减轻干热风和倒春寒、霜冻、沙尘暴等灾害性气候危害，减少水土流失，提升耕地质量。

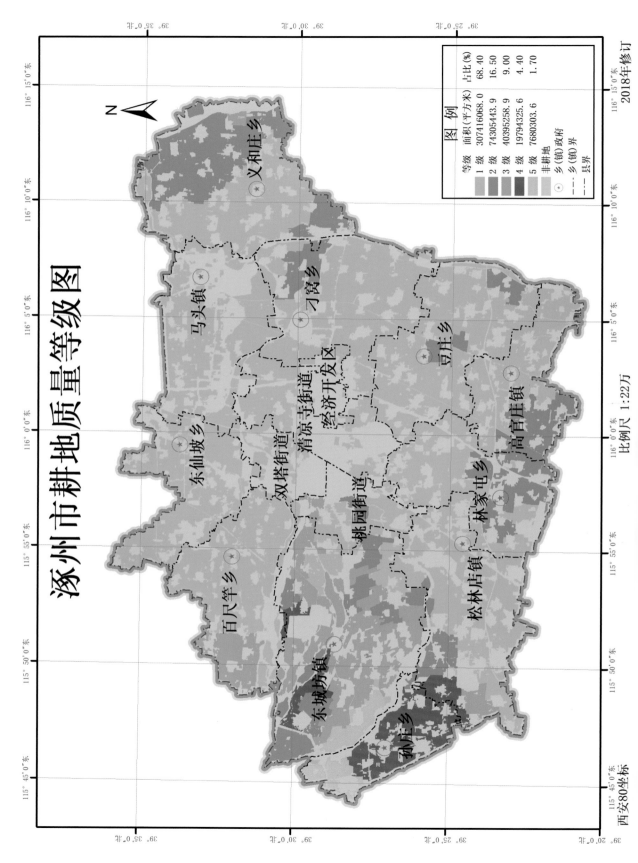

涿州市耕地质量等级图

图 例		
等级	面积(平方米)	占比(%)
1 级	307416068.0	68.40
2 级	74305443.9	16.50
3 级	40395258.9	9.00
4 级	19794325.6	4.40
5 级	7680303.6	1.70
	非耕地	
⊛	乡(镇)政府	
---	乡(镇)界	
-·-	县界	

义和庄乡

马头镇

刁窝乡

东仙坡乡

豆庄乡

双塔街道

清凉寺街道

经济开发区

高官庄镇

百尺竿乡

桃园街道

林家屯乡

松林店镇

东城坊镇

孙庄乡

比例尺 1:22万

西安80坐标

涿州市耕地质量等级

1. 耕地基本情况

涿州市属暖温带半湿润季风区，大陆性季风气候特点显著，温差变化大，四季分明。涿州市北临燕山，西靠太行山，地势平坦，属倾斜状山前洪冲积平原。由于地貌和母质类型的差异，土类的基层单元分布不同，全市土壤共分为4大类：褐土、潮土、水稻土和风沙土。全县土地总面积中耕地占62.14%，园地占2.85%，林地占6.17%，草地占0.52%，建设用地占23.54%，水域及水利设施用地占4.07%，其他土地占0.71%。耕地的总面积为449 591 400.0 m²（674 387.1亩），主要种植作物为玉米、小麦、薯类等。

2. 耕地质量等级划分

利用县域耕地资源管理信息系统，采用层次分析法，求取该市耕地综合评价指数在0.765 084～0.940 767范围。按照河北省耕地质量等级标准，耕地等级划分为1、2、3、4、5等地，面积分别为307 416 068.0、74 305 443.9、40 395 258.9、19 794 325.6、7 680 303.6 m²（见表）。通过加权平均，该市耕地质量平均等级为1.55。

涿州市耕地质量等级统计表

等级	1级	2级	3级	4级	5级
面积（m²）	307 416 068.0	74 305 443.9	40 395 258.9	19 794 325.6	7 680 303.6
百分比（%）	68.40	16.50	9.00	4.40	1.70

3. 耕地属性特征及利用建议

（1）耕地属性特征 涿州市耕地灌溉能力基本处于"充分满足"状态，排水能力处于"满足"状态。耕层厚度平均值为20 cm。耕地无盐渍化，基本无明显障碍，只有一小部分存在夹砾石层。有效土层厚度大于60 cm的占100%。耕层质地为轻壤、砂壤、砂土、中壤和重壤，分别占取样点的60.64%、32.51%、1.60%、3.72%和1.60%。有机质平均含量为18.29 g/kg，其中2.13%的取样点有机质低于10 g/kg，只31.91%的取样点有机质含量高于20 g/kg。有效磷平均含量为26.54 mg/kg，其中3.72%低于10 mg/kg。速效钾平均含量为100.77 mg/kg，其中63.83%低于100 mg/kg。该市耕地有机质含量整体偏低。有效磷含量整体中等偏高，速效钾含量整体中等。

（2）耕地利用建议 一是因地制宜，调整好农业种植结构，增加农产品附加值。搞好农田基本建设，提高园林管理水平，实施规模化种植和节水灌溉技术，因地制宜布设低压输水管道，发展喷灌、微滴灌以及膜下沟灌技术，节约水资源。二是针对涿州市有机质、速效钾含量低的状况，开展增施有机肥，科学施用化肥，间、轮作豆科作物，以提高土壤有机质含量、改善土壤物理性状，提高土壤肥力。三是深耕与增施有机肥相结合，改善土壤的化学性能和物理结构，增强土壤抗旱能力。四是积极推广抗旱栽培技术。如推广抗旱播种技术、耕作保墒技术、覆盖保墒技术、选育抗旱作物品种等。提高农田基础设施建设，提高灌溉保障率。

涞源县耕地质量等级图

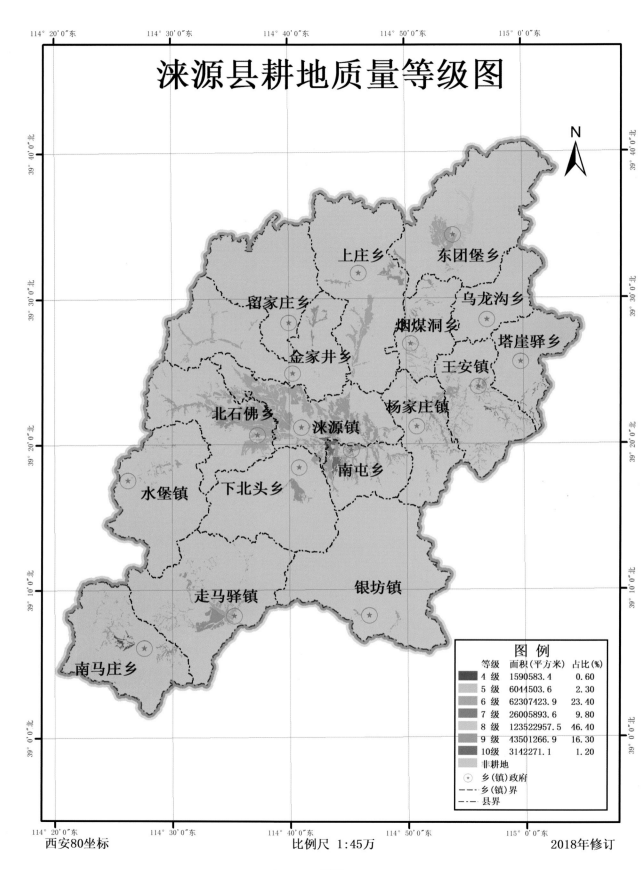

图 例		
等级	面积（平方米）	占比（%）
4级	1590583.4	0.60
5级	6044503.6	2.30
6级	62307423.9	23.40
7级	26005893.6	9.80
8级	123522957.5	46.40
9级	43501266.9	16.30
10级	3142271.1	1.20
非耕地		
⊛ 乡（镇）政府		
— — 乡（镇）界		
— · — 县界		

西安80坐标　　　　　比例尺 1:45万　　　　　2018年修订

涞源县耕地质量等级

1. 耕地基本情况

涞源县属暖温带半干旱季风气候区，山地气候特点显著。境内遍布高山峻岭，山峦起伏，地势为西北高，东南低。地貌类型包括亚高山、中山、低山、盆地河谷等多种地貌类型。其成土母质有残坡积母质、洪积冲积物、黄土状物质3个类型。由于县内地质地貌差异明显，成土母质复杂多样，致使全县土壤类型较多，分别为亚高山草甸土、棕壤、栗钙土、褐土、草甸土。全县土地总面积中耕地占12.49%，园地占0.11%，林地占26.45%，草地占52.88%，建设用地占3.66%，水域及水利设施用地占1.57%，其他土地占2.85%。耕地的总面积为266 114 900.0 m^2（399 172.4亩），主要种植作物为玉米、谷子、马铃薯、杂粮、蔬菜等。

2. 耕地质量等级划分

利用县域耕地资源管理信息系统，采用层次分析法，求取该县耕地综合评价指数在0.637 609～0.832 635范围。按照河北省耕地质量等级标准，耕地等级划分为4、5、6、7、8、9、10等地，面积分别为1 590 583.4、6 044 503.6、62 307 423.9、26 005 893.6、123 522 957.5、43 501 266.9、3 142 271.1 m^2（见表）。通过加权平均，该县耕地质量平均等级为7.53。

涞源县耕地质量等级统计表

等级	4级	5级	6级	7级	8级	9级	10级
面积（m^2）	1 590 583.4	6 044 503.6	62 307 423.9	26 005 893.6	123 522 957.5	43 501 266.9	3 142 271.1
百分比（%）	0.60	2.30	23.40	9.80	46.40	16.30	1.20

3. 耕地属性特征及利用建议

（1）耕地属性特征　涞源县耕地灌溉能力多处于"不满足"状态，排水能力处于"基本满足"状态。耕地无明显障碍。地形部位有低山丘陵坡地、山前倾斜平原下部、山前倾斜平原中部、山前倾斜平原前缘、河流冲积平原漫滩、河流冲积平原阶地等，分别占取样点的4.23%、4.23%、23.24%、17.61%、19.01%、30.28%。有效土层厚度小于60 cm占78.87%，田面坡度平均值为2°。耕层质地为砂壤、轻壤、中壤和砂土，分别占取样点的10.56%、64.79%、12.68%和11.97%。有机质平均含量为15.37 g/kg，其中16.90%的取样点有机质低于10 g/kg，只有18.31%的取样点有机质含量高于20 g/kg。有效磷平均含量为17.36 mg/kg，其中64.08%高于10 mg/kg。速效钾平均含量为135.79 mg/kg，其中27.46%低于100 mg/kg。涞源县耕地灌溉能力较差，水资源不足、灌溉保证率低，土壤有机质含量整体偏低，有效磷含量整体中等偏低，速效钾含量整体中等偏高。

（2）耕地利用建议　一是涞源县缺乏灌溉条件，应该选用耐旱作物品种，以春抗旱秋保墒为主要技术，增加土壤墒情；搞好农田基本建设，大力发展节水灌溉，提高水分利用效率。二是针对涞源县土层较薄，有机质、有效磷含量低的状况，开展增施有机肥，科学施用化肥，间、轮作豆科作物，通过大力推广保护性耕作技术，秸秆还田技术、平衡施肥技术、施用有机肥、轮作、种植绿肥等，以提高土壤有机质含量、改善土壤物理性状，提高土壤肥力。三是由于生态环境保护与平衡等多种因素的制约，耕地后备资源开发受到严格限制，应立足优先农业利用、恢复生产功能，鼓励多用途使用，结合涞源县砖瓦窑治理工程，加快对关闭矿山、挖损占压等废弃土地的复垦，合理安排复垦土地的利用方向、规模。

涞水县耕地质量等级图

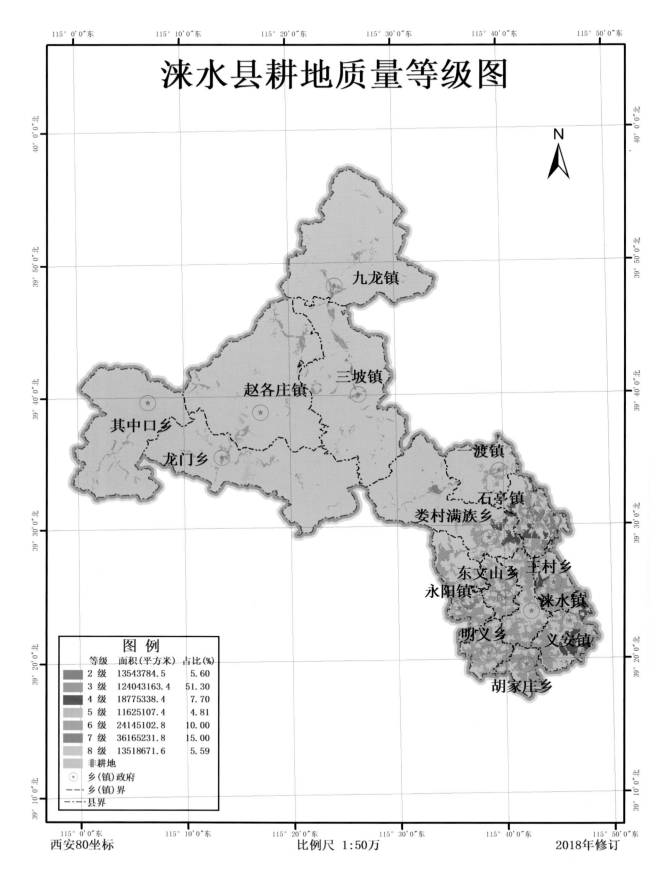

図 例

等级	面积（平方米）	占比(%)
2 级	13543784.5	5.60
3 级	124043163.4	51.30
4 级	18775338.4	7.70
5 级	11625107.4	4.81
6 级	24145102.8	10.00
7 级	36165231.8	15.00
8 级	13518671.6	5.59
非耕地		

⊙ 乡(镇)政府
— — 乡(镇)界
—·— 县界

西安80坐标   比例尺 1:50万   2018年修订

涞水县耕地质量等级

1. 耕地基本情况

涞水县属温带季风性气候。该县位于太行山东麓，由西北向东南倾斜且狭长，西北部为山区，东南部为拒马河冲积平原。地面坡度逐步由陡到平，按地理位置和地形分为山地、平原两部分。由于县内地质地貌差异明显，成土母质复杂多样，加上水热条件变化的影响，致使全县土壤类型较多，分别为褐土、棕壤、潮土、山地草甸土等。全县土地总面积中耕地占15.59%，园地占0.62%，林地占10.67%，草地占11.18%，建设用地占6.09%，水域及水利设施用地占2.28%，其他土地占53.57%。耕地的总面积为 241 816 400.0 m^2（362 724.6 亩），主要种植作物为玉米、小麦、谷子、豆类、蔬菜等。

2. 耕地质量等级划分

利用县域耕地资源管理信息系统，采用层次分析法，求取该县耕地综合评价指数在0.680 911～0.854 748 范围。按照河北省耕地质量等级标准，耕地等级划分为 2、3、4、5、6、7、8 等地，面积分别为 13 543 784.5、124 043 163.4、18 775 338.4、11 625 107.4、24 145 102.8、36 165 231.8、13 518 671.6 m^2（见表）。通过加权平均，该县耕地质量平均等级为 4.30。

涞水县耕地质量等级统计表

等级	2级	3级	4级	5级	6级	7级	8级
面积（m^2）	13 543 784.5	124 043 163.4	18 775 338.4	11 625 107.4	24 145 102.8	36 165 231.8	13 518 671.6
百分比（%）	5.60	51.30	7.70	4.81	10.00	15.00	5.59

3. 耕地属性特征及利用建议

（1）耕地属性特征　涞水县耕地灌溉能力基本处于"不满足"状态，排水能力处于"满足"状态。耕层厚度平均值为 20 cm，地形部位为丘陵上部、丘陵中部、丘陵下部、缓平坡地、微斜平原、山前平原、河滩高地和坡地上部，分别占取样点的 17.54%、27.19%、7.89%、1.75%、2.63%、22.81%、18.42% 和 1.75%。耕地无盐渍化，基本无明显障碍，只有一小部分存在夹砂层和夹砾石层。耕层质地为轻壤、砂壤和中壤，分别占取样点的 0.88%、45.61% 和 53.51。有机质平均含量为 15.21 g/kg，其中 6.14% 的取样点有机质低于 10 g/kg，只有 0.88% 的取样点含量高于 20 g/kg。有效磷平均含量为 27.02 mg/kg，其中 86.84% 低于10 mg/kg。速效钾平均含量为 83.07 mg/kg，其中 89.47% 低于 100 mg/kg。涞水县耕地灌溉能力较差，水资源不足、灌溉保证率低，土壤有机质含量整体偏低，有效磷含量整体中等偏高，速效钾含量整体偏低。

（2）耕地利用建议　一是涞水县缺乏灌溉条件，因此在作物品种上应该选用耐旱作物品种，管理上以春抗旱秋保墒为主要技术，增加土壤墒情；搞好农田基本建设，大力发展节水灌溉，提高水分利用效率。二是针对涞水县有机质、速效钾含量低的状况，开展增施有机肥，科学施用化肥，间、轮作豆科作物，以提高土壤有机质含量、改善土壤物理性状，提高土壤肥力。三是针对部分田面坡度较大的现状，平整土地，减少水土流失风险。四是进行农田林网建设，改善农田小气候，减轻干热风和倒春寒、霜冻、沙尘暴等灾害性气候危害，减少水土流失，提升耕地质量。

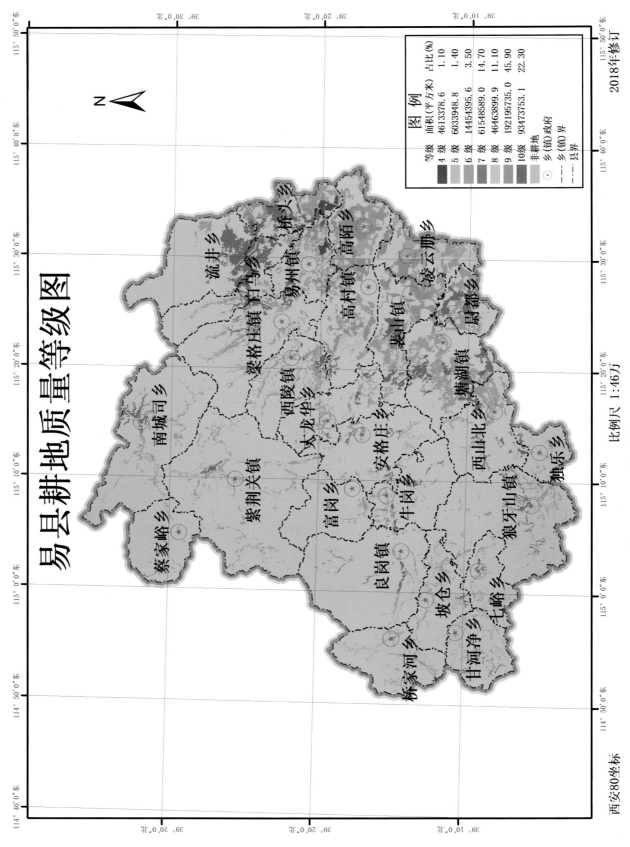

易县耕地地质量等级图

图 例		
等级	面积(平方米)	占比(%)
4 级	4613378.6	1.10
5 级	6033948.8	1.40
6 级	14454395.6	3.50
7 级	61548589.0	14.70
8 级	46463899.9	11.10
9 级	192195735.0	45.90
10级	93473753.1	22.30
非耕地		
⊙ 乡(镇)政府		
— ·· — 乡(镇)界		
— · — 县界		

2018年修订

比例尺 1:46万

西安80坐标

流井乡
桥头乡
裴山镇
良岗镇
南城司乡
蔡家峪乡
紫荆关镇
富岗乡
坡仓乡
甘河净乡
桥家河乡
狼牙山镇
西山北乡
塘湖镇
凌云册乡
尉都乡
七峪乡
独乐乡
牛岗乡
安格庄乡
裴山镇
高村镇
高陌乡
易州镇
白马乡
梁格庄镇
西陵镇
五龙华乡

易县耕地质量等级

1. 耕地基本情况

易县属温带季风气候区，四季分明。海拔高度的差异形成山区、平原 2 大气候区。全县按地理位置和地形分为山地、丘陵、平原 3 部分，西部群山起伏，中部丘陵相连，东部地势平坦。地质地貌差异明显，成土母质复杂多样，全县土壤类型较多，分别为棕壤、褐土、潮土、草甸土、水稻土和风沙土。全县土地总面积中耕地占 17.94%，园地占 2.49%，林地占 27.31%，草地占 26.80%，建设用地占 6.28%，水域及水利设施用地占 2.85%，其他土地占 16.32%。耕地的总面积为 418 783 700.0 m²（628 175.6 亩），主要种植作物为玉米、小麦、甘薯、谷子、豆类等。

2. 耕地质量等级划分

利用县域耕地资源管理信息系统，采用层次分析法，求取该县耕地综合评价指数在 0.563 423 ~ 0.814 792 范围。按照河北省耕地质量等级标准，耕地等级划分为 4、5、6、7、8、9、10 等地，面积分别为 4 613 378.6、6 033 948.8、14 454 395.6、61 548 589.0、46 463 899.9、192 195 735.0、93 473 753.1 m²（见表）。通过加权平均，该县耕地质量平均等级为 8.60。

易县耕地质量等级统计表

等级	4 级	5 级	6 级	7 级	8 级	9 级	10 级
面积（m²）	4 613 378.6	6 033 948.8	14 454 395.6	61 548 589.0	46 463 899.9	192 195 735.0	93 473 753.1
百分比（%）	1.10	1.40	3.50	14.70	11.10	45.90	22.30

3. 耕地属性特征及利用建议

（1）耕地属性特征　易县耕地灌溉能力基本处于"不满足"状态。排水能力处于"满足"到"充分满足"状态。耕地无明显障碍。地形部位为低山丘陵坡地、河流冲积平原低阶地、河流冲积平原中阶地、河流冲积平原边缘地带、缓丘坡麓和河流冲积平原河漫滩，分别占取样点的 44.97%、14.93%、34.38%、4.69%、0.69% 和 0.35%。田面坡度平均值为 6°。耕层质地为黏土、轻壤、中壤、重壤、砂壤、砂土，分别占取样点的 4.17%、3.13%、50.35%、18.23%、22.92%、1.04%。有机质平均含量为 18.53 g/kg，其中 69.97% 的取样点有机质低于 10 g/kg，只有 30.03% 的取样点有机质含量高于 20 g/kg。有效磷平均含量为 23.62 mg/kg，其中 34.90% 低于 10 mg/kg。速效钾平均含量 90.00 mg/kg，其中 69.10% 低于 100 mg/kg。易县耕地灌溉能力较差，水资源不足、灌溉保证率低，耕地土层较薄，有机质含量整体偏低，有效磷含量整体中等偏低，速效钾含量整体偏低。

（2）耕地利用建议　一是易县缺乏灌溉条件，因此在作物品种上应该选用耐旱作物品种，管理上以春抗旱秋保墒为主要技术，增加土壤墒情；搞好农田基本建设，大力发展节水灌溉，提高水分利用效率。提升农田基础设施建设水平，提高灌溉保障率。二是针对易县有机质、速效钾含量低的状况，开展增施有机肥，科学施用化肥，间、轮作豆科作物，以提高土壤有机质含量，改善土壤物理性状，提高土壤肥力。利用耕地肥力变化动态情况，及时调整指导大面积平衡施肥技术，进一步扩大平衡推广面积。这是避免大面积耕地富营养化现象扩散的主要技术措施。

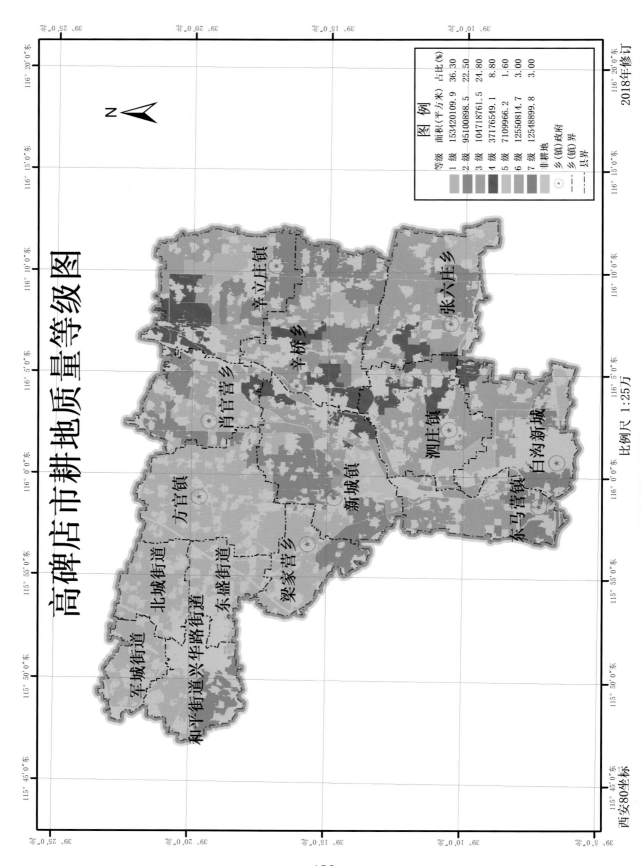

高碑店市耕地地质量等级图

高碑店市耕地质量等级

1. 耕地基本情况

高碑店市属温带大陆性季风气候，年平均降水量 600 毫米。该市地势自西北向东南徐缓倾斜，构成地势比较平坦的平原地貌。土层深厚，地形开阔，地下水资源丰富。在各种成土因素的相互作用下，高碑店市土壤形成了褐土和潮土 2 个土类。全市土地总面积中耕地占 65.34%，园地占 2.06%，林地占 6.72%，草地占 0.55%，建设用地占 21.63%，水域及水利设施用地占 3.60%，其他土地占 0.09%。耕地的总面积为 422 626 000.0 m² （633 939.0 亩），主要种植玉米、小麦、花生、蔬菜等。

2. 耕地质量等级划分

利用县域耕地资源管理信息系统，采用层次分析法，求取该市耕地综合评价指数在 0.728 085 ～ 0.935 308 范围。按照河北省耕地质量等级标准，耕地等级划分为 1、2、3、4、5、6、7 等地，面积分别为 153 420 109.9、95 100 898.5、104 718 761.5、37 176 549.1、7 109 966.2、12 550 814.7、12 548 899.8 m²（见表）。通过加权平均，该县耕地质量平均等级为 2.37。

高碑店市耕地质量等级统计表

等级	1级	2级	3级	4级	5级	6级	7级
面积（m²）	153 420 109.9	95 100 898.5	104 718 761.5	37 176 549.1	7 109 966.2	12 550 814.7	12 548 899.8
百分比（%）	36.30	22.50	24.80	8.80	1.60	3.00	3.00

3. 耕地属性特征及利用建议

（1）耕地属性特征　高碑店市耕地灌溉能力基本处于"充分满足"状态，排水能力处于"充分满足"状态。耕层厚度平均值为 20 cm，地形部位为交接洼地和山前平原，分别占取样点的 61.97% 和 38.03%。耕地无盐渍化，耕地基本无明显障碍，只有一小部分存在夹砂层。耕层质地为轻壤、砂壤、砂土、黏土和中壤，分别占取样点的 45.07%、28.87%、7.04%、2.82% 和 16.20%。有机质平均含量为 14.87 g/kg，其中 15.49% 的取样点有机质低于 10 g/kg。有效磷平均含量为 21.71 mg/kg，其中 24.65% 低于 10 mg/kg。速效钾平均含量为 108.13 mg/kg，其中 48.59% 低于 100 mg/kg。该市耕地有机质含量整体偏低，速效钾含量整体中等偏低，有效磷含量整体中等。

（2）耕地利用建议　一是因地制宜，调整好农业种植结构，增加农产品附加值。搞好农田基本建设，提高园林管理水平，改良排水设施，实施规模化种植和节水灌溉。二是高碑店市土壤有机质和有效钾含量偏低，在培肥措施中，主要是增施有机肥料实现种地养地相结合，逐步提升土壤有机质含量、改善土壤结构，提高土壤肥力。三是高碑店市旱灾频繁发生，可以通过加强水利基础设施建设，如排灌沟渠硬化、增加排灌设施等，提高防预自然灾害的能力。深耕与增施有机肥相结合，改善土壤的化学性能和物理结构，增强土壤抗旱能力。积极推广抗旱栽培技术。如推广抗旱播种技术、耕作保墒技术、覆盖保墒技术、培育抗旱的作物品种等。

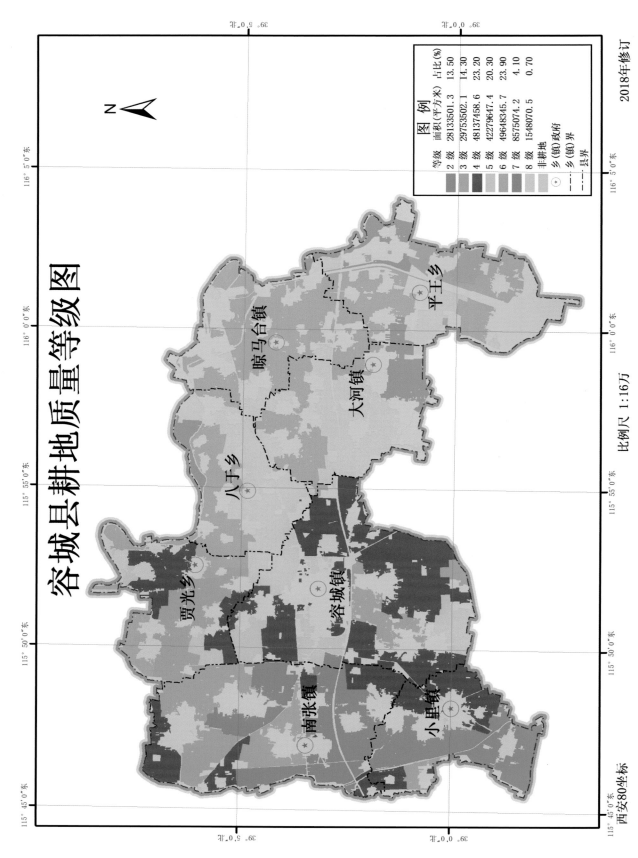

容城县耕地质量等级图

图 例

等级	面积(平方米)	占比(%)
2 级	28133501.3	13.50
3 级	29753502.1	14.30
4 级	48137458.6	23.20
5 级	42279647.4	20.30
6 级	49648345.7	23.90
7 级	8575074.2	4.10
8 级	1548070.5	0.70
非耕地		

⊙ 乡(镇)政府
‒‒‒ 乡(镇)界
‒·‒ 县界

平王乡

凉马台镇

大河镇

八于乡

贾光乡

容城镇

南张镇

小里镇

比例尺 1:16万

2018年修订

西安80坐标

容城县耕地质量等级

1.耕地基本情况

容城县属温带大陆性季风气候,四季分明,春旱多风,夏热多雨,秋凉气爽,冬寒少雪。全境西北较高,东南略低,为缓倾平原,土层深厚,地形开阔,植被覆盖率很低。全县土壤类型共划分为褐土、潮土2大土类。全县土地总面积中耕地占69.24%,园地占1.73%,林地占1.85%,草地占0.92%,建设用地占22.76%,水域及水利设施用地占3.48%,其他土地占0.03%。耕地的总面积为208 075 600.0 m^2(312 113.4亩),主要种植玉米、小麦、花生、棉花、蔬菜等。

2.耕地质量等级划分

利用县域耕地资源管理信息系统,采用层次分析法,求取该县耕地综合评价指数在0.694 278～0.844 83范围。按照河北省耕地质量等级标准,耕地等级划分为2、3、4、5、6、7、8等地,面积分别为28 133 501.3、29 753 502.1、48 137 458.6、42 279 647.4、49 648 345.7、8 575 074.2、1 548 070.5 m^2(见表)。通过加权平均,该县耕地质量平均等级为4.42。

容城县耕地质量等级统计表

等级	2级	3级	4级	5级	6级	7级	8级
面积(m^2)	28 133 501.3	29 753 502.1	48 137 458.6	42 279 647.4	49 648 345.7	8 575 074.2	1 548 070.5
百分比(%)	13.50	14.30	23.20	20.30	23.90	4.10	0.70

3.耕地属性特征及利用建议

(1)耕地属性特征　容城县耕地灌溉能力处于"满足"状态,排水能力处于"基本满足"到"满足"状态。耕层厚度平均值为16 cm,地形部位为冲积扇缘低平洼地、交接洼地、冲积扇下部、冲积扇下部缓岗、冲积扇岗间洼地和冲洪积扇,分别占取样点的40.88%、22.10%、2.76%、13.26%、11.05%和9.94%。耕地无盐渍化,基本无明显障碍,只有一小部分障碍因素存在夹砂层和黏化层。耕层质地以轻壤为主,占取样点的78.45%,砂壤、砂土、中壤分别占取样点的8.84%、5.52%和7.18%。有机质平均含量为14.1 g/kg,其中15.47%的取样点有机质低于10 g/kg,只有8.29%取样点有机质含量高于20 g/kg。有效磷平均含量18.6 mg/kg,其中31.49%低于10 mg/kg。速效钾平均含量105.7 mg/kg,其中48.62%低于100 mg/kg。该县耕地有机质含量整体偏低,有效磷含量整体偏低,速效钾含量整体中等。

(2)耕地利用建议　一是搞好农田基本建设,提高园林管理水平,实施规模化种植和节水灌溉。积极推广抗旱栽培技术。如推广抗旱播种技术、耕作保墒技术、覆盖保墒技术、培育抗旱的作物品种等。提升农田基础设施建设水平,提高灌溉保障率。二是针对容城县有机质、速效钾含量低的状况,开展增施有机肥,科学施用化肥,大力推广保护性耕作技术,秸秆还田技术等,不断培肥土壤肥力。提升土壤有机质含量、改善土壤物理性状、提高钾的有效性,提高土壤肥力。三是针对部分田面坡度较大的现状,平整土地,减少水土流失风险。调整种植业结构,因地制宜发展生产,提高耕地的产出效益。与此同时增加投入,加强中低产田的改造。

雄县耕地质量等级图

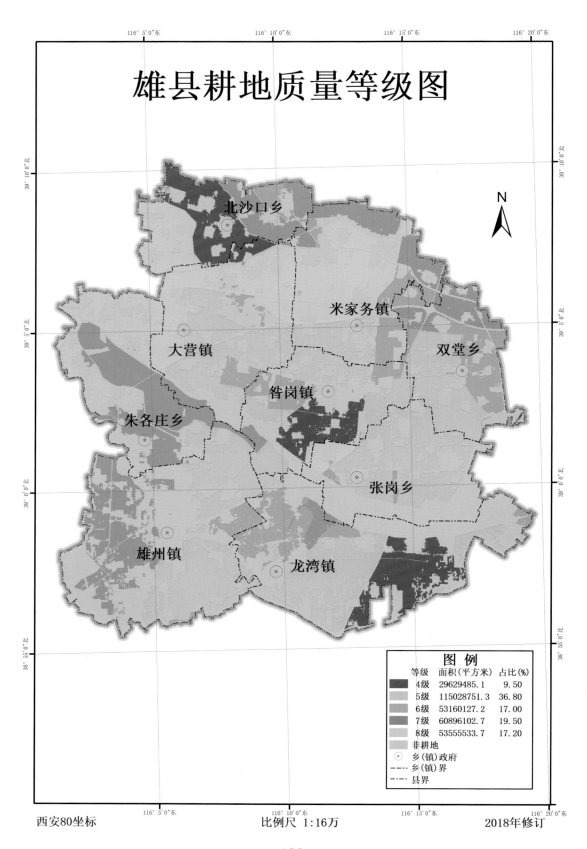

北沙口乡

米家务镇

大营镇

双堂乡

昝岗镇

朱各庄乡

张岗乡

雄州镇

龙湾镇

N

图 例		
等级	面积（平方米）	占比(%)
4级	29629485.1	9.50
5级	115028751.3	36.80
6级	53160127.2	17.00
7级	60896102.7	19.50
8级	53555533.7	17.20
非耕地		
乡（镇）政府		
乡（镇）界		
县界		

西安80坐标

比例尺 1:16万

2018年修订

雄县耕地质量等级

1. 耕地基本情况

雄县地处中纬度，属温带大陆性气候，四季分明。全县地势西部较高，东部低洼。地貌特征、地面组成物质，雄县地貌类型分为 2 种：二坡地、洼地。耕地土壤类型分布受水文、地质、地貌条件影响，各地段土壤分布各有差异，分布较为复杂。全县土壤共划分 1 个土类，即潮土。全县土地总面积中耕地占 62.80%，园地占 3.34%，林地占 3.78%，草地占 0.67%，建设用地占 20.81%，水域及水利设施用地占 8.60%。耕地的总面积为 312 270 000.0 m^2（468 405.0 亩），主要种植作物为玉米、小麦、花生、大豆、甘薯、蔬菜等。

2. 耕地质量等级划分

利用县域耕地资源管理信息系统，采用层次分析法，求取该县耕地综合评价指数在 0.688 37 ~ 0.814 624 范围。按照河北省耕地质量等级标准，耕地等级划分为 4、5、6、7、8 等地，面积分别为 29 629 485.1、115 028 751.3、53 160 127.2、60 896 102.7、53 555 533.7 m^2（见表）。通过加权平均，该县耕地质量平均等级为 5.98。

雄县耕地质量等级统计表

等级	4 级	5 级	6 级	7 级	8 级
面积（m^2）	29 629 485.1	115 028 751.3	53 160 127.2	60 896 102.7	53 555 533.7
百分比（%）	9.50	36.80	17.00	19.50	17.20

3. 耕地属性特征及利用建议

（1）耕地属性特征　雄县耕地灌溉能力处于"基本满足"到"充分满足"状态，排水能力处于"基本满足"到"充分满足"状态。耕层厚度平均值为 16 cm，地形部位为缓平坡地。耕地无盐渍化，无明显障碍因素。耕层质地为轻壤、砂壤、中壤和重壤，分别占取样点的 51.65%、29.67%、13.19% 和 5.49%。有机质平均含量为 15.7 g/kg，其中 15.38% 的取样点有机质低于 10 g/kg，只有 19.78% 的取样点有机质含量高于 20 g/kg。有效磷平均含量为 17.25 mg/kg，其中 30.77% 低于 10 mg/kg。速效钾平均含量为 154.73 mg/kg，其中 20.88% 低于 100 mg/kg。该县耕地土层较薄，有机质含量整体偏低，有效磷含量整体偏低，速效钾含量整体中等偏高。

（2）耕地利用建议　一是因地制宜，调整好农业种植结构，增加农产品附加值。搞好农田基本建设，提高园林管理水平，实施规模化种植和节水灌溉技术，因地制宜布设低压输水管道，发展喷灌、滴灌技术，节约水资源。二是针对地势低洼易涝地区，需提升农田基础设施建设水平，提高灌溉保障率。三是针对雄县有机质含量低的状况，开展增施有机肥，科学施用化肥，间、轮作豆科作物，以提高土壤有机质含量、改善土壤物理性状，提高土壤肥力。四是防止耕地污染事件的发生，同时加大对耕地污染事件的查处力度。

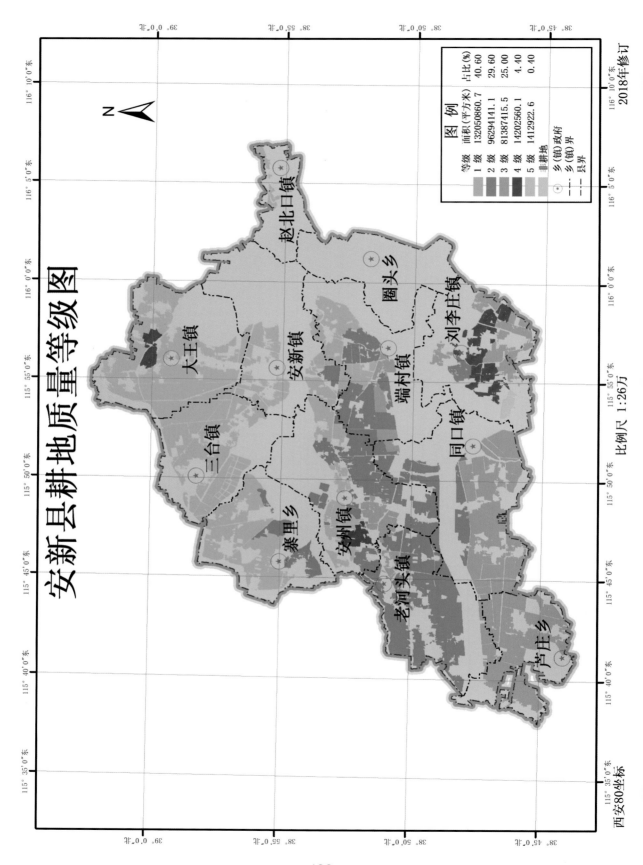

安新县耕地地质量等级图

2018年修订

比例尺 1:26万

西安80坐标

图 例		
等级	面积(平方米)	占比(%)
1级	132050860.7	40.60
2级	96294141.1	29.60
3级	81387415.5	25.00
4级	14202560.1	4.40
5级	1412922.6	0.40
非耕地		

乡(镇)政府
乡(镇)界
县界

赵北口镇
圈头乡
刘李庄镇
大王镇
安新镇
端村镇
同口镇
三台镇
寨里乡
安州镇
老河头镇
芦庄乡

安新县耕地质量等级

1. 耕地基本情况

安新县属暖温带半干旱大陆季风气候，干湿季节明显，四季分明，春季干旱多风，夏季湿热多雨，秋季天高气爽，冬季寒冷少雪。安新县西南部有冲积洼地平原，东有华北平原最大的淡水湖泊——白洋淀。县域内地势较高的土壤发育成褐土，地势较洼的土壤发育成潮土。全县土地可分为 4 个土类，分别为潮土、潮褐土、水稻土和沼泽土。全县土地总面积中耕地占 46.88%，园地占 0.29%，林地占 1.20%，草地占 0.89%，建设用地占 14.09%，水域及水利设施用地占 35.92%，其他土地占 0.72%。耕地的总面积为 325 347 900.0 m^2（488 021.9 亩），主要种植玉米、小麦、蔬菜等。

2. 耕地质量等级划分

利用县域耕地资源管理信息系统，采用层次分析法，求取该县耕地综合评价指数在 0.834 682～0.944 15 范围。按照河北省耕地质量等级标准，耕地等级划分为 1、2、3、4、5 等地，面积分别为 132 050 860.7、96 294 141.1、81 387 415.5、14 202 560.1、1 412 922.6 m^2（见表）。通过加权平均，该县耕地质量平均等级为 1.94。

安新县耕地质量等级统计表

等级	1级	2级	3级	4级	5级
面积（m^2）	132 050 860.7	96 294 141.1	81 387 415.5	14 202 560.1	1 412 922.6
百分比（%）	40.60	29.60	25.00	4.40	0.40

3. 耕地属性特征及利用建议

（1）耕地属性特征　安新县耕地灌溉能力处于"满足"状态，排水能力处于"基本满足"到"满足"状态。耕层厚度平均值为 19 cm，地形部位为冲洪积扇和交接洼地，分别占取样点的 86.63% 和 13.37%。耕地无盐渍化，耕地基本无明显障碍，只有一小部分存在沙姜层和黏化层。耕层质地为砂壤、轻壤、中壤和重壤，分别占取样点的 0.91%、3.65%、93.92% 和 1.52%。有机质平均含量为 20.30 g/kg，其中 2.13% 的取样点有机质低于 10 g/kg，45.90% 的取样点有机质含量高于 20 g/kg。有效磷平均含量为 35.38 mg/kg，其中 5.79% 低于 10 mg/kg。速效钾平均含量为 210 mg/kg，其中只有 1.52% 低于 100 mg/kg。该县耕地有机质含量整体中等偏低，有效磷含量整体偏高，速效钾含量整体偏高。

（2）耕地利用建议　一是大力发展节水灌溉技术，因地制宜布设低压输水管道，发展喷灌、滴灌技术，节约水资源。二是针对安新县有机质、速效钾、有效磷含量较高的状况，各地各级农业部门要充分利用科技三下乡活动、科普日、农民科技协会等各种手段，因地制宜，分类指导，利用耕地肥力变化动态情况，及时调整指导大面积平衡施肥技术，进一步扩大平衡施肥推广面积，避免大面积耕地富营养化现象扩散。三是荒草地、滩涂和其他未利用地是本县新增耕地潜力的主要来源，应及时对其进行开发和整理，通过"开源"与"节流"有机配合，最大限度地确保耕地占补平衡。

博野县耕地质量等级图

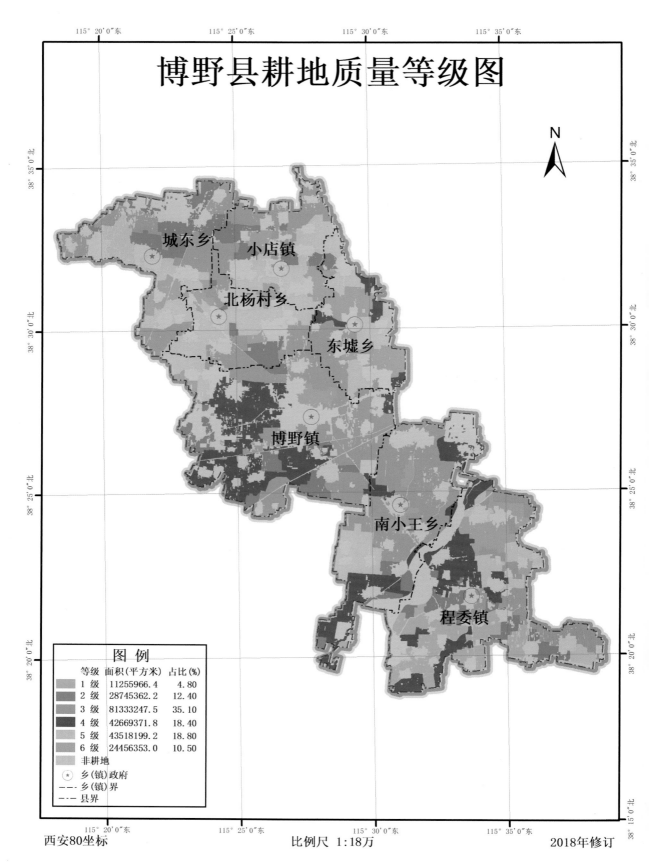

城东乡
小店镇
北杨村乡
东墟乡
博野镇
南小王乡
程委镇

N

图 例		
等级	面积(平方米)	占比(%)
1 级	11255966.4	4.80
2 级	28745362.2	12.40
3 级	81333247.5	35.10
4 级	42669371.8	18.40
5 级	43518199.2	18.80
6 级	24456353.0	10.50
非耕地		
⊛ 乡(镇)政府		
— 乡(镇)界		
— 县界		

西安80坐标　　　　　比例尺 1:18万　　　　　2018年修订

博野县耕地质量等级

1. 耕地基本情况

博野县属暖温带半干旱大陆性季风气候区，干湿季节明显，四季分明，春季干旱多风，夏季湿热多雨，秋季天高气爽，冬季寒冷少雪。博野县属太行山冲积、洪积交错沉积微倾斜平原区，中北部地势西高东低，南部和东南部自西南向东北倾斜。境内有三大条形洼地，中部有两块条形风沙高地。博野县共有 2 个土类，分别是潮化褐土和潮土。全县土地总面积中耕地占 72.05%，园地占 3.30%，林地占 2.86%，草地占 0.13%，建设用地占 19.76%，水域及水利设施用地占 1.86%，其他土地占 0.03%。耕地的总面积为 231 978 500.0 m² （347 967.8 亩），主要种植玉米、小麦、花生等。

2. 耕地质量等级划分

利用县域耕地资源管理信息系统，采用层次分析法，求取该县耕地综合评价指数在 0.740 331 ~ 0.901 834 范围。按照河北省耕地质量等级标准，耕地等级划分为 1、2、3、4、5、6 等地，面积分别为 11 255 966.4、28 745 362.2、81 333 247.5、42 669 371.8、43 518 199.2、24 456 353.0 m²（见表）。通过加权平均，该县耕地质量平均等级为 3.65。

博野县耕地质量等级统计表

等级	1级	2级	3级	4级	5级	6级
面积（m²）	11 255 966.4	28 745 362.2	81 333 247.5	42 669 371.8	43 518 199.2	24 456 353.0
百分比（%）	4.80	12.40	35.10	18.40	18.80	10.50

3. 耕地属性特征及利用建议

（1）耕地属性特征 博野县耕地灌溉能力基本处于"充分满足"状态，排水能力处于"基本满足"状态。耕层厚度平均值为 18 cm，地形部位为冲洪积扇。耕地无盐渍化，无明显障碍因素。耕层质地以轻壤为主，占取样点的 62.32%，砂壤、中壤分别占取样点的 33.33% 和 4.35%。有机质平均含量为 12.85 g/kg，其中 21.74% 的取样点有机质低于 10 g/kg，只有 4.35% 的取样点有机质含量高于 20 g/kg。有效磷平均含量为 19.40 mg/kg，69.57% 高于 10 mg/kg。速效钾平均含量为 98.31 mg/kg，其中 65.21% 低于 100 mg/kg。该县耕地有机质含量整体偏低，有效磷含量整体中等，速效钾含量整体中等偏低。

（2）耕地利用建议 一是因地制宜，调整好农业种植结构，增加农产品附加值。搞好农田基本建设，提高园林管理水平，实施规模化种植和节水灌溉。二是博野县土壤有机质和速效钾钾含量偏低，在培肥措施中，应注意调整使用化肥的氮、磷、钾比例，主要是增施有机肥料实现种地养地相结合，逐步提升土壤有机质含量、改善土壤结构，提高土壤肥力。在利用时要适当浅耕，尽量保护犁底层，以起到托水托肥的作用。三是博野县旱灾频繁发生，可以通过加强水利基础设施建设，如排灌沟渠硬化、增加排灌设施等，提高防预自然灾害的能力。应积极推广抗旱栽培技术。如推广抗旱播种技术、耕作保墒技术、覆盖保墒技术、培育抗旱的作物品种等。

望都县耕地质量等级图

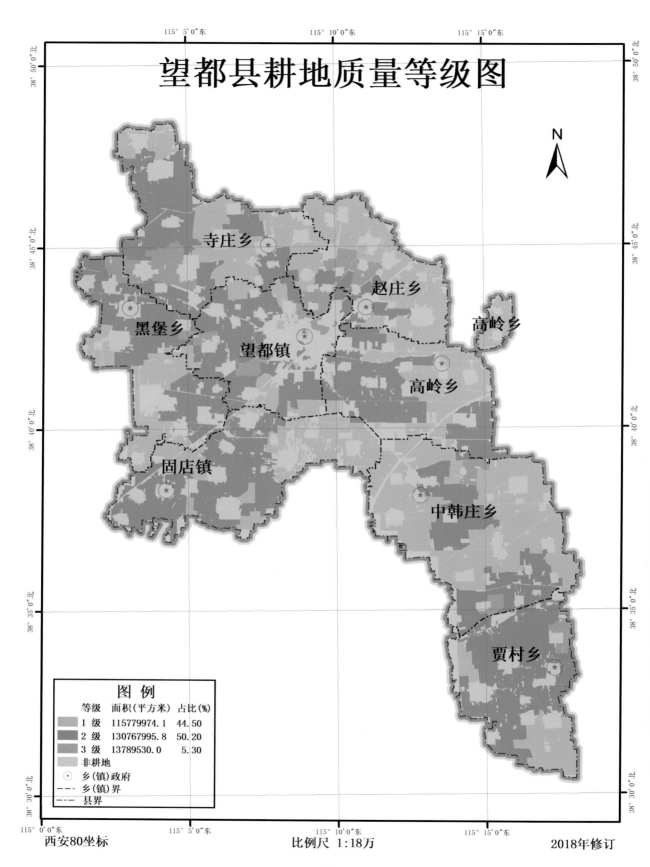

图 例

等级	面积（平方米）	占比（%）
1 级	115779974.1	44.50
2 级	130767995.8	50.20
3 级	13789530.0	5.30
非耕地		

⊙ 乡（镇）政府
- - - 乡（镇）界
- ·- 县界

西安80坐标   比例尺 1:18万   2018年修订

望都县耕地质量等级

1. 耕地基本情况

望都县属于暖温带季风气候，大陆性季风气候显著，四季分明。望都县位于太行山东麓山前平原，是由海河流域的大清河水系的唐河、运粮河的洪积、冲击作用形成的，全县地形平缓，西北部高，东南部低，向白洋淀方向倾斜。由于地形地貌的不同，决定着不同地形部位的土壤差异。望都县主要有褐土、潮土2大类。全县土地总面积中耕地占75.60%，园地占1.88%，林地占2.56%，草地占0.05%，建设用地占18.46%，水域及水利设施用地占1.24%，其他土地占0.20%。耕地总面积为 260 337 500.0 m^2（390 506.3 亩），主要种植作物为玉米、小麦、油料、蔬菜等。

2. 耕地质量等级划分

利用县域耕地资源管理信息系统，采用层次分析法，求取该县耕地综合评价指数在0.829 627 ～ 0.914 046 范围。按照河北省耕地质量等级标准，耕地等级划分为1、2、3 等地，面积分别为 115 779 974.1、130 767 995.8、13 789 530.0 m^2（见表）。通过加权平均，该县耕地质量平均等级为 1.60。

望都县耕地质量等级统计表

等级	1级	2级	3级
面积（m^2）	115 779 974.1	130 767 995.8	13 789 530.0
百分比（%）	44.50	50.20	5.30

3. 耕地属性特征及利用建议

（1）耕地属性特征　望都县耕地灌溉能力处于"满足"状态，排水能力处于"满足"状态。耕层厚度的平均值为 15 cm，地形部位为冲洪积扇和河滩高地，分别占取样点的98.21%和1.79%。耕地无盐渍化，基本无明显障碍，只有一小部分存在砂姜层。耕层质地以轻壤为主，占取样点的82.74%，砂壤、中壤分别占取样点的7.14% 和10.12%。有机质平均含量为17.71 g/kg，其中100% 的取样点有机质高于 10 g/kg。有效磷平均含量为 25.98 mg/kg，91.02%高于 10 mg/kg。速效钾平均含量为 103.41 mg/kg，其中48.81% 低于 100 mg/kg。该县耕地有机质含量整体偏低，有效磷含量整体中等偏高，速效钾含量整体中等偏低。

（2）耕地利用建议　一是因地制宜，调整好农业种植结构，增加农产品附加值。搞好农田基本建设，提高园林管理水平，实施规模化种植和节水灌溉。二是望都县土壤有机质、有效磷和速效钾含量较高，在培肥措施中，主要是合理使用有机肥料，提高秸秆还田率，实现种地养地相结合，避免土壤富营养化。三是可以通过加强水利基础设施建设，如排灌沟渠硬化、增加排灌等，提高防御自然灾害的能力。四是荒草地、滩涂和其他未利用地是本县新增耕地潜力的主要来源，应及时对其进行开发和整理，通过"开源"与"节流"有机配合，最大限度地确保耕地占补平衡。

唐县耕地质量等级图

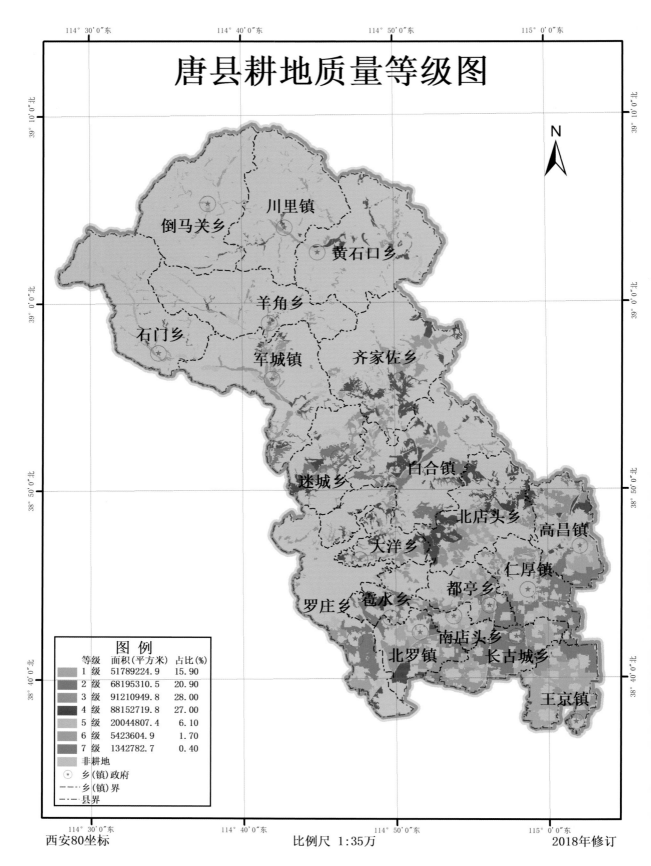

图　例		
等级	面积(平方米)	占比(%)
1 级	51789224.9	15.90
2 级	68195310.5	20.90
3 级	91210949.8	28.00
4 级	88152719.8	27.00
5 级	20044807.4	6.10
6 级	5423604.9	1.70
7 级	1342782.7	0.40
非耕地		
⊙ 乡(镇)政府		
-- 乡(镇)界		
-·- 县界		

西安80坐标　　　　　　　　比例尺 1:35万　　　　　　　2018年修订

唐县耕地质量等级

1. 耕地基本情况

唐县属于暖温带大陆性季风气候，气候温和，光照充足。唐县大部分是山区，少部分是平原。山区地形此起彼伏，变化多端。县境西北部深入太行山区，东南为洪积冲积平原，地形上是西北高、东南低的斜坡状。地貌类型从西北到东南可分为中低山地貌、丘陵地貌和平原地貌。在各种成土因素的相互作用下，唐县土壤形成了棕壤、褐土、草甸土、水稻土4个大类。全县土地总面积中耕地占24.82%，园地占2.17%，林地占9.26%，草地占38.14%，建设用地占9.37%，水域及水利设施用地占4.50%，其他土地占11.73%。唐县的耕地总面积为326 159 400.0 m²（489 239.1亩），主要种植小麦、玉米、棉花、花生、芝麻、蔬菜等。

2. 耕地质量等级划分

利用县域耕地资源管理信息系统，采用层次分析法，求取该县耕地综合评价指数在0.725 214～0.910 712范围。按照河北省耕地质量等级标准，耕地等级划分为1、2、3、4、5、6、7等地，面积分别为51 789 224.9、68 195 310.5、91 210 949.8、88 152 719.8、20 044 807.4、5 423 604.9、1 342 782.7 m²（见表）。通过加权平均，该县耕地质量平均等级为2.93。

唐县耕地质量等级统计表

等级	1级	2级	3级	4级	5级	6级	7级
面积（m²）	51 789 224.9	68 195 310.5	91 210 949.8	88 152 719.8	20 044 807.4	5 423 604.9	1 342 782.7
百分比（%）	15.90	20.90	28.00	27.00	6.10	1.70	0.40

3. 耕地属性特征及利用建议

（1）耕地属性特征　唐县耕地灌溉能力40.4%的样点处于"不满足"状态，排水能力处于"基本满足"和"满足"状态。耕层厚度平均值为19 cm，地形部位为冲洪积扇、山前平原、丘陵中部和丘陵下部，分别占取样点的25.25%、35.35%、4.04%和35.35%。耕地无盐渍化，基本无明显障碍，只有一小部分存在夹砾石层。耕层质地以轻壤为主，占取样点的52.52%，砂壤、中壤分别占取样点的19.20%和28.28%。有机质平均含量为17.88 g/kg，其中3.03%的取样点有机质低于10 g/kg。有效磷平均含量为30.48 mg/kg，85.86%高于10 mg/kg。速效钾平均含量为108.93 mg/kg，其中52.52%低于100 mg/kg。唐县耕地灌溉能力较差，耕地有机质含量整体偏低，有效磷含量整体偏高，速效钾含量整体中等。

（2）耕地利用建议　一是唐县缺乏灌溉条件，因此在作物品种上应该选用耐旱作物品种，管理上以春抗旱秋保墒为主要技术，增加土壤墒情；搞好农田基本建设，大力发展节水灌溉，提高水分利用效率。深耕与增施有机肥相结合，改善土壤的化学性能和物理结构，增强土壤抗旱能力。二是针对部分田面坡度较大的现状，平整土地，减少水土流失风险。三是各级各农业部门要充分利用科技三下乡活动、科普日、农民科技协会等各种手段，因地制宜，分类指导，利用耕地肥力变化动态情况，及时调整指导大面积平衡施肥技术，进一步扩大平衡施肥推广面积，避免大面积耕地富营养化现象扩散。四是荒草地、滩涂和其他未利用土地是本县新增耕地主要来源，应及时对其进行开发和整理。通过"开源"与"节流"有机配合，最大限度地确保耕地占补平衡。

曲阳县耕地质量等级图

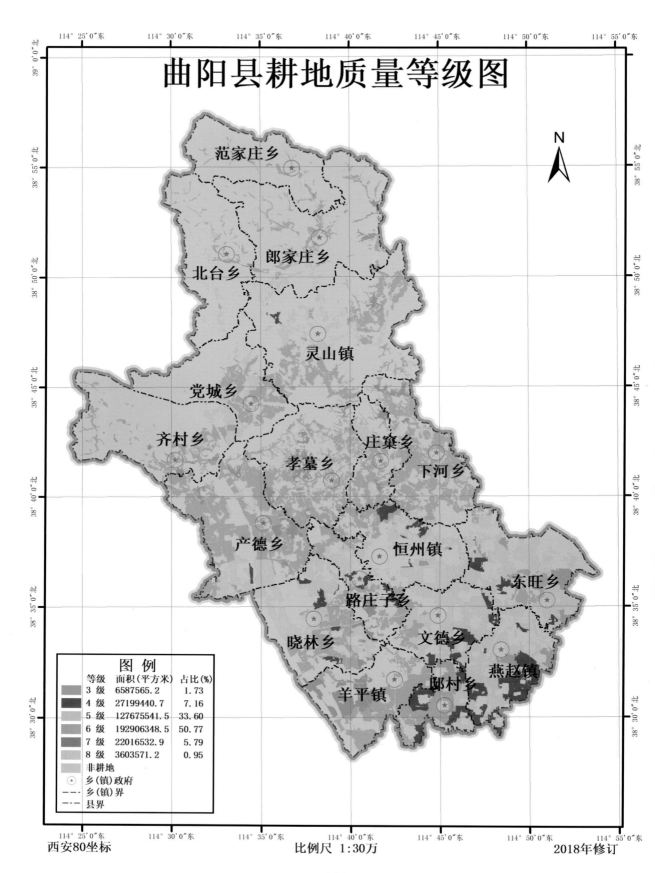

图 例		
等级	面积（平方米）	占比(%)
3 级	6587565.2	1.73
4 级	27199440.7	7.16
5 级	127675541.5	33.60
6 级	192906348.5	50.77
7 级	22016532.9	5.79
8 级	3603571.2	0.95
非耕地		
乡(镇)政府		
乡(镇)界		
县界		

西安80坐标　　　　　　比例尺 1:30万　　　　　　2018年修订

曲阳县耕地质量等级

1. 耕地基本情况

曲阳县属于暖温带大陆性季风气候，四季分明，湿热同期出现。该县为半山区县，地形复杂，地貌齐全。自然地势由西北向东南倾斜，西北部为浅山区，群山连绵，沟壑交错；中部为丘陵区，地形此起彼伏变化多端；东南部为山麓平原区，坡降相对较大，排水良好，水源较足。曲阳县土壤类型有褐土、潮土、沼泽土、草甸土、水稻土5个大类。全县土地总面积中耕地占37.94%，园地占1.71%，林地占9.46%，草地占13.25%，建设用地占12.64%，水域及水利设施用地占4.33%，其他土地占20.67%。耕地的总面积为379 989 000.0 m²（569 983.5亩），主要种植作物为冬小麦、玉米、谷子、山药、花生、芝麻等。

2. 耕地质量等级划分

利用县域耕地资源管理信息系统，采用层次分析法，求取该县耕地综合评价指数在0.665 819～0.833 033范围。按照河北省耕地质量等级标准，耕地等级划分为3、4、5、6、7、8等地，面积分别为6 587 565.2、27 199 440.7、127 675 541.5、192 906 348.5、22 016 532.9、3 603 571.2 m²（见表）。通过加权平均，该县耕地质量平均等级为5.55。

曲阳县耕地质量等级统计表

等级	3级	4级	5级	6级	7级	8级
面积（m²）	6 587 565.2	27 199 440.7	127 675 541.5	192 906 348.5	22 016 532.9	3 603 571.2
百分比（%）	1.73	7.16	33.60	50.77	5.79	0.95

3. 耕地属性特征及利用建议

（1）耕地属性特征　曲阳县耕地灌溉能力基本处于"满足状态"，排水能力处于"满足"到"充分满足"状态。耕层厚度平均值为15 cm，地形部位为冲洪积扇。耕地无盐渍化，基本无明显障碍，只有一小部分存在夹砂层。耕层质地为轻壤、砂壤和砂土，分别占取样点的54.19%、28.49%和17.32%。有机质平均含量为15.81 g/kg，其中5.59%的取样点有机质低于10 g/kg，只有12.85%的取样点有机质含量高于20 g/kg。有效磷平均含量为11.29 mg/kg，其中60.89%低于10 mg/kg。速效钾平均含量为82.86 mg/kg，其中76.54%低于100 mg/kg。曲阳县耕地灌溉能力一般，耕地有机质含量整体偏低，有效磷含量整体偏低，速效钾含量整体偏低。

（2）耕地利用建议　一是搞好农田基本建设，提高园林管理水平，实施规模化种植和节水灌溉。曲阳县土壤有机质、有效磷和速效钾含量偏低，在培肥措施中，主要是增施有机肥料实现种地养地相结合，提高秸秆还田率，逐步提升土壤有机质含量、改善土壤结构，提高土壤肥力。二是荒草地、滩涂和其他未利用土地是本县新增耕地潜力的主要来源，应及时对其进行开发和整理，最大限度地确保耕地占补平衡。

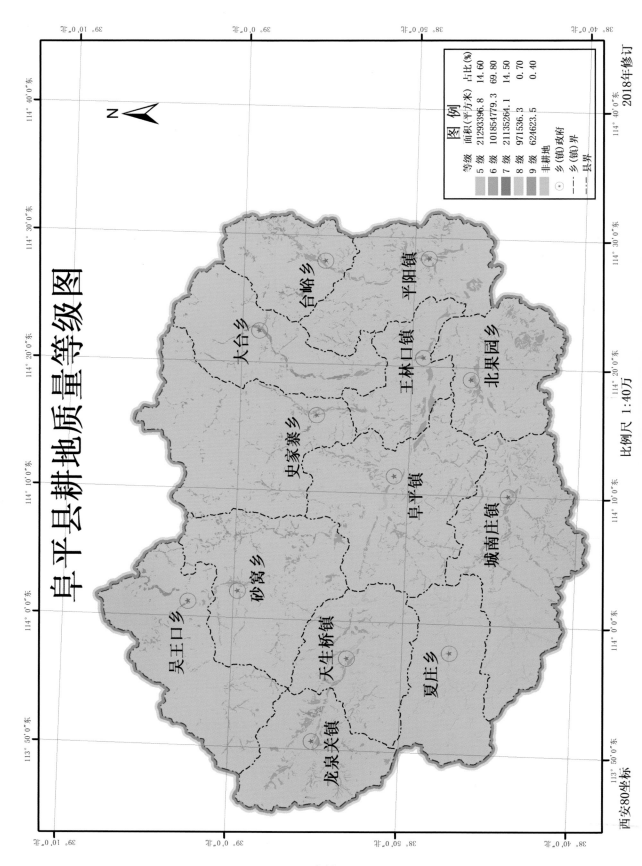

阜平县耕地质量等级图

图 例

等级	面积（平方米）	占比（%）
5 级	21293396.8	14.60
6 级	101854779.3	69.80
7 级	21135264.1	14.50
8 级	971536.3	0.70
9 级	624623.5	0.40

非耕地
⊙ 乡（镇）政府
—·— 乡（镇）界
—— 县界

N

台峪乡

平阳镇

大台乡

王林口镇

北果园乡

史家寨乡

阜平镇

砂窝乡

城南庄镇

吴王口乡

天生桥镇

夏庄乡

龙泉关镇

比例尺 1∶40万

西安80坐标

· 142 ·

阜平县耕地质量等级

1. 耕地基本情况

阜平县气候为大陆性季风气候，暖温带半干旱地区，冬季寒冷干燥少雪，夏季高温、高湿、降水集中。境内山峦起伏，连绵不断，沟谷纵横，海拔差异大。洪水势汹流急，故形成了特有的地貌类型。可分为亚高山地貌，中山地貌，低山地貌和丘陵地貌，河谷洪冲积物地貌。在各种成土因素的相互作用下，形成的土壤类型主要有亚高山草甸土、棕壤类、褐土类、沼泽土类4大类。全县土地总面积中耕地占6.84%，园地占0.92%，林地占18.69%，草地占7.69%，建设用地占2.50%，水域及水利设施用地占2.38%，其他土地占60.97%。耕地的总面积为145 879 600.0 m²（218 819.4亩），主要种植作物为玉米、小麦、谷子、甘薯、花生、豆类等。

2. 耕地质量等级划分

利用县域耕地资源管理信息系统，采用层次分析法，求取该县耕地综合评价指数在0.694 691～0.885 893范围。按照河北省耕地质量等级标准，耕地等级划分为5、6、7、8、9等地，面积分别为21 293 396.8、101 854 779.3、21 135 264.1、971 536.3、624 623.5 m²（见表）。通过加权平均，该县耕地质量平均等级为6.03。

阜平县耕地质量等级统计表

等级	5级	6级	7级	8级	9级
面积（m²）	21 293 396.8	101 854 779.3	21 135 264.1	971 536.3	624 623.5
百分比（%）	14.60	69.80	14.50	0.70	0.40

3. 耕地属性特征及利用建议

（1）耕地属性特征　阜平县耕地灌溉能力处于"基本满足"到"满足"状态。耕地无明显障碍。地形部位为河流冲积平原低阶地、河流冲积平原中阶地、河流冲积平原河漫滩和低山丘陵坡地，分别占取样点的50.91%、3.64%、14.55%和30.90%。有效土层厚度大于60 cm的占90.91%，厚度30～60 cm占9.09%，田面坡度平均值为3°。耕层质地为砂壤、轻壤和中壤，分别占取样点的1.82%、78.18%和20.00%。有机质平均含量为17.30 g/kg，其中5.45%的取样点有机质低于10 g/kg，只有25.45%的取样点有机质含量高于20.00 g/kg。有效磷平均含量为18.70 mg/kg，其中30.91%低于10 mg/kg。速效钾平均含量80.27 mg/kg，其中69.09%低于100 mg/kg。该县耕地有机质含量整体偏低，有效磷含量整体偏低，速效钾含量整体偏低。

（2）耕地利用建议　一是因地制宜，调整好农业种植结构，增加农产品附加值。搞好农田基本建设，提高园林管理水平，实施规模化种植和节水灌溉。正确处理土地开发与农田基本建设的关系，摒弃只利用不建设、不培育、不改造、广种薄牧、掠夺性经营的土地利用方式。二是针对阜平县有机质、速效钾含量低的状况，开展增施有机肥，科学施用化肥，间、轮作豆科作物，以提高土壤有机质含量、改善土壤物理性状，提高土壤肥力。三是要加强对中低产田开发的投入，尤其是科技方面的投入。加大对耕地的配套投入（水利设施、农业、农药、化肥、适用技术），依靠成熟的农业技术，逐步建立耕地、特别是中低产田的集约开发经营激励机制。

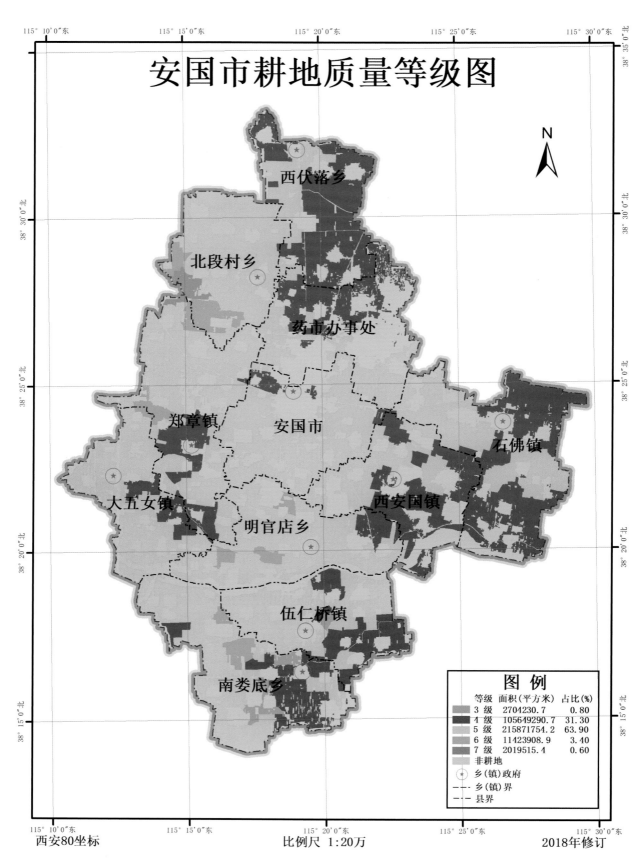

安国市耕地质量等级图

西伏落乡

北段村乡

药市办事处

郑章镇

安国市

石佛镇

大五女镇

西安国镇

明官店乡

伍仁桥镇

南娄底乡

N

图 例		
等级	面积(平方米)	占比(%)
3 级	2704230.7	0.80
4 级	105649290.7	31.30
5 级	215871754.2	63.90
6 级	11423908.9	3.40
7 级	2019515.4	0.60
非耕地		
⊛ 乡(镇)政府		
— — 乡(镇)界		
—·— 县界		

西安80坐标   比例尺 1:20万   2018年修订

安国市耕地质量等级

1. 耕地基本情况

安国市属温带季风气候，夏季炎热，冬季寒冷，气温的年温差较大，降水季节分配不均匀，表现出明显的大陆性气候特征。安国市位于太行山东麓山前扇缘平原向冲积平原过渡地带，地势平坦，从西北向东南缓倾。由于紧靠山前扇缘平原的地理位置和唐河在境内的多次改道，大量的泥沙沉积于地表，形成了多条沙带，构成了多种地貌类型。其中包含：洪积、冲积平原、浅平洼地、二坡地。土壤类型主要有褐土和潮土2个土类。全市土地总面积中耕地占71.90%，园地占3.64%，林地占2.89%，草地占0.04%，建设用地18.74%，水域及水利设施用地占2.32%，其他土地占0.47%。耕地的总面积为337 668 700.0 m²（506 503.1亩），主要种植中药材、玉米、小麦、果树等。

2. 耕地质量等级划分

利用县域耕地资源管理信息系统，采用层次分析法，求取该市耕地综合评价指数在0.729 815 ~ 0.821 905范围。按照河北省耕地质量等级标准，耕地等级划分为3、4、5、6、7等地，面积分别为2 704 230.7、105 649 290.7、215 871 754.2、11 423 908.9、2 019 515.4 m²（见表）。通过加权平均，该市耕地质量平均等级为4.72。

安国市耕地质量等级统计表

等级	3级	4级	5级	6级	7级
面积（m²）	2 704 230.7	105 649 290.7	215 871 754.2	11 423 908.9	2 019 515.4
百分比（%）	0.80	31.30	63.90	3.40	0.60

3. 耕地属性特征及利用建议

（1）耕地属性特征　安国市耕地灌溉能力基本处于"满足"状态，排水能力处于"基本满足"状态。耕层厚度平均值为20 cm，地形部位为冲洪积扇和交接洼地，分别占取样点的96.92%和3.08%。耕地无盐渍化，基本无明显障碍，只有一小部分障碍因素存在沙姜层和黏化层。耕层质地以砂壤为主，占取样点的69.23%，轻壤、中壤、砂壤分别占取样点的21.54%、5.38%和3.85%。有机质平均含量为13.08 g/kg，其中7.69%的取样点有机质低于10 g/kg，取样点有机质含量最高18.70 g/kg。有效磷平均含量为17.44 mg/kg，其中3.08%低于10 mg/kg。速效钾平均含量为97.17 mg/kg，其中47.69%低于100 mg/kg。该市耕地有机质含量整体偏低，有效磷含量整体偏低，速效钾含量整体中等偏低。

（2）耕地利用建议　一是针对安国市有机质、速效钾含量低的状况，开展增施有机肥，提高秸秆还田率，提倡配方施肥，科学施用化肥，提升土壤有机质含量、改善土壤物理性状、提高钾肥的使用效率，提高土壤肥力。二是针对部分田面坡度较大的现状，平整土地，减少水土流失风险。三是本区水土流失严重，应该缓坡修筑梯田、桑坝和挖鱼鳞坑，以蓄水保土。搞淤地坝、塘坝和小水库等以达到减缓径流，蓄水挡土以达到保护植被的目的。

蠡县耕地质量等级图

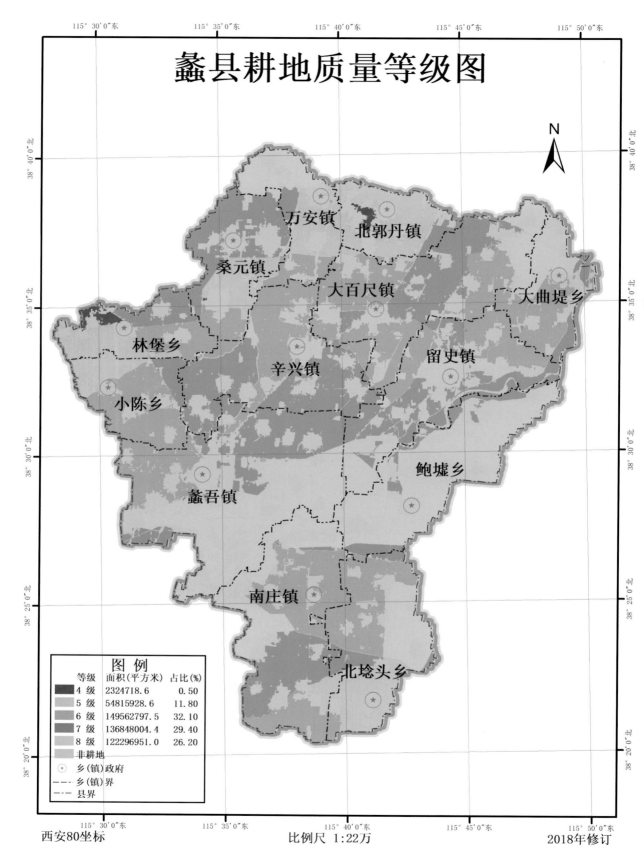

图 例

等级	面积(平方米)	占比(%)
4 级	2324718.6	0.50
5 级	54815928.6	11.80
6 级	149562797.5	32.10
7 级	136848004.4	29.40
8 级	122296951.0	26.20
非耕地		

⊙ 乡(镇)政府
--- 乡(镇)界
--- 县界

西安80坐标　　　　　比例尺 1:22万　　　　　2018年修订

蠡县耕地质量等级

1. 耕地基本情况

蠡县属东部季风区暖温带半干旱地区，大陆性季风气候特点显著，四季分明，光热、水资源丰富。蠡县地处华北沉降带，冀中平原中部，目前的地形地貌均系第四纪洪积物、冲积物沉积而成的平原。成土母质复杂多样，加上水热条件变化的影响，致使全县土壤共有3个土类，分别为褐土、风沙土、潮土。全县土地总面积中耕地占73.80%，园地占0.59%，林地占1.14%，草地占0.37%，建设用地占21.41%，水域及水利设施用地占2.44%，其他土地占0.25%。耕地的总面积为465 848 400.00 m²（698 772.6 亩），主要种植作物为主要有冬小麦、夏玉米、谷子、高粱、麻山药、棉花、花生等。

2. 耕地质量等级划分

利用县域耕地资源管理信息系统，采用层次分析法，求取该县耕地综合评价指数在0.641 71 ~ 0.810 611 范围。按照河北省耕地质量等级标准，耕地等级划分为4、5、6、7、8等地，面积分别为2 324 718.6、54 815 928.6、149 562 797.5、136 848 004.4、122 296 951.0 m²（见表）。通过加权平均，该县耕地质量平均等级为6.69。

蠡县耕地质量等级统计表

等级	4级	5级	6级	7级	8级
面积（m²）	2 324 718.6	54 815 928.6	149 562 797.5	136 848 004.4	122 296 951.0
百分比（%）	0.50	11.80	32.10	29.40	26.20

3. 耕地属性特征及利用建议

（1）耕地属性特征　蠡县耕地灌溉能力处于"不满足"状态，排水能力处于"基本满足"状态。耕层厚度平均值为20 cm，地形部位为冲洪积扇、微斜平原和河滩高地，分别占取样点的9.09%、87.88%和3.03%。耕地无盐渍化，基本无明显障碍，只有一小部分耕地存在夹砂层和黏化层。耕层质地为砂壤、砂土、轻壤、中壤，分别占取样点的10.56%、11.97%、64.79%和12.68%。有机质平均含量为15.37 g/kg，其中16.90%的取样点有机质低于10 g/kg，只有18.31%的取样点有机质含量高于20 g/kg。有效磷平均含量为17.36 mg/kg，其中35.92%低于10 mg/kg。速效钾平均含量为135.79 mg/kg，其中27.46低于100 mg/kg。曲阳县耕地灌溉能力一般，水资源不足、灌溉保证率低，耕地有机质含量整体偏低，有效磷含量整体偏低，速效钾含量整体中等。

（2）耕地利用建议　一是蠡县缺乏灌溉条件，在作物品种上应该选用耐旱作物品种，管理上以春抗旱秋保墒为主要技术，增加土壤墒情；搞好农田基本建设，大力发展节水灌溉，提高水分利用效率。二是针对蠡县有机质、有效磷含量低的状况，开展增施有机肥，科学施用化肥，间、轮作豆科作物，秸秆还田以提高土壤有机质含量、改善土壤物理性状，提高土壤肥力。三是在全县大力推行保护性耕作，特别是建立以深松技术为核心的技术体系，在少动表土的前提下，打破犁底层、加深耕作层，提高土壤自身调节水、肥、气、热的能力，加快有机物料的熟化进程，不断提高地力和土地的承载能力，减缓耕地土壤地力退化速度。四是针对部分田面坡度较大的现状，平整土地，减少水土流失风险。

顺平县耕地质量等级图

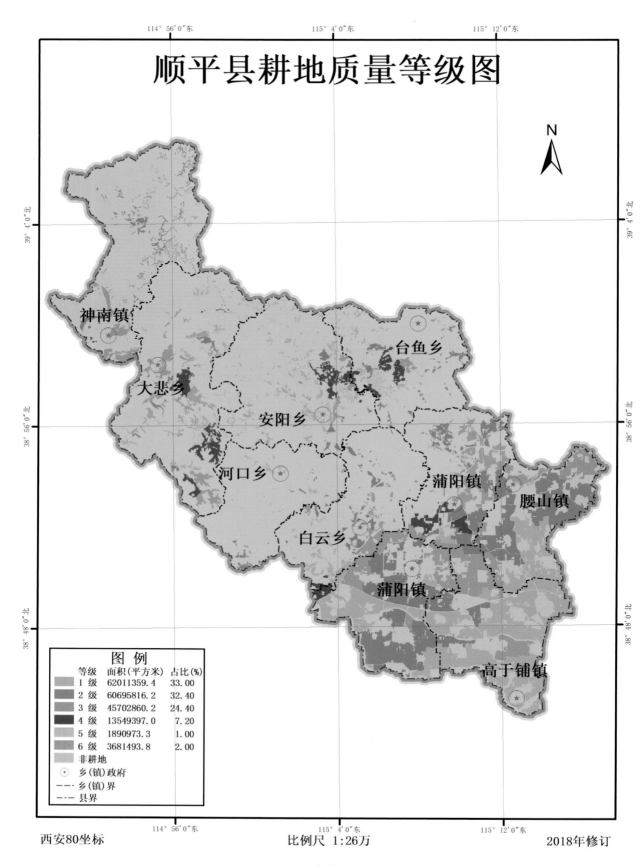

图 例		
等级	面积(平方米)	占比(%)
1 级	62011359.4	33.00
2 级	60695816.2	32.40
3 级	45702860.2	24.40
4 级	13549397.0	7.20
5 级	1890973.3	1.00
6 级	3681493.8	2.00
非耕地		
⊙ 乡(镇)政府		
— — 乡(镇)界		
—·— 县界		

神南镇
大悲乡
安阳乡
台鱼乡
河口乡
蒲阳镇
腰山镇
白云乡
蒲阳镇
高于铺镇

西安80坐标　　　　　　　比例尺 1:26万　　　　　　　2018年修订

顺平县耕地质量等级

1. 耕地基本情况

顺平县属暖温带半干旱大陆性季风气候，四季分明。县境西北部深入太行山区，东南为洪积种积平原，地貌类型从西北到东南可分为中低山地貌，丘陵地貌和平原地貌。山峰陡峻，基岩裸露，沟谷较多。顺平县土壤类型主要为褐土和潮土。全县土地总面积中耕地占28.21%，园地占18.18%，林地占2.65%，草地占3.85%，建设用地占11.17%，水域及水利设施用地占2.85%，其他土地占33.09%。耕地的总面积为 187 531 900.0 m^2（281 297.9亩），主要种植作物为玉米、小麦、果菜等。

2. 耕地质量等级划分

利用县域耕地资源管理信息系统，采用层次分析法，求取该县耕地综合评价指数在 0.620 946 ~ 0.948 583 范围。按照河北省耕地质量等级标准，耕地等级划分为1、2、3、4、5、6等地，面积分别为 62 011 359.4、60 695 816.2、45 702 860.2、13 549 397.0、1 890 973.3、3 681 493.8 m^2（见表）。通过加权平均，该县耕地质量平均等级为2.17。

顺平县耕地质量等级统计表

等级	1级	2级	3级	4级	5级	6级
面积（m^2）	62 011 359.4	60 695 816.2	45 702 860.2	13 549 397.0	1 890 973.3	3 681 493.8
百分比（%）	33.00	32.40	24.40	7.20	1.00	2.00

3. 耕地属性特征及利用建议

（1）耕地属性特征　顺平县耕地灌溉能力样点中，26.13%处于"不满足"状态，23.42%处于"满足"状态，18.92%处于"基本满足"状态，31.53%处于"充分满足"的状态，排水能力基本处于"满足"到"充分满足"状态。地形部位为丘陵上部、丘陵中部、丘陵下部和冲洪积扇，分别占取样点的18.92%、9.91%、19.82%和51.35%。耕地无盐渍化，基本无明显障碍，只有一小部分存在夹砾石层和黏化层。耕层质地以中壤为主，占取样点的76.58%，黏土、砂壤、重壤分别占取样点的13.51%、6.31%和3.60%。有机质平均含量为14.3 g/kg，其中11.71%的取样点有机质低于10 g/kg，取样点有机质含量最高24.6 g/kg。有效磷平均含量为38.9 mg/kg，85.59%高于10 mg/kg。速效钾平均含量为134.2 mg/kg，其中21.93%低于100 mg/kg。顺平县耕地灌溉能力一般，耕地有机质含量整体偏低，有效磷含量整体偏高，速效钾含量整体中等。

（2）耕地利用建议　一是顺平县中低产田存在土壤贫瘠，土壤有机质含量偏低，水利设施不配套，梯田规格较低，土层较薄，土壤耕作性能差的问题，存在部分沙化耕地，还有大面积的耕地质地粗，砾石含量高。在培肥措施中，主要是增施有机肥料实现种地养地相结合，提高秸秆还田率，逐步提升土壤有机质含量、改善土壤结构，提高土壤肥力。二是需要增施有机肥、生物肥，加大土壤培肥改良的力度。三是可以通过加强水利基础设施建设，如排灌沟渠硬化、增加排灌设施等，提高防预自然灾害的能力；积极推广抗旱栽培技术。如推广抗旱播种技术、耕作保墒技术、覆盖保墒技术、培育抗旱的作物品种等。大力发展节水灌溉技术，因地制宜布设低压输水管道，发展喷灌、滴灌技术，节约水资源。

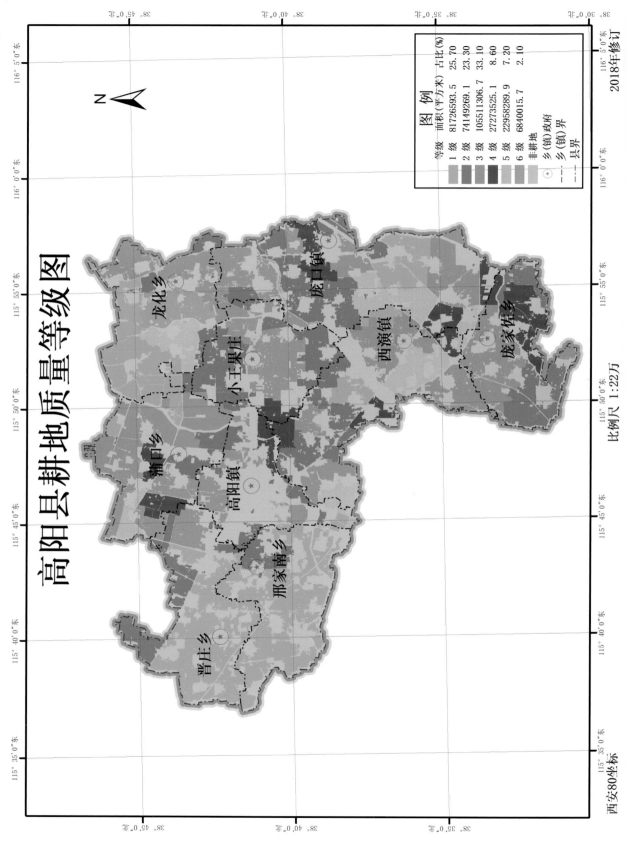

高阳县耕地质量等级图

N

比例尺 1:22万

2018年修订

西安80坐标

图　例		
等级	面积(平方米)	占比(%)
1 级	81726593.5	25.70
2 级	74149269.1	23.30
3 级	105511306.7	33.10
4 级	27273525.1	8.60
5 级	22958289.9	7.20
6 级	6840015.7	2.10
非耕地		
乡(镇)政府		
乡(镇)界		
县界		

龙化乡

庞口镇

西演镇

庞家佐乡

小王果庄

蒲口乡

高阳镇

邢家南乡

晋庄乡

高阳县耕地质量等级

1. 耕地基本情况

高阳县境处于温带大陆性季风气候区，四季分明，春季多风少雨，夏季炎热雨盛，冬季寒冷干燥。高阳县属淮海平原中北部低平原区，是古代河流冲、洪积平原的前部边缘，属扇间交接洼地。主要地貌类型为二坡地和洼地。土壤类型主要为潮土。全县土地总面积中耕地占 67.91%，园地占 1.23%，林地占 2.59%，草地占 1.71%，建设用地占 20.40%，水域及水利设施用地占 3.84%，其他土地占 2.32%。耕地的总面积为 318 459 000.0 m²（477 688.5 亩），主要种植冬小麦、玉米、谷子、高粱、薯类、麻山药、棉花、油料作物、瓜果类等。麻山药种植为高阳县特色。

2. 耕地质量等级划分

利用县域耕地资源管理信息系统，采用层次分析法，求取该县耕地综合评价指数在 0.753 17 ~ 0.931 625 范围。按照河北省耕地质量等级标准，耕地等级划分为 1、2、3、4、5、6 等地，面积分别为 81 726 593.5、74 149 269.1、105 511 306.7、27 273 525.1、22 958 289.9、6 840 015.7 m²（见表）。通过加权平均，该县耕地质量平均等级为 2.55。

高阳县耕地质量等级统计表

等级	1级	2级	3级	4级	5级	6级
面积（m²）	81 726 593.5	74 149 269.1	105 511 306.7	27 273 525.1	22 958 289.9	6 840 015.7
百分比（%）	25.70	23.30	33.10	8.60	7.20	2.10

3. 耕地属性特征及利用建议

（1）耕地属性特征　高阳县耕地灌溉能力基本处于"基本满足"到"满足"状态，排水能力基本处于"基本满足"到"满足"状态，少数样点处于"不满足"状态。耕层厚度平均值为 20 cm，地形部位为交接洼地。耕地无盐渍化，基本无明显障碍，只有一小部分存在夹砂层。耕层质地以中壤为主，占取样点的 79.81%。有机质平均含量为 15.90 g/kg，其中 12.50% 的取样点有机质低于 10 g/kg，有 22.12% 的取样点有机质含量高于 20 g/kg。有效磷平均含量为 23.70 mg/kg，75.96% 高于 10 mg/kg。速效钾平均含量为 130.60 mg/kg，其中 46.15% 低于 100 mg/kg。该县耕地排水能力较低，有机质含量整体偏低，有效磷含量整体中等，速效钾含量整体中等。

（2）耕地利用建议　一是高阳县土壤有机质和速效钾含量偏低，在培肥措施中，改变用肥结构，实行科学施肥。有机肥和化肥混合施用，逐步提升土壤有机质含量、改善土壤结构，提高土壤肥力，防止土壤肥力的减退。大力推广玉米秸秆还田，增加土壤中有机质含量。利用耕地肥力变化动态情况，调整大面积平衡施肥技术，避免大面积耕地富营养化现象扩散。二是深耕与增施有机肥相结合，改善土壤的化学性能和物理结构。提升农田基础设施建设水平，提高灌溉保障率，增强土壤抗旱能力；积极推广抗旱栽培技术，如推广抗旱播种技术、耕作保墒技术、覆盖保墒技术、培育抗旱的作物品种等。

廊坊市

三河市
大厂回族自治县
香河县
广阳区
固安县　永清县　安次区
霸州市
文安县
大城县

廊坊市耕地质量等级

1.耕地基本情况

廊坊市处于华北平原北部，河北省中部，北起燕山南麓丘陵区，南至子牙河，属于暖温带大陆性季风气候。年平均日照时数 2 483.8 h。年平均气温 12.2℃，0℃以上积温 4 723.0℃，5℃以上积温为 4 630.8℃，无霜期 206 d。年平均降水 519.0 mm，降水季节分布不均，多集中在夏季，6—8 月降水量一般可达全年总降水量的 69%。市域主要包括丘陵、台地、山麓平原和冲积平原 4 个地貌类型。丘陵和台地主要分布在三河市东北部的蒋福山、段甲岭等地，面积很小，约占全市总土地面积的 0.5% 和 0.2%；山麓平原沿燕山呈东西条带状分布，包括三河、大厂的北、中部和香河的西北部，面积约占全市总土地面积的 12.1%；冲积平原是本市的主要地貌单元，分布在山麓平原以南的广阔地带，包括广阳区、安次区、永清县、固安县、霸州市、文安县和大城县，面积约占全市总土地面积的 87.2%。在各种成土因素的相互作用下形成的土壤类型主要有褐土、风沙土、石质土、沼泽土、潮土、砂姜黑土、盐土。全市总耕地面积 360 017.82 hm^2，主要种植作物有玉米、小麦、果菜等。

2.耕地质量等级划分

本次实际统计的是廊坊市 10 个县（市、区），包括三河市、大厂县、香河县、广阳区、安次区、永清县、固安县、霸州市、文安县和大城县，全部为平原区，共完成 1 371 个调查点。按照河北省耕地质量 10 等级划分标准，1、2、3、4、5、6、7、8 等地面积分别为 46 269.2、43 240.46、39 855.33、32 637.92、37 962.64、71 731.16、44 952.69、43 368.42 hm^2，分别占全市总耕地的 12.85%、12.01%、11.07%、9.07%、10.54%、19.92%、12.49%、12.05%（见表）。通过加权平均求得廊坊市的耕地质量平均等级为 4.62。

廊坊市耕地质量等级统计表

等级	1级	2级	3级	4级	5级	6级	7级	8级
面积（hm^2）	46 269.2	43 240.46	39 855.33	32 637.92	37 962.64	71 731.16	44 952.69	43 368.42
百分比（%）	12.85	12.01	11.07	9.07	10.54	19.92	12.49	12.05

3.结果确定

结合此次得到的耕地质量等级图，将评价结果与调查表中农户近 3 年的冬小麦和夏玉米产量进行对比分析，同时邀请县、市、省级专家进行论证，表明廊坊市本次耕地质量评价结果与当地实际情况基本吻合。

广阳区耕地质量等级图

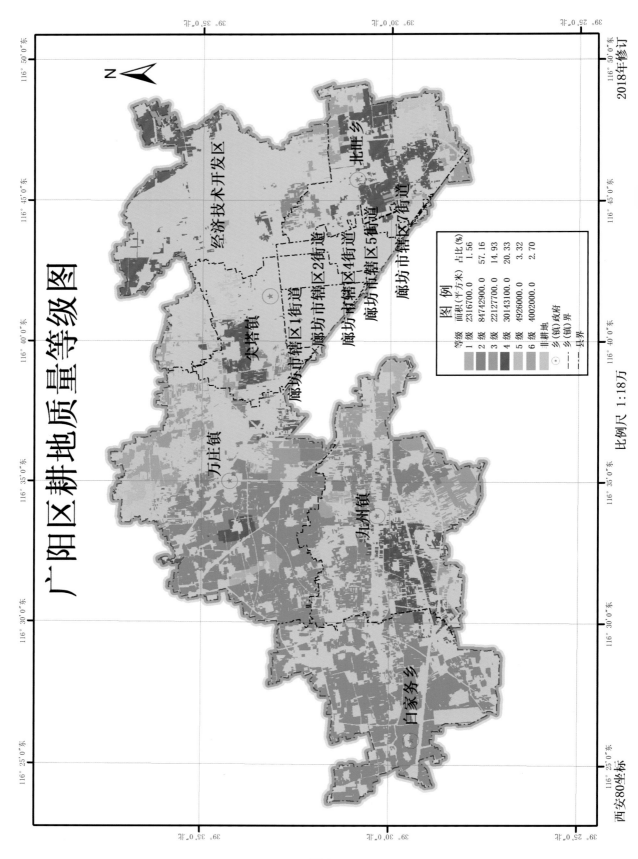

图 例
等级	面积(平方米)	占比(%)
1级	2316700.0	1.56
2级	84742900.0	57.16
3级	22127700.0	14.93
4级	30143100.0	20.33
5级	4926000.0	3.32
6级	4002000.0	2.70

⊙ 乡(镇)政府
— · — 乡(镇)界
——— 县界
耕地

2018年修订

比例尺 1:18万

西安80坐标

广阳区耕地质量等级

1. 耕地基本情况

广阳区属欧亚大陆东带、华北平原北部的暖温带半干旱季风气候类型。该区地处太行山以东、燕山丘陵区以南，与渤海湾之间的平原地带，属冲积平原，主要地貌类型为永定河冲积形成的缓岗、二坡地、洼地，地貌相对单一，各种成土条件差异不大。广阳区土壤只有潮土类。全区土地总面积中耕地占 40.58%，园地占 13.08%，林地占 10.39%，草地占 0.82%，建设用地占 32.51%，水域及水利设施用地占 2.31%，其他用地占 0.32%。耕地的总面积为 148 258 400.0 m²（222 387.6 亩），主要种植作物为小麦、玉米、棉花、花生、蔬菜等。

2. 耕地质量等级划分

利用县域耕地资源管理信息系统，采用层次分析法，确定该区耕地综合评价指数在 0.740 605 ~ 0.892 75 范围。按照河北省耕地质量 10 等级划分标准，耕地等级划分为 1、2、3、4、5、6 等地，面积分别为 2 316 700.0、84 742 900.0、22 127 700.0、30 143 100.0、4 926 000.0、4 002 000.0 m²（见表）。通过加权平均，该区的耕地质量平均等级为 2.75。

广阳区耕地质量等级统计表

等级	1级	2级	3级	4级	5级	6级
面积（m²）	2 316 700.0	84 742 900.0	22 127 700.0	30 143 100.0	4 926 000.0	4 002 000.0
百分比（%）	1.56	57.16	14.93	20.33	3.32	2.70

3. 耕地属性特征及利用建议

（1）耕地属性特征　广阳区耕地灌溉能力处于"满足"状态，排水能力处于"满足"状态。耕层厚度平均值为 20 cm，地形部位为低平原。耕地无盐渍化，无明显障碍因素。耕层质地以砂壤为主，占取样点的 47.62%，砂土、轻壤和中壤分别占取样点的 16.67%、30.95% 和 4.76%。有机质平均含量为 17.19 g/kg，只有 21.43% 取样点有机质含量高于 20 g/kg。有效磷平均含量为 29.66 mg/kg，100% 高于 10 mg/kg。速效钾平均含量为 118.29 mg/kg，其中 97.62% 高于 100 mg/kg。该区有机质含量整体偏低，有效磷含量整体中等偏高，速效钾含量整体中等水平。

（2）耕地利用建议　一是大力开展农林、农牧结合的改良与工程、生物、农艺、化学等措施改造中低产田，不断提高劳动生产率和农田产出率，有效地挖掘和发挥土地资源的潜力和效益。二是广阳区水资源短缺已成定局，针对其农业生产现状，改造现有水利设施，大力发展节水灌溉，逐步实现管道输水、滴灌、微灌等节水灌溉措施，提高灌溉保证率，提高水分利用效率。三是针对广阳区有机质含量偏低的状况，开展增施生物有机肥、广积农家肥、增施沼气液（渣）等工作，推广测土配方施肥技术，降低化肥用量，合理确定氮、磷、钾和微量元素的适宜用量，实现平衡施肥，稳步提高土壤肥力。

安次区耕地质量等级图

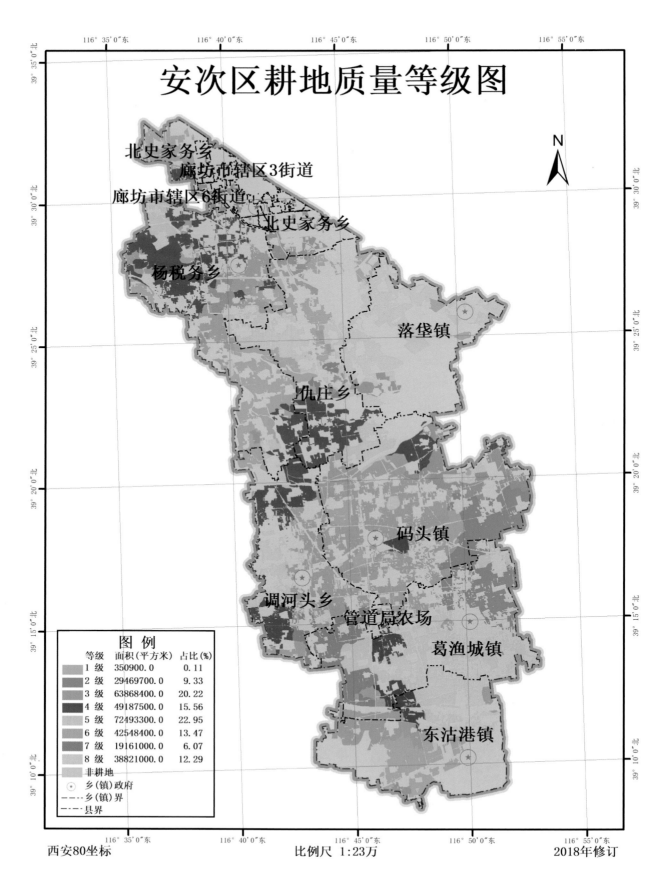

北史家务乡
廊坊市辖区3街道
廊坊市辖区6街道
北史家务乡
杨税务乡
落垡镇
仇庄乡
码头镇
调河头乡
管道局农场
葛渔城镇
东沽港镇

图 例

等级	面积（平方米）	占比（%）
1 级	350900.0	0.11
2 级	29469700.0	9.33
3 级	63868400.0	20.22
4 级	49187500.0	15.56
5 级	72493300.0	22.95
6 级	42548400.0	13.47
7 级	19161000.0	6.07
8 级	38821000.0	12.29

非耕地
⊙ 乡（镇）政府
— - — 乡（镇）界
— · — 县界

西安80坐标　　　　　　　　比例尺 1:23万　　　　　　　2018年修订

安次区耕地质量等级

1. 耕地基本情况

安次区地处华北平原的中北部，属暖温带半干旱半湿润季风气候。全区地形变化复杂，虽属平原地区，但地面"大平小不平"，总体地势为西北高，东南低。该区土壤类型、质地及排列层次受永定河的制约，土壤可分为5类，分别为：褐土、风沙土、潮土、草甸土和草甸盐土。全区土地总面积中耕地占57.49%，园地占4.91%，林地占14.20%，草地占1.20%，建设用地占18.17%，水域及水利设施用地占3.22%，其他用地占0.80%。耕地的总面积为315 900 300.0 m² (473 850.5亩)，主要种植作物为小麦、玉米、豆类、薯类、高粱、谷子、棉花、花生、瓜菜类等。

2. 耕地质量等级划分

利用县域耕地资源管理信息系统，采用层次分析法，确定该区耕地综合评价指数在0.626 764~0.888 12范围。按照河北省耕地质量10等级划分标准，耕地等级划分为1、2、3、4、5、6、7、8等地，面积分别为350 900.0、29 469 700.0、63 868 400.0、49 187 500.0、72 493 300.0、42 548 400.0、19 161 000.0、38 821 000.0 m² (见表)。通过加权平均，平均耕地质量等级为4.78。

安次区耕地质量等级统计表

等级	1级	2级	3级	4级	5级	6级	7级	8级
面积 (m²)	350 900.0	29 469 700.0	63 868 400.0	49 187 500.0	72 493 300.0	42 548 400.0	19 161 000.0	38 821 000.0
百分比 (%)	0.11	9.33	20.22	15.56	22.95	13.47	6.07	12.29

3. 耕地属性特征及利用建议

（1）耕地属性特征　安次区耕地灌溉能力处于"基本满足"状态，排水能力处于"基本满足"状态。耕层厚度平均值为17 cm。耕地无盐渍化，无明显障碍因素。耕层质地以砂壤居多，占取样点的44.86%，砂土、轻壤、中壤、黏土分别占取样点的20.56%、17.76%、7.48%、9.34%。有机质平均含量为18.70 g/kg，其中25.23%的取样点有机质低于10 g/kg，43.93%取样点有机质含量高于20 g/kg。有效磷平均含量为19.02 mg/kg，其中28.04%低于10 mg/kg。速效钾平均含量为210.47 mg/kg，其中90.65%高于100 mg/kg。该区有机质含量整体偏低，有效磷含量整体中等偏低，速效钾含量整体偏高。

（2）耕地利用建议　一是积极开展中低产田改造工作，采取用地和养地相结合，改良和利用相结合，生物措施和工程措施相结合，有机肥料和无机肥料相结合等措施，逐步建设成为具有较高生产能力的高产稳产农田。二是安次区水资源日益匮乏，严重影响了农业生产的良性发展，为此，要大力发展节水灌溉，把工程节水与农艺节水技术相结合，改造现有水利设施，逐步实现管道输水、滴灌、微灌等节水灌溉措施，引进推广节水型农业技术，提高灌溉保证率、提高水分利用效率。三是针对安次区有机质、有效磷含量偏低的状况，开展增施有机肥、种植绿肥、秸秆还田工作，推广测土配方施肥技术，降低化肥用量，合理确定氮、磷、钾和微量元素的适宜用量，实现平衡施肥，稳步提高土壤肥力。

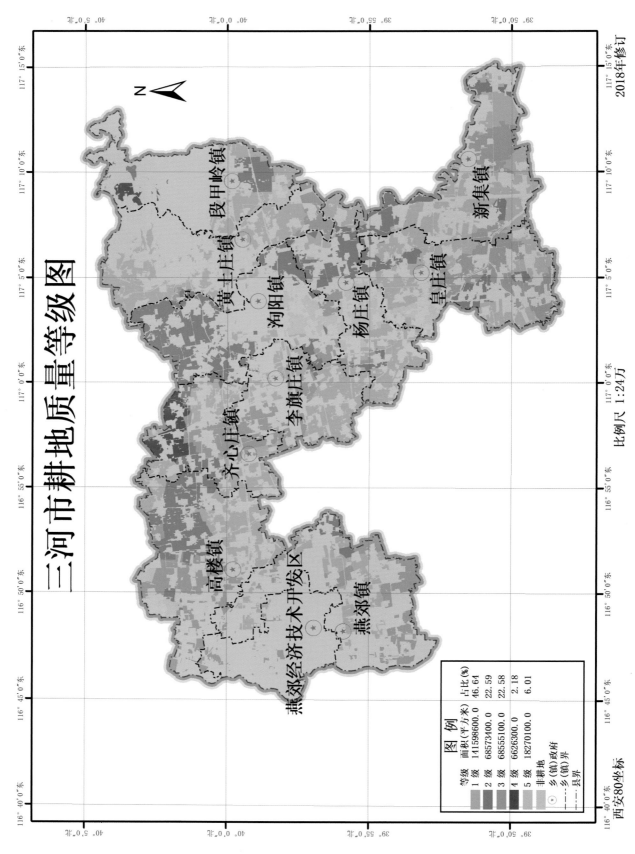

三河市耕地质量等级图

2018年修订

比例尺 1:24万

西安80坐标

图 例		
等级	面积(平方米)	占比(%)
1级	141598600.0	46.64
2级	68573400.0	22.59
3级	68555100.0	22.58
4级	6626300.0	2.18
5级	18270100.0	6.01
非耕地		

⊛ 乡(镇)政府
----- 乡(镇)界
----- 县界

段甲岭镇
黄土庄镇
沟阳镇
李旗庄镇
齐心庄镇
高楼镇
燕郊经济技术开发区
燕郊镇
杨庄镇
皇庄镇
新集镇

三河市耕地质量等级

1. 耕地基本情况

三河市属于暖温带大陆性季风气候。该市地处燕山余脉前地带，主要地貌类型包括侵蚀剥蚀低山丘陵岗坡、山前盆地、冲积扇及山麓平原、冲积平原、洼地。地貌的多样性导致了水热状况的分异，水热状况的分异又导致了土壤类型的变化，分别为褐土和潮土。全市土地总面积中耕地占50.73%，园地占2.11%，林地占7.19%，草地占4.13%，建设用地占29.96%，水域及水利设施用地占4.55%，其他用地占1.34%。耕地的总面积为303 623 500.0 m²（455 435.3亩），主要种植作物为小麦、玉米、蔬菜等。

2. 耕地质量等级划分

利用县域耕地资源管理信息系统，采用层次分析法，确定该市耕地综合评价指数在0.771 884～0.974 4范围。按照河北省耕地质量10等级划分标准，耕地等级划分为1、2、3、4、5等地，面积分别为141 598 600.0、68 573 400.0、68 555 100.0、6 626 300.0和18 270 100.0 m²（见表）。通过加权平均，该市的耕地质量平均等级为1.98。

三河市耕地质量等级统计表

等级	1级	2级	3级	4级	5级
面积（m²）	141 598 600.0	68 573 400.0	68 555 100.0	6 626 300.0	18 270 100.0
百分比（%）	46.64	22.59	22.58	2.18	6.01

3. 耕地属性特征及利用建议

（1）耕地属性特征　三河市耕地灌溉能力处于"基本满足"到"充分满足"状态，排水能力处于"基本满足"到"充分满足"状态。地形部位为山前平原、交接洼地、冲洪积扇、冲洪积扇下部及扇缘，分别占取样点的20.91%、10.91%、54.55%、13.64%。耕地无盐渍化，无明显障碍因素。耕层质地以轻壤为主，占取样点的46.36%，砂土、砂壤、中壤和黏土分别占取样点的0.91%、16.36%、20.91%和15.45%。有机质平均含量为16.44 g/kg，只有15.45%取样点有机质含量高于20 g/kg。有效磷平均含量为31.73 mg/kg，89.09%取样点高于10 mg/kg。速效钾平均含量为143.15 mg/kg，其中89.09%取样点高于100 mg/kg。该市有机质含量整体偏低，有效磷含量整体偏高，速效钾含量整体中等偏高。

（2）耕地利用建议　一是积极开展不同的类型的中低产田改造工作，做到用地和养地相结合，改良和利用相结合，生物措施和工程措施相结合，提高耕地利用水平，有效地挖掘和发挥土地资源的潜力和效益。二是由于三河市近年地表水匮乏，要针对其农业生产现状，发展节水农业，选择耐旱、高产、抗逆性强的优良品种，改造现有水利设施，大力发展节水灌溉，逐步实现管道输水、滴灌、微灌等节水灌溉措施，提高灌溉保证率、提高水分利用效率。三是针对三河市有机质含量偏低的状况，推广测土配方施肥技术，控制施用化肥，科学配置氮、磷、钾和微量元素，开展增施有机肥、种植绿肥、秸秆还田等工作，稳步提升土壤有机质含量、改善土壤物理性状，提高土壤肥力。

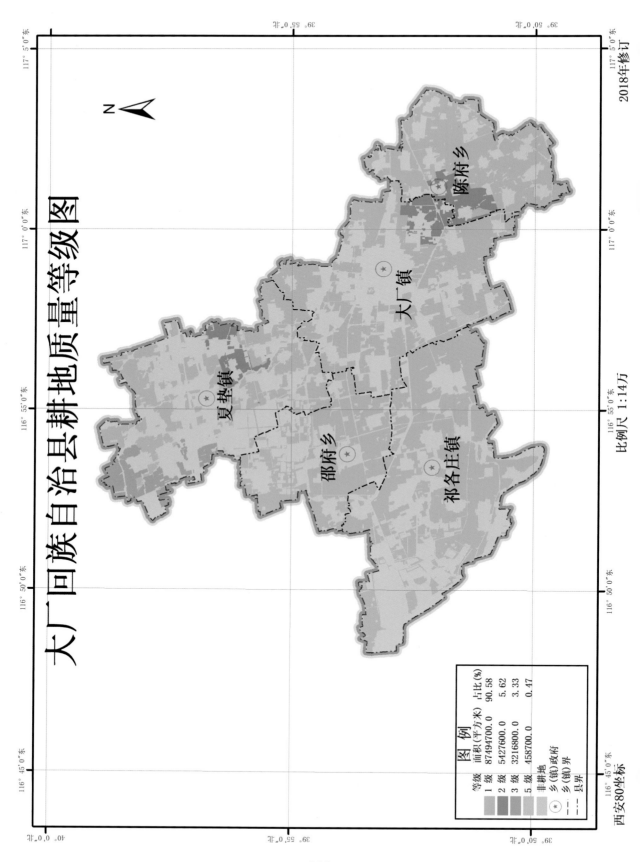

大厂回族自治县耕地地质量等级图

N

图 例

等级	面积(平方米)	占比(%)
1级	8794700.0	90.58
2级	5427600.0	5.62
3级	3216800.0	3.33
5级	458700.0	0.47

非耕地
⊛ 乡(镇)政府
—·— 乡(镇)界
— — 县界

陈府乡

大厂镇

夏垫镇

邵府乡

祁各庄镇

2018年修订

比例尺 1:14万

西安80坐标

大厂回族自治县耕地质量等级

1. 耕地资源基本情况

大厂回族自治县（大厂县）属于暖温带亚湿润气候区。该县地处华北平原北部燕山南麓，全县分为洪积冲积扇平原、冲积平原和洼地，地貌形态为单一的平原区。由于各种成土因素的相互作用下形成的大厂县土壤，可分为褐土、潮土、草甸土、沼泽土、风沙土 5 个土类。全县土地总面积中耕地占 58.54%，林地占 7.15%，园地占 0.47%，草地占 2.52%，建设用地占 26.72%，水域及水利设施用地占 4.61%。耕地的总面积为 96 597 800.0 m²（144 896.7 亩），主要种植作物为小麦、玉米、大豆、花生、蔬菜等。

2. 耕地质量等级划分

利用县域耕地资源管理信息系统，采用层次分析法，确定该县耕地综合评价指数在 0.787 483～0.936 488 范围。按照河北省耕地质量 10 等级划分标准，耕地等级划分为 1、2、3、5 等地，面积分别为 87 494 700.0、5 427 600.0、3 216 800.0、458 700.0 m²（见表）。通过加权平均，平均耕地质量等级为 1.14。

大厂回族自治县耕地质量等级统计表

等级	1 级	2 级	3 级	5 级
面积（m²）	87 494 700.0	5 427 600.0	3 216 800.0	458 700.0
百分比（%）	90.58	5.62	3.33	0.47

3. 耕地属性特征及利用建议

（1）耕地属性特征　大厂县耕地灌溉能力处于"满足"和"充分满足"状态，排水能力处于"充分满足"状态。地形部位为冲、洪积扇前缘。耕地无盐渍化，大多数耕地无明显障碍因素，少数耕地障碍因素为沙姜层。耕层质地以中壤为主，占取样点的 64.29%，轻壤、重壤分别占取样点的 32.14%、3.57%。有机质平均含量为 17.38 g/kg，其中只有 10.71% 取样点有机质含量高于 20 g/kg。有效磷平均含量为 29.18 mg/kg，其中 82.14% 高于 10 mg/kg。速效钾平均含量为 160.43 mg/kg，其中 100% 高于 100 mg/kg。该县有机质含量整体偏低，有效磷含量整体中等偏高，速效钾含量整体中等偏高。

（2）耕地利用建议　一是针对大厂县的具体情况，开展中产田改造工作，采取用地和养地相结合，改良和利用相结合，生物措施和工程措施相结合，有机肥料和无机肥料相结合等措施，逐步建设成为具有较高生产能力的高产稳产农田。二是由于连年干旱和过量开采地下水，大厂县水资源日益匮乏，针对这一现状，调整农业种植结构，发展节水农业和旱作农业，大力发展节水抗旱品种，建设井灌区综合节水工程，推广先进的喷灌、滴灌、微灌、管灌等灌溉技术，提高灌溉保证率，提高水分利用效率。三是针对大厂县有机质含量的状况，采取增施有机肥，降低化肥用量等措施，合理确定氮、磷、钾和微量元素的适宜用量，稳步提升土壤有机质含量、改善土壤物理性状，提高土壤肥力。

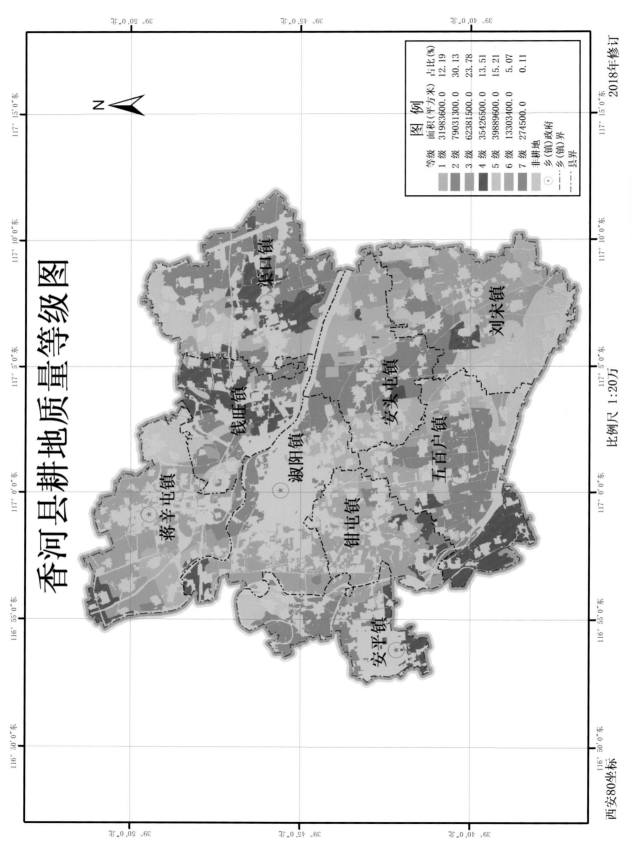

香河县耕地地质量等级图

2018年修订

比例尺 1:20万

图 例		
等级	面积（平方米）	占比（%）
1 级	31983600.0	12.19
2 级	79031300.0	30.13
3 级	62381500.0	23.78
4 级	35426500.0	13.51
5 级	39889600.0	15.21
6 级	13303400.0	5.07
7 级	274500.0	0.11

非耕地

⊙ 乡（镇）政府

---- 乡（镇）界

-·-·- 县界

西安80坐标

香河县耕地质量等级

1. 耕地基本情况

香河县属大陆性季风气候，四季分明。该县地处燕山山脉南麓，是由冲积扇缘向冲积平原过渡的交接地带，有洪积冲积扇平原、冲积平原和砂丘 3 种地貌，土壤类型分为褐土、潮土、风沙土 3 类。全县土地总面积中耕地占 62.14%，园地占 1.17%，林地占 5.35%，草地占 1.19%，建设用地占 24.31%，水域及水利设施用地占 5.84%。耕地的总面积为 262 290 400.0 m²（393 435.6 亩），主要种植作物为小麦、玉米、棉花、花生、蔬菜等。

2. 耕地质量评价结果分析

利用县域耕地资源管理信息系统，采用层次分析法，确定该县耕地综合评价指数在 0.725 863 ～ 0.912 786 范围。按照河北省耕地质量 10 等级划分标准，耕地等级划分为 1、2、3、4、5、6、7 等地，面积分别为 31 983 600.0、79 031 300.0、62 381 500.0、35 426 500.0、39 889 600.0、13 303 400.0、274 500.0 m²（见表）。通过加权平均，该县的耕地质量平均等级为 3.05。

香河县耕地质量等级统计表

等级	1级	2级	3级	4级	5级	6级	7级
面积（m²）	31 983 600.0	79 031 300.0	62 381 500.0	35 426 500.0	39 889 600.0	13 303 400.0	274 500.0
百分比（%）	12.19	30.13	23.78	13.51	15.21	5.07	0.11

3. 耕地属性特征及利用建议

（1）耕地属性特征 香河县耕地灌溉能力处于"基本满足"状态，排水能力处于"满足"状态。耕层厚度平均值为 20 cm，地形部位为缓岗、岗丘、冲积平原、二坡地和冲积扇扇缘，分别占取样点的 7.06%、2.35%、77.65%、5.88% 和 7.06%。耕地无盐渍化，大多数耕地无明显障碍因素，少数耕地障碍因素为黏化层、沙姜层以及夹砂层等。耕层质地以轻壤居多，占取样点的 52.94%，砂土、砂壤、中壤、重壤和黏土分别占取样点的 3.53%、18.82%、20%、1.18% 和 3.53%。有机质平均含量为 18.34 g/kg，69.41% 取样点有机质含量高于 20g/kg。有效磷平均含量为 27.49 mg/kg，94.11% 高于 10 mg/kg。速效钾平均含量为 146.0 mg/kg，其中 89.41% 高于 100 mg/kg。该县有机质含量整体偏低，有效磷含量整体中等偏高，速效钾含量整体中等偏低。

（2）耕地利用建议 一是积极开展中低产田改造工作，做到用地和养地相结合，改良和利用相结合，生物措施和工程措施相结合，把提高耕地利用水平与产业结构调整有机结合起来，建立高效循环的农业生态体系，有效地挖掘和发挥土地资源的潜力和效益。二是由于连年干旱和过量开采地下水，致使香河县水资源日益匮乏，为满足农业生产的需要，应把传统灌溉技术与现代技术组装配套，工程节水与农艺节水技术相结合，改造现有水利设施，发展节水灌溉，提高灌溉保证率、提高水分利用效率。三是针对香河县有机质含量偏低的状况，控制化肥施用量，重施有机肥，以保持和增加土壤肥力及土壤生物活性。要注意推广测土配方施肥技术，实现平衡施肥，稳步提高土壤肥力。

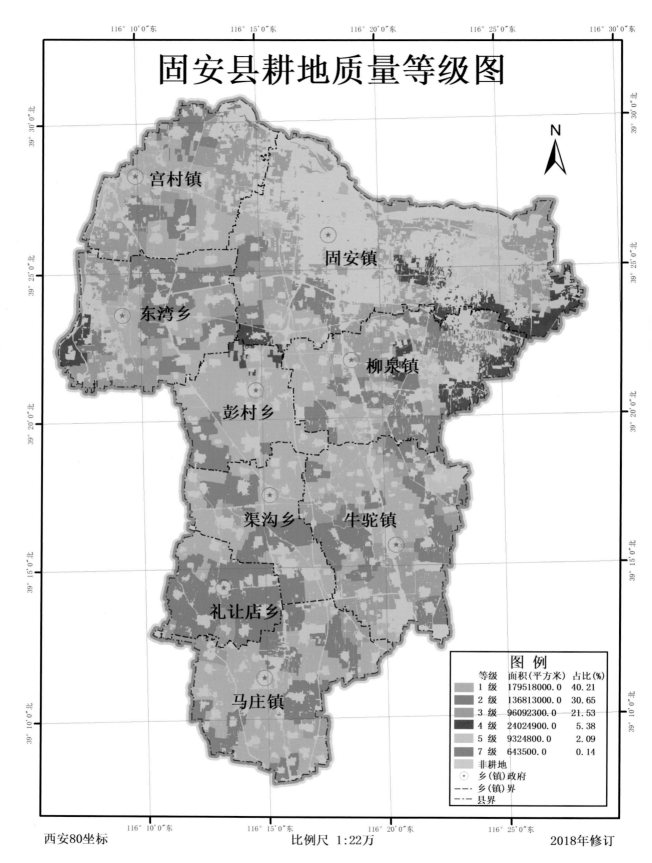

固安县耕地质量等级图

N

图 例		
等级	面积(平方米)	占比(%)
1 级	179518000.0	40.21
2 级	136813000.0	30.65
3 级	96092300.0	21.53
4 级	24024900.0	5.38
5 级	9324800.0	2.09
7 级	643500.0	0.14
非耕地		
⊙ 乡(镇)政府		
—— 乡(镇)界		
—·— 县界		

宫村镇

固安镇

东湾乡

柳泉镇

彭村乡

渠沟乡   牛驼镇

礼让店乡

马庄镇

西安80坐标   比例尺 1:22万   2018年修订

固安县耕地质量等级

1. 耕地基本情况

固安县为暖温带半干旱半湿润大陆性气候。该县位于华北平原北部，属洪积、冲积平原，境内可分冲积平原、平地、缓岗砂丘、河漫滩 4 种小地貌，由于大地貌的单一，各种成土条件差异不是很大，因此固安县土壤类型较简单，分为潮土和风沙土。全县土地总面积中耕地占 66.02%，园地占 7.17%，林地占 5.78%，草地占 0.82%，建设用地占 17.23%，水域及水利设施用地占 2.99%。耕地的总面积为 446 416 500.0 m²（669 624.8 亩），主要种植作物为小麦、玉米、棉花、花生、瓜菜等。

2. 耕地质量等级划分

利用县域耕地资源管理信息系统，采用层次分析法，确定取该县耕地综合评价指数在 0.716 068 ~ 0.962 735 范围。按照河北省耕地质量 10 等级划分标准，耕地等级划分为 1、2、3、4、5、7 等地，面积分别为 179 518 000.0、136 813 000.0、96 092 300.0、24 024 900.0、9 324 800.0、643 500.0 m²（见表）。通过加权平均，该县的耕地质量平均等级为 1.99。

固安县耕地质量等级统计表

等级	1级	2级	3级	4级	5级	7级
面积（m²）	179 518 000.0	136 813 000.0	96 092 300.0	24 024 900.0	9 324 800.0	643 500.0
百分比（%）	40.21	30.65	21.53	5.38	2.09	0.14

3. 耕地属性特征及利用建议

（1）耕地属性特征　固安县耕地灌溉能力处于"充分满足"状态，排水能力处于"充分满足"状态，地形部位为平原中部。耕地无盐渍化，无明显障碍因素。耕层质地以轻壤为主，占取样点的 50.74%，砂土、砂壤、中壤和重壤分别占取样点的 10.68%、22.55%、15.13% 和 0.89%。有机质平均含量为 15.59 g/kg，只有 7.12% 取样点有机质含量高于 20 g/kg。有效磷平均含量为 26.83 mg/kg，其中 94.66% 高于 10 mg/kg。速效钾平均含量为 137.28 mg/kg，其中 87.83% 高于 100 mg/kg。该县有机质含量整体偏低，有效磷含量中等，速效钾含量整体中等水平。

（2）耕地利用建议　一是因土种植，宜粮则粮，宜棉则棉，宜油则油。增施有机肥料，协调氮磷比例，实行合理耕作，做到种养结合。充分合理的利用耕地资源，挖掘耕地资源的最大潜力，获得最好的经济效果。二是由于连年干旱和过量开采地下水，致使固安县水资源日益匮乏，严重影响了农业生产的良性发展。为此，要大力发展节水灌溉，改造现有水利设施，逐步实行管道输水、滴灌、微灌等节水灌溉措施，引进推广节水型农业技术，提高灌溉保证率，提高水分利用效率。三是针对固安县有机质含量偏低的状况，开展增施有机肥，科学施用化肥，提升土壤有机质含量、改善土壤物理性状，增加土壤蓄水保墒、保肥的能力。

永清县耕地质量等级图

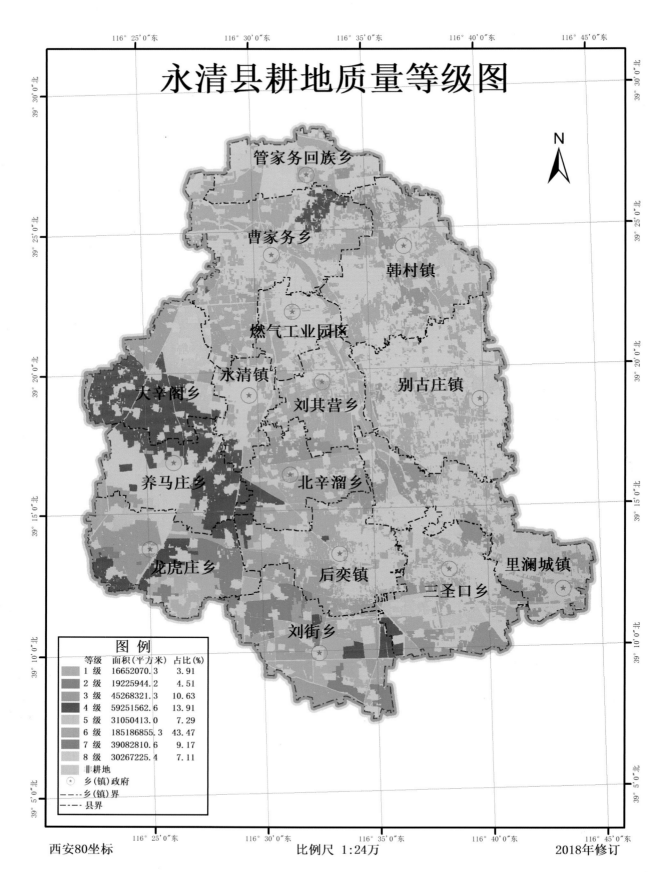

管家务回族乡

曹家务乡

韩村镇

燃气工业园区

永清镇

别古庄镇

大辛阁乡

刘其营乡

养马庄乡

北辛溜乡

里澜城镇

龙虎庄乡

后奕镇

三圣口乡

刘街乡

图 例

等级	面积(平方米)	占比(%)
1 级	16652070.3	3.91
2 级	19225944.2	4.51
3 级	45268321.3	10.63
4 级	59251562.6	13.91
5 级	31050413.0	7.29
6 级	185186855.3	43.47
7 级	39082810.6	9.17
8 级	30267225.4	7.11

非耕地
⊙ 乡(镇)政府
乡(镇)界
县界

西安80坐标　　　　　　比例尺 1:24万　　　　　　2018年修订

永清县耕地质量等级

1. 耕地基本情况

永清县位于华北平原中北部，主要受季风环境影响，属北温带亚湿润大陆性季风气候区。永清县处于永定河冲击扇前缘地带，形成泛区、古河道、平原 3 种地貌。地貌的多样性导致了水热状况的分异，水热状况的分异又导致了土壤类型的变化，分别为潮土、盐土、草甸土、风沙土和褐土。全县土地总面积中耕地占 58.20%，园地占 8.37%，林地占 13.48%，草地占 0.65%，建设用地占 16.43%，水域及水利设施用地占 2.55%，其他用地占 0.33%。耕地的总面积为 425 985 200.0 m²（638 977.8 亩），主要种植作物为小麦、玉米、棉花、花生、蔬菜等。

2. 耕地质量等级划分

利用县域耕地资源管理信息系统，采用层次分析法，确定该县耕地综合评价指数在 0.687 002 ~ 0.897 343 范围。按照河北省耕地质量 10 等级划分标准，耕地等级划分为 1、2、3、4、5、6、7、8 等地，面积分别为 16 652 070.3、19 225 944.2、45 268 321.3、59 251 562.6、31 050 413.0、185 186 855.3、39 082 810.6、30 267 225.4 m²（见表）。通过加权平均，该县的耕地质量平均等级为 5.19。

永清县耕地质量等级统计表

等级	1 级	2 级	3 级	4 级	5 级	6 级	7 级	8 级
面积（m²）	16 652 070.3	19 225 944.2	45 268 321.3	59 251 562.6	31 050 413.0	185 186 855.3	39 082 810.6	30 267 225.4
百分比（%）	3.91	4.51	10.63	13.91	7.29	43.47	9.17	7.11

3. 耕地属性特征及利用建议

（1）耕地属性特征　永清县耕地灌溉能力处于"基本满足"到"充分满足"状态，排水能力处于"基本满足"到"充分满足"状态。耕层厚度平均值为 20 cm，地形部位为冲积平原。耕地无盐渍化，无明显障碍因素。耕层质地以砂壤为主，占取样点的 48.43%，砂土、轻壤、中壤和重壤分别占取样点的 13.21%、19.50%、15.09% 和 3.77%。有机质平均含量为 10.71 g/kg，44.65% 的取样点有机质含量低于 10 g/kg。有效磷平均含量为 15.07 mg/kg，37.11% 的取样点高于 10 mg/kg。速效钾平均含量为 141.3 mg/kg，其中 68.55% 的取样点高于 100 mg/kg。该县有机质含量整体偏低，有效磷含量整体偏低，速效钾含量整体中等偏高。

（2）耕地利用建议　一是积极开展以田、水、路、林、村综合整治为主的中低产田改造工作，用地和养地相结合，改良和利用相结合，生物措施和工程措施相结合，不断提高劳动生产率和农田产出率，有效地挖掘和发挥土地资源的潜力和效益。二是永清县水资源日益匮乏，要从发展节水农业中寻求出路，在加大节水农业水利设施建设力度上求突破，实施工艺节水、生物节水、农艺节水，加强节水灌溉工程建设等措施，最大限度地优化农业用水配置，全面提高灌溉水利用系数。三是针对永清县有机质、有效磷含量偏低的状况，推广测土配方施肥技术，控制施用化肥，氮、磷、钾、微量元素配合施用等措施，开展增施有机肥、种植绿肥、秸秆还田工作，稳步提升土壤有机质含量、改善土壤物理性状，提高土壤肥力。

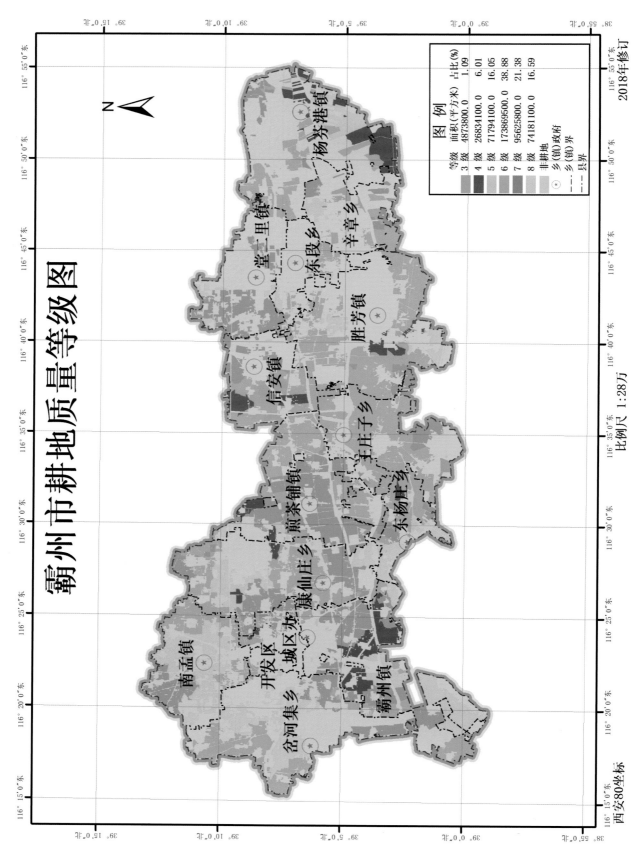

霸州市耕地地质量等级图

图 例

等级	面积（平方米）	占比（%）
3 级	4873800.0	1.09
4 级	26834100.0	6.01
5 级	71794100.0	16.05
6 级	173869500.0	38.88
7 级	95625800.0	21.38
8 级	74181100.0	16.59

非耕地
乡（镇）政府
乡（镇）界
县界

比例尺 1:28万

2018年修订

西安80坐标

霸州市耕地质量等级

1. 耕地基本情况

霸州市属温带大陆性气候，地处海河平原，其成土母质由海河水系冲积物和湖相沉积累形成。由于大地貌的单一，各种成土条件差异不是很大，因此霸州市土壤类型较简单，分为潮土、草甸土、沼泽土3类。全市土地总面积中耕地占59.05%，园地占1.91%，林地占7.42%，草地占1.77%，建设用地占23.35%，水域及水利设施用地占6.51%。耕地的总面积为447 178 400.0 m²（670 767.6亩），主要种植作物为小麦、玉米、棉花、花生、蔬菜等。

2. 耕地质量等级划分

利用县域耕地资源管理信息系统，采用层次分析法，确定该市耕地综合评价指数在0.667 5～0.826 504范围。按照河北省耕地质量10等级划分标准，耕地等级划分为3、4、5、6、7、8等地，面积分别为4 873 800.0、26 834 100.0、71 794 100.0、173 869 500.0、95 625 800.0、74 181 100.0 m²（见表）。通过加权平均，该市平均耕地质量等级为6.23。

霸州市耕地质量等级统计表

等级	3级	4级	5级	6级	7级	8级
面积（m²）	4 873 800.0	26 834 100.0	71 794 100.0	173 869 500.0	95 625 800.0	74 181 100.0
百分比（%）	1.09	6.01	16.05	38.88	21.38	16.59

3. 耕地属性特征及利用建议

（1）耕地属性特征　霸州市耕地灌溉能力处于"满足"状态，排水能力处于"满足"状态。耕层厚度平均值为20 cm，地形部位为冲积平原低平地。耕地无盐渍化，无明显障碍因素。耕层质地以粘土居多，占取样点的41.38%，砂土、砂壤、轻壤、重壤分别占取样点的15.86%、2.76%、30.35%、9.65%。有机质平均含量为13.56 g/kg，其中30.35%的取样点有机质低于10 g/kg，只有11.03%取样点有机质含量高于20 g/kg。有效磷平均含量为21.58 mg/kg，其中23.45%低于10 mg/kg。速效钾平均含量为110.27 mg/kg，其中43.45%高于100 mg/kg。该市有机质含量整体偏低，有效磷含量整体中等，速效钾含量整体中等。

（2）耕地利用建议　一是开展中低产田改造工作，采取用地和养地相结合，改良和利用相结合，生物措施和工程措施相结合，有机肥料和无机肥料相结合等措施，逐步建设成为具有较高生产能力的高产稳产农田。二是针对霸州市水资源日益匮乏的现状，建立节水型农业种植结构，大力发展节水抗旱品种，建设井灌区综合节水工程，推广先进的喷灌、滴灌、微灌、管灌等灌溉技术；大力实施蓄水工程，实施工程节水与农艺节水技术相结合，提高地表水的调蓄能力。三是针对霸州市有机质含量的状况，调整土壤中氮磷钾比例，制订不同作物的施肥比例；生理酸性与生理碱性肥料交替使用，防止土壤酸化；开展增施有机肥，稳步提升土壤有机质含量、改善土壤物理性状，提高土壤肥力。

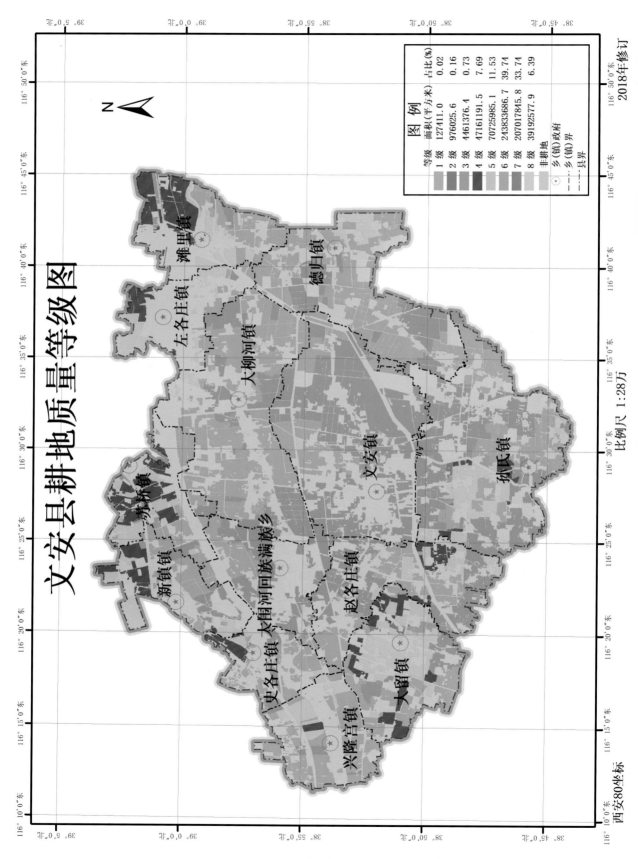

文安县耕地地质量等级图

2018年修订

比例尺 1:28万

西安80坐标

图　例

等级	面积(平方米)	占比(%)
1 级	127411.0	0.02
2 级	976025.6	0.16
3 级	4461376.4	0.73
4 级	47161191.5	7.69
5 级	70725985.1	11.53
6 级	243833686.7	39.74
7 级	207017845.8	33.74
8 级	39192577.9	6.39
非耕地		

⊙ 乡(镇)政府
－－ 乡(镇)界
－·－ 县界

滩里镇
左各庄镇
德归镇
大柳河镇
文安镇
孙氏镇
黄甫镇
大围河回族满族乡
赵各庄镇
新镇镇
史各庄镇
大留镇
兴隆宫镇

文安县耕地质量等级

1. 耕地基本情况

文安县位于河北省中部平原，处于暖温带东亚季风区，属亚湿润大陆性季风气候，四季分明。成土母质主要为河流冲积物，地貌类型有缓岗、洼地。由于大地貌的单一，各种成土条件差异不是很大，因此文安县土壤类型简单，分为潮土、草甸土、盐土3类。全县土地总面积中耕地占64.62%，园地占1.35%，林地占6.89%，草地占0.54%，建设用地占18.76%，水域及水利设施用地占6.20%，其他用地占1.65%。耕地的总面积为613 496 100.0 m²（920 244.2亩），主要种植作物为小麦、玉米、大豆、蔬菜、瓜类等。

2. 耕地质量等级划分

利用县域耕地资源管理信息系统，采用层次分析法，确定该县耕地综合评价指数在0.665 81～0.933 76范围。按照河北省耕地质量10等级划分标准，耕地等级划分为1、2、3、4、5、6、7、8等地，面积分别为127 411.0、976 025.6、4 461 376.4、47 161 191.5、70 725 985.1、243 833 686.7、207 017 845.8、39 192 577.9 m²（见表）。通过加权平均，该县的耕地质量平均等级为6.17。

文安县耕地质量等级统计表

等级	1级	2级	3级	4级	5级	6级	7级	8级
面积（m²）	127 411.0	976 025.6	4 461 376.4	47 161 191.5	70 725 985.1	243 833 686.7	207 017 845.8	39 192 577.9
百分比（%）	0.02	0.16	0.73	7.69	11.53	39.74	33.74	6.39

3. 耕地属性特征及利用建议

（1）耕地属性特征　文安县耕地81.25%的取样点灌溉能力处于"不满足"状态，排水能力基本处于"基本满足"状态。耕层厚度平均值为20 cm，地形部位为缓平坡地、微斜平原和交接洼地，分别占取样点的1.56%、31.77%和66.67%。多数耕地无盐渍化，少数耕地存在轻度盐渍化，此外也有极少部分存在有中度及重度盐渍化，多数耕地无明显障碍因素，低于半数的耕地障碍因素为黏化层。耕层质地以中壤居多，占取样点的38.02%，砂土、砂壤、轻壤和重壤分别占取样点的0.52%、1.04%、29.17%和31.25%。有机质平均含量为14.22g/kg，只有6.78%取样点有机质含量高于20 g/kg。有效磷平均含量为8.34 mg/kg，73.96%低于10 mg/kg。速效钾平均含量为119.71 mg/kg，其中65.63%高于100 mg/kg。该县水资源不足，灌溉保证率低，有机质含量整体偏低，有效磷含量整体偏低，速效钾含量整体中等。

（2）耕地利用建议　一是在合理用地，节约用地的同时，要积极开发土地资源，解决人口剧增、耕地锐减的人地矛盾，增强农业发展后劲。二是由于文安县水资源短缺，要从发展节水农业中寻求出路，在加大节水农业水利设施建设力度上求突破，实施生物节水、农艺节水，加强节水灌溉工程建设等措施，最大限度的优化农业用水配置，全面提高灌溉水利用系数。三是针对文安县有机质、有效磷的含量现状，推行有机、无机肥料相结合的施肥方式，通过施用有机肥料，提高耕地土壤有机质含量，改善耕地土壤物理、化学性状，提高耕地土壤保肥、供肥的能力，改善土壤结构，为无机养分的高效利用提供基础；通过施用无机肥料，逐步提高土壤养分含量并协调土壤养分比例，使耕地土壤养分含量得到逐步提高。

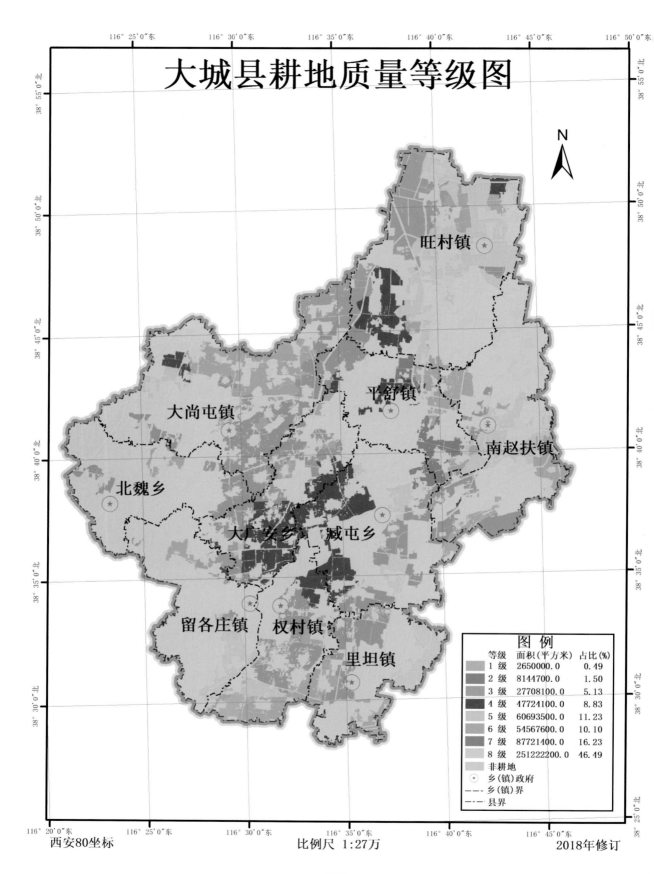

大城县耕地质量等级图

大城县耕地质量等级

1. 耕地基本情况

大城县属暖温带大陆性季风气候。该县位于华北平原北部，属河流冲积平原，全县地貌分为平地夹有河床、洼地。由于大地貌的单一，各种成土条件差异不是很大，因此大城县土壤类型较简单，分为潮土和草甸盐土。全县土地总面积中耕地占 65.46%，园地占 5.71%，林地占 3.05%，草地占 4.71%，建设用地占 15.11%，水域及水利设施用地占 5.96%。耕地的总面积为 540 431 600.0 m²（810 647.4 亩），主要种植作物为小麦、玉米、谷子、杂粮、棉花、花生、瓜菜、果树等。

2. 耕地质量等级划分

利用县域耕地资源管理信息系统，采用层次分析法，确定该县耕地综合评价指数在 0.621 76 ～ 0.892 445 范围。按照河北省耕地质量 10 等级划分标准，耕地等级划分为 1、2、3、4、5、6、7、8 等地，面积分别为 2 650 000.0、8 144 700.0、27 708 100.0、47 724 100.0、60 693 500.0、54 567 600.0、87 721 400.0、251 222 200.0 m²（见表）。通过加权平均，该县的耕地质量平均等级为 6.56。

大城县耕地质量等级统计表

等级	1 级	2 级	3 级	4 级	5 级	6 级	7 级	8 级
面积（m²）	2 650 000.0	8 144 700.0	27 708 100.0	47 724 100.0	60 693 500.0	54 567 600.0	87 721 400.0	251 222 200.0
百分比（%）	0.49	1.50	5.13	8.83	11.23	10.10	16.23	46.49

3. 耕地属性特征及利用建议

（1）耕地属性特征 大城县耕地 86.31% 的取样点灌溉能力处于"不满足"状态，排水能力处于"不满足"和"基本满足"状态的取样点各占一半。耕层厚度平均值为 20 cm，地形部位为缓岗、洼淀中微高地、二坡地中上部、二坡地中下部和二坡地中下部洼地周边，分别占取样点的 2.98%、2.98%、63.69%、2.38% 和 27.98%。大多数耕地无盐渍化，少数存在有不同程度的轻度、中度、重度盐渍化，耕地无明显障碍因素。耕层质地以轻壤和中壤为主，占取样点的 91.67%，砂土、砂壤和黏土共占取样点的 8.33%。有机质平均含量为 13.39 g/kg，其中 16.07% 的取样点有机质低于 10 g/kg，只有 4.76% 取样点有机质含量高于 20 g/kg。有效磷平均含量为 26.46 mg/kg，其中 69.64% 高于 10 mg/kg。速效钾平均含量为 169.6 mg/kg，其中 88.69% 高于 100 mg/kg。该县水资源不足，灌溉保证率低，有机质含量整体偏低，有效磷含量整体中等偏高，速效钾含量整体中等偏高。

（2）耕地利用建议 一是积极开展以田、水、路、林、村综合整治为主的中低产田改造工作，用地和养地相结合，改良和利用相结合，生物措施和工程措施相结合，不断提高劳动生产率和农田产出率，有效地挖掘和发挥土地资源的潜力和效益。二是大城县水资源日益匮乏，制约着农业的可持续发展，为此，要大力发展节水灌溉，把工程节水与农艺节水技术相结合，改造现有水利设施，逐步实现管道输水、滴灌、微灌等节水灌溉措施，引进推广节水型农业技术，提高灌溉保证率、提高水分利用效率。三是针对大城县有机质含量偏低的状况，要控制化肥施用量，重施有机肥，克服重氮轻磷钾的习惯，根据作物的种类和土壤类型配方施肥，稳步提高土壤肥力。

唐山市

唐山市耕地质量等级

1. 唐山市基本情况

唐山市位于河北省的东北部，南邻渤海，北依燕山，属暖温带滨海半湿润气候区，呈现出明显的大陆性气候特征。全年日照 2 600 ～ 2 900 h，年平均气温 12.5℃，极端气温最高 32.9℃，最低 −14.8℃。无霜期 180 ～ 190 d，常年降水 500 ～ 700 mm，降霜日数年平均 10 d 左右。本市系燕山褶皱带和华北拗陷的交接部位，地势北高南低，自西、西北向东及东南趋向平缓，直至沿海；北部和东北部多山，海拔在 300 ～ 600 m；中部为燕山山前平原，海拔在 50 m 以下，地势平坦；南部和西部为滨海盐碱地和洼地草泊，海拔在 15 ～ 10 m 以下。地貌包括低山丘陵区、山前洪冲积平原、冲积平原和滨海平原四类。在各种成土因素的相互作用下形成的形成的土壤类型主要有棕壤、褐土、新积土、风沙土、石质性粗骨土、沼泽土、潮土、砂姜黑土、水稻土、滨海盐土。全市总耕地面积 562 820.42 hm²，主要种植作物有玉米、小麦、水稻、果菜等。

2. 耕地质量等级划分

本次实际统计的是唐山市中的 10 个县（区），其中 7 个平原区县（曹妃甸区、丰南区、丰润区、乐亭县、玉田县、滦南县、滦县），3 个山地丘陵区（迁安市、遵化市、迁西县），共完成 1 523 个调查点。路南区、路北区、开平区、古冶区、海港经济开发区、高新技术产业开发区、芦台经济技术开发区、汉沽管理区作物产量与周边县市区作物产量相当，通过专家论证，确定耕地质量等级暂定使用周边县市区等级。按照河北省耕地质量 10 等级划分标准，1、2、3、4、5、6、7、8、9、10 等地面积分别为 43 280.89、21 556.02、59 940.37、99 675.50、111 888.70、75 530.50、77 444.09、64 611.78、5 853.33、3 039.23 hm²，分别占全市总耕地的 7.69%、3.83%、10.65%、17.71%、19.88%、13.42%、13.76%、11.48%、1.04%、0.54%（见表）。通过加权平均求得唐山市的耕地质量平均等级为 5.01。

唐山市耕地质量等级统计表

等级	1 级	2 级	3 级	4 级	5 级
面积（hm²）	43 280.89	21 556.02	59 940.37	99 675.50	111 888.70
百分比（%）	7.69	3.83	10.65	17.71	19.88
等级	6 级	7 级	8 级	9 级	10 级
面积（hm²）	75 530.50	77 444.09	64 611.78	5 853.33	3 039.23
百分比（%）	13.42	13.76	11.48	1.04	0.54

3. 结果确定

结合此次得到的耕地质量等级图，将评价结果与调查表中农户近 3 年的春玉米产量进行对比分析，同时邀请县、市、省级专家进行论证，表明唐山市本次耕地质量评价结果与当地实际情况基本吻合。

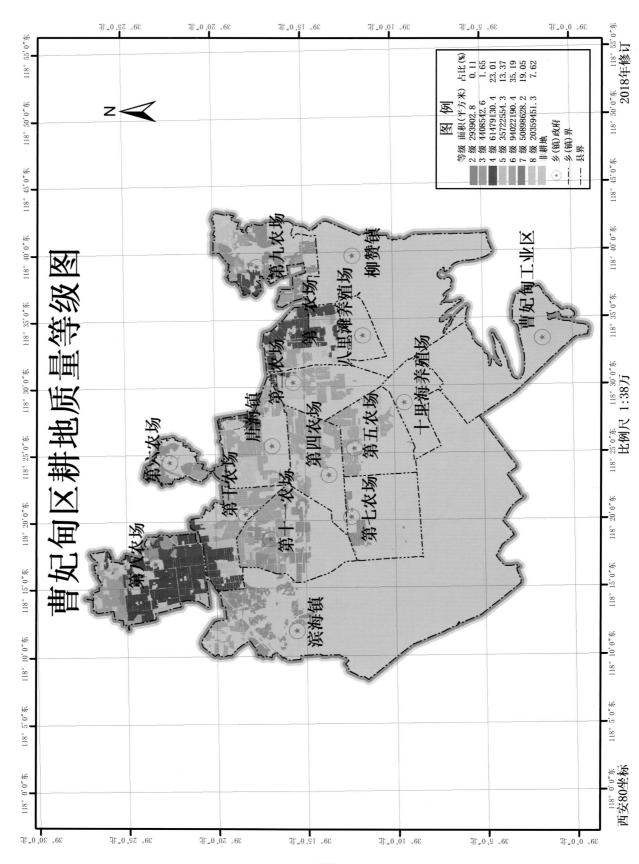

曹妃甸区耕地质量等级图

曹妃甸区耕地质量等级

1.耕地基本情况

曹妃甸区属于温带季风气候。该区为滦河水系冲积而成，地势平坦，北高南低，大致分为冲积平原、低平原和滩涂3大单元。就沉积类型、成土过程等因素来看，该区成土母质可以分为3种类型：冲积物、古泻湖型沉积物和滨海三角洲沉积物。在各种成土因素的相互作用下，形成的曹妃甸区土壤类型有潮土、水稻土、盐土。全区土地总面积中耕地占30.89%，林地占0.17%，园地占0.25%，草地占0.41%，建设用地占31.52%，水域及水利设施用地占18.98%，其他土地占17.78%。耕地的总面积为267 184 400.0 m²（400 776.6亩），主要种植作物为水稻、玉米、蔬菜等。

2.耕地质量等级划分

利用县域耕地资源管理信息系统，采用层次分析法，求取该区耕地综合评价指数在0.640 346～0.856 333范围。按照河北省耕地质量等级标准，耕地等级划分为2、3、4、5、6、7、8等地，面积分别为293 902.8、4 408 542.6、61 479 130.4、35 722 554.3、94 022 190.4、50 898 628.2、20 359 451.3 m²（见表）。通过加权平均，平均耕地质量等级为5.69。

曹妃甸区耕地质量等级统计表

等级	2级	3级	4级	5级	6级	7级	8级
面积（m²）	293 902.8	4 408 542.6	61 479 130.4	35 722 554.3	94 022 190.4	50 898 628.2	20 359 451.3
百分比（%）	0.11	1.65	23.01	13.37	35.19	19. 05	7.62

3.耕地属性特征及利用建议

（1）耕地属性特征　曹妃甸区耕地灌溉能力处于"不满足"到"基本满足"状态，排水能力处于"不满足"状态。耕层厚度平均值为15 cm，地形部位为滨海底平原。极少耕地无盐渍化，其余耕地出现了大范围的轻度和重度盐渍化以及小范围的中度盐渍化，耕地基本无明显障碍因素，只有少部分地块障碍因素存在夹砂层或砂姜层。耕层质地为重壤、黏土、砂壤、轻壤和中壤，分别占到取样点的60.24%、24.10%、1.20%、7.23%、7.23%。有机质平均含量为16.43 g/kg，其中2.41%的取样点有机质低于10 g/kg，只有13.25%取样点有机质含量高于20 g/kg。有效磷平均含量为19.89 mg/kg，其中7.23%低于10 mg/kg。速效钾平均含量为234.31 mg/kg，其中93.98%高于100 mg/kg。该区水资源不足、灌溉保证率低，有机质含量整体偏低，有效磷含量整体偏低，速效钾含量整体偏高。

（2）耕地利用建议　一是合理区划农业种植类型。北部旱田区要通过发展设施农业、高效旱作农业，提高土地效益，通过提高复种指数，提高土地产出率。南部水田区要通过水稻高产优质提高经济效益，通过立体种养提高产出率。二是开展增施有机肥、种植绿肥、秸秆还田工作，稳步提升土壤有机质含量、改善土壤物理性状，提高土壤肥力。三是推广测土配方施肥，降低由于过量施用化肥造成养分过剩流失而引起的水体富营养化。采取病虫害综合防治，降低农药对土壤的污染。四是搞好农田水利建设，改善灌排条件，防止盐渍化造成耕地退化。

丰南区耕地质量等级图

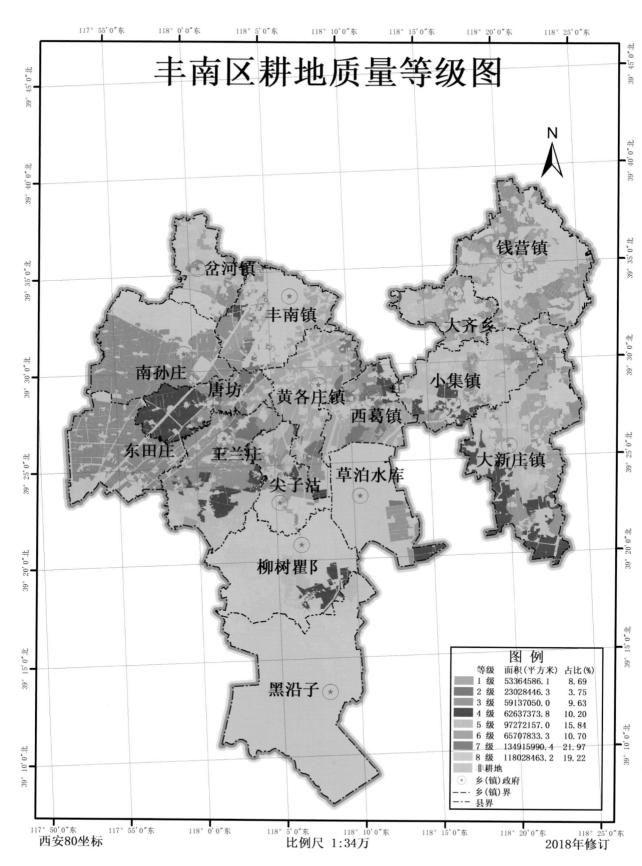

图 例		
等级	面积（平方米）	占比（%）
1 级	53364586.1	8.69
2 级	23028446.3	3.75
3 级	59137050.0	9.63
4 级	62637373.8	10.20
5 级	97272157.0	15.84
6 级	65707833.3	10.70
7 级	134915990.4	21.97
8 级	118028463.2	19.22
非耕地		
⊙ 乡（镇）政府		
—·— 乡（镇）界		
—··— 县界		

西安80坐标　　　　　　比例尺 1:34万　　　　　　2018年修订

丰南区耕地质量等级

1. 耕地基本情况

丰南区属暖温带大陆性季风气候。该区因受燕山构造运动和渤海海相沉积的影响，形成构造堆积冲洪积平原和滨海低洼平原。丰南区土壤是在各种成土因素的相互作用下形成的，由于成土条件差异不很大，因此土壤类型较简单，分别为褐土、潮土和盐土。全区土地总面积中耕地占57.56%，园地占0.34%，林地占2.17%，草地占1.61%，建设用地占18.71%，水域及水利设施用地占15.25%，其他土地占4.36%。耕地的总面积为614 091 900.0 m²（921 137.9 亩），主要种植作物为玉米、小麦、果菜等，设施果菜是丰南区农业生产的特色产业。

2. 耕地质量等级划分

利用县域耕地资源管理信息系统，采用层次分析法，求取该区耕地综合评价指数在0.647 115 ~ 0.957 021 范围。按照河北省耕地质量等级标准，耕地等级划分为1、2、3、4、5、6、7、8 等地，面积分别为53 364 586.1、23 028 446.3、59 137 050.0、62 637 373.8、97 272 157.0、65 707 833.3、134 915 990.4、118 028 463.2 m²（见表）。通过加权平均，该区耕地质量平均等级为5.37。

丰南区耕地质量等级统计表

等级	1级	2级	3级	4级	5级	6级	7级	8级
面积（m²）	53 364 586.1	23 028 446.3	59 137 050.0	62 637 373.8	97 272 157.0	65 707 833.3	134 915 990.4	118 028 463.2
百分比（%）	8.69	3.75	9.63	10.20	15.84	10.70	21.97	19.22

3. 耕地属性特征及利用建议

（1）耕地属性特征　丰南区耕地灌溉能力半数以上处于"基本满足"到"充分满足"状态，其余地块处于"不满足"状态，排水能力基本处于"基本满足"到"充分满足"状态。耕层厚度平均值为17 cm，地形部位为交接洼地、滨海底平原和洪冲积扇。多数耕地无盐渍化，只有一小部分存在轻度或中度盐渍化，耕地基本无明显障碍因素，只有部分地块障碍因素存在黏化层、砂姜层。耕层质地为砂土、黏土、壤土，分别占取样点的36.16%、48.59% 和15.25%。有机质平均含量为16.82 g/kg，其中10.11% 的取样点有机质低于10 g/kg，32.77% 取样点有机质含量高于20 g/kg。有效磷平均含量为22.48 mg/kg，其中87.57% 高于10 mg/kg。速效钾平均含量为185.51 mg/kg，其中70.62% 高于100 mg/kg。该区水资源不足、灌溉保证率低，有机质含量整体偏低，有效磷含量整体中水平，速效钾含量中等偏高水平。

（2）耕地利用建议　一是建立节水型农业种植结构，大力发展节水抗旱品种，建设井灌区综合节水工程，推广先进的喷灌、滴灌、微灌、管灌等灌溉技术；大力实施蓄水工程，实施工程节水与农艺节水技术相结合，提高地表水的调蓄能力。二是采取增施有机肥，降低化肥用量，合理确定氮、磷、钾和微量元素的适宜用量，稳步提升土壤有机质含量、改善土壤物理性状，提高土壤肥力。三是加强土壤培肥，完善灌排系统，采用压盐、淋盐栽培技术，以提高土壤质量。

丰润区耕地质量等级图

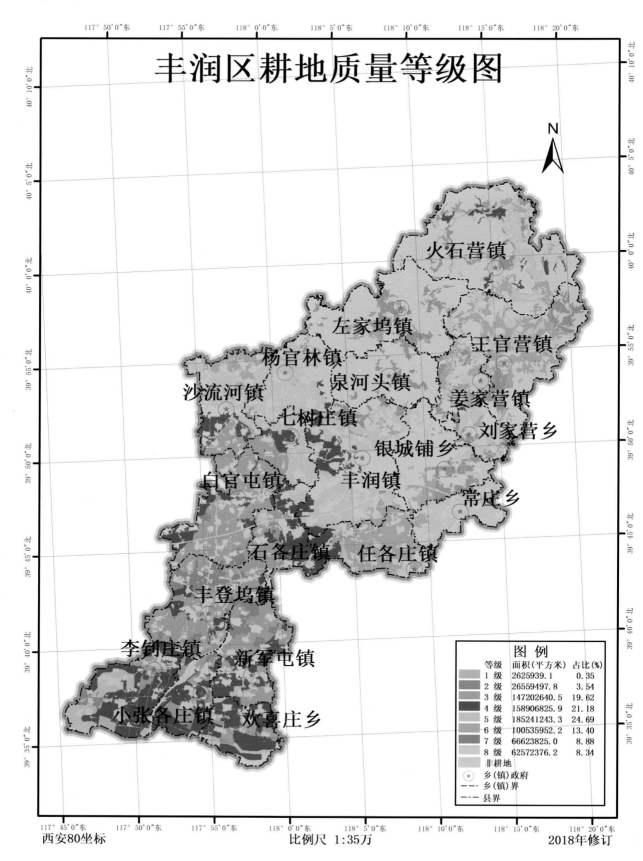

图 例

等级	面积（平方米）	占比（%）
1 级	2625939.1	0.35
2 级	26559497.8	3.54
3 级	147202640.5	19.62
4 级	158906825.9	21.18
5 级	185241243.3	24.69
6 级	100535952.2	13.40
7 级	66623825.0	8.88
8 级	62572376.2	8.34
非耕地		

* 乡（镇）政府
--- 乡（镇）界
--- 县界

西安80坐标　　　　　比例尺 1:35万　　　　　2018年修订

丰润区耕地质量等级

1. 耕地基本情况

丰润区属暖温带大陆性季风气候。该区系燕山沉降带和华北坳陷地带部分，由于燕山期强烈造山运动构成现代地形骨架，后经长期风化剥蚀和喜马拉雅山升降运动影响，形成北部为低山丘陵，中部为洪积冲积形成的山前倾斜平原，西南部为冲积低平原和洼地，其成土母质残积风化物、洪积冲积物及冲积物。丰润区土壤是在各种成土因素的相互作用下形成的，土壤类型有褐土、潮土。全区土地总面积中耕地占 59.54%，园地占 3.16%，林地占 6.32%，草地占 5.82%，建设用地占 20.61%，水域及水利设施用地占 3.74%，其他土地占 0.81%。耕地的总面积为 750 268 300.0 m^2（1 125 402.5 亩），主要种植作物为小麦、玉米、花生等。

2. 耕地质量等级划分

利用县域耕地资源管理信息系统，采用层次分析法，求取该区耕地综合评价指数在 0.632 806 ～ 0.882 785 范围。按照河北省耕地质量等级标准，耕地等级划分为 1、2、3、4、5、6、7、8 等地，面积分别为 2 625 939.1、26 559 497.8、147 202 640.5、158 906 825.9、185 241 243.3、100 535 952.2、66 623 825.0、62 572 376.2 m^2（见表）。通过加权平均，该区耕地质量平均等级为 4.84。

丰润区耕地质量等级统计表

等级	1 级	2 级	3 级	4 级	5 级	6 级	7 级	8 级
面积（m^2）	2 625 939.1	26 559 497.8	147 202 640.5	158 906 825.9	185 241 243.3	100 535 952.2	66 623 825.0	62 572 376.2
百分比（%）	0.35	3.54	19.62	21.18	24.69	13.40	8.88	8.34

3. 耕地属性特征及利用建议

（1）耕地属性特征　丰润区耕地灌溉能力处于"不满足"和"基本满足"状态，排水能力多数处于"不满足"和"基本满足"状态。耕层厚度平均值为 20 cm，地形部位为洪冲积扇、山前平原、交接洼地、缓平坡地、丘陵中部和丘陵下部，分别占取样点的 31.91%、15.96%、28.19%、1.06%、0.53% 和 22.34%。耕地无盐渍化，基本无明显障碍因素，只有少部分地块存在砂姜层、黏化层、夹砂层和夹砾石层。耕层质地为轻壤、中壤、砂土、砂壤、重壤，分别占取样点的 29.25%、46.81%、0.53%、13.83% 和 9.58%。有机质平均含量为 14.59 g/kg，其中 10.10% 的取样点有机质低于 10 g/kg，只有 8.51% 取样点有机质含量高于 20 g/kg。有效磷平均含量为 27.03 mg/kg，其中 90.96% 高于 10 mg/kg。速效钾平均含量为 83.65 mg/kg，其中 75% 低于 100 mg/kg。该区水资源不足、灌溉保证率低，有机质含量整体偏低，有效磷含量整体中等偏高，速效钾含量整体偏低。

（2）耕地利用建议　一是提高节水意识，建立节水型农业种植结构，大力发展节水抗旱品种，建设井灌区综合节水工程，推广先进的喷灌、滴灌、微灌、管灌等灌溉技术；大力实施蓄水工程，提高地表水的调蓄能力。二是全面推广测土配方施肥技术，改变传统施肥方式，减少化肥浪费，提高肥料的利用率；加大有机肥使用比例，使秸秆还田适用技术在农业生产中得到应用与推广。三是进行农田林网建设，改善农田小气候，减轻干热风和倒春寒、霜冻、沙尘暴等灾害性气候危害，减少水土流失，提升耕地质量。

乐亭县耕地质量等级图

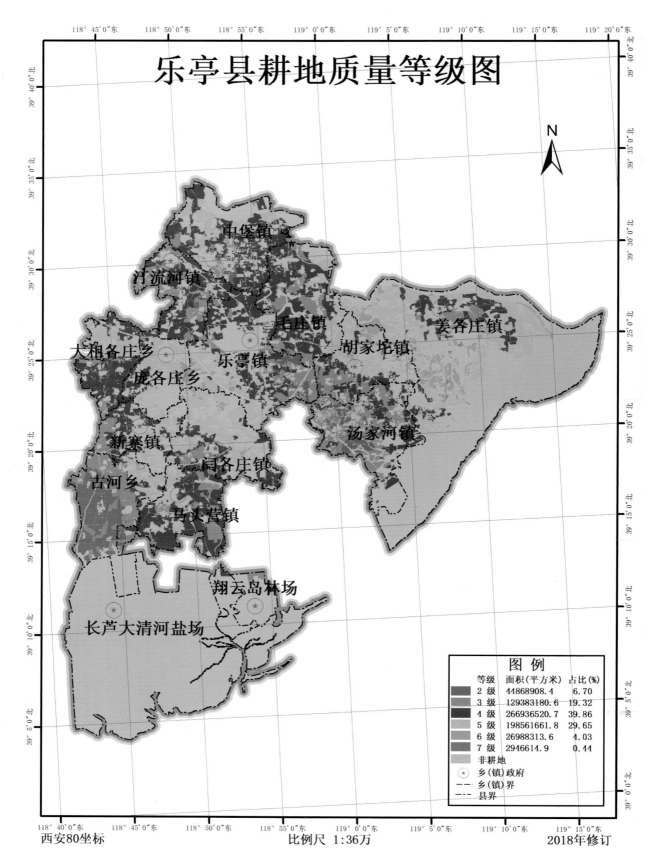

图 例		
等级	面积(平方米)	占比(%)
2级	44668908.4	6.70
3级	129383180.6	19.32
4级	266936520.7	39.86
5级	198561661.8	29.65
6级	26988313.6	4.03
7级	2946614.9	0.44
非耕地		
⊛ 乡(镇)政府		
— — 乡(镇)界		
— · — 县界		

西安80坐标　　　　　　　比例尺 1:36万　　　　　　　2018年修订

乐亭县耕地质量等级

1.耕地基本情况

乐亭县属于暖温带滨海半湿润大陆性季风气候。乐亭地处滦河下游三角洲，全县境内地势低平，由滦河冲积扇平原和滨海平原两部分组成，其成土母质北部为滦河冲积物，南部沿海则为海相沉积物。乐亭县土壤是在各种成土因素的相互作用下形成的，由于大地貌的单一，所以导致了各种成土条件差异不很大，因此乐亭县土壤类型较简单，风沙土、盐土和草甸土是自然土壤，潮土则是耕种土壤。全县土地总面积中耕地占44.0%，园地占5.82%，林地占2.34%，草地占1.07%，建设用地占20.86%，水域及水利设施用地占12.17%，其他土地占13.75%。耕地的总面积为 669 685 200.0 m²（1 004 527.8 亩），主要种植作物为玉米、小麦、果菜等，设施果菜是乐亭县农业生产的特色产业。

2.耕地质量等级划分

利用县域耕地资源管理信息系统，采用层次分析法，求取该县耕地综合评价指数在0.710 503 ～ 0.864 195 范围。按照河北省耕地质量等级标准，耕地等级划分为2、3、4、5、6、7 等地，面积分别为 44 868 908.4、129 383 180.6、266 936 520.7、198 561 661.8、26 988 313.6、2 946 614.9 m²（见表）。通过加权平均，该县耕地质量平均等级为4.06。

乐亭县耕地质量等级统计表

等级	2级	3级	4级	5级	6级	7级
面积（m²）	44 868 908.4	129 383 180.6	266 936 520.7	198 561 661.8	26 988 313.6	2 946 614.9
百分比（%）	6.70	19.32	39.86	29.65	4.03	0.44

3.耕地属性特征及利用建议

（1）耕地属性特征　乐亭县耕地灌溉能力处于"基本满足"到"满足"状态，排水能力处于"基本满足"到"满足"状态。耕层厚度平均值为 16 cm，地形部位为洪冲积扇。耕地无盐渍化，无明显障碍因素。耕层质地为轻壤和砂壤，分别占取样点的96.43%和3.57%。有机质平均含量为 15.60 g/kg，其中 10.71% 的取样点有机质低于 10 g/kg，只有 11.90% 取样点有机质含量高于 20 g/kg。有效磷平均含量为 22.30 mg/kg，其中 98.21% 高于 10 mg/kg。速效钾平均含量为 128.83 mg/kg，其中 67.86% 高于 100 mg/kg。该县有机质含量整体偏低，有效磷含量整体中等，速效钾含量中等。

（2）耕地利用建议　一是积极开展以田、水、路、林、村综合整治为主的中低产田改造工作，不断提高劳动生产率和农田产出率，有效地挖掘和发挥土地资源的潜力和效益，缓解全县人口增长与耕地减少的矛盾。二是改造现有水利设施，大力发展节水灌溉，逐步实现管道输水、滴灌、微灌等节水灌溉措施，提高灌溉保证率、提高水分利用效率。三是开展增施有机肥、种植绿肥、秸秆还田工作，稳步提升土壤有机质含量、改善土壤物理性状，提高土壤肥力。推广测土配方施肥技术，实现平衡施肥，稳步提高土壤肥力。

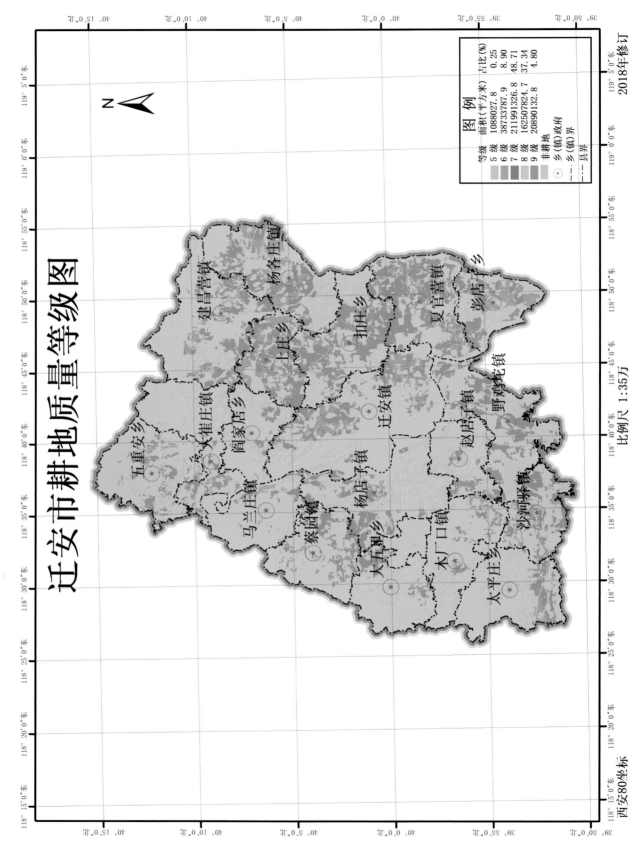

迁安市耕地质量等级图

迁安市耕地质量等级

1. 耕地基本情况

迁安市属于暖温带、半湿润季风性气候。全市地形、地貌呈"簸箕"状，海拔高低相差悬殊，总的地形是西北高、东南低，地貌类型有低山丘陵坡地、山前冲积阶地、冲积盆地。受地形地貌和水文地质条件的影响，土壤类型分为褐土、风沙土。全市土地总面积中耕地占38.12%，林地占14.24%，园地占8.20%，草地占9.86%，建设用地占24.17%，水域及水利设施用地占4.04%，其他土地占1.38%。耕地的总面积为435 211 100.0 m²（652 816.7 亩），主要种植作物为玉米、小麦、花生、甘薯、板栗等。

2. 耕地质量等级划分

利用县域耕地资源管理信息系统，采用层次分析法，求取该市耕地综合评价指数在0.672 331 ～ 0.864 484 范围。按照河北省耕地质量等级标准，耕地等级划分为5、6、7、8、9等地，面积分别为1 088 027.8、38 733 787.9、211 991 326.8、162 507 824.7、20 890 132.8 m²（见表）。通过加权平均，该市耕地质量平均等级为7.38。

迁安市耕地质量等级统计表

等级	5级	6级	7级	8级	9级
面积（m²）	1 088 027.8	38 733 787.9	211 991 326.8	162 507 824.7	20 890 132.8
百分比（%）	0.25	8.90	48.71	37.34	4.80

3. 耕地属性特征利用建议

（1）耕地属性特征　迁安市耕地灌溉能力基本处于"不满足"状态，排水能力基本处于"不满足"和"基本满足"状态。耕地无明显障碍因素。地形部位为河流冲击平原边缘地带、山前倾斜平原中部、低山丘陵和山前倾斜平原下部，分别占取样点的10.24%、60.63%、28.35%和0.79%。有效土层厚度均大于60 cm，田面坡度平均值为3°。耕层质地为砂壤、轻壤、砂土、中壤、重壤和黏土，分别占取样点的25.20%、52.76%、11.02%、7.09%、1.57%和2.36%。有机质平均含量为10.04 g/kg，其中49.61%的取样点有机质低于10 g/kg，只有0.79%取样点有机质含量高于20 g/kg。有效磷平均含量为25.46 mg/kg，其中84.25%高于10 mg/kg。速效钾平均含量为64.42 mg/kg，其中86.61%低于100 mg/kg。该市水资源不足、灌溉保证率低，有机质含量整体偏低，有效磷含量整体中等偏高，速效钾含量整体偏低。

（2）耕地利用建议　一是建立节水型农业种植结构，大力发展节水抗旱品种，改造现有农田水利设施，大力发展节水灌溉，逐步实现管道输水、滴灌、微灌等节水灌溉措施，提高灌溉保证率、提高水分利用效率。二是开展增施有机肥、种植绿肥、秸秆还田工作，推广测土配方施肥技术，控制施用氮肥，氮、磷、钾配合施用等措施，稳步提升土壤有机质含量、改善土壤物理性状、提高钾的有效性，提升土壤肥力。三是针对部分田面坡度较大的现状，平整土地，减少水土流失风险，提升耕地质量。

迁西县耕地质量等级图

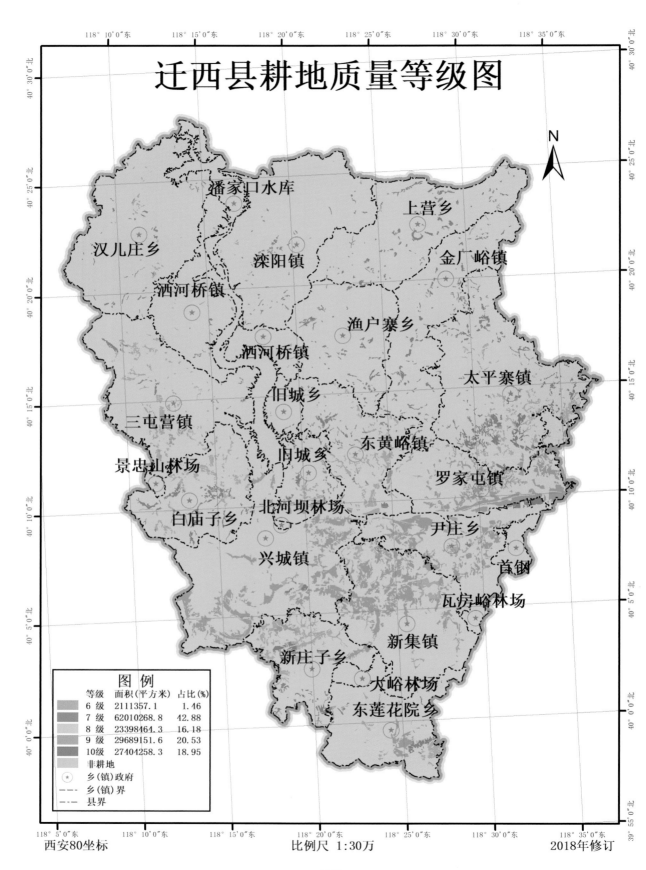

图 例

等级	面积(平方米)	占比(%)
6级	2111357.1	1.46
7级	62010268.8	42.88
8级	23398464.3	16.18
9级	29689151.6	20.53
10级	27404258.3	18.95

非耕地
⊛ 乡(镇)政府
--- 乡(镇)界
-·- 县界

西安80坐标 　　　　　　　比例尺 1:30万 　　　　　　　2018年修订

迁西县耕地质量等级

1. 耕地基本情况

迁西县属于暖温带大陆性季风气候。迁西县地处燕山纬向构造的南侧，全境由低山丘陵所组成。受地形地貌和水文地质条件的影响，土壤类型分别为棕壤、褐土、风沙土。全县土地总面积中耕地占 11.16%，园地占 30.06%，林地占 29.82%，草地占 13.39%，建设用地占 9.67%，水域及水利设施用地占 5.85%，其他土地占 0.05%。耕地的总面积为 144 613 500.0 m^2（216 920.3 亩），主要种植作物为玉米、小麦、花生、核桃、板栗等。

2. 耕地质量等级划分

利用县域耕地资源管理信息系统，采用层次分析法，求取该县耕地综合评价指数在 0.608 303 ～ 0.825 768 范围。按照河北省耕地质量等级标准，耕地等级划分为 6、7、8、9、10 等地，面积分别为 2 111 357.1、62 010 268.8、23 398 464.3、29 689 151.6、27 404 258.3 m^2，（见表）。通过加权平均，该县耕地质量平均等级为 8.13。

迁西县耕地质量等级统计表

等级	6 级	7 级	8 级	9 级	10 级
面积（m^2）	2 111 357.1	62 010 268.8	23 398 464.3	29 689 151.6	27 404 258.3
百分比（%）	1.46	42.88	16.18	20.53	18.95

3. 耕地属性特征及利用建议

（1）耕地属性特征　迁西县耕地灌溉能力处于"不满足"状态，排水能力处于"不满足"状态。耕地存在中度沙化障碍。地形部位为低山丘陵、河流冲击平原河漫滩、山前倾斜平原前缘、山前倾斜平原下部、山前倾斜平原中部、河流冲击平原边缘地带和河流冲击平原河谷阶地，分别占取样点的 56.67%、15.00%、3.33%、15.00%、6.67%、1.67% 和 1.67%，有效土层厚度大于 60 cm 占 26.67%，厚度 30 ～ 60 cm 占 73.33%，田面坡度平均值为 3°。耕层质地为砂壤、轻壤、中壤、砂土和重壤，分别占取样点的 41.67%、23.33%、30.00%、3.33% 和 1.67%。有机质平均含量为 12.30 g/kg，其中 16.67% 的取样点有机质低于 10 g/kg，取样点有机质含量最高为 19.4 g/kg。有效磷平均含量为 24.86 mg/kg，全部取样点高于 10 mg/kg。速效钾平均含量为 95.15 mg/kg，其中 80% 低于 100 mg/kg。该县水资源不足、灌溉保证率低，有机质含量整体偏低，有效磷含量整体处于中等水平，速效钾含量整体中等偏低。

（2）耕地利用建议　一是发展节水农业，建立节水型农业种植结构，发展节水灌溉配套设施，积极推广管灌、滴灌、微灌、喷灌等先进节水技术。大力实施蓄水工程，提高地表水蓄能力。二是开展增施有机肥、种植绿肥、秸秆还田工作，稳步提升土壤有机质含量、改善土壤物理性状、提高钾的有效性，提高土壤蓄水、保水、保肥能力，提高肥料利用率。三是低山丘陵区增加土壤覆盖，减少水土流失风险。四是进行农田林网建设，改善农田小气候，减轻干热风和倒春寒、霜冻、沙尘暴等灾害性气候危害，减少水土流失，提升耕地质量。

玉田县耕地质量等级图

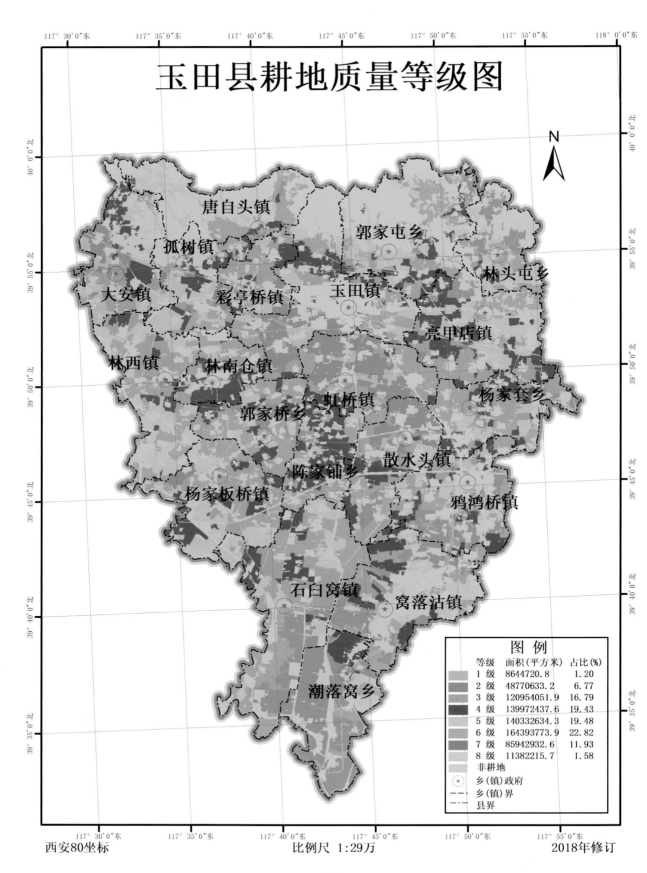

图 例		
等级	面积（平方米）	占比(%)
1 级	8644720.8	1.20
2 级	48770633.2	6.77
3 级	120954051.9	16.79
4 级	139972437.6	19.43
5 级	140332634.3	19.48
6 级	164393773.9	22.82
7 级	85942932.6	11.93
8 级	11382215.7	1.58
非耕地		
⊛ 乡（镇）政府		
---- 乡（镇）界		
·-·- 县界		

西安80坐标　　　　　　　　比例尺 1:29万　　　　　　　　2018年修订

玉田县耕地质量等级

1. 耕地基本情况

玉田县属于东部季风性大陆气候。该县处在燕山纬向构造带南侧，从北向南分布四条纬向断层，北部为燕山余脉，南部为冲积平原。地貌类型为北山、南洼、中平原。土壤类型有褐土、潮土、水稻土。全县土地总面积中耕地占 66.27%，园地占 2.96%，林地占 2.80%，草地占 4.79%，建设用地占 18.66%，水域及水利设施用地占 4.38%，其他土地占 0.14%。耕地的总面积为 720 393 400.0 m²（1 080 590.1 亩），主要种植作物为玉米、小麦、花生等。

2. 耕地质量等级划分

利用县域耕地资源管理信息系统，采用层次分析法，求取该县耕地综合评价指数在 0.693 02 ～ 0.892 868 范围。按照河北省耕地质量等级标准，耕地等级划分为 1、2、3、4、5、6、7、8 等地，面积分别为 8 644 720.8、48 770 633.2、120 954 051.9、139 972 437.6、140 332 634.3、164 393 773.9、85 942 932.6、11 382 215.7 m²（见表）。通过加权平均，该县耕地质量平均等级为 4.73。

玉田县耕地质量等级统计表

等级	1级	2级	3级	4级	5级	6级	7级	8级
面积（m²）	8 644 720.8	48 770 633.2	120 954 051.9	139 972 437.6	140 332 634.3	164 393 773.9	85 942 932.6	11 382 215.7
百分比（%）	1.20	6.77	16.79	19.43	19.48	22.82	11.93	1.58

3. 耕地属性特征及利用建议

（1）耕地属性特征　玉田县耕地灌溉能力大多数处于"基本满足"和"满足"状态，少部分地块处于"不满足"状态，排水能力处于"不满足"和"基本满足"状态。地形部位为洪冲积扇、山前平原、交接洼地和丘陵下部。多数耕地无盐渍化，只有一小部分存在轻度或中度盐渍化，半数以上耕地无明显障碍因素，有部分地块存在砂姜层、黏化层和夹砾石层。耕层质地为中壤、轻壤和重壤，分别占取样点的 52.07%、17.97% 和 29.96%。有机质平均含量为 18.60 g/kg，其中 4.12% 的取样点有机质低于 10 g/kg，37.32% 取样点有机质含量高于 20 g/kg。有效磷平均含量为 22.69 mg/kg，其中 90.78% 高于 10 mg/kg。速效钾平均含量为 149.89 mg/kg，其中 84.73% 高于 100 mg/kg。该县水资源不足、灌溉保证率低，有机质含量整体偏低，有效磷含量整体中等，速效钾含量中等偏高。

（2）耕地利用建议　一是改造中低产田，建设高标准农田，促进农业集约化、规模化经营。积极开展以田、水、路、林、村综合整治为主的中低产田改造工作，不断提高劳动生产率和农田产出率，有效地挖掘和发挥土地资源的潜力和效益。二是大力发展节水灌溉农业，建立节水型农业种植结构，改造现有农田水利设施，发展节水灌溉配套设施，积极推广管灌、滴灌、微灌、喷灌等先进节水技术，提高灌溉保证率、提高水分利用效率。三是推广测土配方施肥技术，控制施用氮肥，氮、磷、钾配合施用等措施，开展增施有机肥、种植绿肥、秸秆还田工作，稳步提升土壤有机质含量、改善土壤物理性状、提高钾的有效性，提高土壤肥力。

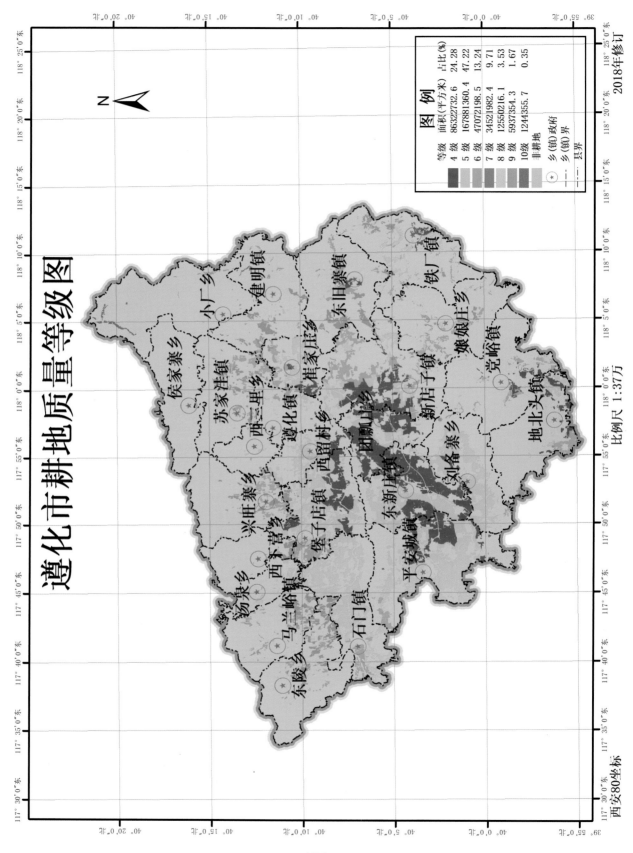

遵化市耕地质量等级图

比例尺 1:37万

2018年修订

西安80坐标

图　例

等级	面积(平方米)	占比(%)
4级	8632272732.6	24.28
5级	167881360.4	47.22
6级	47072198.5	13.24
7级	34521982.4	9.71
8级	12550216.1	3.53
9级	5937354.3	1.67
10级	1244355.7	0.35
非耕地		

乡(镇)政府
乡(镇)界
县界

遵化市耕地质量等级

1. 耕地基本情况

遵化市属于暖温带大陆性季风气候。该市是燕山山区的山间盆地，盆地内部是蓟运河水系冲积、洪积而成的大片平原。在各种成土因素的相互作用下，形成的遵化市土壤类型有棕壤、褐土和潮土 3 类。全市土地总面积中耕地占 24.86%；园地占 32.97%；林地占 13.80%；草地占 10.72%；建设用地占 14.74%；水域及水利设施用地占 2.88%；其他土地占 0.02%。耕地的总面积为 355 530 200.0 m² （533 295.3 亩），主要种植作物为玉米、小麦、花生、核桃、板栗等。

2. 耕地质量等级划分

利用县域耕地资源管理信息系统，采用层次分析法，求取该市耕地综合评价指数在 0.615 736 ~ 0.931 691 范围。按照河北省耕地质量等级标准，耕地等级划分为 4、5、6、7、8、9、10 等地，面积分别为 86 322 732.6、167 881 360.4、47 072 198.5、34 521 982.4、12 550 216.1、5 937 354.3、1 244 355.7 m²（见表）。通过加权平均，该市耕地质量平均等级为 5.27。

遵化市耕地质量等级统计表

等级	4 级	5 级	6 级	7 级	8 级	9 级	10 级
面积（m²）	86 322 732.6	167 881 360.4	47 072 198.5	34 521 982.4	12 550 216.1	5 937 354.3	1 244 355.7
百分比（%）	24.28	47.22	13.24	9.71	3.53	1.67	0.35

3. 耕地属性特征及利用建议

（1）耕地属性特征　遵化市耕地灌溉能力处于"不满足"和"基本满足"状态，排水能力处于"基本满足"状态。基本无明显障碍因素。地形部位为河流冲击平原底阶地、山前倾斜平原中部和低山丘陵，分别占取样点的 66.10%，22.03% 和 11.86%。有效土层厚度大于 60 cm 占取样点 68.64%，厚度 30 ~ 60 cm 的占 31.36%。田面坡度平均值为 3°。耕层质地为重壤、砂土、砂壤、中壤和黏土，分别占取样点的 40.67%、23.73%、11.86%、1.69% 和 22.03%。有机质平均含量为 14.65 g/kg，其中 4.23% 的取样点有机质低于 10 g/kg，5.08% 的取样点有机质含量高于 20 g/kg。有效磷平均含量为 28.32 mg/kg，91.53% 的取样点高于 10 mg/kg。速效钾平均含量为 89.47 mg/kg，其中 72.03% 低于 100 mg/kg。该市水资源不足、灌溉保证率低，有机质含量整体偏低，有效磷含量整体中等偏高，速效钾含量整体偏低。

（2）耕地利用建议　一是大力发展节水灌溉农业，建立节水型农业种植结构，改造现有农田水利设施，发展节水灌溉配套设施，积极推广管灌、滴灌、微灌、喷灌等先进节水技术，提高灌溉保证率、提高水分利用效率。二是积极推广配方施肥、平衡施肥等技术和增加施用有机肥，稳步提升土壤有机质含量、改善土壤物理性状、提高钾的有效性，使土壤提高一个肥力等级。三是积极开展以田、水、路、林、村综合整治为主的中低产田改造工作，不断提高劳动生产率和农田产出率，有效地挖掘和发挥土地资源的潜力和效益，缓解全县人口增长与耕地减少的矛盾。平整土地，减少水土流失风险，提升耕地质量。

滦南县耕地质量等级图

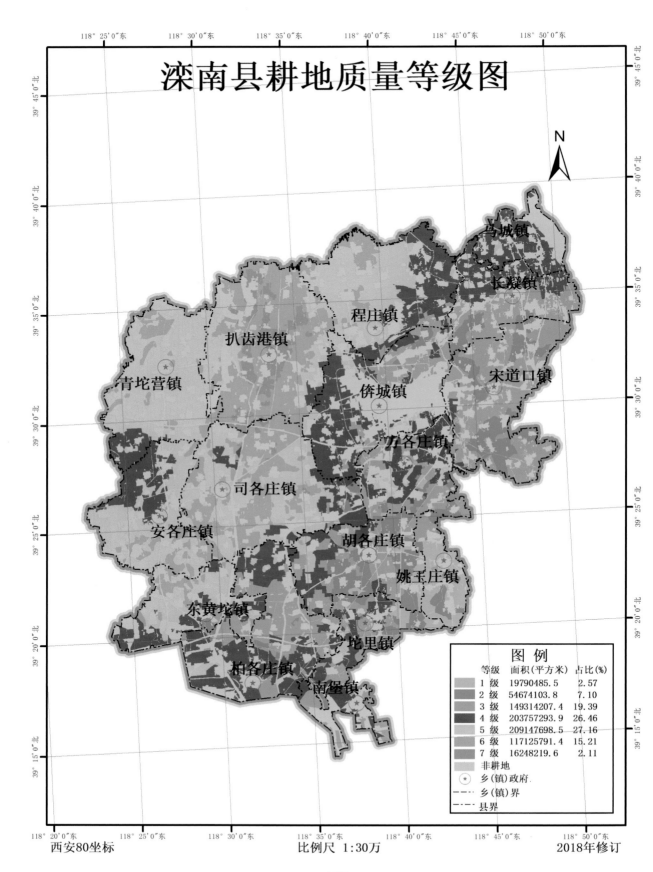

图 例		
等级	面积（平方米）	占比(%)
1 级	19790485.5	2.57
2 级	54674103.8	7.10
3 级	149314207.4	19.39
4 级	203757293.9	26.46
5 级	209147698.5	27.16
6 级	117125791.4	15.21
7 级	16248219.6	2.11
非耕地		
⊛ 乡(镇)政府		
— — 乡(镇)界		
—·— 县界		

西安80坐标　　　　　　比例尺 1:30万　　　　　　2018年修订

滦南县耕地质量等级

1. 耕地基本情况

滦南县属于温带湿润季风性气候。该县属于平原地区，其北部为洪积冲积扇的扇缘部分，属于冲洪积平原，东西及中部都属于河流冲积平原，南部属于渤海沉积平原。由于境内地貌比较单一，地势平缓，气候条件及水热状况都无明显的分异，因而土壤类型简单，有褐土、潮土、风沙土、水稻土、盐土。全县土地总面积中耕地占 53.30%，林地占 2.69%，园地 0.92%，草地占 0.3%，建设用地占 14.76%，水域及水利设施用地占 10.29%，其他土地占 17.74%。耕地的总面积为 770 057 800.0 m² (1 155 086.7 亩)，主要种植作物为玉米、小麦、花生、蔬菜等。

2. 耕地质量等级划分

利用县域耕地资源管理信息系统，采用层次分析法，求取该县耕地综合评价指数在 0.712 199 ~ 0.903 176 范围。按照河北省耕地质量等级标准，耕地等级划分为 1、2、3、4、5、6、7 等地，面积分别为 19 790 485.5、54 674 103.8、149 314 207.4、203 757 293.9、209 147 698.5、117 125 791.4、16 248 219.6 m² (见表)。通过加权平均，该县耕地质量平均等级为 4.23。

滦南县耕地质量等级统计表

等级	1级	2级	3级	4级	5级	6级	7级
面积 (m²)	19 790 485.5	54 674 103.8	149 314 207.4	203 757 293.9	209 147 698.5	117 125 791.4	16 248 219.6
百分比 (%)	2.57	7.10	19.39	26.46	27.16	15.21	2.11

3. 耕地属性特征及利用建议

（1）耕地属性特征　滦南县耕地灌溉能力处于"基本满足"到"满足"状态，排水能力处于"基本满足"到"满足"状态。耕层厚度平均值为 20 cm，地形部位为洪冲积扇。多数耕地无盐渍化，只有一小部分存在轻度盐渍化，耕地无明显障碍因素。耕层质地为轻壤、中壤、砂壤和砂土，分别占取样点的 31.16%、12.09%、49.77% 和 6.98%。有机质平均含量为 14.51 g/kg，其中 18.69% 的取样点有机质低于 10 g/kg，只有 5.14% 取样点有机质含量高于 20 g/kg。有效磷平均含量为 31.03 mg/kg，其中 88.79% 高于 10 mg/kg。速效钾平均含量为 104.12 mg/kg，其中 38.31% 高于 100 mg/kg。该县耕地有机质含量整体偏低，有效磷含量整体偏高，速效钾含量中等水平。

（2）耕地利用建议　一是实施农田水利设施改造提升工程，大力发展节水灌溉，逐步实现管道输水、滴灌、微灌等节水灌溉措施，提高灌溉保证率、提高水分利用效率。二是积极开展中低产田改造工作，不断提高劳动生产率和农田产出率，有效地挖掘和发挥土地资源的潜力和效益。三是开展增施有机肥、种植绿肥、秸秆还田工作，稳步提升土壤有机质含量、改善土壤物理性状，增强土壤通透性，土使壤水肥气热状况协调，提高土壤肥力。

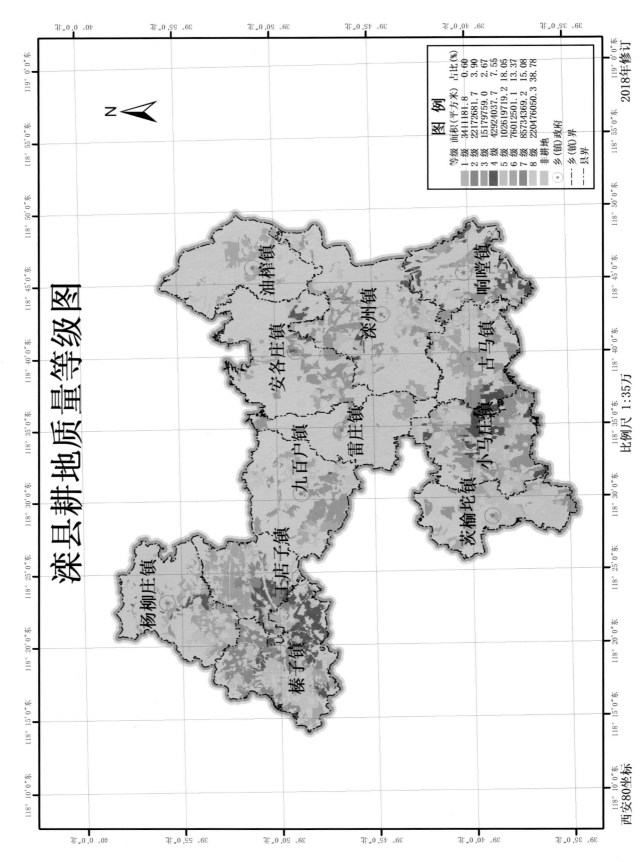

滦县耕地质量等级图

滦县耕地质量等级

1.耕地基本情况

滦县属于暖温带半湿润季风型大陆性气候。该县由燕山余脉向南延伸的低山丘陵及其环绕的榛杨盆地和滦河洪积冲积平原组成。在各种成土因素的相互作用下,形成了褐土、潮土、水稻土、风沙土4个土壤类型。全县土地总面积中耕地占58.12%,园地占4.83%,林地占7.62%,草地占6.90%,建设用地占18.0%,水域及水利设施用地占3.65%,其他土地占0.88%。耕地的总面积为568 530 300.0 m^2(852 795.5亩),主要种植作物为玉米、小麦、水稻、花生等。

2.耕地质量等级划分

利用县域耕地资源管理信息系统,采用层次分析法,求取该县耕地综合评价指数在0.647 815 ~ 0.886 802范围。按照河北省耕地质量等级标准,耕地等级划分为1、2、3、4、5、6、7、8等地,面积分别为3 411 181.8、22 172 681.7、15 179 759.0、42 924 037.7、102 619 719.2、76 012 501.1、85 734 369.2、220 476 050.3 m^2(见表)。通过加权平均,该县耕地质量平均等级为6.33。

滦县耕地质量等级统计表

等级	1级	2级	3级	4级	5级	6级	7级	8级
面积(m²)	3 411 181.8	22 172 681.7	15 179 759.0	42 924 037.7	102 619 719.2	76 012 501.1	85 734 369.2	220 476 050.3
百分比(%)	0.60	3.90	2.67	7.55	18.05	13.37	15.08	38.78

3.耕地属性特征及利用建议

(1)耕地属性特征 滦县耕地灌溉能力半数以上处于"不满足"状态,其余地块基本处于"基本满足"状态,排水能力多数处于"不满足"和"基本满足"状态。耕层厚度平均值为16 cm,地形部位为洪冲积扇和山前平原。耕地无盐渍化,基本无明显障碍因素,只有少部分地块存在黏化层。耕层质地以砂土、砂壤、轻壤和中壤,分别占取样点的36.26%、33.33%、14.62%和15.79%。有机质平均含量为12.19 g/kg,其中40.35%的取样点有机质低于10 g/kg,只有4.09%取样点有机质含量高于20 g/kg。有效磷平均含量为31.17 mg/kg,其中90.64%高于10 mg/kg。速效钾平均含量为104.33 mg/kg,其中42.10%高于100 mg/kg。该县水资源不足、灌溉保证率低,有机质含量整体偏低,有效磷含量整体偏高,速效钾含量中等。

(2)耕地利用建议 一是建立节水型农业种植结构,压缩高耗水作物面积,减少地下水开采量;大力发展节水抗旱品种,建设井灌区综合节水工程,推广先进的喷灌、滴灌、微灌、管灌等灌溉技术;提高灌溉保证率、提高水分利用效率。二是广测土配方施肥技术,完善不同区域、不同农作物的测土配方施肥指标体系,改变传统施肥方式,减少化肥浪费,提高肥料的利用率;开展增施有机肥、种植绿肥、秸秆还田工作,稳步提升土壤有机质含量。三是开展中低产田改造工作,不断提高劳动生产率和农田产出率,有效地挖掘和发挥土地资源的潜力和效益,提高耕地利用率。

秦皇岛市

青龙满族自治县

抚宁区

山海关区

海港区

卢龙县

北戴河区

昌黎县

秦皇岛市耕地质量等级

1. 耕地基本情况

秦皇岛市地处河北省东北部，燕山东段，属于暖温带半湿润季风型大陆性气候。年平均温度自南向北逐渐下降，长城以北气温偏低，年平均气温 7.9 ～ 10.1℃，≥ 10℃ 的积温 3 240℃，长城以南平均气温 10.1 ～ 11℃，≥ 10℃积温 3 745 ～ 3 836℃，全市无霜期在 170 ～ 188 d，由北向南减少。山地丘陵面积大，范围广，是秦皇岛市的主要地貌单元，分布在沿长城两侧，包括青龙全部，抚宁、卢龙、海港区等县区北部，占全市总面积 72.6%。山前平原或山地盆地，是本市山地丘陵与冲积平原的过渡段，主要分布在卢龙县、昌黎县、抚宁区，占总面积 13.61%。冲积平原主要分布在京山线铁路以南，与滨海平原相接，昌黎县占大部，抚宁区、海港区、北戴河区和山海关区、北戴河新区的南部沿海也有部分分布，占总面积的 10.84%。滨海平原包括昌黎县、抚宁区、北戴河新区沿海一带，占总面积 2.88%。境内地理状态相对差别较大，地域性小气候也很明显。在各种成土因素的相互作用下形成的土壤类型主要有棕壤、褐土、潮土、滨海盐土、风沙土、新积土、粗骨土、石质土、沼泽土、水稻土。全市总耕地面积 191 677.31 hm²，主要种植作物有玉米、小麦、水稻、果菜等。

2. 耕地质量等级划分

本次实际统计的是秦皇岛市中的 4 个县（区），不包括市区内的北戴河、北戴河新区、开发区、海港、山海关 5 个区。按照相邻区域耕地质量等级相近的原则，结合当地生产实际，分析汇总对应耕地面积和平均耕地质量等级。秦皇岛市北戴河、北戴河新区、开发区作物产量与昌黎县相当，海港、山海关与抚宁区作物产量相当，通过专家论证前者耕地质量等级暂定使用后者等级。由此，秦皇岛市按照河北省耕地质量 10 等级划分标准，2、3、4、5、6、7、8、9、10 级耕地的面积分别为 584、9 332、34 650、39 735、25 097、32 527、17 502、18 196、14 054 hm²，所占全市耕地面积比例分别为 0.30%、4.87%、18.08%、20.73%、13.09%、16.97%、9.13%、9.49%、7.34%（见表）。通过加权平均求得秦皇岛市的耕地质量平均等级为 6.18。

秦皇岛市耕地质量等级统计表

等级	2级	3级	4级	5级	6级	7级	8级	9级	10级
面积（hm²）	584	9 332	34 650	39 735	25 097	32 527	17 502	18 196	14 054
百分比（%）	0.30	4.87	18.08	20.73	13.09	16.97	9.13	9.49	7.34

3. 结果确定

结合此次得到的耕地质量等级图，将评价结果与调查表中农户近 3 年的春玉米产量进行对比分析，同时邀请县、市、省级专家进行论证，表明秦皇岛市本次耕地质量评价结果与当地实际情况基本吻合。

卢龙县耕地质量等级图

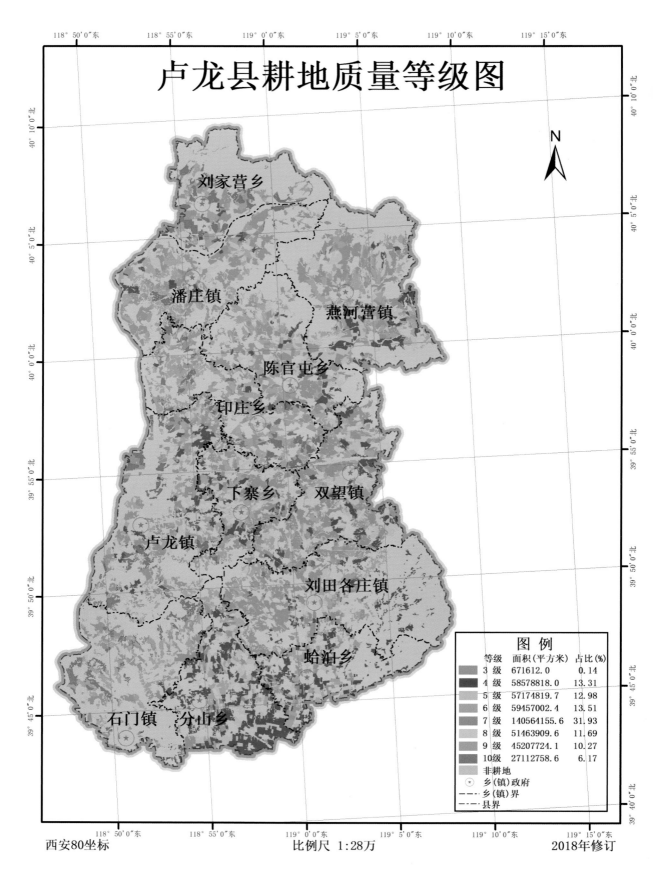

图 例		
等级	面积(平方米)	占比(%)
3级	671612.0	0.14
4级	58578818.0	13.31
5级	57174819.7	12.98
6级	59457002.4	13.51
7级	140564155.6	31.93
8级	51463909.6	11.69
9级	45207724.1	10.27
10级	27112758.6	6.17
非耕地		
⊙ 乡(镇)政府		
— — 乡(镇)界		
— ·— 县界		

西安80坐标　　　　　　　比例尺 1:28万　　　　　　　2018年修订

卢龙县耕地质量等级

1. 耕地基本情况

卢龙县属于暖温带半湿润气候。系低山丘陵区，北高南低，由低到高分为盆地、丘陵、低山3种地貌类型。地质构造复杂，岩石种类繁多，成土母质主要有残坡积物和洪冲积物两大类。在各种成土因素的相互作用下，形成的土壤类型有棕壤和褐土两大类。全县土地总面积中耕地占51.28%，园地占7.62%，林地占10.10%，草地占15.12%，建设用地占12.07%，水域及水利设施用地占3.81%。耕地的总面积为440 230 800.0 m²（660 346.2亩），主要种植作物为玉米、小麦、甘薯、蔬菜等。

2. 耕地质量等级划分

利用县域耕地资源管理信息系统，采用层次分析法，求取该县耕地综合评价指数在0.627 38～0.950 27范围。按照河北省耕地质量等级标准，耕地等级划分为3、4、5、6、7、8、9、10等地，面积分别为671 612.0、58 578 818.0、57 174 819.7、59 457 002.4、140 564 155.6、51 463 909.6、45 207 724.1、27 112 758.6 m²（见表）。通过加权平均，该县耕地质量平均等级为6.71。

卢龙县耕地质量等级统计表

等级	3级	4级	5级	6级	7级	8级	9级	10级
面积（m²）	671 612.0	58 578 818.0	57 174 819.7	59 457 002.4	140 564 155.6	51 463 909.6	45 207 724.1	27 112 758.6
百分比（%）	0.14	13.31	12.98	13.51	31.93	11.69	10.27	6.17

3. 耕地属性特征及利用建议

（1）耕地属性特征　卢龙县耕地灌溉能力多数处于"不满足"状态，排水能力基本处于"满足"到"充分满足"状态。绝大多数耕地无明显障碍因素，只有一小部分障碍因素为瘠薄培肥型和坡地梯改型。地形部位为冲洪积扇前缘、冲洪积扇中上部、丘陵坡地中上部、丘陵低山中下部、丘陵山地坡中上部、丘陵山地坡中部和丘陵山地坡下部，分别占取样点的33.53%、13.53%、5.29%、0.59%、2.35%、28.24%和16.47%。有效土层厚度小于30 cm，田面坡度平均值为5°。耕层质地为砂壤和轻壤，分别占取样点的56.67%和43.33%。有机质平均含量为13.14 g/kg，其中16.47%的取样点有机质低于10 g/kg，只有1.76%的取样点有机质含量高于20 g/kg。有效磷平均含量为26.07 mg/kg，其中98.33%高于10 mg/kg。速效钾平均含量为98.08 mg/kg，其中61.18%低于100 mg/kg。该县水资源不足、灌溉保证率低，有机质含量整体偏低，有效磷含量整体中等偏高，速效钾含量中等。

（2）耕地利用建议　一是以发展旱作杂粮和果树生产为主，以抗旱保墒为中心，发展旱作农业，通过选用抗旱作物品种、间混套种、调节播期提高水分利用效率。二是开展增施有机肥，科学施用化肥，提升土壤有机质含量、改善土壤物理性状、增加土壤蓄水保墒、保肥的能力。三是针对部分田面坡度较大的现状，平整土地，减少水土流失风险。四是进行农田林网建设，改善农田小气候，减轻干热风和倒春寒、霜冻、沙尘暴等灾害性气候危害，减少水土流失，提升耕地质量。

抚宁区耕地质量等级图

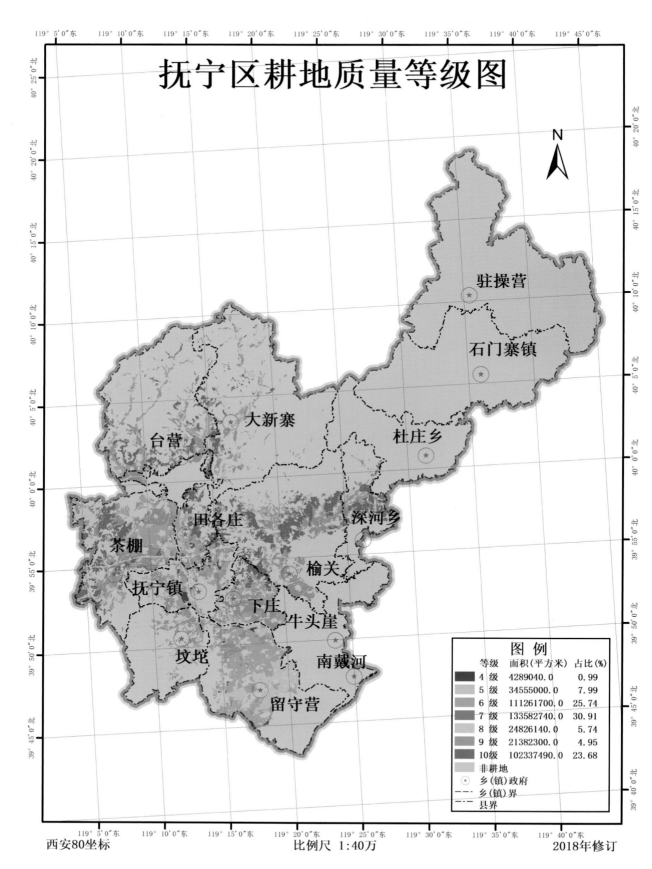

图 例		
等级	面积(平方米)	占比(%)
4级	4289040.0	0.99
5级	34555000.0	7.99
6级	111261700.0	25.74
7级	133582740.0	30.91
8级	24826140.0	5.74
9级	21382300.0	4.95
10级	102337490.0	23.68
非耕地		
⊙ 乡(镇)政府		
— — 乡(镇)界		
—·—· 县界		

西安80坐标   比例尺 1:40万   2018年修订

抚宁区耕地质量等级

1. 耕地基本情况

抚宁区（原抚宁县）属暖温带半湿润大陆性季风型气候。该区属于山区丘陵区，地势北高南低，北部高山林立，中部丘陵起伏，南部地势较平坦，地貌类型有山地、丘陵、山麓平原和盆地、冲积平原，其成土母质有残坡积母质、洪冲积母质、冲积母质、风积母质4个类型。由于区内地质地貌差异明显，成土母质复杂多样，加上水热条件变化的影响，致使全土壤类型较多，分别为石质土、棕壤、褐土、新积土、潮土、风沙土。全区土地总面积中耕地占 29.11%，园地占 15.78%，林地占 30.01%，建设用地占 9.03%，草地占 11.51%，水域及水利设施用地占 4.03%，其他用地占 0.52%。耕地的总面积为 432 234 400.0 m²（648 351.6亩），主要种植作物为玉米、小麦、蔬菜等。

2. 耕地质量等级划分

利用县域耕地资源管理信息系统，采用层次分析法，求取该区耕地综合评价指数在 0.504 361 ~ 0.925 586 范围。按照河北省耕地质量等级标准，耕地等级划分为4、5、6、7、8、9、10 等地，面积分别为 4 289 040.0、34 555 000.0、111 261 700.0、133 582 740.0、24 826 140.0、21 382 300.0、102 337 490.0 m²（见表）。通过加权平均，该区耕地质量平均等级为 7.42。

抚宁区耕地质量等级统计表

等级	4级	5级	6级	7级	8级	9级	10级
面积（m²）	4 289 040.0	34 555 000.0	111 261 700.0	133 582 740.0	24 826 140.0	21 382 300.0	102 337 490.0
百分比（%）	0.99	7.99	25.74	30.91	5.74	4.95	23.68

3. 耕地属性特征及利用建议

（1）耕地属性特征　抚宁区耕地灌溉能力多数取样点处于"不满足"状态，排水能力处于"满足"到"充分满足"状态。耕地无明显障碍因素。地形部位为低阶地、低山丘陵、河谷阶地和河漫滩，分别占取样点的 58.67%、26.00%、12.00% 和 3.33%。有效土层厚度大于 60 cm 占 20%（加上新积土 22%），厚度 30 ~ 60 cm 占 73.33%，有 4.67% 位于低山丘陵的耕地土层较薄小于 30 cm，田面坡度平均值为 3°。耕层质地为砂壤和轻壤，分别占取样点的 56.67% 和 43.33%。有机质平均含量为 13.55 g/kg，其中 6.67% 的取样点有机质低于 10 g/kg，只有 3.33% 的取样点有机质含量高于 20 g/kg。有效磷平均含量为 15.93 mg/kg，其中 9.33% 低于 10 mg/kg。速效钾平均含量为 68.09 mg/kg，其中 96.67% 低于 100 mg/kg。该区水资源不足、灌溉保证率低，有机质含量整体偏低，有效磷含量整体偏低，速效钾含量整体偏低。

（2）耕地利用建议　一是用耐旱作物品种，管理上以春抗旱秋保墒为主要技术，增加土壤墒情；搞好农田基本建设，大力发展节水灌溉，提高水分利用效率。二是开展增施有机肥，科学施用化肥，间、轮作豆科作物，以提高土壤有机质含量、改善土壤物理性状，提高土壤肥力。三是在东北部搞好小流域治理，生物措施和工程措施一起上，封山育林，种树种草，严禁陡坡开荒，减少水土流失。

青龙满族自治县耕地质量等级图

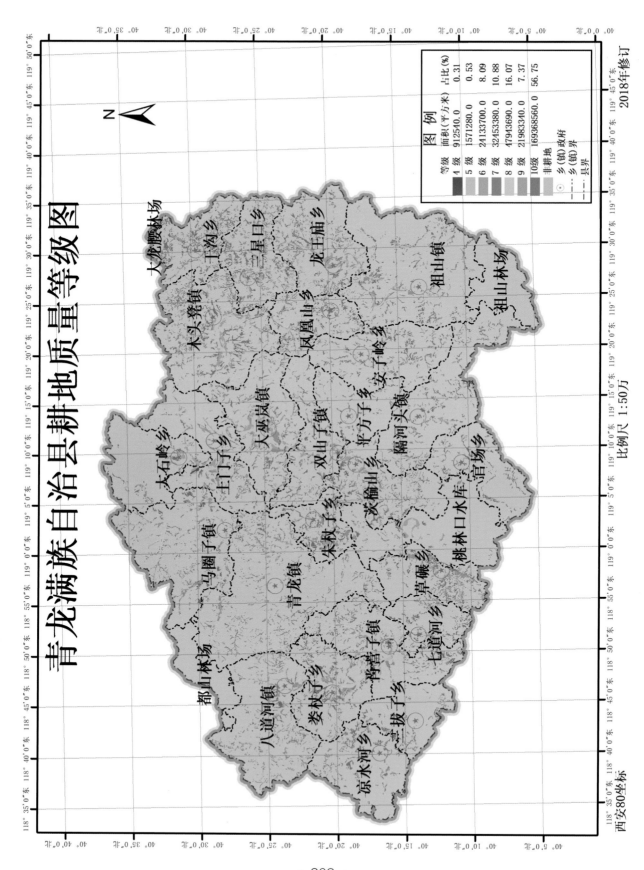

图 例		
等级	面积(平方米)	占比(%)
4 级	912540.0	0.31
5 级	1571280.0	0.53
6 级	24133700.0	8.09
7 级	32453380.0	10.88
8 级	47943690.0	16.07
9 级	21983340.0	7.37
10级	169368560.0	56.75
非耕地		

⊙ 乡（镇）政府
----- 乡（镇）界
—·—· 县界

2018年修订

比例尺 1:50万

西安80坐标

青龙满族自治县耕地质量等级

1. 耕地基本情况

青龙满族自治县（青龙县）属于暖温带大陆性季风气候。该县位于燕山山脉东北末端，属河北省地质构造中的燕山沉陷带，可分为中山、低山、丘陵、沟谷4种地貌类型，地质构造复杂，岩石种类繁多，成土母质主要有残坡积物和洪冲积物两大类。在各种成土因素的相互作用下，形成的土壤类型有棕壤、褐土和粗骨土3大类。全县土地总面积中耕地占9.47%，园地占14.32%，林地占42.48%，草地占27.80%，建设用地占3.31%，水域及水利设施用地占2.54%。耕地的总面积为298 366 500.0 m²（447 549.8亩），主要种植作物为玉米、甘薯、林果等。

2. 耕地质量等级划分

利用县域耕地资源管理信息系统，采用层次分析法，求取该县耕地综合评价指数在0.471 059～0.941 378范围。按照河北省耕地质量等级标准，耕地等级划分为4、5、6、7、8、9、10等地，面积分别为912 540.0、1 571 280.0、24 133 700.0、32 453 380.0、47 943 690.0、21 983 340.0、169 368 560.0 m²（见表）。通过加权平均，该县耕地质量平均等级为8.04。

青龙县耕地质量等级统计表

等级	4级	5级	6级	7级	8级	9级	10级
面积（m²）	912 540.0	1 571 280.0	24 133 700.0	32 453 380.0	47 943 690.0	21 983 340.0	169 368 560.0
百分比（%）	0.31	0.53	8.09	10.88	16.07	7.37	56.75

3. 耕地属性特征及利用建议

（1）耕地属性特征　青龙县耕地灌溉能力，基本处于"不满足"状态。耕地无明显障碍因素。地形部位为低阶地、河漫滩和低山丘陵，各占取样点的38.75%、11.25%和50.00%。有效土层厚度大于60 cm占39.38%，30～60 cm占28.13%，小于30 cm占32.5%，田面坡度平均值为6°。耕层质地以轻壤为主，占取样点的56.88%，砂土占19.99%、砂壤占11.88%、中壤占11.25%。有机质平均含量为14.76 g/kg，其中13.75%的取样点有机质低于10 g/kg，只有16.88%的取样点有机质含量高于20 g/kg。有效磷平均含量为21.03 mg/kg，其中86.25%高于10 mg/kg。速效钾平均含量为90.05 mg/kg，其中65.63%低于100 mg/kg。该县水资源不足、灌溉保证率低，水土流失严重，有机质含量整体偏低，有效磷含量整体中等偏低水平，速效钾含量整体偏低。

（2）耕地利用建议　一是以林为主，林果并重，林果牧相结合，使之成为林木基地，花果之区，牧副产品盛产之所。二是开展增施有机肥，科学施用化肥，提升土壤有机质含量、改善土壤物理性状、提高钾的有效性，提高土壤肥力。三是针对部分田面坡度较大的现状，平整土地，减少水土流失风险。四是除封山育林，种树种草等措施外，应该缓坡修筑梯田、桑坝和挖鱼鳞坑，以蓄水保土。搞淤地坝、塘坝和小水库等以达到减缓径流，蓄水挡土以达到保护植被的目的。

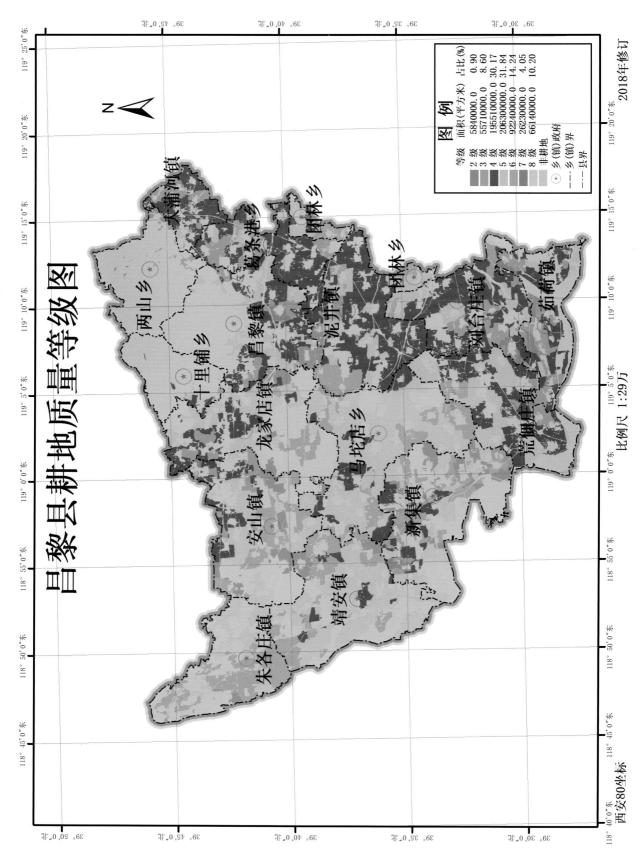

昌黎县耕地地质量等级图

图 例

等级	面积(平方米)	占比(%)
2 级	5840000.0	0.90
3 级	55710000.0	8.60
4 级	195510000.0	30.17
5 级	206300000.0	31.84
6 级	92240000.0	14.24
7 级	26230000.0	4.05
8 级	66140000.0	10.20

非耕地
⊛ 乡(镇)政府
乡、乡(镇)界
县界

比例尺 1:29万

西安80坐标

大蒲河镇
两山乡
葛条港乡
团林乡
十里铺乡
昌黎镇
泥井镇
团林乡
刘台庄镇
如荷镇
龙家店镇
乌坨店乡
荒佃庄镇
安山镇
新集镇
靖安镇
朱各庄镇

昌黎县耕地质量等级

1. 耕地基本情况

昌黎县属于温带半湿润大陆性季风气候。该县地处燕山余脉之南,背山面海,由低山、丘陵、山麓平原、冲积平原和滨海平原组成,其成土母质共8种类型,北部山区山顶部有残坡积物,中部为坡积物,冲积平原均属冲积物,在平原的局部洼地有湖相沉积物,在滨海平原有海相沉积物,在沿河和近海处有风积物。在各种成土因素的相互作用下,昌黎县土壤形成了6个土类,其中风沙土、盐土、棕壤、沼泽土为自然土壤,而潮土、褐土为耕作土壤。全县土地总面积中耕地占57.40%,园地占5.36%,林地占8.59%,草地占0.95%,建设用地占14.87%,水域及水利设施用地占7.79%,其他用地占5.04%。耕地的总面积为647 988 300.0 m²(971 982.5亩),主要种植作物为玉米、小麦、果菜等,酒葡萄是昌黎县农业生产的特色产业。

2. 耕地质量等级划分

利用县域耕地资源管理信息系统,采用层次分析法,求取该县耕地综合评价指数在0.648 883～0.861 94范围。按照河北省耕地质量等级标准,耕地等级划分为2、3、4、5、6、7、8等地,面积分别为5 840 000.0、55 710 000.0、195 510 000.0、206 300 000.0、92 240 000.0、26 230 000.0、66 140 000.0 m²(见表)。通过加权平均,该县耕地质量平均等级为5.03。

昌黎县耕地质量等级统计表

等级	2级	3级	4级	5级	6级	7级	8级
面积(m²)	5 840 000.0	55 710 000.0	195 510 000.0	206 300 000.0	92 240 000.0	26 230 000.0	66 140 000.0
百分比(%)	0.90	8.60	30.17	31.84	14.24	4.05	10.20

3. 耕地属性特征及利用建议

(1)耕地属性特征 昌黎县耕地灌溉能力基本处于"基本满足"状态,排水能力处于"基本满足"状态。耕层厚度平均值为16 cm,地形部位为山前平原。耕地无盐渍化,绝大多数耕地无明显障碍因素,有一小部分障碍因素为沙姜层、夹砂层和夹砾石层。耕层质地以轻壤为主,占取样点的65.90%,砂壤、中壤分别占取样点的29.48%和4.62%。有机质平均含量为10.15 g/kg,其中47.97%的取样点有机质低于10 g/kg,取样点有机质含量最高16.65 g/kg。有效磷平均含量为30.87 mg/kg,100%高于10 mg/kg。速效钾平均含量为80.68 mg/kg,其中97.11%低于100 mg/kg。该县有机质含量整体偏低,有效磷含量整体偏高,速效钾含量整体偏低。

(2)耕地利用建议 一是因地制宜,调整好农业种植结构,增加农产品附加值。搞好农田基本建设,提高园林管理水平,实施规模化种植和节水灌溉。二是增施有机肥料实现种地养地相结合,逐步提升土壤有机质含量、改善土壤结构,提高土壤肥力。三是滨海滩涂现有荒地较多,土壤肥力较低,含盐量较高,其主攻方向应以水产养殖为主,以开放旅游为目标,统一规划,抓好交通建设,充分利用现有资源,使之变成养殖基地。四是进行农田林网建设,改善农田小气候,减轻干热风和倒春寒、霜冻、沙尘暴等灾害性气候危害,减少水土流失,提升耕地质量。

沧州市

沧州市耕地质量等级

1. 耕地基本情况

沧州市位于河北省东南部，全市辖 18 个县市区，属于暖温带大陆性半干旱季风气候区，四季分明，光照充足，降雨偏少。年平均温度 12.1℃，日平均气温 ≥ 10℃ 的活动积温为 4 363℃，无霜期 188 d，年降雨量平均 533.4 mm。本市地处冀中平原东部，地势低平，起伏不大，海拔 1 ～ 18 m。地势自西南向东北倾斜，其西部是太行山山前冲积扇缘的一部分，中部是由黄河、漳河、滹沱河、唐河等河流冲积形成的广阔平原，东部为渤海潮汐堆积形成的滨海海积、湖积平原。在各种成土因素的相互作用下形成的土壤类型主要有褐土、潮土、沼泽土、盐土、滨海盐土、碱土、风沙土 7 个土类，其中潮土类耕地最多，占耕地面积的99.94%。沧州市耕地总面积 789 021.05 hm²，主要种植小麦、玉米、果菜等，金丝小枣、冬枣、鸭梨是沧州市的特色农产品。

2. 耕地质量等级划分

本次实际统计的是沧州市的 14 个县（区），任丘市、青县、河间市、肃宁县、献县、泊头市、南皮市、沧县、黄骅市、孟村回族自治县、盐山县、吴桥县、海兴县、东光县都是平原区，共确定 2 539 个调查点。合并区作物产量与周边县区产量相当，通过专家论证，确定耕地等级暂定使用周边县市区等级。由此，沧州市 18 个县市区按照河北省耕地质量 10 等级划分标准，耕地地力等级为 5.16，其中 1、2、3、4、5、6、7、8、等地面积分别为 52 798 942.9、170 086 978.7、470 367 691.0、1 575 398 683.7、2 577 114 354.5、1 923 371 323.6、813 098 792.3、307 973 733.3 m²，分别占耕地面积的 0.67%、2.16%、5.96%、19.97%、32.66%、24.38%、10.31%、3.90%（见表）。通过加权平均求得沧州市平均耕地质量等级为 5.16。

沧州市耕地质量等级统计表

等级	1级	2级	3级	4级	5级	6级	7级	8级
面积（m²）	52 798 942.9	170 086 978.7	470 367 691.0	1 575 398 683.7	2 577 114 354.5	1 923 371 323.6	813 098 792.3	307 973 733.3
百分比（%）	0.67	2.16	5.96	19.97	32.66	24.38	10.31	3.90

3. 结果确定

结合此次得到的耕地质量等级图，将评价结果与调查表中农户近 3 年的冬小麦和夏玉米产量进行对比分析，同时专家进行论证，表明沧州本次耕地质量评价结果与当地实际情况吻合。

任丘市耕地质量等级图

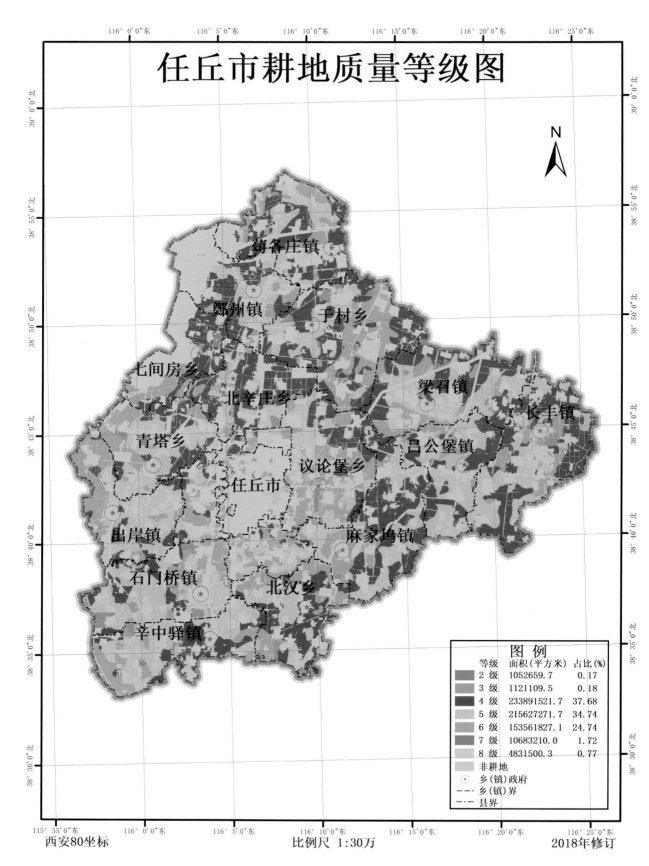

图 例		
等级	面积（平方米）	占比（%）
2 级	1052659.7	0.17
3 级	1121109.5	0.18
4 级	233891521.7	37.68
5 级	215627271.7	34.74
6 级	153561827.1	24.74
7 级	10683210.0	1.72
8 级	4831500.3	0.77
非耕地		
⊙ 乡（镇）政府		
—— 乡（镇）界		
—·—· 县界		

西安80坐标　　　　　　　　比例尺 1:30万　　　　　　　　2018年修订

任丘市耕地质量等级

1. 耕地基本情况

任丘市属暖温带亚湿润大陆性季风型气候，大陆性气候显著，四季分明。由于气候和降水影响，造成本市土壤耕层质地多变，土体质地层次明显，但土壤类型较少，只有潮土类和沼泽土类2类。全县土地总面积中耕地占64.02%，林地占3.63%，园地占1.53%，草地占1.88%，建设用地占20.65%，水域及水利设施用地占8.29%，其他用地占0.01%。耕地的总面积为620 769 100.0 m²（931 153.7亩），主要种植作物为小麦、玉米、高粱、谷子等。

2. 耕地质量等级划分

利用县域耕地资源管理信息系统，采用层次分析法，求取任丘市耕地综合评价指数在0.668 441～0.858 493范围。按照河北省耕地质量等级标准，耕地等级划分为2、3、4、5、6、7、8等地，面积分别为1 052 659.7、1 121 109.5、233 891 521.7、215 627 271.7、153 561 827.1、10 683 210.0、4 831 500.3 m²（见表）。通过加权平均，该市耕地质量平均等级为4.92。

任丘市耕地质量等级统计表

等级	2级	3级	4级	5级	6级	7级	8级
面积（m²）	1 052 659.7	1 121 109.5	233 891 521.7	215 627 271.7	153 561 827.1	10 683 210.0	4 831 500.3
百分比（%）	0.17	0.18	37.68	34.74	24.74	1.72	0.77

3. 耕地属性特征及利用建议

（1）耕地属性特征 任丘市耕地灌溉能力处于"满足"状态，排水能力处于"满足"状态。耕层厚度平均值为20 cm，地形部位为低平原区。耕地无盐渍化，无明显障碍因素。耕层质地为轻壤、中壤、砂壤和重壤，分别占取样点的42.13%、46.19%、1.52%和10.15%。有机质平均含量为13.50 g/kg，其中19.29%的取样点有机质低于10 g/kg，只有5.08%取样点有机质含量高于20 g/kg。有效磷平均含量为16.97 mg/kg，其中15.23%低于10 mg/kg。速效钾平均含量为83.79 mg/kg，其中只有13.71%高于100 mg/kg。该市耕地有机质含量整体偏低，有效磷含量整体偏低，速效钾含量整体偏低。

（2）耕地利用建议 一是改造现有水利设施，大力发展节水灌溉，逐步实现管道输水、滴灌、微灌等节水灌溉措施，提高灌溉保证率、提高水分利用效率。二是推广测土配方施肥技术，注意氮磷钾及微量元素的配比，开展增施有机肥、种植绿肥、秸秆还田工作，稳步提升土壤有机质含量、改善土壤物理性状、提高磷的有效性、降低土壤pH值，提高土壤肥力。三是进行农田林网建设，改善农田小气候，减轻干热风和倒春寒、霜冻、沙尘暴等灾害性气候危害，减少水土流失，提升耕地质量。

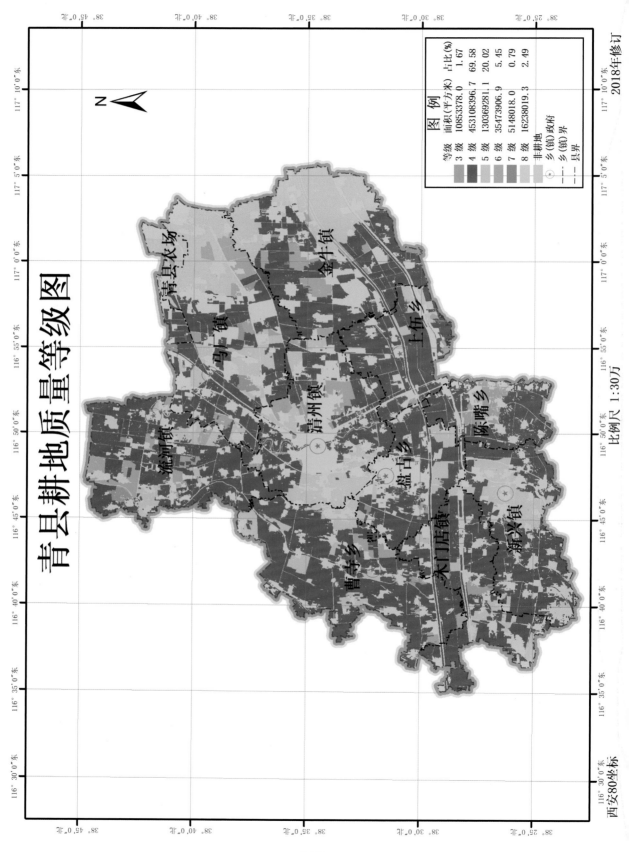

青县耕地质量等级图

青县耕地质量等级

1. 耕地基本情况

青县气候属温带半湿润大陆性季风气候，四季分明。青县位于华北平原东部，境内地势平缓，分为准缓岗、低平地、微斜平地、洼地四个组成部分。由于境内地貌比较单一，地势平缓，气候条件及水热状况都无明显的分异，因而土壤类型简单，分为潮土和盐土 2 类。全县土地总面积中耕地占 74.45%，园地占 2.87%，林地占 2.17%，草地占 1.73%，建设用地占 14.09%，水域及水利设施用地占 4.69%。耕地的总面积为 651 191 000.0 m^2（976 786.5 亩），主要种植作物为小麦、玉米、花生、蔬菜、果树等。

2. 耕地质量等级划分

利用县域耕地资源管理信息系统，采用层次分析法，求取该县耕地综合评价指数在 0.626 88 ～ 0.840 36 范围。按照河北省耕地质量等级标准，耕地等级划分为 3、4、5、6、7、8 等地，面积分别为 10 853 378.0、453 108 396.7、130 369 281.1、35 473 906.9、5 148 018.0、16 238 019.3 m^2（见表）。通过加权平均，该县耕地质量平均等级为 4.42。

青县耕地质量等级统计表

等级	3 级	4 级	5 级	6 级	7 级	8 级
面积（m^2）	10 853 378.0	453 108 396.7	130 369 281.1	35 473 906.9	5 148 018.0	16 238 019.3
百分比（%）	1.67	69.58	20.02	5.45	0.79	2.49

3. 耕地属性特征及利用建议

（1）耕地属性特征 青县耕地灌溉能力大多数处于"基本满足"到"充分满足"状态，排水能力基本处于"满足"状态。耕层厚度平均值为 20 cm，地形部位为交接洼地。多数耕地无盐渍化，只有一小部分存在轻度、中度或重度盐渍化，无明显障碍因素。耕层质地为轻壤、中壤、粘质、黏土和砂壤，分别占到取样点的 23.08%、56.28%、1.21%、19.03% 和 0.40%。有机质平均含量为 11.27 g/kg，其中 36.44% 的取样点有机质低于 10 g/kg，取样点有机质含量最高 19.3 g/kg。有效磷平均含量为 17.53 mg/kg，其中 17.81% 低于 10 mg/kg。速效钾平均含量为 112.15 mg/kg，其中 64.37% 高于 100 mg/kg。该县耕地有机质含量整体偏低，磷含量整体中等偏低，速效钾含量中等水平。

（2）耕地利用建议 一是建立节水型农业种植结构，大力发展节水抗旱品种，实施农田水利设施改造提升工程，大力发展节水灌溉，逐步实现管道输水、滴灌、微灌等节水灌溉措施，提高灌溉保证率、提高水分利用效率。二是推广测土配方施肥技术，合理确定氮、磷、钾及微量元素施用量，开展增施有机肥、种植绿肥、秸秆还田工作，稳步提升土壤有机质含量、改善土壤物理性状、提高磷的有效性，提高土壤肥力。三是平整土地，加强排水，增施有机肥，种植耐盐碱农作物等措施。

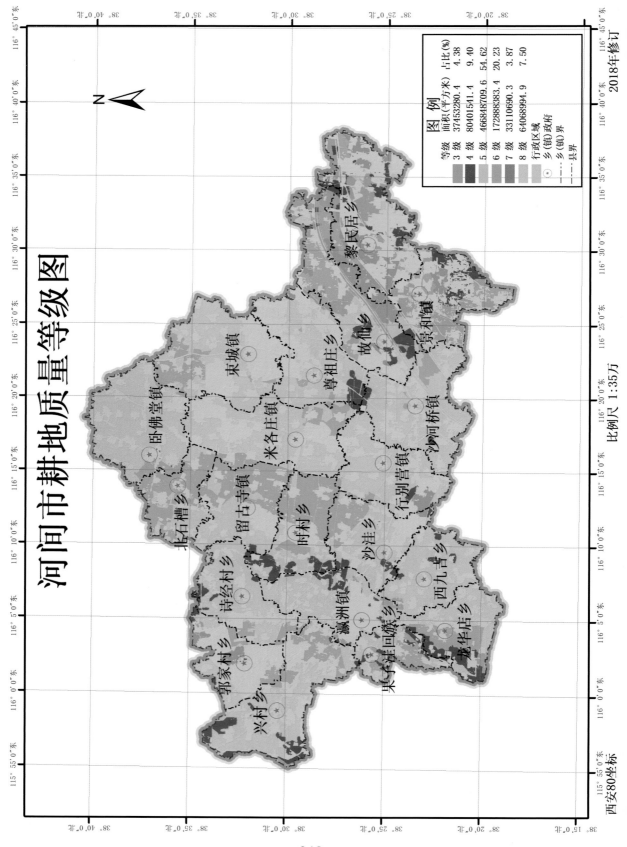

河间市耕地质量等级图

河间市耕地质量等级

1．耕地基本情况

河间市属典型的大陆性季风气候，受季风影响，四季分明，该市处于太行山东麓山前平原和渤海西岸滨海平原之间的低平原区。由于大地貌单一，各种成土条件差异不很大，因此河间市土壤类型较简单，只有潮土、风沙土2类。全县土地总面积中耕地占67.74%，园地占5.73%，林地占5.49%，草地占1.67%，建设用地占16.10%，水域及水利设施用地占3.15%，其他土地占0.12%。耕地的总面积为854 771 600.0 m²（1 282 157.4亩），主要种植作物为小麦、玉米、谷子、大豆、红薯、棉花、花生和各种瓜果，"金丝小枣""玻璃芹菜"享誉各地。

2．耕地质量等级划分

利用县域耕地资源管理信息系统，采用层次分析法，求取该市耕地综合评价指数在0.684 16～0.833 20范围。按照河北省耕地质量等级标准，耕地等级划分为3、4、5、6、7、8等地，面积分别为37 453 280.4、80 401 541.4、466 848 709.6、172 888 383.4、33 110 690.3、64 068 994.9 m²（见表）。通过加权平均，该市耕地质量平均等级为5.32。

河间市耕地质量等级统计表

等级	3级	4级	5级	6级	7级	8级
面积（m²）	37 453 280.4	80 401 541.4	466 848 709.6	172 888 383.4	33 110 690.3	64 068 994.9
百分比（%）	4.38	9.40	54.62	20.23	3.87	7.50

3．耕地属性特征及利用建议

（1）耕地属性特征　河间市耕地灌溉能力大多数处于"基本满足"和"满足"状态，排水能力基本处于"基本满足"状态。耕层厚度平均值为20 cm，地形部位为平原和河滩高地。耕地无盐渍化，无明显障碍因素。耕层质地为轻壤、中壤、粘壤、砂壤和砂土，分别占取样点的72.97%、22.01%、0.77%、3.86%和0.39%。有机质平均含量为9.85 g/kg，其中59.07%的取样点有机质低于10 g/kg，只有0.77%的取样点有机质含量高于20 g/kg。有效磷平均含量为11.94 mg/kg，其中50.58%低于10 mg/kg。速效钾平均含量为136.86 mg/kg，其中81.85%高于100 g/kg。该市水资源不足、灌溉保证率低，有机质含量整体偏低，有效磷含量整体偏低，速效钾含量整体中等偏高。

（2）耕地利用建议　一是改造现有水利设施，大力发展节水灌溉，逐步实现管道输水、滴灌、微灌等节水灌溉措施，提高灌溉保证率、提高水分利用效率。二是推广测土配方施肥技术，实现平衡施肥，开展秸秆还田以增加土壤活性，提高土壤抗逆性，提高地力，稳步提升土壤有机质含量、改善土壤物理性状、提高土壤养分的有效性，降低土壤pH值，提高土壤肥力。

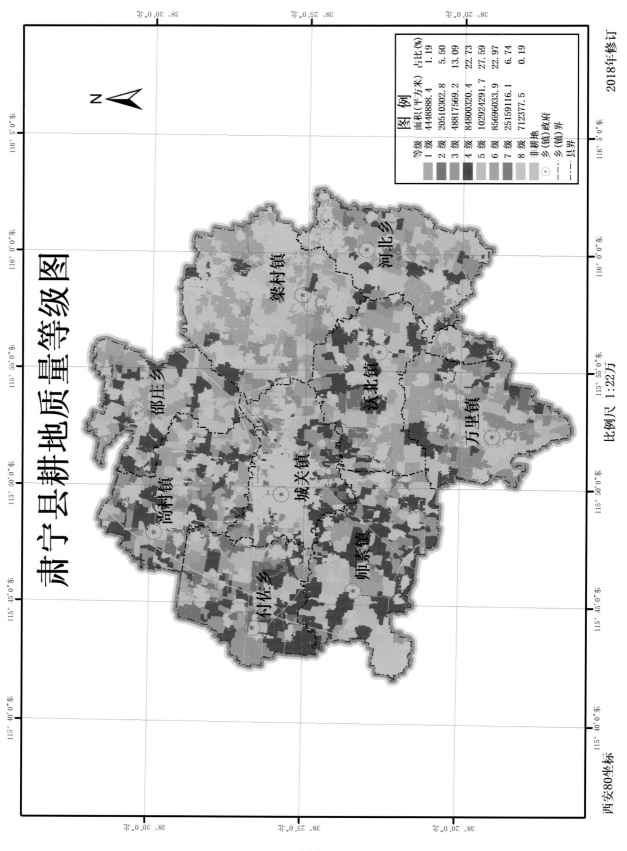

肃宁县耕地质量等级图

N

等级	面积(平方米)	占比(%)
1级	4448888.4	1.19
2级	20510302.8	5.50
3级	48817569.2	13.09
4级	84800320.4	22.73
5级	102924291.7	27.59
6级	85696033.9	22.97
7级	25159116.1	6.74
8级	712377.5	0.19
非耕地		
乡(镇)政府		
乡(镇)界		
县界		

梁村镇

河北乡

邵庄乡

尚村镇

窝北镇

万里镇

城关镇

师素镇

村佐乡

肃宁县耕地质量等级

1. 耕地基本情况

肃宁县属暖温带亚湿润大陆性季风气候。四季分明，光照充足，热量丰富，雨热同季。全县地处海河流域黑龙港地区，属海河水系洪积冲积平原。地势低平、多洼淀，境内地貌类型较为单一，土壤类型简单，只有潮土1个土类，主要土种有：轻壤质潮土、中壤质潮土、粘质潮土、轻度盐化潮土。全县土地面积中耕地占74.17%，园地占4.18%，林地占1.29%，草地占1.07%，建设用地占17.79%，其他土地占1.50%。耕地的总面积为373 068 900.0 m²（559 603.4亩），主要种植作物为小麦、玉米、薯类、豆类、蔬菜、瓜类、花生、果树等。

2. 耕地质量等级划分

利用县域耕地资源管理信息系统，采用层次分析法，求取该县耕地综合评价指数在0.693 436～0.907 638范围。按照河北省耕地质量等级标准，耕地等级划分为1、2、3、4、5、6、7、8等地，面积分别为4 448 888.4、20 510 302.8、48 817 569.2、84 800 320.4、102 924 291.7、85 696 033.9、25 159 116.1、712 377.5 m²（见表）。通过加权平均，该县耕地质量平均等级为4.67。

肃宁县耕地质量等级统计表

等级	1级	2级	3级	4级	5级	6级	7级	8级
面积（m²）	4 448 888.4	20 510 302.8	48 817 569.2	84 800 320.4	102 924 291.7	85 696 033.9	25 159 116.1	712 377.5
百分比（%）	1.19	5.50	13.09	22.73	27.59	22.97	6.74	0.19

3. 耕地属性特征及利用建议

（1）耕地属性特征　肃宁县耕地灌溉能力处于"基本满足"和"满足"状态，排水能力处于"基本满足"状态。耕层厚度平均值为20 cm，地形部位为洪冲积扇。耕地无盐渍化，无明显障碍因素。耕层质地为轻壤、中壤、黏土和砂壤，分别占取样点的58.27%、29.92%、8.66%和3.15%。有机质平均含量为15.02 g/kg，其中3.13%的取样点有机质低于10 g/kg，只有6.25%有机质含量高于20 g/kg。有效磷平均含量为13.78 mg/kg，其中51.56%取样点低于10 mg/kg。速效钾平均含量为123.24 mg/kg，其中63.28%取样点高于100 mg/kg。该县耕地有机质含量整体偏低，有效磷含量整体偏低，速效钾含量中等。

（2）耕地利用建议　一是改造现有水利设施，大力发展节水灌溉，逐步实现管道输水、滴灌、微灌等节水灌溉措施，提高灌溉保证率、提高水分利用效率。二是开展增施有机肥、种植绿肥、秸秆还田工作，稳步提升土壤有机质含量、改善土壤物理性状、提高磷的有效性、降低土壤pH值，提高土壤肥力。推广测土配方施肥技术，实现平衡施肥，稳步提高土壤肥力。三是加强治理盐化潮土，主要措施为：排水洗盐，大水压盐；适应种植及合理耕作；化学改良。

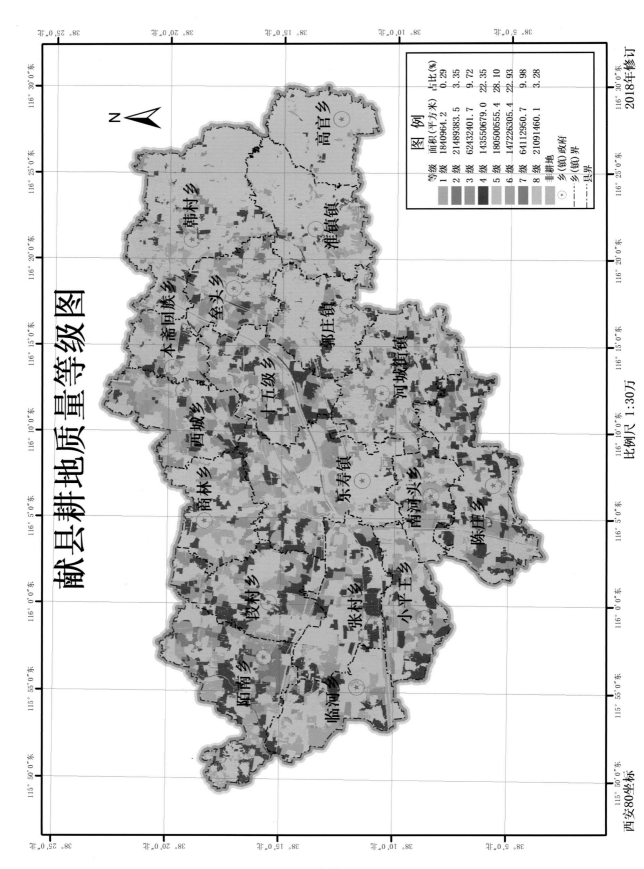

献县耕地地质量等级图

图	例	
等级	面积(平方米)	占比(%)
1级	1840964.2	0.29
2级	21489383.5	3.35
3级	62432401.7	9.72
4级	143550679.0	22.35
5级	180500555.4	28.10
6级	147226305.4	22.93
7级	64112950.7	9.98
8级	21091460.1	3.28
非耕地		
⊛ 乡(镇)政府		
------- 乡(镇)界		
—·—·— 县界		

2018年修订

比例尺 1:30万

西安80坐标

献县耕地质量等级

1. 耕地基本情况

献县属温带大陆性季风气候，春夏秋冬四季分明。献县地处华北平原沉降区东部，为冀中平原腹地，地势平坦，全县分为缓岗、准缓岗、二坡地、蝶状洼地、浅平洼地、半固定沙丘几组成部分。该市地质地貌单一，成土母质简单，水热条件变化不大，使得全县土壤类型简单，分为潮土和风积土。全县土地总面积中耕地占57.79%，林地占4.20%，园地占18.01%，草地占1.61%，建设用地占14.25%，水域及水利设施用地占3.09%，其他用地占1.05%。耕地的总面积为642 244 700.0 m²（963 367.1亩），主要种植作物为小麦、玉米、棉花、蔬菜、果树等。

2. 耕地质量等级划分

利用县域耕地资源管理信息系统，采用层次分析法，求取该县耕地综合评价指数在0.637 753～0.887 261范围。按照河北省耕地质量等级标准，耕地等级划分为1、2、3、4、5、6、7、8等地，面积分别为1 840 964.2、21 489 383.5、62 432 401.7、143 550 679.0、180 500 555.4、147 226 305.4、64 112 950.7、21 091 460.1 m²（见表）。通过加权平均，该县耕地质量平均等级为5.00。

献县耕地质量等级统计表

等级	1级	2级	3级	4级	5级	6级	7级	8级
面积（m²）	1 840 964.2	21 489 383.5	62 432 401.7	143 550 679.0	180 500 555.4	147 226 305.4	64 112 950.7	21 091 460.1
百分比（%）	0.29	3.35	9.72	22.35	28.10	22.93	9.98	3.28

3. 耕地属性特征及利用建议

（1）耕地属性特征　献县耕地灌溉能力处于"基本满足"和"满足"状态，排水能力基本处于"基本满足"状态。耕层厚度平均值为20 cm，地形部位为平原。多数耕地无盐渍化，只有一小部分存在轻度、中度或重度盐渍化，无明显障碍因素。耕层质地为轻壤、砂壤、中壤和黏土，分别占取样点的49.24%、11.17%、27.41%和12.18%。有机质平均含量为15.05 g/kg，其中6.77%的取样点有机质低于10 g/kg，只有12.5%取样点有机质含量高于20 g/kg。有效磷平均含量为15.80 mg/kg，其中17.71%低于10 mg/kg。速效钾平均含量为116.53 mg/kg，其中71.88%高于100 mg/kg。该县耕地有机质含量整体偏低，有效磷含量整体偏低，速效钾含量中等水平。

（2）耕地利用建议　一是推广旱作农业技术，同时调整农作物的种植结构，推广耐旱品种，发展经济类节水作物。二是恢复和建立完善的排灌系统，搞好以平田整地为中心的农田基本建设，修建防渗渠道、地下管灌输水、水肥一体化等节水设施。三是通过深耕增施有机肥等农艺措施，改善农田保水、蓄水、供肥能力。四是推行有机、无机肥料相结合的施肥方式，以改善耕地土壤物理、化学性状，提高耕地土壤保肥、供肥的能力，改善土壤结构，逐步提高土壤养分含量并协调土壤养分比例，在满足作物生长对养分需求的同时，使耕地土壤养分含量得到逐步提高。

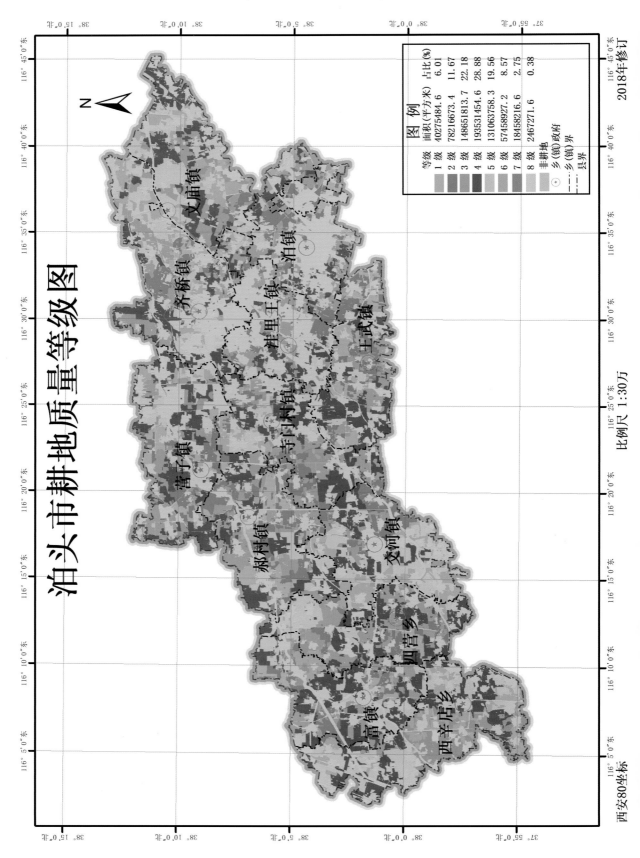

泊头市耕地地质量等级图

N

2018年修订

比例尺 1:30万

西安80坐标

图 例

等级	面积（平方米）	占比（%）
1 级	40275484.6	6.01
2 级	78216673.4	11.67
3 级	148651813.7	22.18
4 级	193531454.6	28.88
5 级	131063758.3	19.56
6 级	57458927.2	8.57
7 级	18458216.6	2.75
8 级	2467271.6	0.38

非耕地
乡（镇）政府
乡（镇）界
县界

文庙镇
齐桥镇
泊镇
君里王镇
王武镇
寺门村镇
营子镇
郝村镇
交河镇
洼营乡
富镇镇
西辛店乡

泊头市耕地质量等级

1. 耕地基本情况

泊头市属暖温带半湿润大陆性季风气候区，又属冀南暖湿轻干旱区，属华北冲积平原的一部分，地势平坦，主要的母质类型是河流冲击物。该市地质地貌单一，成土母质简单，水热条件变化不大，使得全市土壤类型简单，只有潮土类。全市土地总面积中耕地占 70.55%，园地占 5.5%，林地占 3.49%，草地占 1.62%，建设用地占 15.53%，水域及水利设施用地占3.31%。耕地的总面积为 670 123 600.0 m²（1 005 185.4 亩），主要种植作物为小麦、玉米、棉花、果树等。

2. 耕地质量等级划分

利用县域耕地资源管理信息系统，采用层次分析法，求取该市耕地综合评价指数在0.693 231 ~ 0.901 132 范围。按照河北省耕地质量等级标准，耕地等级划分为1、2、3、4、5、6、7、8 等地，面积分别为 40 275 484.6、78 216 673.4、148 651 813.7、193 531 454.6、131 063 758.3、57 458 927.2、18 458 216.6、2 467 271.6 m²（见表）。通过加权平均，该市耕地质量平均等级为 3.83。

泊头市耕地质量等级统计表

等级	1级	2级	3级	4级	5级	6级	7级	8级
面积（m²）	40 275 484.6	78 216 673.4	148 651 813.7	193 531 454.6	131 063 758.3	57 458 927.2	18 458 216.6	2 467 271.6
百分比（%）	6.01	11.67	22.18	28.88	19.56	8.57	2.75	0.38

3. 耕地属性特征及利用建议

（1）耕地属性特征　泊头市耕地灌溉能力处于"基本满足"和"满足"状态，排水能力处于"基本满足"状态。耕层厚度平均值为 20 cm，地形部位为河流冲积平原。耕地无盐渍化，无明显障碍因素。耕层质地为中壤和轻壤，分别占取样点的 62.91% 和 37.09%。有机质平均含量为 16.03 g/kg，其中 4.23% 的取样点有机质低于 10 g/kg，只有 14.08% 取样点有机质含量高于 20 g/kg。有效磷平均含量为 15.41 mg/kg，其中 38.97% 低于 10 mg/kg。速效钾平均含量为 173.12 mg/kg，其中 93.90% 高于 100 mg/kg。该市有机质含量整体偏低，有效磷含量整体偏低，速效钾含量中等偏高水平。

（2）耕地利用建议　一是改造现有水利设施，大力发展节水灌溉，逐步实现管道输水、滴灌、微灌等节水灌溉措施，提高灌溉保证率、提高水分利用效率。二是开展增施有机肥、种植绿肥、秸秆还田工作，稳步提升土壤有机质含量、改善土壤物理性状、提高磷的有效性、降低土壤 pH 值，提高土壤肥力。三是推广测土配方施肥技术，实现平衡施肥，稳步提高土壤肥力。

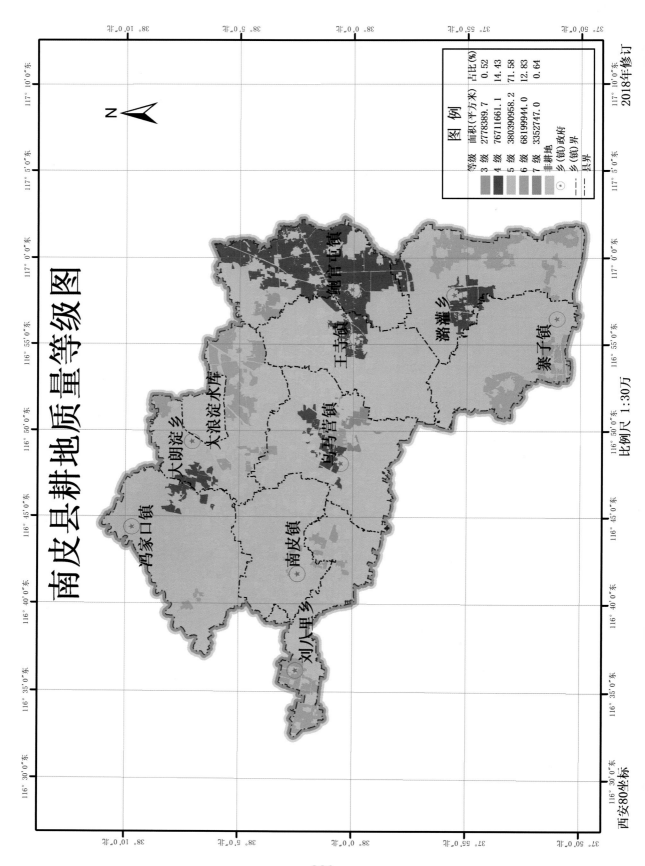

南皮县耕地地质量等级图

图 例		
等级	面积(平方米)	占比(%)
3级	2778389.7	0.52
4级	76711661.1	14.43
5级	380390958.2	71.58
6级	68199944.0	12.83
7级	3352747.0	0.64
非耕地		
⊙ 乡(镇)政府		
--- 乡(镇)界		
--- 县界		

2018年修订

比例尺 1:30万

西安80坐标

南皮县耕地质量等级

1.耕地基本情况

南皮县处于暖温带半湿润大陆季风气候区，受季风环流控制，冬季寒冷少雪，春季干燥多风，夏季炎热多雨，秋季以晴为主。地势平坦，土层深厚，土质疏松，境内主要河道有漳卫新河、南运河、宣惠河等河流，成土母质为河流的冲积物。全县土壤类型分别为潮土和盐土2个土类。全县土地以总面积中耕地占73.74%，林地占3.24%，园地占2.91%，草地占0.72%，建设用地占14.58%，水域及水利设施用地占4.73%，其他用地占0.09%。耕地的总面积为531 433 700.0 m²（797 150.6 亩），主要种植作物为玉米、小麦、棉花，其他作物有高粱、花生、薯类、豆类、蔬菜等。

2.耕地质量等级划分

利用县域耕地资源管理信息系统，采用层次分析法，求取该县耕地综合评价指数在0.753 06～0.882 59范围。按照河北省耕地质量等级标准，耕地等级划分为3、4、5、6、7等地面积分别为2 778 389.7、76 711 661.1、380 390 958.2、68 199 944.0、3 352 747.8 m²（见表）。通过加权平均，该县耕地质量平均等级为4.99。

南皮县耕地质量等级统计表

等级	3级	4级	5级	6级	7级
面积（m²）	2 778 389.7	76 711 661.1	380 390 958.2	68 199 944.0	3 352 747.0
百分比（%）	0.52	14.43	71.58	12.83	0.64

3.耕地属性特征及利用建议

（1）耕地属性特征　南皮县耕地灌溉能力基本处于"满足"状态，少部分旱地处于"不满足"状态，排水能力处于"满足"状态，地形部位为交接洼地。多数耕地无盐渍化，只有一小部分存在轻度盐渍化，无明显障碍因素。耕层质地为轻壤、中壤和砂壤，分别占取样点的34.94%、61.45%和3.61%。有机质平均含量为13.04 g/kg，其中4.01%的取样点有机质低于10 g/kg，只有1.2%有机质含量高于20 g/kg。有效磷平均含量为18.96 mg/kg，其中16.87%取样点低于10 mg/kg。速效钾平均含量为154.25 mg/kg，其中83.53%取样点高于100 mg/kg。该县耕地有机质含量整体偏低，有效磷含量整体中等偏低，速效钾含量中等偏高水平。

（2）耕地利用建议　一是改造现有水利设施，大力发展节水灌溉，逐步实现管道输水、滴灌、微灌等节水灌溉措施，提高灌溉保证率、提高水分利用效率。二是开展增施有机肥、种植绿肥、秸秆还田工作，稳步提升土壤有机质含量、改善土壤物理性状、提高磷的有效性，降低土壤pH值，提高土壤肥力。三是推广测土配方施肥技术，实现平衡施肥，稳步提高土壤肥力。

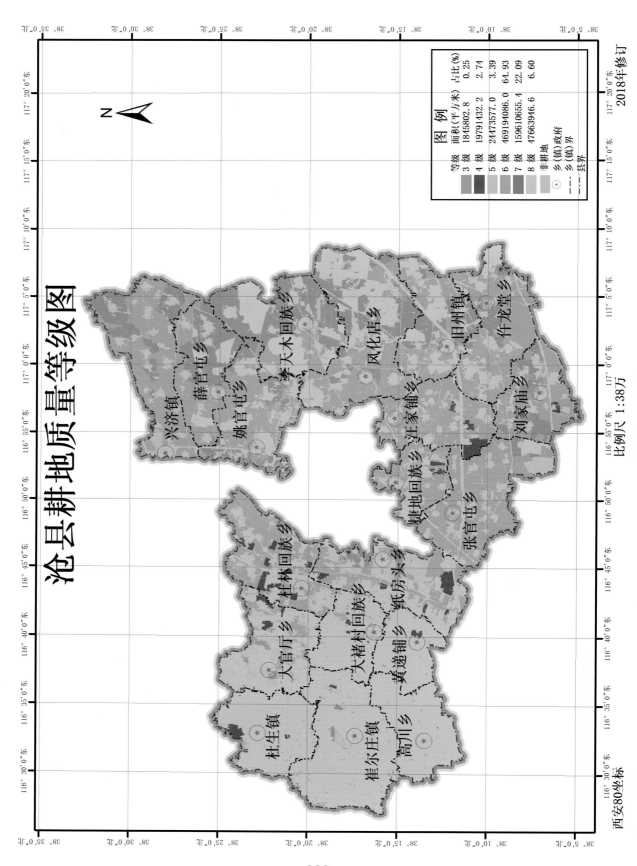

沧县耕地质量等级图

图 例		
等级	面积（平方米）	占比（%）
3 级	1845802.8	0.25
4 级	19791432.2	2.74
5 级	24473577.0	3.39
6 级	469194086.0	64.93
7 级	159610655.4	22.09
8 级	47663946.6	6.60
非耕地		

乡（镇）政府
乡（镇）界
县界

比例尺 1:38万

西安80坐标

沧县耕地质量等级

1. 耕地基本情况

沧县属暖温带半湿润大陆季风气候，四季分明，温度适中。属于华北冲积平原的一部分，整个地形西南高东北低，属于冲积平原向滨海平原过渡地带，海拔较低，全县整体气候变化和差异不大。成土母质均为河流冲积物，全县土壤类型较少，只有潮土类和盐土类。全县土地总面积中耕地占 56.41%，园地占 23.47%，林地占 0.46%，建设用地占 14.57%，水域及水利设施用地占 5.09%。耕地的总面积为 722 579 500.0 m²（1 083 869.3 亩），主要种植作物为玉米、小麦、大豆、高粱等。

2. 耕地质量等级划分

利用县域耕地资源管理信息系统，采用层次分析法，求取该县耕地综合评价指数在 0.753 06 ~ 0.882 59 范围。按照河北省耕地质量等级标准，耕地等级划分为 3、4、5、6、7、8 等地，面积分别为 1 845 802.8、19 791 432.2、24 473 577.0、469 194 086.0、159 610 655.4、47 663 946.6 m²（见表）。通过加权平均，该县耕地质量平均等级为 6.26。

沧县耕地质量等级统计表

等级	3级	4级	5级	6级	7级	8级
面积（m²）	1 845 802.8	19 791 432.2	24 473 577.0	469 194 086.0	159 610 655.4	47 663 946.6
百分比（%）	0.25	2.74	3.39	64.93	22.09	6.60

3. 耕地属性特征及利用建议

（1）耕地属性特征　沧县耕地灌溉能力大多数处于"不满足"状态，排水能力处于"基本满足"状态。耕层厚度平均值为 20 m，地形部位为交接洼地。多数耕地无盐渍化，只有一小部分存在轻度、中度或重度盐渍化，无明显障碍因素。耕层质地为中壤、轻壤和重壤，分别占取样点的 72.12%、20.08% 和 7.78%。有机质平均含量为 12.52 g/kg，其中 9.02% 的取样点有机质低于 10 g/kg，取样点有机质含量最高 17.90 g/kg。有效磷平均含量为 13.88 mg/kg，其中 7.79% 低于 10 mg/kg。速效钾平均含量为 129.43 mg/kg，其中 86.89% 高于 100 mg/kg。该县水资源不足、灌溉保证率低，有机质含量整体偏低，有效磷含量整体偏低，速效钾含量中等。

（2）耕地利用建议　一是改造现有水利设施，大力发展节水灌溉，逐步实现管道输水、滴灌、微灌等节水灌溉措施，提高灌溉保证率、提高水分利用效率。二是开展增施有机肥、种植绿肥、秸秆还田工作，稳步提升土壤有机质含量、改善土壤物理性状、提高磷的有效性，降低土壤 pH 值，提高土壤肥力。三是推广测土配方施肥技术，实现平衡施肥，稳步提高土壤肥力。四是平整土地，加强排水，增施有机肥种植耐盐碱农作物等措施。

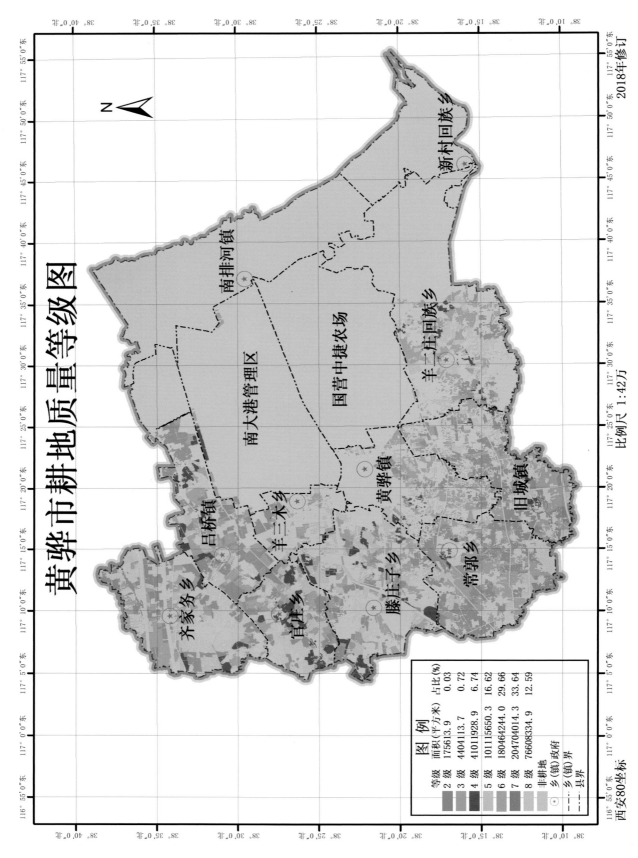

黄骅市耕地质量等级图

图 例		
等级	面积(平方米)	占比(%)
2 级	175613.9	0.03
3 级	4404113.7	0.72
4 级	41011928.9	6.74
5 级	101115650.3	16.62
6 级	180464244.0	29.66
7 级	204704014.3	33.64
8 级	76608334.9	12.59
非耕地		
⊙ 乡(镇)政府		
─·─· 乡(镇)界		
──── 县界		

2018年修订
比例尺 1:42万
西安80坐标

黄骅市耕地质量等级

1. 耕地基本情况

黄骅市属暖温带半湿润大陆性季风气候，四季分明，光照充足，雨热同季。全县大地貌为海退和河流淤积而成的低平原。全市土壤类型主要有潮土、盐土和沼泽土3个土类。全县土地总面积中耕地占 53.33%，林地占 0.12%，园地占 2.31%，草地占 1.21%，建设用地占 19.69%，水域及水利设施用地占 13.94%，其他土地占 9.40%。耕地的总面积为 766 993 300.0 m^2（1 150 490.0 亩），主要种植作物为小麦、玉米、高粱、谷子等。

2. 耕地质量等级划分

利用县域耕地资源管理信息系统，采用层次分析法，求取黄骅市耕地综合评价指数在 0.691 72～0.866 945 范围。按照河北省耕地质量等级标准，耕地等级划分为 2、3、4、5、6、7、8 等地，面积分别为 175 613.9、4 404 113.7、41 011 928.9、101 115 650.3、180 464 244.0、204 704 014.3、76 608 334.9 m^2（见表）。通过加权平均，该市耕地质量平均等级为 6.26。

黄骅市耕地质量等级统计表

等级	2级	3级	4级	5级	6级	7级	8级
面积（m^2）	175 613.9	4 404 113.7	41 011 928.9	101 115 650.3	180 464 244.0	204 704 014.3	76 608 334.9
百分比（%）	0.03	0.72	6.74	16.62	29.66	33.64	12.59

3. 耕地属性特征及利用建议

（1）耕地属性特征　黄骅市耕地灌溉能力处于"不满足"状态，排水能力处于"基本满足"状态。耕层厚度平均值为 20 cm，地形部位为滨海低平原。耕地基本无盐渍化，只有一小部分存在轻度盐渍化，无明显障碍因素。耕层质地为轻壤、中壤、粘壤和砂壤，分别占取样点的 59.44%、30.56%、9.44% 和 0.56%。有机质平均含量为 12.40 g/kg，其中 7.78% 的取样点有机质低于 10 g/kg，取样点有机质含量最高 16.60 g/kg。有效磷平均含量为 11.73 mg/kg，其中 32.22% 取样点低于 10 mg/kg。速效钾平均含量为 151.49 mg/kg，其中 96.11% 取样点高于 100 mg/kg。该市水资源不足、灌溉保证率低，有机质含量整体偏低，有效磷含量整体偏低，速效钾含量中等偏高。

（2）耕地利用建议　一是改造现有水利设施，大力发展旱作节水农业，有条件地块逐步实现管道输水、滴灌、微灌等节水灌溉措施，提高灌溉保证率、提高水分利用效率。二是开展增施有机肥、种植绿肥、秸秆还田工作，稳步提升土壤有机质含量、改善土壤物理性状、提高磷的有效性，降低土壤 pH 值，提高土壤肥力。

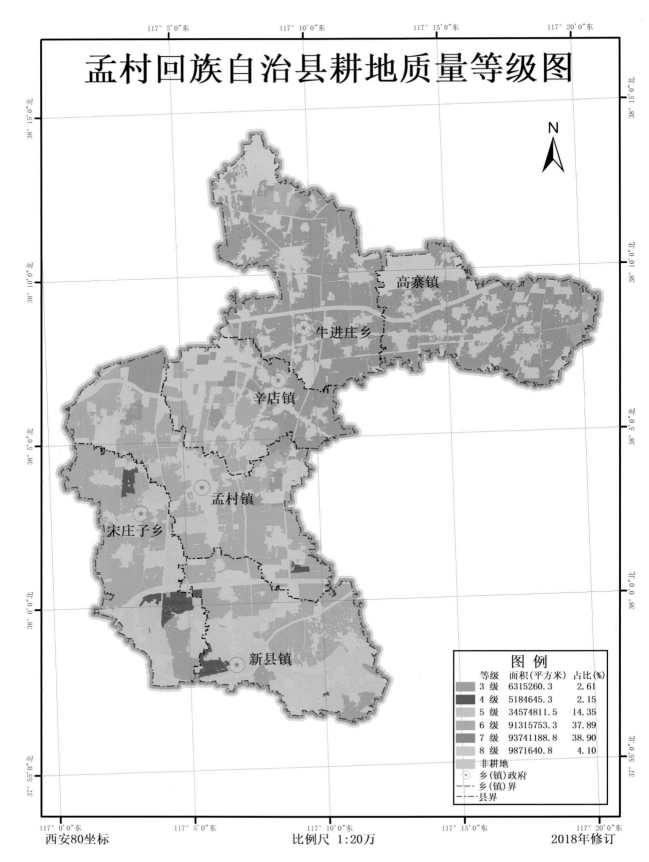

孟村回族自治县耕地质量等级图

117° 5′0″东　117° 10′0″东　117° 15′0″东　117° 20′0″东

N

高寨镇

牛进庄乡

辛店镇

孟村镇

宋庄子乡

新县镇

图　例		
等级	面积（平方米）	占比（%）
3 级	6315260.3	2.61
4 级	5184645.3	2.15
5 级	34574811.5	14.35
6 级	91315753.3	37.89
7 级	93741188.8	38.90
8 级	9871640.8	4.10
非耕地		
⊙ 乡（镇）政府		
— · — 乡（镇）界		
— · · — 县界		

西安80坐标　　　　　比例尺 1:20万　　　　　2018年修订

孟村回族自治县耕地质量等级

1. 耕地基本情况

孟村回族自治县（孟村县）属暖温带亚湿润大陆性季风型气候。地处河北平原东部冲积平原向渤海平原过渡地带，地势低平，微有起伏，形成高中有洼、洼中有岗的地貌。孟村县土壤类型只有潮土类。全县土地总面积中耕地占 71.71%，园地占 2.02%，林地占 2.40%，草地占 2.36%，建设用地占 16.15%，水域及水利设施用地占 5.36%。耕地的总面积为 241 003 300.0 m^2（361 505.0 亩），主要种植作物为小麦、玉米、棉花、果树等。

2. 耕地质量等级划分

利用县域耕地资源管理信息系统，采用层次分析法，求取该县耕地综合评价指数在 0.643 29 ~ 0.822 60 范围。按照河北省耕地质量等级标准，耕地等级划分为 3、4、5、6、7、8 等地，面积分别为 6 315 260.3、5 184 645.3、34 574 811.5、91 315 753.3、93 741 188.8、9 871 640.8 m^2（见表）。通过加权平均，该县耕地质量平均等级为 6.21。

孟村县耕地质量等级统计表

等级	3 级	4 级	5 级	6 级	7 级	8 级
面积（m^2）	6 315 260.3	5 184 645.3	34 574 811.5	91 315 753.3	93 741 188.8	9 871 640.8
百分比（%）	2.61	2.15	14.35	37.89	38.90	4.10

3. 耕地属性特征及利用建议

（1）耕地属性特征　孟村县耕地灌溉能力半数以上处于"不满足"状态，剩余地块处于"基本满足"状态，排水能力基本处于"基本满足"状态。耕层厚度平均值为 20 cm，地形部位为交接洼地。多数耕地无盐渍化，只有部分存在轻度盐渍化，无明显障碍因素。耕层质地为中壤、砂壤和轻壤，分别占取样点的 65.71%、2.86% 和 31.43%。有机质平均含量为 12.06 g/kg，其中 25.71% 的取样点有机质低于 10 g/kg，只有 1.43% 取样点有机质含量高于 20 g/kg。有效磷平均含量为 13.97 mg/kg，其中 24.29% 低于 10 mg/kg。速效钾平均含量为 137.92 mg/kg，其中 85.71% 高于 100 mg/kg。该县水资源不足、灌溉保证率低，有机质含量整体偏低，有效磷含量整体偏低，速效钾含量中等偏高水平。

（2）耕地利用建议　一是建立节水型农业种植结构，大力发展节水抗旱品种，改造现有水利设施，大力发展节水灌溉，逐步实现管道输水、滴灌、微灌等节水灌溉措施，提高灌溉保证率、提高水分利用效率。二是开展增施有机肥、种植绿肥、秸秆还田工作，稳步提升土壤有机质含量、改善土壤物理性状、提高磷的有效性，提高土壤肥力。推广测土配方施肥技术，实现平衡施肥，稳步提高土壤肥力。三是调整作物布局，实行粮肥轮作和种植耐盐碱的经济作物，完善灌排系统，采用压盐、淋盐栽培技术，以提高土壤质量。

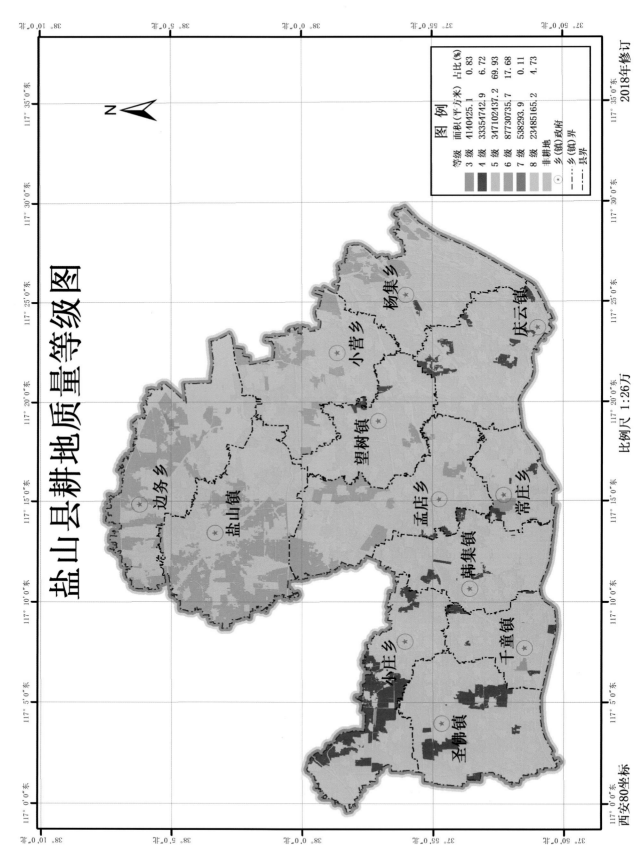

盐山县耕地地质量等级图

2018年修订

比例尺 1:26万

西安80坐标

图 例		
等级	面积(平方米)	占比(%)
3级	4140425.1	0.83
4级	33354742.9	6.72
5级	347102437.2	69.93
6级	87730735.7	17.68
7级	538293.9	0.11
8级	23485165.2	4.73

非耕地
乡(镇)政府
乡(镇)界
县界

杨集乡

小营乡

庆云镇

望树镇

边务乡

盐山镇

孟店乡

常庄乡

韩集镇

千童镇

小庄乡

圣佛镇

盐山县耕地质量等级

1. 耕地基本情况

盐山县地处河北平原东部滨海平原区，属温带季风气候，四季分明，光照充足。土壤主要的母质类型是河流冲积物，中小地貌类型有缓岗、二坡地、浅平洼地、小二坡地，系黄河、漳河冲积平原。由于大地貌的单一，各种成土条件差异不很大，因此盐山县土壤类型较简单，只有潮土和盐土两类。全县土地总面积中耕地占 73.04%，园地占 7.89%，林地占 0.63%，建设用地占 13.59%，水域及水利设施用地占 4.85%。耕地的总面积为 496 351 800.0 m^2（744 527.7 亩），主要种植的农作物有小麦、玉米、大豆、棉花、杂粮、蔬菜等。

2. 耕地质量等级划分

利用县域耕地资源管理信息系统，采用层次分析法，求取该县耕地综合评价指数在 0.659 69 ~ 0.869 75 范围。按照河北省耕地质量等级标准，耕地等级划分为 3、4、5、6、7、8 等地，面积分别为 4 140 425.1、33 354 742.9、347 102 437.2、87 730 735.7、538 294.9、23 485 165.2 m^2（见表）。通过加权平均，该县耕地质量平均等级为 5.24。

盐山县耕地质量等级统计表

等级	3 级	4 级	5 级	6 级	7 级	8 级
面积（m^2）	4 140 425.1	33 354 742.9	347 102 437.2	87 730 735.7	538 293.9	23 485 165.2
百分比（%）	0.83	6.72	69.93	17.68	0.11	4.73

3. 耕地属性特征及利用建议

（1）耕地属性特征　盐山县耕地灌溉能力大多数处于"基本满足"到"充分满足"状态，小部分处于"不满足"状态，排水能力基本处于"基本满足"到"充分满足"状态。耕层厚度平均值为 20 cm，地形部位为交接洼地和滨海低平地。多数耕地无盐渍化，只有一小部分存在轻度或中度盐渍化，无明显障碍因素。耕层质地为轻壤、中壤和重壤，分别占取样点的 71.08%、28.31% 和 0.60%。有机质平均含量为 12.58 g/kg，其中 4.82% 的取样点有机质低于 10 g/kg，取样点有机质含量最高 16.9 g/kg。有效磷平均含量为 14.31 mg/kg，其中 3.61% 取样点低于 10 mg/kg，取样点有效磷含量最高 18.90 mg/kg。速效钾平均含量为 123.73 mg/kg，其中 98.19% 取样点高于 100 mg/kg。该县水资源不足、灌溉保证率低，有机质含量整体偏低，有效磷含量整体偏低，速效钾含量中等水平。

（2）耕地利用建议　一是改造现有水利设施，大力发展节水灌溉，逐步实现管道输水、滴灌、微灌等节水灌溉措施，提高灌溉保证率、提高水分利用效率。二是通过深耕、轮作倒茬、增施农家肥料、种植绿肥等方式，改良土壤的理化性状及耕作性能，丰富植物营养元素，增加土壤保水保肥性，提高土壤肥力。

吴桥县耕地质量等级图

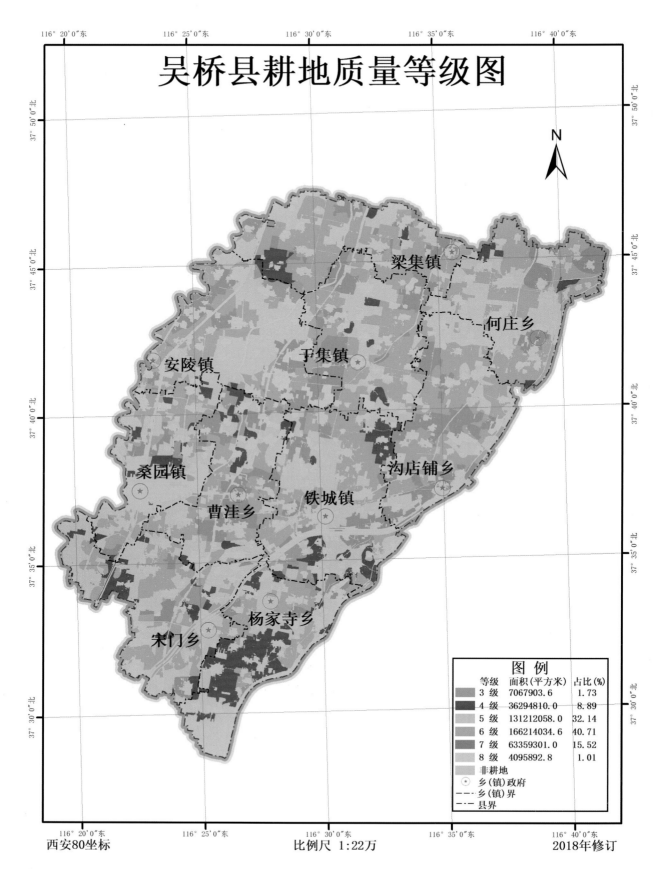

图 例		
等级	面积(平方米)	占比(%)
3 级	7067903.6	1.73
4 级	36294810.0	8.89
5 级	131212058.0	32.14
6 级	166214034.6	40.71
7 级	63359301.0	15.52
8 级	4095892.8	1.01
非耕地		
⊙ 乡(镇)政府		
---- 乡(镇)界		
--·-- 县界		

西安80坐标　　　　　　比例尺 1:22万　　　　　　2018年修订

吴桥县耕地质量等级

1. 耕地基本情况

吴桥县属于暖温带半湿润大陆性季风气候，四季分明，温度适中，日照充足，雨水集中。吴桥县位于华北平原黑龙港流域，全县均为平原，气候的变化和差异不大。吴桥县土壤是在各种成土因素的相互作用下形成的，由于大地貌的单一，所以导致了各种成土条件差异不很大，因此吴桥县土壤类型简单，属潮土类，再续分为潮土、褐化潮土和盐化潮土3个亚类。全县土地总面积中耕地占74.32%，园地占1.60%，林地占2.61%，草地占1.24%，建设用地占16.05%，水域及水利设施用地占4.17%。耕地的总面积为408 244 000.0 m²（612 366.0亩），主要种植作物为玉米、小麦、豆类、花生、蔬菜、果树等。

2. 质量评价等级划分

利用县域耕地资源管理信息系统，采用层次分析法，求取该县耕地综合评价指数在0.682 576～0.839 822范围。按照河北省耕地质量等级标准，耕地等级划分为3、4、5、6、7、8等地，面积分别为7 067 903.6、36 294 810.0、131 212 058.0、166 214 034.6、63 359 301.0、4 095 892.8 m²（见表）。通过加权平均，该县耕地质量平均等级为5.62。

吴桥县耕地质量等级统计表

等级	3级	4级	5级	6级	7级	8级
面积（m²）	7 067 903.6	36 294 810.0	131 212 058.0	166 214 034.6	63 359 301.0	4 095 892.8
百分比（%）	1.73	8.89	32.14	40.71	15.52	1.01

3. 资源属性特征及利用建议

（1）耕地属性特征　吴桥县耕地灌溉能力处于"基本满足"状态，排水能力处于"基本满足"和"满足"状态。耕层厚度平均值为18 cm，地形部位为开阔河湖冲沉积平原。耕地无盐渍化，无明显障碍因素。耕层质地以轻壤、中壤为主，占取样点的99.00%，1.00%的土壤为砂壤。有机质平均含量为13.14 g/kg，其中9.38%的取样点有机质低于10 g/kg，只有2.34%的取样点有机质含量高于20 g/kg。有效磷平均含量为14.47 mg/kg，其中14.84%低于10 mg/kg。速效钾平均含量为95.30 mg/kg，其中只42.97%高于100 mg/kg。该县水资源基本充足、灌溉保证率较高，有机质含量整体偏低，有效磷含量整体偏低，速效钾含量整体中等偏低。

（2）耕地利用建议　一是调整农业种植结构，推广节水品种、新技术。二是改造现有水利设施，大力发展节水灌溉，逐步实现管道输水、滴灌、微灌等节水灌溉措施，提高灌溉保证率、提高水分利用效率。三是推广测土配方施肥技术，合理施用氮磷钾，开展增施有机肥、种植绿肥、秸秆还田工作，稳步提升土壤有机质含量、改善土壤物理性状、提高养分的有效性，降低土壤pH值，提高土壤肥力。

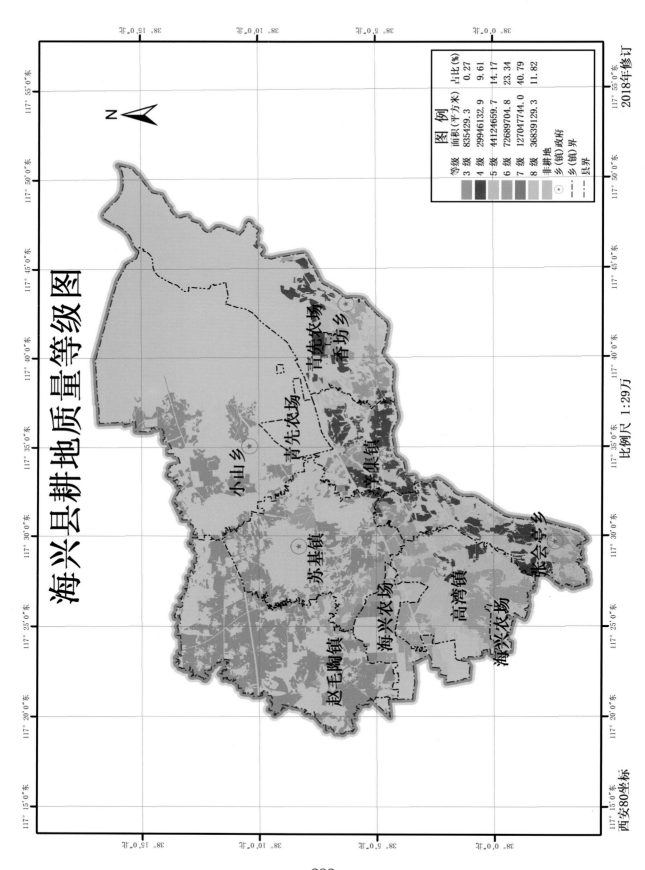

海兴县耕地地质量等级图

2018年修订

比例尺 1:29万

西安80坐标

图 例		
等级	面积(平方米)	占比(%)
3 级	835429.3	0.27
4 级	29946132.9	9.61
5 级	44124659.7	14.17
6 级	72689704.8	23.34
7 级	127047744.0	40.79
8 级	36839129.3	11.82
非耕地		
⊛ 乡(镇)政府		
—·— 乡(镇)界		
—— 县界		

小山乡

青先农场

青锋农场

香坊乡

辛集镇

苏基镇

赵毛陶镇

海兴农场

高湾镇

海兴农场

张会亭乡

海兴县耕地质量等级

1. 耕地基本情况

海兴县属暖温带亚湿润大陆性季风气候区。海兴县境地处渤海湾西岸，属河北平原东部的运东滨海平原的一部分，由古黄河、马颊河、海河水系沉积和海相沉积而成，低洼平坦。全县土壤类型有4类，分别为褐土、潮土、盐土、风沙土类。全县土地总面积中耕地占58.89%，园地占1.64%，林地占1.04%，草地占1.90%，建设用地占26.79%，水域及水利设施用地占9.67%。耕地的总面积为 311 482 800.0 m²（467 224.2 亩），主要种植作物为玉米、小麦、高粱、谷子等。

2. 耕地质量等级划分

利用县域耕地资源管理信息系统，采用层次分析法，求取该县耕地综合评价指数在0.571 444 ～ 0.830 401 范围。按照河北省耕地质量等级标准，耕地等级划分为3、4、5、6、7、8 等地，面积分别为835 429.3、29 946 132.9、44 124 659.7、72 689 704.8、127 047 744.0、36 839 129.3 m²（见表）。通过加权平均，该县耕地质量平均等级为6.30。

海兴县耕地质量等级统计表

等级	3级	4级	5级	6级	7级	8级
面积（m²）	835 429.3	29 946 132.9	44 124 659.7	72 689 704.8	127 047 744.0	36 839 129.3
百分比（%）	0.27	9.61	14.17	23.34	40.79	11.82

3. 耕地属性特征及利用建议

（1）耕地属性特征　海兴县耕地灌溉能力半数以上处于"不满足"状态，剩余地块处于"满足"状态，排水能力处于"不满足"到"基本满足"状态。耕层厚度平均值为 20 cm，地形部位为滨海低平地。耕地基本无盐渍化，只有一小部分存在轻度或中度盐渍化，无明显障碍因素。有机质平均含量为 11.94 g/kg，其中25.77% 的取样点有机质低于 10 g/kg，取样点有机质含量最高 17.4 g/kg。有效磷平均含量为 11.02 mg/kg，其中47.42% 低于 10 mg/kg。速效钾平均含量为 121.4 mg/kg，其中只有 69.07% 高于 100 mg/kg。该县水资源不足、灌溉保证率低，有机质含量整体偏低，有效磷含量整体偏低，速效钾含量整体中等。

（2）耕地利用建议　一是改造现有水利设施，大力发展节水灌溉，逐步实现管道输水、滴灌、微灌等节水灌溉措施，提高灌溉保证率、提高水分利用效率。二是开展增施有机肥、种植绿肥、秸秆还田工作，稳步提升土壤有机质含量、改善土壤物理性状、提高磷的有效性、降低土壤 pH 值，提高土壤肥力。三是推广测土配方施肥技术，实现平衡施肥，稳步提高土壤肥力。

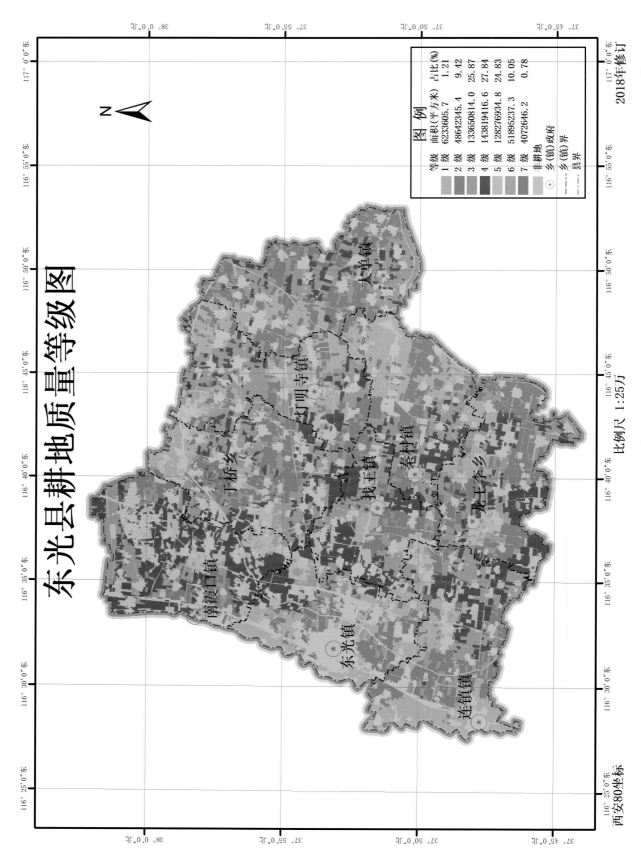

东光县耕地地质量等级图

2018年修订

图　例

等级	面积(平方米)	占比(%)
1 级	6233605.7	1.21
2 级	48642345.4	9.42
3 级	133650814.0	25.87
4 级	143819416.6	27.84
5 级	128276934.8	24.83
6 级	51895237.3	10.05
7 级	4072646.2	0.78

非耕地

⊙　乡(镇)政府

·－－－·　乡(镇)界

－－－　县界

比例尺 1:25万

西安80坐标

· 234 ·

东光县耕地质量等级

1. 耕地基本情况

东光县属暖温带半温润大陆性季风气候,四季分明,光照充足,温度适中,雨热同期。东光县系黄河水系冲积平原,地貌类型主要由缓岗、洼地、二坡地组成。东光县土壤是在各种成土因素的相互作用下形成的,由于大地貌的单一,导致了各种成土条件差异不很大,因此东光县土壤类型较简单,只有潮土、褐土2个土类。全县土地总面积中耕地占75.93%,园地占1.13%,林地占0.93%,草地占2.76%,建设用地占14.53%,水域及水利设施用地占4.70%,未利用土地占0.01%。耕地的总面积为516 591 000.0 m²(774 886.5 亩),主要种植作物为玉米、小麦、棉花等。

2. 耕地质量等级划分

利用县域耕地资源管理信息系统,采用层次分析法,求取该县耕地综合评价指数在0.726 398 ～ 0.929 649 范围。按照河北省耕地质量等级标准,耕地等级划分为1、2、3、4、5、6、7 等地,面积分别为6 233 605.7、48 642 345.4、133 650 814.0、143 819 416.6、128 276 934.8、51 895 237.3、4 072 646.2 m²(见表)。通过加权平均,该县耕地质量平均等级为3.99。

东光县耕地质量等级统计表

等级	1级	2级	3级	4级	5级	6级	7级
面积(m²)	6 233 605.7	48 642 345.4	133 650 814.0	143 819 416.6	128 276 934.8	51 895 237.3	4 072 646.2
百分比(%)	1.21	9.42	25.87	27.84	24.83	10.05	0.78

3. 耕地属性特征及利用建议

(1)耕地属性特征 东光县耕地灌溉能力处于"基本满足"到"充分满足"状态,排水能力处于"基本满足"到"充分满足"状态。耕层厚度平均值为20 cm,地形部位为开阔河湖冲、沉积平原。耕地基本无盐渍化,只有一小部分存在轻度盐渍化,基本无明显障碍因素,只有少部分地块存在轻盐或盐碱。耕层质地为中壤、轻壤、粘土和重壤,分别占取样点的54.00%、29.33%、6.67% 和10.00%。有机质平均含量为18.71 g/kg,其中16.67% 的取样点有机质低于10 g/kg,只有2.67% 取样点有机质含量高于20 g/kg。有效磷平均含量为33.71 mg/kg,其中97.33% 的取样点高于10 mg/kg。速效钾平均含量为127.93 mg/kg,其中65.33% 高于100 mg/kg。该县耕地有机质含量整体偏低,有效磷含量整体较高,速效钾含量中等水平。

(2)耕地利用建议 一是改造现有水利设施,大力发展节水灌溉,逐步实现管道输水、滴灌、微灌等节水灌溉措施,提高灌溉保证率、提高水分利用效率。二是开展增施有机肥、秸秆还田工作,稳步提升土壤有机质含量、改善土壤物理性状、提高磷的有效性,降低土壤pH值,提高土壤肥力。三是推广测土配方施肥技术,实现平衡施肥,稳步提高土壤肥力。

衡水市

衡水市耕地质量等级

1. 耕地基本情况

衡水市位于河北省东南部，下辖 2 区、8 县和 1 个县级市，地处东经 115° 50′ ～ 116° 34′，北纬 37° 03′ ～ 38° 23′，总面积 8 838 km²。境内东西宽 98.13 km，南北长约 125.25 km。属东亚暖温带半湿润易旱区，大陆性季风气候明显，四季分明，夏季受太平洋副高边缘的偏南气流影响，潮湿闷热，降水集中，冬季受西北季风影响，气候干冷，雨雪稀少，春季干旱少雨多风增温快，秋季多秋高气爽天气，有时有连阴雨天气发生。本市年平均降水量 522.5 mm，地区差异约 100 mm，总的趋势是东北及东向西南及西递减。衡水市属华北大平原的一部分，地处河北冲积平原，系黄河、漳河、滹沱河等河流冲积物沉积而成。全区地形平坦，地势自西南向东北缓慢倾斜。北部受滹沱河的影响由西北向东南倾斜。东南部受黄河的影响由东南向西北倾斜，海拔高度 12 ～ 30 m，该地区的土壤母质主要是近代河流沉积物，共有 3 个土纲，4 个土类，7 个亚类，26 个土属，111 个土种。土壤类型主要有潮土、盐土、风沙土、新积土，面积最大为潮土。全市总耕地面积 569 712.35 hm²，主要种植作物有玉米、小麦、果菜等。

2. 耕地质量等级划分

衡水市属于平原区，全市包括桃城区、饶阳县、安平县、深州市、武强县、阜城县、武邑县、景县、冀州市、枣强县、故城县 11 个县（市、区），共完成 2118 个调查点。衡水市按照河北省耕地质量 10 等级划分标准 1、2、3、4、5、6、7、8 等地面积分别为 32 931.37、117 430.20、125 741.72、79 800.70、59 539.62、111 397.22、41 322.36、1 549.16 m²，分别占全市总耕地面积的 5.78%、20.61%、22.07%、14.01%、10.45%、19.55%、7.25% 和 0.27%（见表）。通过加权平均求得衡水市的耕地质量平均等级为 3.92。

衡水市耕地质量等级统计表

等级	1级	2级	3级	4级	5级	6级	7级	8级
面积（m²）	32 931.37	117 430.20	125 741.72	79 800.70	59 539.62	111 397.22	41 322.36	1 549.16
百分比（%）	5.78	20.61	22.07	14.01	10.45	19.55	7.25	0.27

3. 结果确定

结合此次得到的耕地质量等级图，将评价结果与全市各县（区、市）农户近 3 年的冬小麦和夏玉米产量进行对比分析，同时邀请县、市、省级专家进行论证，表明衡水市本次耕地质量评价结果与当地实际情况吻合。

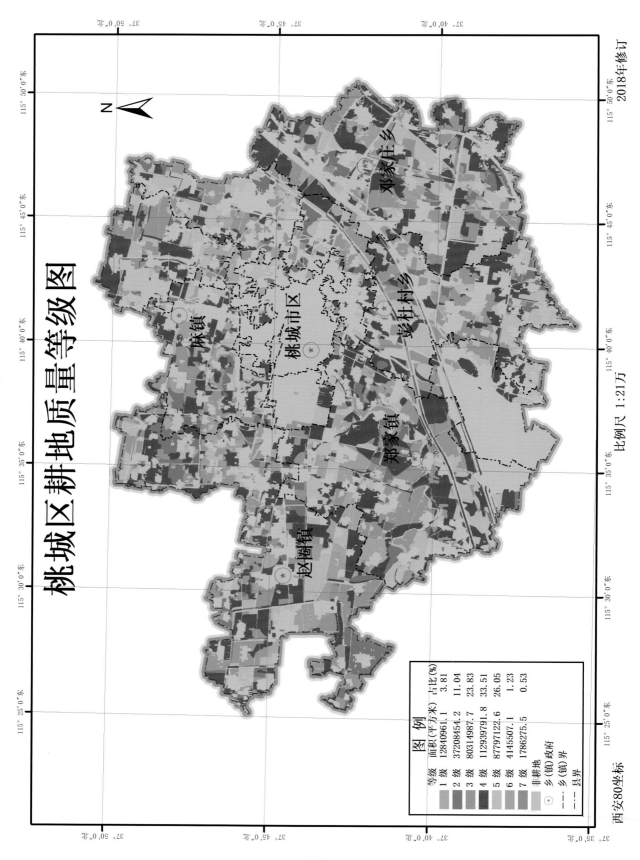

桃城区耕地质量等级图

N

2018年修订

比例尺 1:21万

西安80坐标

图 例

等级	面积(平方米)	占比(%)
1 级	12840961.1	3.81
2 级	37208454.2	11.04
3 级	80314987.7	23.83
4 级	112939791.8	33.51
5 级	87797122.6	26.05
6 级	4145507.1	1.23
7 级	1786275.5	0.53

非耕地
乡(镇)政府
乡(镇)界
县界

邓家庄乡

竖杜村乡

陈镇

桃城市区

桃城镇

郑家镇

赵圈镇

桃城区耕地质量等级

1. 耕地基本情况

桃城区属大陆季风气候区，为温暖半干旱型。该区地处黄淮河流冲积平原，黑龙港流域腹地，地势平坦。由于大地貌单一，各种成土条件差异不大，因此桃城区土壤类型较简单，分为潮土和盐土。全区土地面积中耕地占60.50%，园地占2.34%，林地占5.30%，草地占0.65%，建设用地占22.22%，水域及水利设施用地占8.98%。耕地的总面积为337 033 100.0 m²（505 549.7亩），主要种植作物为小麦、玉米、棉花、花生、蔬菜、果品等。

2. 耕地质量等级划分

利用县域耕地资源管理信息系统，采用层次分析法，求取该区耕地综合评价指数在0.734 139～0.895 89范围。耕地按照河北省耕地质量10等级划分标准桃城区1、2、3、4、5、6、7级。各等级耕地的面积分别为12 840 961.1、37 208 454.2、80 314 987.7、112 939 791.8、87 797 122.6、4 145 507.1、1 786 275.5 m²，（见表）。全区平均耕地质量等级为3.73。

桃城区耕地质量等级统计表

等级	1级	2级	3级	4级	5级	6级	7级
面积（m²）	12 840 961.1	37 208 454.2	80 314 987.7	112 939 791.8	87 797 122.6	4 145 507.1	1 786 275.5
百分比（%）	3.81	11.04	23.83	33.51	26.05	1.23	0.53

3. 耕地属性特征及利用建议

（1）耕地属性特征　桃城区耕地灌溉能力处于"基本满足"状态，排水能力基本处于"充分满足"和"满足"状态。耕层厚度平均值为20 cm，地形部位为洪冲积扇、缓平坡地、微斜平原，分别占取样点的32.40%、12.29%、55.31%。耕地无盐渍化，无明显障碍因素。耕层质地以轻壤为主，占取样点的78.77%，砂壤和中壤各占取样点的1.12%和20.11%。有机质平均含量为15.95 g/kg，其中10.61%的取样点有机质低于10 g/kg，只有3.35%高于20 g/kg。有效磷平均含量为21.43 mg/kg，其中93.30%高于10 mg/kg。速效钾平均含量为131.2 mg/kg，其中56.98%高于100 mg/kg。该区有机质含量整体偏低，有效磷含量整体中等，速效钾含量整体中等偏高。

（2）耕地利用建议　一是积极开展以田、水、路、林、村综合整治为主的中低产田改造工作，不断提高劳动生产率和农田产出率，有效地挖掘和发挥土地资源的潜力和效益，缓解全区人口增长与耕地减少的矛盾。二是大力发展节水农业和旱作农业，建立节水型农业种植结构，大力发展节水抗旱品种，建设井灌区综合节水工程，推广先进的喷灌、滴灌、微灌、管灌灌溉技术；大力实施蓄水工程，提高地表水的调蓄能力。三是推广测土配方施肥技术，降低化肥用量，合理确定氮、磷、钾和微量元素的适宜用量，改变传统施肥方式，减少化肥浪费提高肥料的利用率，开展增施有机肥、种植绿肥、秸秆还田工作，改善土壤理化性状，稳步提高土壤肥力。

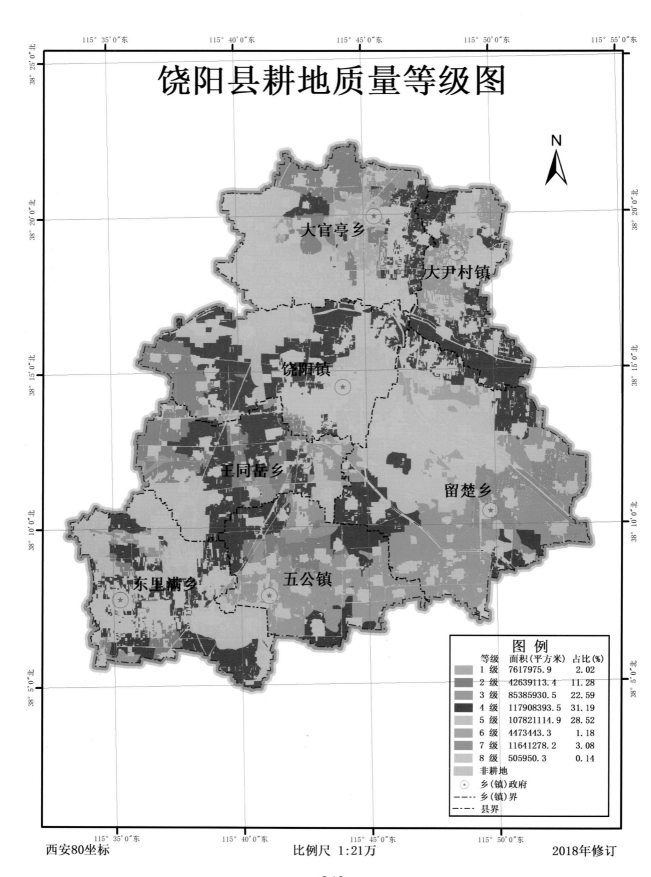

饶阳县耕地质量等级图

图 例		
等级	面积(平方米)	占比(%)
1 级	7617975.9	2.02
2 级	42639113.4	11.28
3 级	85385930.5	22.59
4 级	117908393.5	31.19
5 级	107821114.9	28.52
6 级	4473443.3	1.18
7 级	11641278.2	3.08
8 级	505950.3	0.14
非耕地		
⊙ 乡(镇)政府		
乡(镇)界		
县界		

西安80坐标　　　　　　　比例尺 1:21万　　　　　　2018年修订

饶阳县耕地质量等级

1. 耕地基本情况

饶阳县属于暖温带半湿润季风气候。该县地处冀中平原，地形平坦，境内为海河冲积平原区，全县分为缓岗、砂丘、准缓岗、洼地4部分。由于大地貌的单一，各种成土条件差异不是很大，造成饶阳县土壤类型简单，分为潮土和风沙土。全县土地总面积中耕地占68.57%，林地占2.41%，园地占9.96%，草地占1.29%，建设用地占15.93%，水域及水利设施用地占1.84%。耕地的总面积为377 993 200.0 m^2（566 989.8亩），主要种植作物为小麦、玉米、蔬菜、果树等。

2. 耕地质量等级划分

利用县域耕地资源管理信息系统采用层次分析法求取该县耕地综合评价指数在0.709 79～0.880 066范围。耕地按照河北省耕地质量10等级划分标准，饶阳县1、2、3、4、5、6、7、8等地面积分别为7 617 975.9、42 639 113.4、85 385 930.5、117 908 393.5、107 821 114.9、4 473 443.3、11 641 278.2、505 950.3 m^2（见表）。通过加权平均求得该市的耕地质量平均等级为3.89。

饶阳县耕地质量等级统计表

等级	1级	2级	3级	4级	5级	6级	7级	8级
面积（m^2）	7 617 975.9	42 639 113.4	85 385 930.5	117 908 393.5	107 821 114.9	4 473 443.3	11 641 278.2	505 950.3
百分比（%）	2.02	11.28	22.59	31.19	28.52	1.18	3.08	0.14

3. 耕地属性特征及利用建议

（1）耕地属性特征　饶阳县耕地灌溉能力基本处于"满足"和"充分满足"状态，排水能力处于"基本满足"状态。耕层厚度平均值为20 cm，地形部位为洪冲积扇。耕地无盐渍化，无明显障碍因素。耕层质地以砂土和砂壤为主，占到取样点的71.70%，29.30%的土壤为中壤。有机质平均含量为14.88 g/kg，其中13.21%的取样点有机质低于10 g/kg，只有10.34%的取样点有机质高于20 g/kg。有效磷平均含量为18.69 mg/kg，其中65.09%低于20 mg/kg。速效钾平均含量为98.41 mg/kg，其中42.45%高于100 mg/kg。该县有机质含量整体偏低，有效磷含量整体偏低，速效钾含量整体中等偏低。

（2）耕地利用建议　一是改造现有水利设施，发展节水灌溉，逐步实现管道输水、滴灌、微灌等节水灌溉措施，提高灌溉保证率、提高水分利用效率。二是推广测土配方施肥技术，合理施用氮磷钾及微量元素，开展增施有机肥、种植绿肥、秸秆还田工作，稳步提升土壤有机质含量、改善耕地土壤物理、化学性状，提高耕地土壤保肥、供肥的能力，改善土壤结构，提高养分的有效性，提高土壤肥力。

安平县耕地质量等级图

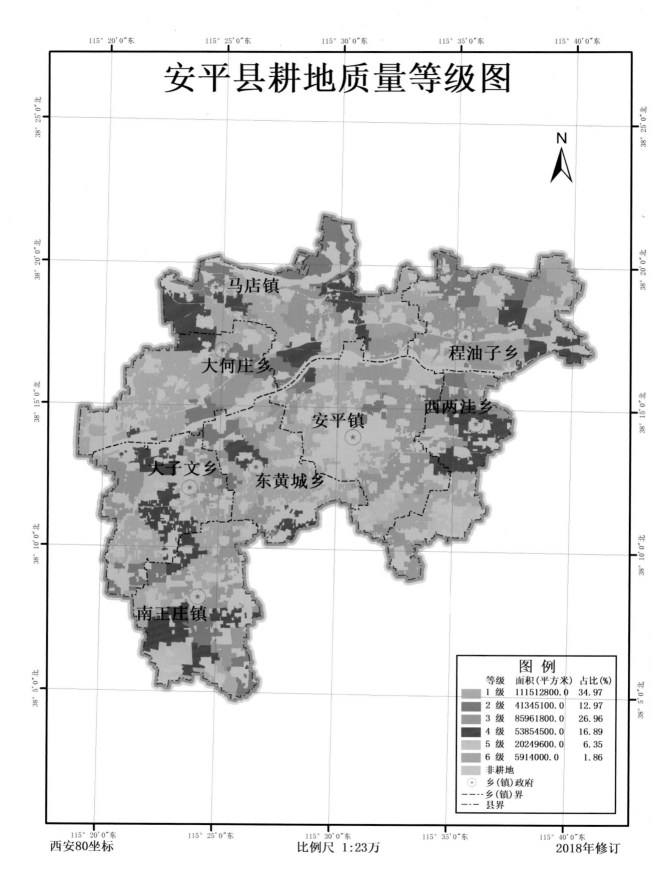

图 例

等级	面积(平方米)	占比(%)
1 级	111512800.0	34.97
2 级	41345100.0	12.97
3 级	85961800.0	26.96
4 级	53854500.0	16.89
5 级	20249600.0	6.35
6 级	5914000.0	1.86
非耕地		
⊛ 乡(镇)政府		
— - — 乡(镇)界		
— ·· — 县界		

西安80坐标　　　　　比例尺 1:23万　　　　　2018年修订

安平县耕地质量等级

1. 耕地基本情况

安平县属半干旱半湿润大陆性季风气候区，地处华北平原腹地，属黑龙港低平原区，全县分为岗地、洼地、河漫滩。大地貌单一，各种成土条件差异不是很大，造成安平县土壤类型较简单，分为潮土和风沙土2类。全县土地总面积中耕地占66.95%，园地占5.73%，林地占2.30%，草地占1.52%，建设用地占18.93%，水域及水利设施用地占4.46%，其他土地占0.10%。耕地的总面积为318 837 800.0 m² (478 256.7亩)，主要种植作物为小麦、玉米、棉花、花生、大豆、蔬菜等。

2. 耕地质量等级划分

利用县域耕地资源管理信息系统，采用层次分析法，求取该县耕地综合评价指数在0.750 225～0.948 726范围。耕地按照河北省耕地质量10等级划分标准，安平县1、2、3、4、5、6等地面积分别为111 512 800.0、41 345 100.0、85 961 800.0、53 854 500.0、20 249 600.0、5 914 000.0 m² (见表)。通过加权平均求得该县的耕地质量平均等级为2.52。

安平县耕地质量等级统计表

等级	1级	2级	3级	4级	5级	6级
面积 (m²)	111 512 800.0	41 345 100.0	85 961 800.0	53 854 500.0	20 249 600.0	5 914 000.0
百分比 (%)	34.97	12.97	26.96	16.89	6.35	1.86

3. 耕地属性特征及利用建议

（1）耕地属性特征　安平县耕地灌溉能力处于"满足"和"充分满足"状态，排水能力处于"基本满足"到"充分满足"状态。耕层厚度平均值为20 cm，地形部位为洪冲积扇和缓平坡地，分别占取样点的56.52%、43.48%。耕地无明显盐渍化，无明显障碍因素。耕层质地以砂壤和轻壤为主，占取样点的85.22%，砂土、中壤和重壤共占取样点的14.78%。有机质平均含量为15.71 g/kg，其中11.30%的取样点有机质低于10 g/kg，16.52%取样点有机质含量高于20 g/kg。有效磷平均含量为21.82 mg/kg，其中67.83%高于10 mg/kg。速效钾平均含量为125.63 mg/kg，其中66.09%高于100 mg/kg。该县有机质含量整体偏低，有效磷含量整体中等，速效钾含量整体中等水平。

（2）耕地利用建议　一是开展以田、水、路、林、村综合整治为主的中低产田改造工作，不断提高劳动生产率和农田产出率，有效地挖掘和发挥土地资源的潜力和效益，缓解全县人口增长与耕地减少的矛盾。二是建立节水型农业种植结构，大力发展节水抗旱品种，建设井灌区综合节水工程，推广先进的喷灌、滴灌、微灌、管灌灌溉技术；大力实施蓄水工程，提高地表水的调蓄能力。三是推广测土配方施肥技术，改变传统施肥方式，提高肥料的利用率；加大有机肥使用比例，开展秸秆还田、种植绿肥工作，稳步提升土壤有机质含量、改善土壤物理性状，使土壤提高一个肥力等级。

深州市耕地质量等级图

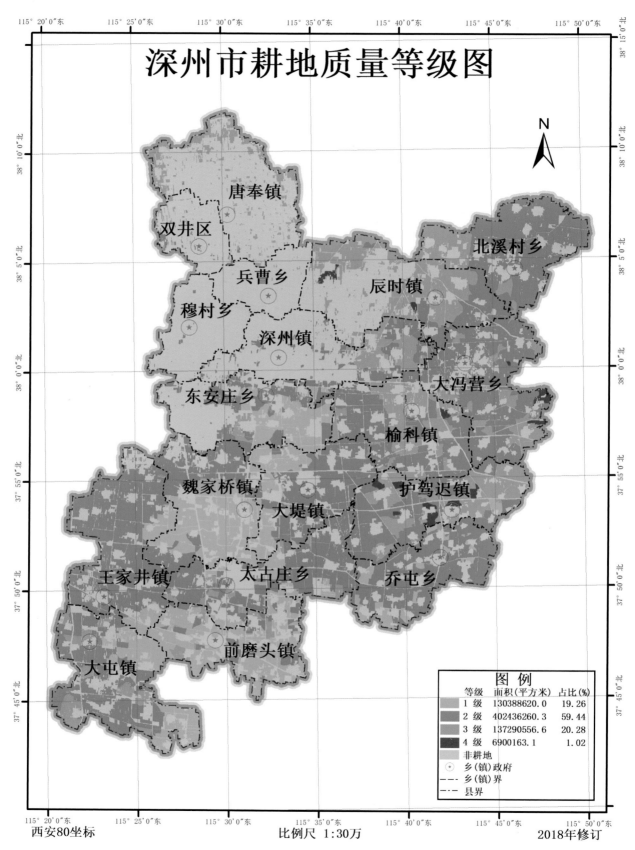

图 例		
等级	面积(平方米)	占比(%)
1 级	130388620.0	19.26
2 级	402436260.3	59.44
3 级	137290556.6	20.28
4 级	6900163.1	1.02
非耕地		
⊙ 乡(镇)政府		
--- 乡(镇)界		
-·- 县界		

西安80坐标　　　　　　　　比例尺 1:30万　　　　　　　　2018年修订

深州市耕地质量等级

1. 耕地基本情况

深州市属暖温带半干旱区季风气候，四季分明。该市地处滹沱河故道，属黑龙港流域，地势平坦，大地貌单一，各种成土条件差异不大，造成深州市土壤类型较简单，分为潮土、褐土和盐土。全市土地总面积中耕地占 60.14%，园地占 20.09%，林地占 1.20%，草地占 0.71%，建设用地占 14.77%，水域及水利设施用地占 3.09%。耕地的总面积为 677 015 600.0 m²（1 015 523.4 亩），主要种植作物为小麦、玉米、棉花、花生、果品等。

2. 耕地质量等级划分

利用县域耕地资源管理信息系统，采用层次分析法，求取该市耕地综合评价指数在 0.803 613 ~ 0.920 76 范围。耕地按照河北省耕地质量 10 等级划分标准深州市 1、2、3、4 等地分别为 130 388 620.0、402 436 260.3、137 290 556.6、6 900 163.1 m²（见表）。通过加权平均求得该市的耕地质量平均等级为 2.03。

深州市耕地质量等级统计表

等级	1级	2级	3级	4级
面积（m²）	130 388 620.0	402 436 260.3	137 290 556.6	6 900 163.1
百分比（%）	19.26	59.44	20.28	1.02

3. 耕地属性特征及利用建议

（1）耕地属性特征　深州市耕地灌溉能力处于"满足"和"充分满足"状态，排水能力处于"基本满足"和"满足"状态，地形部位为洪冲积扇。耕地无盐渍化，无明显障碍因素。耕层质地以轻壤为主，占取样点的 76.73%，砂壤和中壤各占取样点的 1.49% 和 21.78%。有机质平均含量为 15.95 g/kg，其中 84.16% 的取样点有机质在 10 ~ 20 g/kg。有效磷平均含量为 21.43 mg/kg，其中 89.11% 高于 10 mg/kg。速效钾平均含量为 131.2 mg/kg，其中 75.25% 高于 100 mg/kg。该市有机质含量整体偏低，有效磷含量整体中等偏低，速效钾含量整体中等偏高。

（2）耕地利用建议　一是坚持用养结合，改良和利用相结合，当前利益与长远利益相结合，采取工程技术、生物技术，实行水、田、林、路综合治理，加大对中低产田的综合治理力度，使之向高产农田生态系统发展，增加高产、稳产农田面积。二是发展节水灌溉，把工程节水与农艺节水技术相结合，改造现有水利设施，逐步实现管道输水、滴灌、微灌等节水灌溉措施，引进推广节水型农业技术，提高灌溉保证率、提高水分利用效率。三是增加施有机肥、种植绿肥、秸秆还田、平衡施肥等来改良土壤质量，提高耕地质量。科学施用化肥与农药，保证土壤养分均衡供给，防治作物病虫害。

武强县耕地质量等级图

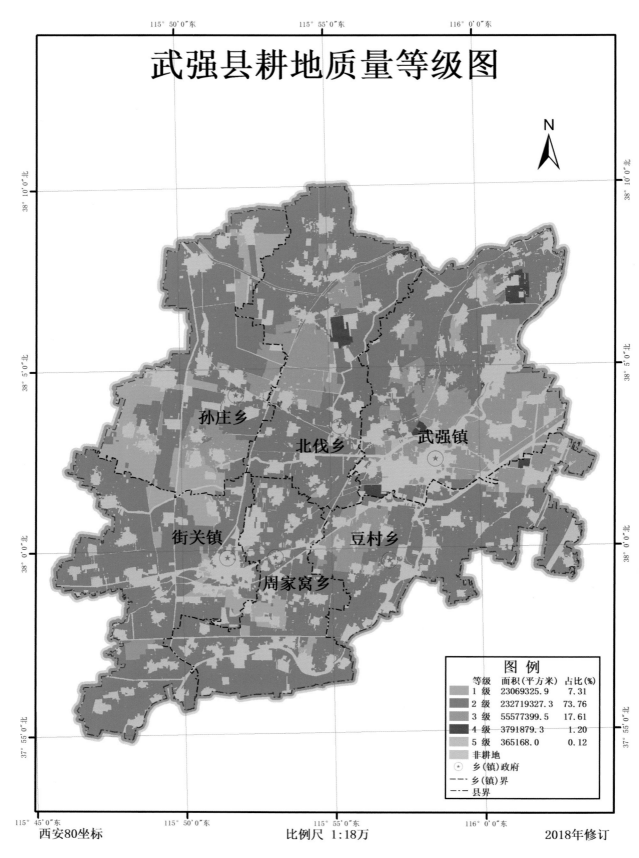

图 例		
等级	面积(平方米)	占比(%)
1 级	23069325.9	7.31
2 级	232719327.3	73.76
3 级	55577399.5	17.61
4 级	3791879.3	1.20
5 级	365168.0	0.12
非耕地		
⊛ 乡(镇)政府		
- - - 乡(镇)界		
-··- 县界		

西安80坐标   比例尺 1:18万   2018年修订

武强县耕地质量等级

1. 耕地基本情况

武强县属北温带大陆性季风气候，四季分明。该县属黑龙港流域，为古黄河、古漳河冲积平原，地势低平，大地貌单一，各种成土条件差异不大，造成武强县土壤类型简单，分为潮土类和盐土类。全县土地面积中耕地占 75.10%，林地占 3.39%，园地占 1.42%，草地占 1.92%，建设用地占 13.26%，水域及水利设施用地占 4.11%，其他用地占 0.79%。耕地的总面积为 315 523 100.0 m²（473 284.7 亩），主要种植作物为小麦、玉米、棉花、大豆、蔬菜等。

2. 耕地质量等级划分

利用县域耕地资源管理信息系统，采用层次分析法，求取该县耕地综合评价指数在 0.769 28 ~ 0.881 95 范围。耕地按照河北省耕地质量 10 等级划分标准，武强县 1、2、3、4、5 等地面积分别为 23 069 325.9、232 719 327.3、55 577 399.5、3 791 879.3、365 168.0 m²（见表）。通过加权平均求得该市的耕地质量平均等级为 2.13。

武强县耕地质量等级统计表

等级	1级	2级	3级	4级	5级
面积（m²）	23 069 325.9	232 719 327.3	55 577 399.5	3 791 879.3	365 168.0
百分比（%）	7.31	73.76	17.61	1.20	0.12

3. 耕地属性特征及利用建议

（1）耕地属性特征　武强县耕地灌溉能力处于"基本满足"和"满足"状态，排水能力处于"基本满足"状态。耕层厚度平均值为 20 cm，地形部位为洪冲积扇。耕地大部分无盐渍化，其中一小部分有轻度到中度盐渍化，无明显障碍因素。耕层质地以中壤和重壤为主，占到取样点的 92.20%，7.80% 的土壤为轻壤。有机质平均含量为 15.93 g/kg，其中 7.09% 的取样点有机质低于 10 g/kg。有效磷平均含量为 23.27 mg/kg，其中 90.78% 高于 10 mg/kg。速效钾平均含量为 124.64 mg/kg，其中 77.31% 高于 100 mg/kg。该县有机质含量整体偏低，有效磷含量整体中等，速效钾含量中等水平。

（2）耕地利用建议　一是改造现有水利设施，发展节水灌溉，逐步实现管道输水、滴灌、微灌等节水灌溉措施，提高灌溉保证率、提高水分利用效率。二是积极开展以田、水、路、林、村综合整治为主的中低产田改造工作，不断提高劳动生产率和农田产出率，有效地挖掘和发挥土地资源的潜力和效益，缓解全县人口增长与耕地减少的矛盾。三是实行科学的耕作制度，如轮作、间作、套种、休耕等方法，做到用地与养地相结合；走由无机农业向以有机为主、有机与无机相结合的农业转变之路，减少化肥、农药的施用量，增加有机肥的用量，推广测土配方施肥技术，开展种植绿肥、秸秆还田工作，稳步提升土壤有机质含量，提高土壤肥力。

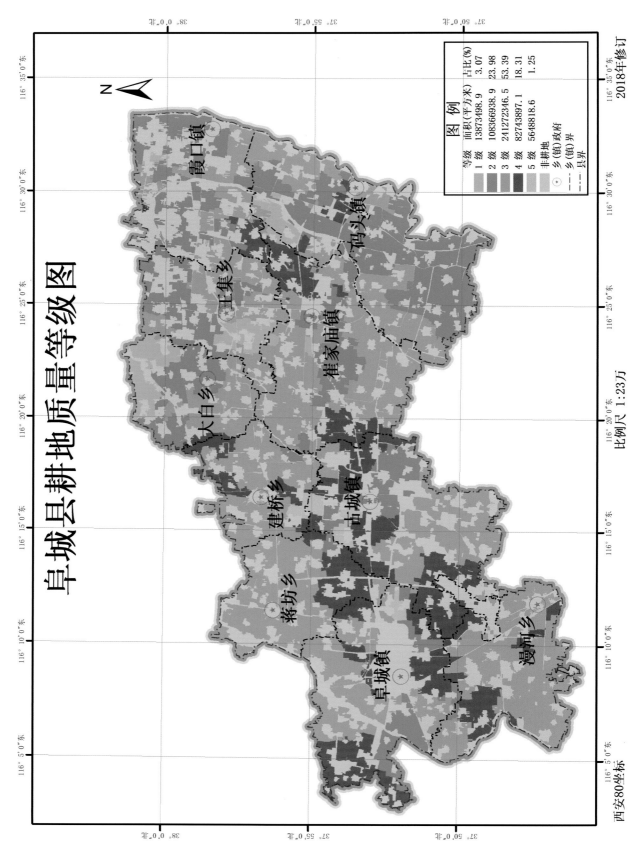

阜城县耕地地质量等级图

2018年修订

比例尺 1:23万

西安80坐标

N

图 例

等级	面积(平方米)	占比(%)
1 级	13873498.9	3.07
2 级	108366938.9	23.98
3 级	241272346.5	53.39
4 级	82743897.1	18.31
5 级	5648818.6	1.25

非耕地
乡(镇)政府
乡(镇)界
县界

霞口镇
码头镇
王集乡
崔家庙镇
大白乡
建桥乡
古城镇
蒋坊乡
阜城镇
漫河乡

阜城县耕地质量等级

1. 耕地基本情况

阜城县属温暖半干旱大陆季风气候区。该县地处黄淮河流冲积平原，黑龙港流域腹地，成土母质以黄河、漳河冲积物为主，全县地势低平，分为缓岗、微斜平地和低洼地3个组成部分。由于大地貌的单一，各种成土条件差异不是很大，造成阜城县土壤类型简单，只有潮土类。全县土地总面积中耕地占69.86%，林地占4.91%，园地占4.44%，草地占0.39%，建设用地占14.55%，水域及水利设施用地占5.85%。耕地的总面积为451 905 500.0 m²（677 858.3亩），主要种植作物为小麦、玉米、棉花、瓜菜和果树等。

2. 耕地质量等级划分

利用县域耕地资源管理信息系统，采用层次分析法，求取该县耕地综合评价指数在0.771 978～0.908 946范围。耕地按照河北省耕地质量10等级划分标准阜城县1、2、3、4、5等地面积分别为13 873 498.9、108 366 938.9、241 272 346.5、82 743 897.1、5 648 818.6 hm²（见表）。通过加权平均求得该县的耕地质量平均等级为2.90。

阜城县耕地质量等级统计表

等级	1级	2级	3级	4级	5级
面积（hm²）	13 873 498.9	108 366 938.9	241 272 346.5	82 743 897.1	5 648 818.6
百分比（%）	3.07	23.98	53.39	18.31	1.25

3. 耕地属性特征及利用建议

（1）耕地属性特征　阜城县耕地灌溉能力处于"满足"状态，排水能力处于"满足"到"充分满足"状态。地形部位为洪冲积扇、交接洼地、微斜平原，分别占取样点的11%、6.5%、82.5%。耕地大多数无明显盐渍化，其中一小部分存在轻度到中度盐渍化，无明显障碍。耕层质地以轻壤为主，占到取样点的77%，23%的土壤为砂土、砂壤、中壤、重壤和黏土。有机质平均含量为13.2 g/kg，其中37.5%的取样点有机质低于20g/kg。有效磷平均含量为21.9 mg/kg，其中99.5%高于10 mg/kg。速效钾平均含量为141.7 mg/kg，其中97.5%高于100 mg/kg。该县有机质含量整体偏低，有效磷含量整体中等，速效钾含量中等偏高水平。

（2）耕地利用建议　一是实施农业结构调整力度，提高全县耕地资源利用效率、农产品安全性和农村整体经济效益，减少农业污染，改善农业生态环境，实现耕地资源的有效配置和高效利用，提高农业的集约化水平、组织化程度和综合效益。二是建立节水型农业种植结构，大力发展节水抗旱品种，建设井灌区综合节水工程，推广先进的喷灌、滴灌、微灌、管灌灌溉技术；大力实施蓄水工程，提高地表水的调蓄能力。三是增施有机肥、推广秸秆直接或间接发酵还田技术，稳步提升土壤有机质含量、改善土壤物理性状、提高养分的有效性，提高土壤肥力。推广测土配方施肥技术，实现平衡施肥，稳步提高土壤肥力。

武邑县耕地质量等级图

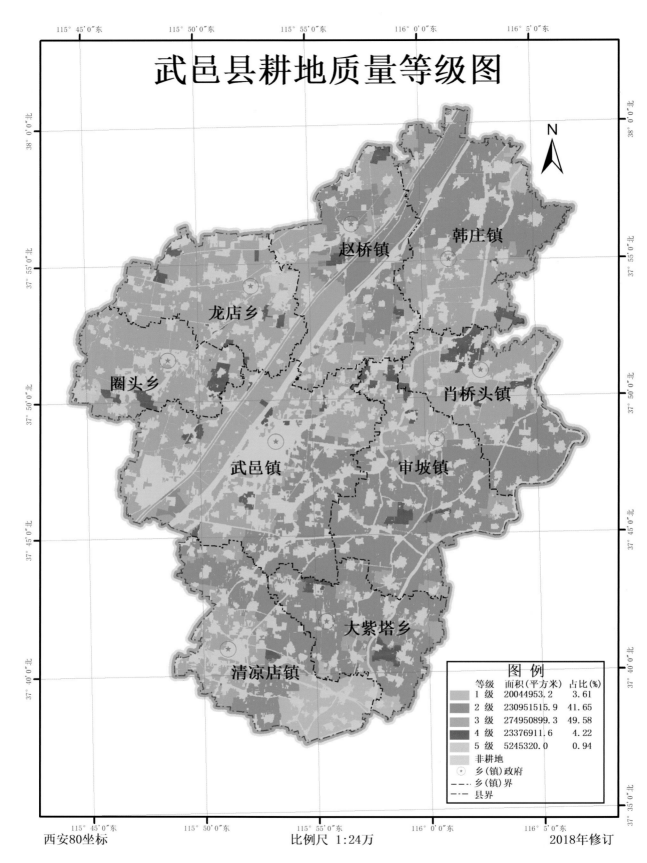

图 例		
等级	面积(平方米)	占比(%)
1 级	20044953.2	3.61
2 级	230951515.9	41.65
3 级	274950899.3	49.58
4 级	23376911.6	4.22
5 级	5245320.0	0.94
非耕地		
⊙ 乡(镇)政府		
— — 乡(镇)界		
— · — 县界		

西安80坐标 　　　　　　　比例尺 1:24万 　　　　　　　2018年修订

武邑县耕地质量等级

1. 耕地基本情况

武邑县属暖温带半干旱季风气候，四季分明。该县地处河北省低平原黑龙港流域的中部，地貌类型属湖积、冲积平原，地势低平。由于大地貌单一，各种成土条件差异不大，因此武邑县土壤类型较简单，只有潮土类。全县土地面积中耕地占 74.80%，园地占 2.52%，林地占 4.88%，草地占 0.11%，建设用地占 12.90%，水域及水利设施用地占 4.79%。耕地的总面积为 554 569 600.0 m²（831 854.4 亩），主要种植作物为小麦、玉米、棉花、蔬菜、果树等。

2. 耕地质量等级划分

利用县域耕地资源管理信息系统，采用层次分析法，求取该县耕地综合评价指数在 0.778 93 ～ 0.889 60 范围。武邑县耕地按照河北省耕地质量 10 等级划分标准在 1、2、3、4、5 等地的面积分别为 20 044 953.2、230 951 515.9、274 950 899.3、23 376 911.6、5 245 320.0 m²（见表）。通过加权平均求得该县的耕地质量平均等级为 2.57。

武邑县耕地质量等级统计表

等级	1 级	2 级	3 级	4 级	5 级
面积（m²）	20 044 953.2	230 951 515.9	274 950 899.3	23 376 911.6	5 245 320.0
百分比（%）	3.61	41.65	49.58	4.22	0.94

3. 耕地属性特征及利用建议

（1）耕地属性特征　武邑县耕地灌溉能力处于"基本满足"和"充分满足"状态，排水能力基本处于"基本满足"到"充分满足"状态。地形部位为冲洪积扇。耕地存在轻度盐渍化，无明显障碍。耕层质地以中壤为主，占取样点的 64.84%，砂壤、重壤和黏土各占取样点的 11.87%、21.92% 和 1.37%。有机质平均含量为 14.44 g/kg，其中 12.79% 的取样点有机质低于 10 g/kg。有效磷平均含量为 22.78 mg/kg，其中 84.02% 高于 10 mg/kg。速效钾平均含量为 137.78 mg/kg，其中 80% 高于 100 mg/kg。该县有机质含量整体偏低，有效磷含量整体中等，速效钾含量整体中等偏低。

（2）耕地利用建议　一是改造现有水利设施，大力发展节水灌溉，逐步实现管道输水、滴灌、微灌等节水灌溉措施，大力实施旱作雨养农业和休耕耕作制度，做到藏粮于土，努力提高灌溉保证率、提高水分利用效率。二是开展增施有机肥、种植绿肥、秸秆还田工作，稳步提升土壤有机质含量、改善土壤物理性状，降低土壤 pH 值，提高土壤肥力。三是推广测土配方施肥技术，实现平衡施肥，稳步提高土壤肥力。

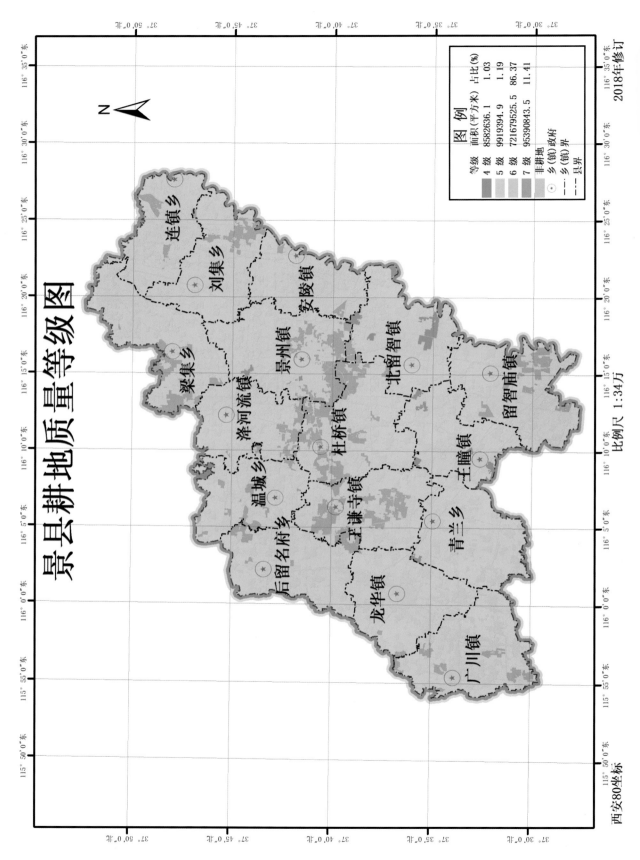

景县耕地地质量等级图

图　例

等级	面积(平方米)	占比(%)
4 级	8582636.1	1.03
5 级	9919394.9	1.19
6 级	721679525.5	86.37
7 级	95390843.5	11.41

非耕地
⊙ 乡(镇)政府
— — 乡(镇)界
— — 县界

比例尺 1:34万

西安80坐标

连镇乡
刘集乡
安陵镇
梁集乡
景州镇
泽河流镇
杜桥镇
北留智镇
留智庙镇
温城乡
王瞳镇
王谦寺镇
青兰乡
后留名府乡
龙华镇
广川镇

景县耕地质量等级

1. 耕地基本情况

景县处于暖温带半湿润大陆性气候区，雨热同季，寒旱同期。该县处于华北冲积平原的下部，属黑龙港流域，地势平缓。大地貌单一，各种成土条件差异不大，因此景县土壤类型简单，分为潮土类和褐土类。全县土地总面积中耕地占73.54%，林地占5.28%，园地占0.84%，草地占0.87%，建设用地占14.72%，水域及水利设施用地占4.75%。耕地的总面积为835 572 400.0 m²（1 253 358.6亩），主要种植作物为小麦、玉米、棉花、蔬菜等。

2. 耕地质量等级分析

利用县域耕地资源管理信息系统，采用层次分析法，求取该县耕地综合评价指数在0.720 69～0.812 67范围。耕地按照河北省耕地质量10等级划分标准，景县4、5、6、7等地的面积分别为8 582 636.1、9 919 394.9、721 679 525.5、95 390 843.5 m²（见表）。通过加权平均求得该县的耕地质量平均等级为6.08。

景县耕地质量等级统计表

等级	4级	5级	6级	7级
面积（m²）	8 582 636.1	9 919 394.9	721 679 525.5	95 390 843.5
百分比（%）	1.03	1.19	86.37	11.41

3. 耕地属性特征及利用建议

（1）耕地属性特征　景县耕地灌溉能力处于"满足"和"充分满足"状态，排水能力处于"基本满足"到"充分满足"状态。耕层厚度平均值为17 cm，地形部位为洪冲积扇。耕地无盐渍化，无明显障碍因素。耕层质地以砂壤为主，占到取样点的92.83%，7.17%的土壤为中壤。有机质平均含量为13.19 g/kg，其中8.37%的取样点有机质低于10 g/kg，取样点有机质最高18.9 g/kg。有效磷平均含量为19.46 mg/kg，其中63.75%在10～20 mg/kg。速效钾平均含量为146.11 mg/kg，其中97.61%高于100 mg/kg。该县有机质含量整体偏低，有效磷含量整体中等偏低，速效钾含量中等偏高水平。

（2）耕地利用建议　一是实施农业结构调整，建立节水型农业种植结构，大力发展节水抗旱品种，改造现有水利设施，大力发展节水灌溉，逐步实现管道输水、滴灌、微灌等节水灌溉措施，提高灌溉保证率、提高水分利用效率。二是开展增施有机肥、种植绿肥、秸秆还田工作，稳步提升土壤有机质含量、改善土壤物理性状、提高磷的有效性，提高土壤肥力。三是推广测土配方施肥技术，实现平衡施肥，稳步提高土壤肥力。

冀州市耕地质量等级图

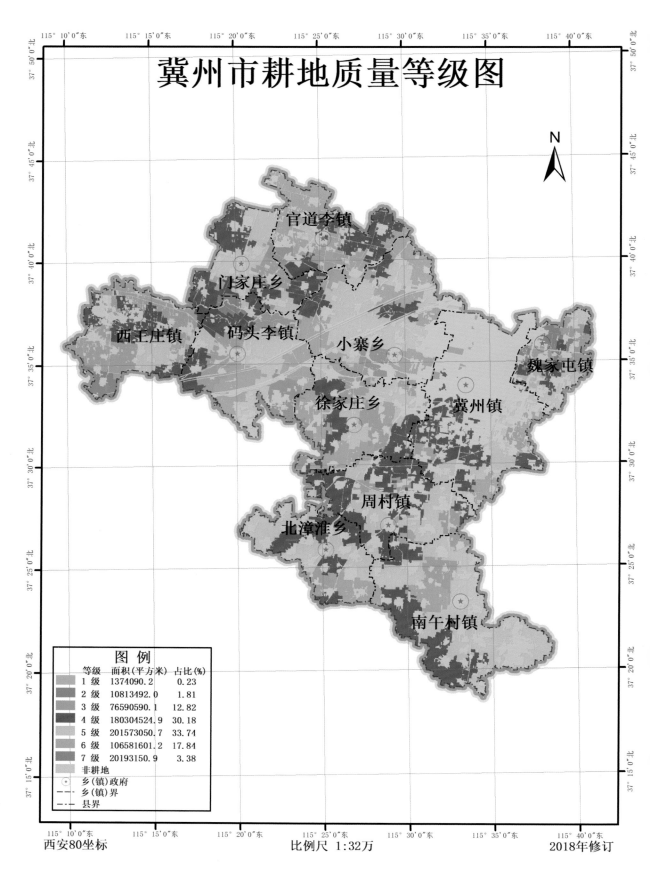

图 例		
等级	面积(平方米)	占比(%)
1 级	1374090.2	0.23
2 级	10813492.0	1.81
3 级	76590590.1	12.82
4 级	180304524.9	30.18
5 级	201573050.7	33.74
6 级	106581601.2	17.84
7 级	20193150.9	3.38
非耕地		
⊙ 乡(镇)政府		
--- 乡(镇)界		
-·- 县界		

西安80坐标　　　　　　比例尺 1:32万　　　　　2018年修订

冀州市耕地质量等级

1. 耕地基本情况

冀州市位于暖温带大陆性季风气候区。该市地处华北平原腹地，全境东南部和西北部稍高，东北部较低，海拔高度为21.5 m至26.5 m，地势较为平坦。由于大地貌的单一，各种成土条件差异不是很大，因此冀州市土壤类型简单，分为潮土类和盐土类。全市土地总面积中耕地占70.12%，园地占4.36%，林地占2.15%，草地占1.86%，建设用地占12.38%，水域及水利设施用地占9.13%。耕地的总面积为597 430 500.0 m²（896 145.8亩），主要种植作物为小麦、玉米、棉花等。

2. 耕地质量等级划分

利用县域耕地资源管理信息系统，采用层次分析法，求取该市耕地综合评价指数在0.676 950～0.975 281范围。耕地按照河北省耕地质量10等级划分标准，冀州市1、2、3、4、5、6、7等地面积分别为1 374 090.2、10 813 492.0、76 590 590.1、180 304 524.9、201 573 050.7、106 581 601.2、20 193 150.9 hm²（见表）。通过加权平均求得该市的耕地质量平均等级为4.62。

冀州市耕地质量等级统计表

等级	1级	2级	3级	4级	5级	6级	7级
面积（hm²）	1 374 090.2	10 813 492.0	76 590 590.1	180 304 524.9	201 573 050.7	106 581 601.2	20 193 150.9
百分比（%）	0.23	1.81	12.82	30.18	33.74	17.84	3.38

3. 耕地属性特征及利用建议

（1）耕地属性特征　冀州市耕地灌溉能力处于"基本满足"和"满足"状态，排水能力处于"基本满足"状态。耕层厚度平均值为17 cm，地形部位为洪冲积扇、缓平坡地、微斜平原，分别占取样点的50%、17.76%、32.24%。耕地无盐渍化，无明显障碍因素。耕层质地以砂壤、轻壤为主，占到取样点的80.75%，19.25%的土壤为砂土和中壤。有机质平均含量为14.59 g/kg，其中4.23%的取样点有机质低于10 g/kg，只有0.47%的取样点有机质高于20 g/kg。有效磷平均含量为14.60 mg/kg，其中26.29%低于10 mg/kg。速效钾平均含量为101.59 mg/kg，其中42.72%高于100 mg/kg。该市有机质含量整体偏低，有效磷含量整体偏低，速效钾含量中等水平。

（2）耕地利用建议　一是发展旱作农业技术的推广，种植耐旱品种、地膜覆盖、覆盖秸秆、加强中耕保墒、浇好关键水；改造现有水利设施，发展节水灌溉，逐步实现管道输水、滴灌、微灌等节水灌溉措施，提高灌溉保证率、提高水分利用效率。二是开展增施有机肥、种植绿肥、秸秆还田工作，稳步提升土壤有机质含量、改善耕地土壤物理、化学性状，提高耕地土壤保肥、供肥的能力，改善土壤结构，提高磷的有效性，提高土壤肥力。推广测土配方施肥技术，实现平衡施肥，稳步提高土壤肥力。

枣强县耕地质量等级图

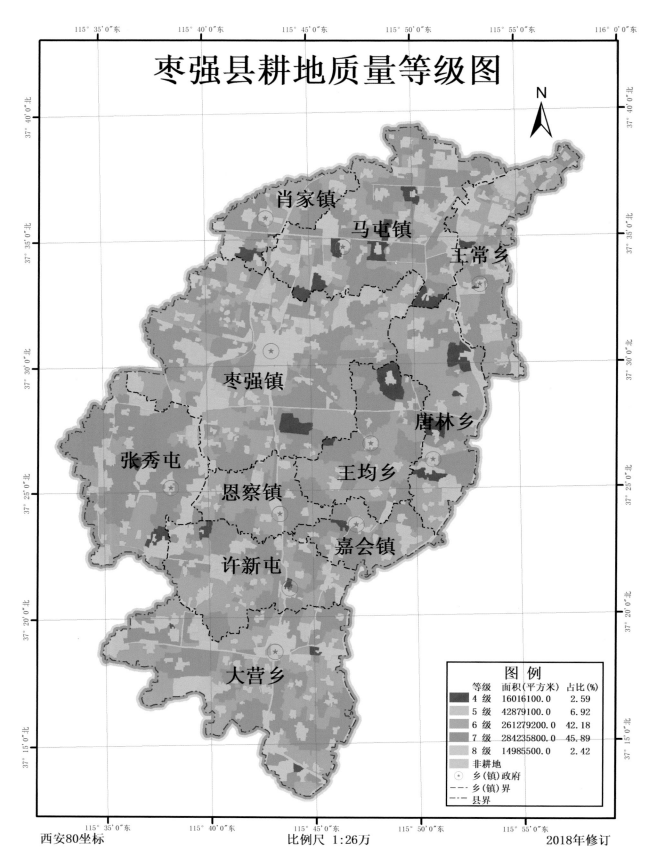

图 例		
等级	面积(平方米)	占比(%)
4 级	16016100.0	2.59
5 级	42879100.0	6.92
6 级	261279200.0	42.18
7 级	284235800.0	45.89
8 级	14985500.0	2.42
非耕地		
⊙ 乡(镇)政府		
— · — 乡(镇)界		
— — — 县界		

西安80坐标　　　　　　　　比例尺 1:26万　　　　　　　　2018年修订

枣强县耕地质量等级

1. 耕地基本情况

枣强县属温带半湿润半干旱大陆性季风气候区。该县位于华北平原，黑龙港流域中部，属古黄河、漳河、滏阳河冲积平原，地势平坦。枣强县土壤是在各种成土因素的相互作用下形成的，由于大地貌的单一，各种成土条件差异不很大，因此枣强县土壤类型较简单，分为潮土、褐土2类。全区土地面积中耕地占71.69%，园地占3.67%，林地占4.49%，草地占1.33%，建设用地占14.54%，水域及水利设施用地占4.29%。耕地的总面积为 619 395 700.0 m²（929 093.6 亩），主要种植作物为玉米、小麦、棉花、花生、蔬菜等。

2. 耕地质量等级划分

利用县域耕地资源管理信息系统，采用层次分析法，求取该县耕地综合评价指数在0.694 655 ~ 0.804 379 范围。耕地按照河北省耕地质量10等级划分标准，枣强县4、5、6、7、8级耕地的面积分别为 16 016 100.0、42 879 100.0、261 279 200.0、284 235 800.0、14 985 500.0 m²（见表）。通过加权平均求得该县的耕地质量平均等级为6.39。

枣强县耕地质量等级统计表

等级	4级	5级	6级	7级	8级
面积（m²）	16 016 100.0	42 879 100.0	261 279 200.0	284 235 800.0	14 985 500.0
百分比（%）	2.59	6.92	42.18	45.89	2.42

3. 耕地属性特征及利用建议

（1）耕地属性特征　枣强县耕地灌溉能力处于"基本满足"状态，排水能力处于"基本满足"状态。耕层厚度平均值为18 cm，地形部位为冲洪积扇、缓平坡地、微斜平原，分别占取样点的7.14%、12.78%、80.08%。耕地无盐渍化，无明显障碍因素。耕层质地以轻壤为主，占取样点的86.84%，砂壤和中壤分别占取样点的8.65%和4.51%。有机质平均含量为12.35 g/kg，其中12.41%的取样点有机质低于10 g/kg，取样点有机质含量最高18.60 g/kg。有效磷平均含量为12.22 g/kg，其中12.03%低于10 g/kg。速效钾平均含量为130.12 g/kg，其中92.48%高于100 g/kg。该县有机质含量整体偏低，有效磷含量整体偏低，速效钾含量整体处于中等偏高水平。

（2）耕地利用建议　一是推广旱作农业技术，降低水资源的无谓消耗，同时调整农作物的种植结构，推广耐旱品种，发展经济类节水作物。二是恢复和建立完善的排灌系统，搞好以平田整地为中心的农田基本建设，修建防渗渠道、地下管灌输水、水肥一体化等节水设施。三是通过深耕增施有机肥等农艺措施，改善农田保水、蓄水、供肥能力。四是推行有机、无机肥料相结合的施肥方式，通过施用有机肥料，提高耕地土壤有机质含量，改善耕地土壤物理、化学性状，提高耕地土壤保肥、供肥的能力，改善土壤结构，为无机养分的高效利用提供基础；通过施用无机肥料，逐步提高土壤养分含量并协调土壤养分比例，在满足作物生长对养分需求的同时，使耕地土壤养分含量得到逐步提高。

故城县耕地质量等级图

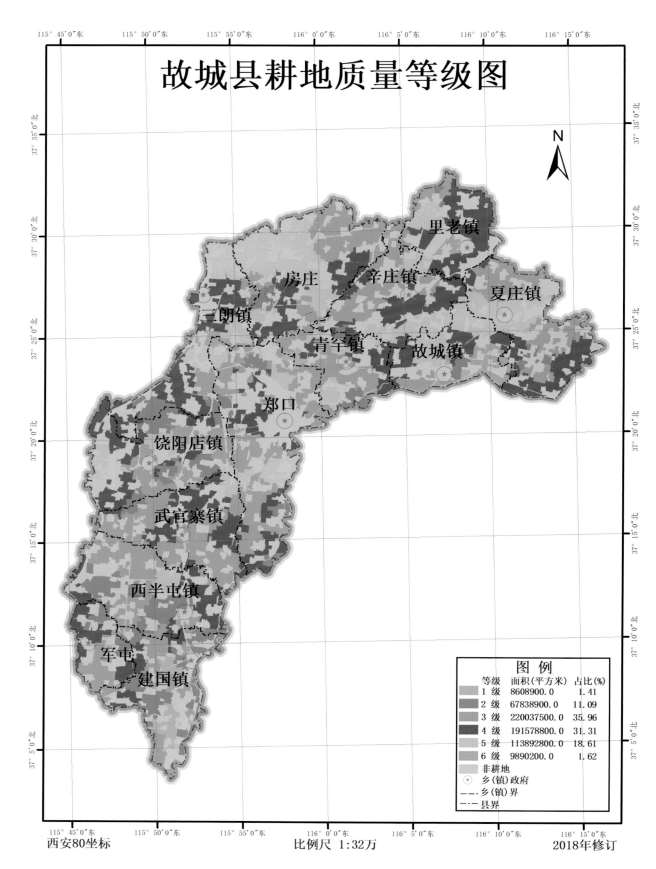

图　例

等级	面积（平方米）	占比(%)
1 级	8608900.0	1.41
2 级	67838900.0	11.09
3 级	220037500.0	35.96
4 级	191578800.0	31.31
5 级	113892800.0	18.61
6 级	9890200.0	1.62
非耕地		
⊙ 乡(镇)政府		
—— 乡(镇)界		
—·— 县界		

西安80坐标　　　　　　　比例尺 1:32万　　　　　　2018年修订

故城县耕地质量等级

1. 耕地基本情况

故城县属温带半湿润大陆型季风气候。该县处于河北平原东南部,属黑龙港地区,成土母质系古黄河、古漳河沉积物,地势平坦。大地貌的单一,各种成土条件差异不大,因而故城县土壤类型简单,分为潮土类和褐土类。全县土地总面积中耕地占 69.82%,林地占 3.18%,园地占 2.91%,草地占 2.86%,建设用地占 15.79%,水域及水利设施用地占 5.38%,其他用地占 0.07%。耕地的总面积为 611 847 000.0 m²(917 770.5 亩),主要种植作物为小麦、玉米、棉花、瓜菜等。

2. 耕地质量等级划分

利用县域耕地资源管理信息系统,采用层次分析法,求取该县耕地综合评价指数在 0.745 374 ~ 0.889 898 范围。耕地按照河北省耕地质量 10 等级划分标准,故城县 1、2、3、4、5、6 等地面积分别为 8 608 900.0、67 838 900.0、220 037 500.0、191 578 800.0、113 892 800.0、9 890 200.0 m²(见表)。通过加权平均求得该县的耕地质量平均等级为 3.59。

故城县耕地质量等级统计表

等级	1级	2级	3级	4级	5级	6级
面积(m²)	8 608 900.0	67 838 900.0	220 037 500.0	191 578 800.0	113 892 800.0	9 890 200.0
百分比(%)	1.41	11.09	35.96	31.31	18.61	1.62

3. 耕地属性特征及利用建议

(1)耕地属性特征 故城县耕地灌溉能力处于"满足"和"充分满足"状态,排水能力处于"基本满足"到"充分满足"状态。地形部位为洪冲积扇、缓平坡地、微斜平原,分别占取样点的 14.73%、42.41%、42.86%。耕地大部分无盐渍化,其中一小部分存在轻度盐渍化,无明显障碍。耕层质地以轻壤为主,占到取样点的 76.78%,砂壤、中壤和重壤分别占 4.02%、12.95% 和 6.25%。有机质平均含量为 13.51 g/kg,其中 8.93% 的取样点有机质低于 10 g/kg,取样点有机质含量最高为 17.6 g/kg。有效磷平均含量为 34.04 mg/kg,其中 99.11% 高于 10 mg/kg。速效钾平均含量为 109.4 mg/kg,其中 63.39% 高于 100 mg/kg。该县有机质含量整体偏低,有效磷含量整体偏高,速效钾含量中等偏低水平。

(2)耕地利用建议 一是改造现有水利设施,大力发展节水灌溉,逐步实现管道输水、滴灌、微灌等节水灌溉措施,大力实施旱作雨养农业和休耕耕作制度,做到藏粮于土,努力提高灌溉保证率、提高水分利用效率。二是开展增施有机肥、种植绿肥、秸秆还田工作,稳步提升土壤有机质含量、改善土壤物理性状、提高养分的有效性,提高土壤肥力。推广测土配方施肥技术,实现平衡施肥,稳步提高土壤肥力。

张家口市

康保县

沽源县

张北县

尚义县

崇礼区

赤城县

万全区 桥西区

桥东区

宣化区

怀安县

下花园区

怀来县

阳原县 涿鹿县

蔚县

张家口市耕地质量等级

1. 耕地基本情况

张家口市处于河北省西北部，属山地丘陵区，属于温带大陆性季风气候，年均气温坝上地区 2℃，坝下地区 8℃，坝上高寒区无霜期 95 d，坝下地区无霜期 144 d，全市 ≥ 0℃积温 2 432.5 ～ 4 070.8℃，≥ 10℃积温 1 900℃，坝上地区的年降雨量为 330 ～ 400 mm，坝下地区的年降雨量为 350 ～ 500 mm。该市地处燕山凹陷带范围内，地形地貌较为复杂。按地质构造和地貌、地形特点可分为坝上高原、冀北山地、冀西北黄土丘陵 3 个地貌类型区。地貌可划分为中山地形及中低山地形、低山丘陵地形、侵蚀堆积地形和堆积地形四个单元。沽源县、康保县、张北县、尚义县、塞北管理区、察北管理区 4 县 2 区为坝上高原区，属内蒙古高原南缘，面积约占全市总面积的 1/3。蔚县、阳原县、怀来县、涿鹿县、怀安县、赤城县、宣化区、崇礼区、万全区、下花园区、桥东区、桥西区、经开区 6 区 7 县为坝下低中山盆地，地形复杂，山峦起伏，沟谷纵横，丘陵与河谷盆地相间分布。由于气候、地形、母质、植被、水文地质等自然条件的综合作用和悠久的农耕历史影响，形成了张家口市各种不同的土壤类型，主要分为棕壤、褐土、栗褐土、栗钙土、灌淤土、水稻土和草甸土等 16 个类型，其中栗钙土、褐土、栗褐土占土壤面积的 81%。全市总耕地面积 916 778.56 hm²，主要种植作物有玉米、谷子、马铃薯、蔬菜、杂粮杂豆、莜麦、胡麻、小麦、甜菜等。

2. 耕地质量等级划分

本次实际统计的是张家口中的 13 个县（区），耕地面积 916 778.56 hm²，不包括桥东区、桥西区、下花园区。合并区作物产量与临近县（区）作物产量相当，通过专家论证，前者耕地质量等级暂定使用后者等级。由此，张家口市 16 个县（区）按照河北省耕地质量 10 等级划分标 4、5、6、7、8、9、10 等地面积分别为 7 332.80、50 832.98、100 964.83、178 738.77、149 932.92、269 409.65、159 566.61 hm²，分别占全市总耕地面积的 0.80%、5.50%、10.78%、17.82%、13.48%、33.49% 和 18.13%（见表）。通过加权平均求得张家口市的耕地质量平均等级为 8.03。

张家口市耕地质量等级统计表

等级	4 级	5 级	6 级	7 级	8 级	9 级	10 级
面积（hm²）	7 332.80	50 832.98	100 964.83	178 738.77	149 932.92	269 409.65	159 566.61
百分比（%）	0.80	5.50	10.78	17.82	13.48	33.49	18.13

3. 结果确定

结合此次得到的耕地质量等级图，将评价结果与全市各县（区）农户近 3 年的春玉米产量进行对比分析，同时邀请市、省级专家进行论证，表明张家口市本次耕地质量评价结果与当地实际情况吻合。

宣化区耕地质量等级图

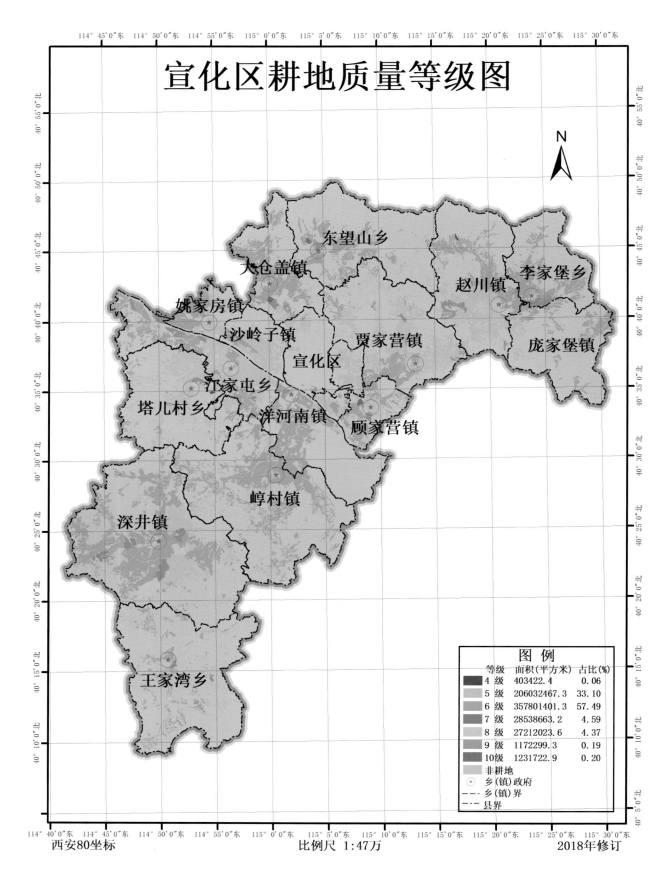

宣化区耕地质量等级

1. 耕地基本情况

宣化区（原宣化县）位于温带，属中温带亚干旱大陆性季风气候。该区地处燕山沉陷带，受燕山垂直升降运动和断裂构造控制，中山、低山、岗丘、河谷相互交错。由于区内地质地貌差异明显，成土母质复杂多样，加上水热条件变化的影响，致使全区土壤类型较多，分别为棕壤、褐土、栗钙土、灌淤土、草甸土、水稻土、风沙土等7类。全区土地总面积中耕地占29.76%，园地占1.42%，林地占20.34%，草地占22.69%，建设用地占5.03%，水域及水利设施用地占2.90%，其他土地占17.85%。耕地的总面积为622 392 000.0 m²（933 583.3亩），主要种植作物有玉米、马铃薯、豆类、蔬菜、葡萄等。

2. 耕地质量等级划分

利用县域耕地资源管理信息系统，采用层次分析法，求取该区耕地综合评价指数在0.647 21～0.904 42范围。耕地按照河北省耕地质量10等级划分标准，宣化区4、5、6、7、8、9、10等地面积分别为403 422.4、206 032 467.3、357 801 401.3、28 538 663.2、27 212 023.6、1 172 299.3、1 231 722.9 m²（见表）。通过加权平均求得该区的耕地质量平均等级为5.81级。

宣化区耕地质量等级统计表

等级	4级	5级	6级	7级	8级	9级	10级
面积（m²）	403 422.4	206 032 467.3	357 801 401.3	28 538 663.2	27 212 023.6	1 172 299.3	1 231 722.9
百分比（%）	0.06	33.10	57.49	4.59	4.37	0.19	0.20

3. 耕地属性特征及利用建议

（1）耕地属性特征 宣化区耕地灌溉能力半数以上处于"基本满足"状态，其余地块处于"不满足"状态，排水能力基本处于"基本满足"到"充分满足"状态。耕地无明显障碍因素。地形部位为山前倾斜平原中部、河流冲积平原河漫滩、河流冲积平原低阶地、河流冲积平原边缘地带、低山丘陵和山前倾斜平原上部，分别占取样点的14.68%、25.23%、32.11%、12.39%、8.26%和7.34%。有效土层厚度大于60 cm，田面坡度平均值为2°。耕层质地为砂壤、中壤和黏土，分别占取样点的78.44%、3.67%和17.89%。有机质平均含量为17.59 g/kg，其中9.17%取样点有机质含量低于10 g/kg，25.69%取样点有机质含量高于20 g/kg。有效磷平均含量为19.47 mg/kg，其中29.36%低于10 mg/kg。速效钾平均含量为183.49 mg/kg，其中94.04%高于100 mg/kg。该区水资源不足、灌溉保证率低，土流失严重，有机质含量整体偏低，有效磷含量整体中等偏低，速效钾含量整体中等偏高。

（2）耕地利用建议 一是实施工程改造，兴修水利设施，发展节水抗旱品种，推广农技农艺相结合的旱作农业技术，发展节水灌溉，逐步实现管道输水、滴灌、微灌等节水灌溉措施，提高灌溉保证率、提高水分利用效率。二是推广测土配方施肥技术，肥料投入以有机肥为主，氮、磷、钾、微量元素合理配比，实现平衡施肥，稳步提高土壤肥力。三是搞好退耕还林、封山育林、围栏封育、小流域治理、生态移民等工程，恢复植被，提高绿化覆盖率，减少水土流失，提升耕地质量。

康保县耕地质量等级图

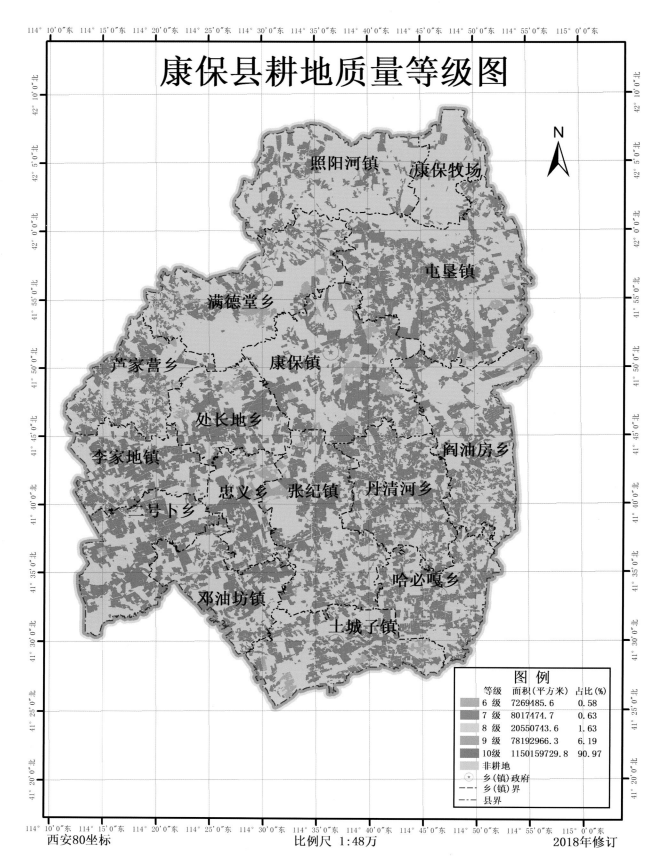

照阳河镇　　康保牧场

屯垦镇

满德堂乡

芦家营乡　　康保镇

处长地乡

李家地镇　　　　　　阎油房乡

忠义乡　张纪镇　丹清河乡

二号卜乡

哈必嘎乡

邓油坊镇

土城子镇

N

图　例		
等级	面积（平方米）	占比（%）
6 级	7269485.6	0.58
7 级	8017474.7	0.63
8 级	20550743.6	1.63
9 级	78192966.3	6.19
10 级	1150159729.8	90.97
非耕地		
⊙ 乡（镇）政府		
乡（镇）界		
县界		

西安80坐标　　　　　　　比例尺 1:48万　　　　　　　2018年修订

康保县耕地质量等级

1. 耕地基本情况

康保县属温带大陆性季风气候。该县地处冀蒙结合部内蒙古高原的东南缘，属阴山穹折带，地貌大致可分为低山丘陵区、缓坡丘陵区和波状高原区 3 种类型，在各种成土因素的相互作用下，形成了栗钙土、草甸土、盐土 3 个土壤类型。全县土地总面积中耕地占 35%，林地占 31.6%，草地占 33%，其他土地占 0.4%。水域及水利设施用地占 0.90%，其他土地占 0.02%。耕地的总面积为 1 264 190 400.0 m²（1 896 285.6 亩），主要种植作物有莜麦、杂粮、蔬菜等。

2. 耕地质量等级划分

利用县域耕地资源管理信息系统，采用层次分析法，求取该县耕地综合评价指数在 0.604 61 ～ 0.812 75 范围。耕地按照河北省耕地质量 10 等级划分标准，康保县 6、7、8、9、10 等地面积分别为 7 269 485.6、8 017 474.7、20 550 743.6、78 192 966.3、1 150 159 729.8 m²（见表）。通过加权平均求得该县的耕地质量平均等级为 9.86 级。

康保县耕地质量等级统计表

等级	6级	7级	8级	9级	10级
面积（m²）	7 269 485.6	8 017 474.7	20 550 743.6	78 192 966.3	1 150 159 729.8
百分比（%）	0.58	0.63	1.63	6.19	90.97

3. 耕地属性特征及利用建议

（1）耕地属性特征　康保县耕地灌溉能力基本处于"不满足"状态，排水能力处于"基本满足"到"充分满足"状态。耕地无明显障碍因素。地形部位为山前倾斜平原上部和低山丘陵，分别占取样点的 54.04% 和 45.96%。田面坡度平均值为 4°。耕层质地为砂壤和中壤，分别占取样点的 84.34% 和 15.66%。有机质平均含量为 20.21 g/kg，其中 54.55% 取样点有机质含量高于 20 g/kg。有效磷平均含量为 15.08 mg/kg，其中 14.14% 低于 10 mg/kg。速效钾平均含量为 140.09 mg/kg，其中 93.43% 高于 100 mg/kg。该县水资源严重不足、灌溉保证率低，水土流失严重，有机质含量整体中等偏低，有效磷含量整体偏低，速效钾含量整体中等偏高。

（2）耕地利用建议　一是发展旱作农业，走有机无机相结合的路子，改春肥为秋施，提高土壤有机质，蓄纳贮存当年秋雨，争取秋墒春用。二是改造现有水利设施，大力发展节水灌溉，逐步实现管道输水、滴灌、微灌等节水灌溉措施，提高灌溉保证率、提高水分利用效率。三是推广测土配方施肥技术，肥料投入以有机肥为主，氮、磷、钾、微量元素合理配比，实现平衡施肥，稳步提高土壤肥力。四是搞好植树造林、退耕还草、封山育草等工程，恢复植被，增加地表覆盖，减轻地表风蚀，减少水土流失，保护土壤养分。

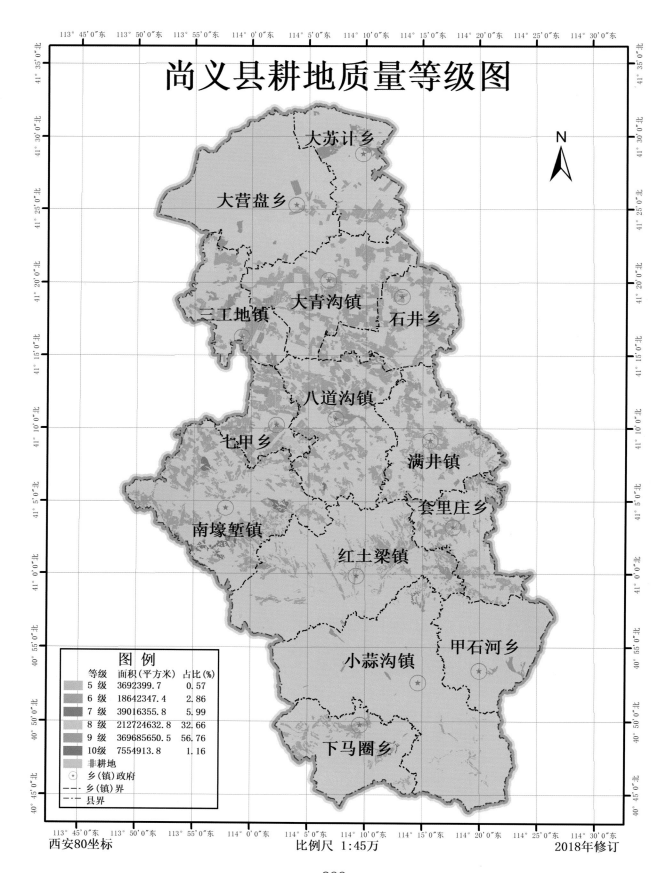

尚义县耕地质量等级图

N

图　例		
等级	面积（平方米）	占比（%）
5 级	3692399.7	0.57
6 级	18642347.4	2.86
7 级	39016355.8	5.99
8 级	212724632.8	32.66
9 级	369685650.5	56.76
10级	7554913.8	1.16
非耕地		
⊛ 乡（镇）政府		
— · — 乡（镇）界		
— ·· — 县界		

西安80坐标　　　　　　　比例尺 1:45万　　　　　　2018年修订

尚义县耕地质量等级

1. 耕地基本情况

尚义县属东亚大陆性季风气候。该县地处内蒙古高原南缘,地势中间高,南北低。以西赛坝缘为界,分为坝上、坝下两个不同地貌类型区。坝上滩、洼、岗、丘交错分布,坝下山岭连绵,沟壑纵横,在各种成土因素的相互作用下,形成了栗钙土、草甸土、盐土3个土壤类型。全县土地总面积中耕地占28.70%,园地占0.14%,林地占36.23%,草地占29.63%,建设用地占2.72%,水域及水利设施用地占2.58%。耕地的总面积为651 316 300.0 m²(976 974.5亩),主要种植作物有蔬菜、莜麦、马铃薯、玉米、谷子、豆类和亚麻等。

2. 耕地质量等级划分

利用县域耕地资源管理信息系统,采用层次分析法,求取该县耕地综合评价指数在0.636 517～0.871 24范围。耕地按照河北省耕地质量10等级划分标准,尚义县5、6、7、8、9、10等地面积分别为3 692 399.7、18 642 347.4、39 016 355.8、212 724 632.8、369 685 650.5、7 554 913.8 m²(见表)。通过加权平均求得该县的耕地质量平均等级为8.45级。

尚义县耕地质量等级统计表

等级	5级	6级	7级	8级	9级	10级
面积(m²)	3 692 399.7	18 642 347.4	39 016 355.8	212 724 632.8	369 685 650.5	7 554 913.8
百分比(%)	0.57	2.86	5.99	32.66	56.76	1.16

3. 耕地属性特征及利用建议

(1)耕地属性特征 尚义县耕地灌溉能力半数以上处于"基本满足"状态,其余地块处于"不满足"状态,排水能力基本处于"基本满足"到"充分满足"状态。耕地基本无明显障碍因素,只有少部分地块存在轻度沙化或轻度盐碱。地形部位为山前倾斜平原中部、山前倾斜平原上部、河流冲积平原河谷阶地和低山丘陵,分别占取样点的3.82%、26.34%、38.55%和31.30%,有效土层厚度最厚为60 cm,最薄为15 cm,田面坡度平均值为2°。耕层质地为轻壤、砂壤、砂土、中壤和重壤,分别占取样点的58.78%、37.40%、0.38%、2.67%和0.76%。有机质平均含量为18.69 g/kg,其中68.70%取样点有机质含量高于20 g/kg。有效磷平均含量为15.84 mg/kg,其中12.22%低于10 mg/kg。速效钾平均含量为165.43 mg/kg,其中94.27%高于100 mg/kg。该县水资源不足、灌溉保证率低,有机质含量整体偏低,有效磷含量整体偏低,速效钾含量整体中等偏高。

(2)耕地利用建议 一是发展旱作农业,选用抗旱、耐旱作物品种,采取蓄、节、适、肥等一系列节水抗旱耕作措施。二是改造现有水利设施,大力发展节水灌溉,逐步实现管道输水、滴灌、微灌等节水灌溉措施,提高灌溉保证率、提高水分利用效率。三是推广测土配方施肥技术,开展增施有机肥、种植绿肥、秸秆还田工作,稳步提升土壤有机质含量、改善土壤物理性状,提高有效磷利用率,提高土壤肥力。

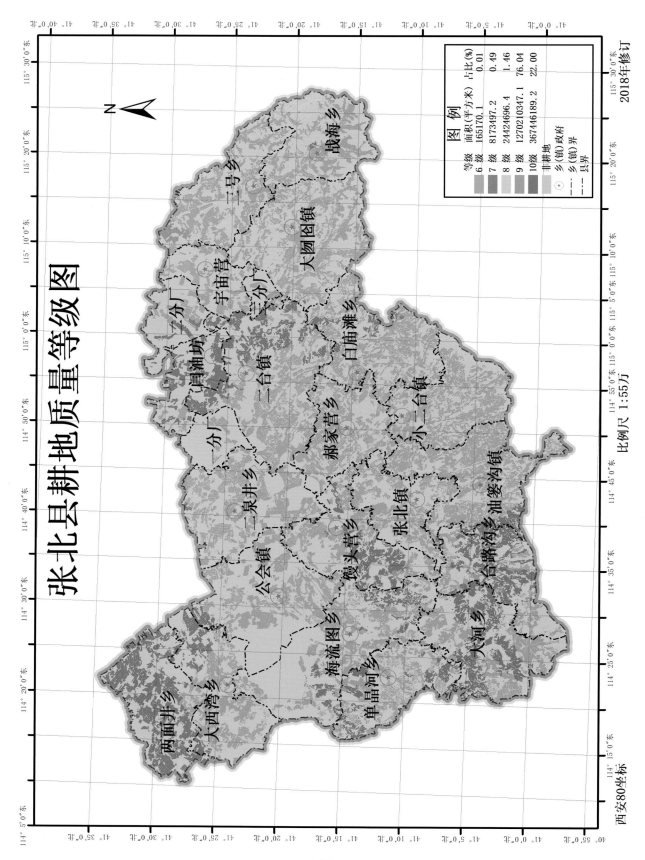

张北县耕地质量等级图

2018年修订

比例尺 1:55万

西安80坐标

图 例		
等级	面积(平方米)	占比(%)
6级	165170.1	0.01
7级	8173497.2	0.49
8级	24424696.4	1.46
9级	1270210347.1	76.04
10级	367446189.2	22.00

非耕地
⊙ 乡(镇)政府
—··— 乡(镇)界
—··— 县界

张北县耕地质量等级

1. 耕地基本情况

张北县属中温带大陆性季风气候，地处内蒙古高原南缘，地形受新构造运动控制，全县分为坝头山区、玄武岩熔岩台地区、丘陵区及波状高原区4个组成部分，在各种成土因素的相互作用下，形成了栗钙土、草甸土、盐土3个土壤类型。全县土地总面积中耕地占44.80%，园地占0.04%，林地占28.67%，草地占19.94%，建设用地占2.73%，水域及水利设施用地占2.76%，其他土地占1.05%。耕地的总面积为1 670 419 900.0 m²（2 505 629.9亩），主要种植作物有莜麦、小麦、谷黍、马铃薯、杂豆、蔬菜、甜菜等。

2. 耕地质量等级划分

利用县域耕地资源管理信息系统，采用层次分析法，求取该县耕地综合评价指数在0.600 31～0.818 96范围。耕地按照河北省耕地质量10等级划分标准张北县6、7、8、9、10等地面积分别为165 170.1、8 173 497.2、24 424 696.4、1 270 210 347.1、367 446 189.2 m²（见表）。通过加权平均求得该县的耕地质量平均等级为9.20级。

张北县耕地质量等级统计表

等级	6级	7级	8级	9级	10级
面积（m²）	165 170.1	8 173 497.2	24 424 696.4	1 270 210 347.1	367 446 189.2
百分比（%）	0.01	0.49	1.46	76.04	22.00

3. 耕地属性特征及利用建议

（1）耕地属性特征　张北县耕地灌溉能力大多数处于"不满足"状态，其余地块处于"基本满足"到"充分满足"状态，排水能力处于"基本满足"到"满足"状态。多数耕地无明显障碍因素，少数耕地存在轻度沙。地形部位为低山丘陵和山前倾斜平原前缘，分别占取样点的66.10%和33.90%。有效土层厚小于40 cm，田面坡度平均值为5°。耕层质地为砂壤、砂土、轻壤、中壤和黏土，分别占取样点的59.89%、22.60%、3.67%、8.19%和5.65%。有机质平均含量为21.74 g/kg，其中57.91%的取样点有机质含量高于20 g/kg。有效磷平均含量为23.34 mg/kg，其中85.88%高于10 mg/kg。速效钾平均含量为177.88 mg/kg，其中95.48%高于100 mg/kg。该县水资源不足、灌溉保证率低，有机质含量整体中等偏低，有效磷含量整体中等水平，速效钾含量整体中等偏高。

（2）耕地利用建议　一是发展旱作农业，走有机与无机相结合的路子，改春肥为秋施，蓄纳贮存当年秋雨，争取秋墒春用。二是改造现有水利设施，大力发展节水灌溉，逐步实现管道输水、滴灌、微灌等节水灌溉措施，提高灌溉保证率、提高水分利用效率。三是推广测土配方施肥技术，实现平衡施肥，开展增施有机肥、种植绿肥、秸秆还田工作，改善土壤物理性状，提高土壤肥力。四是通过种树种草、修筑梯田、平整土地，减少水土流失，提升耕地质量。

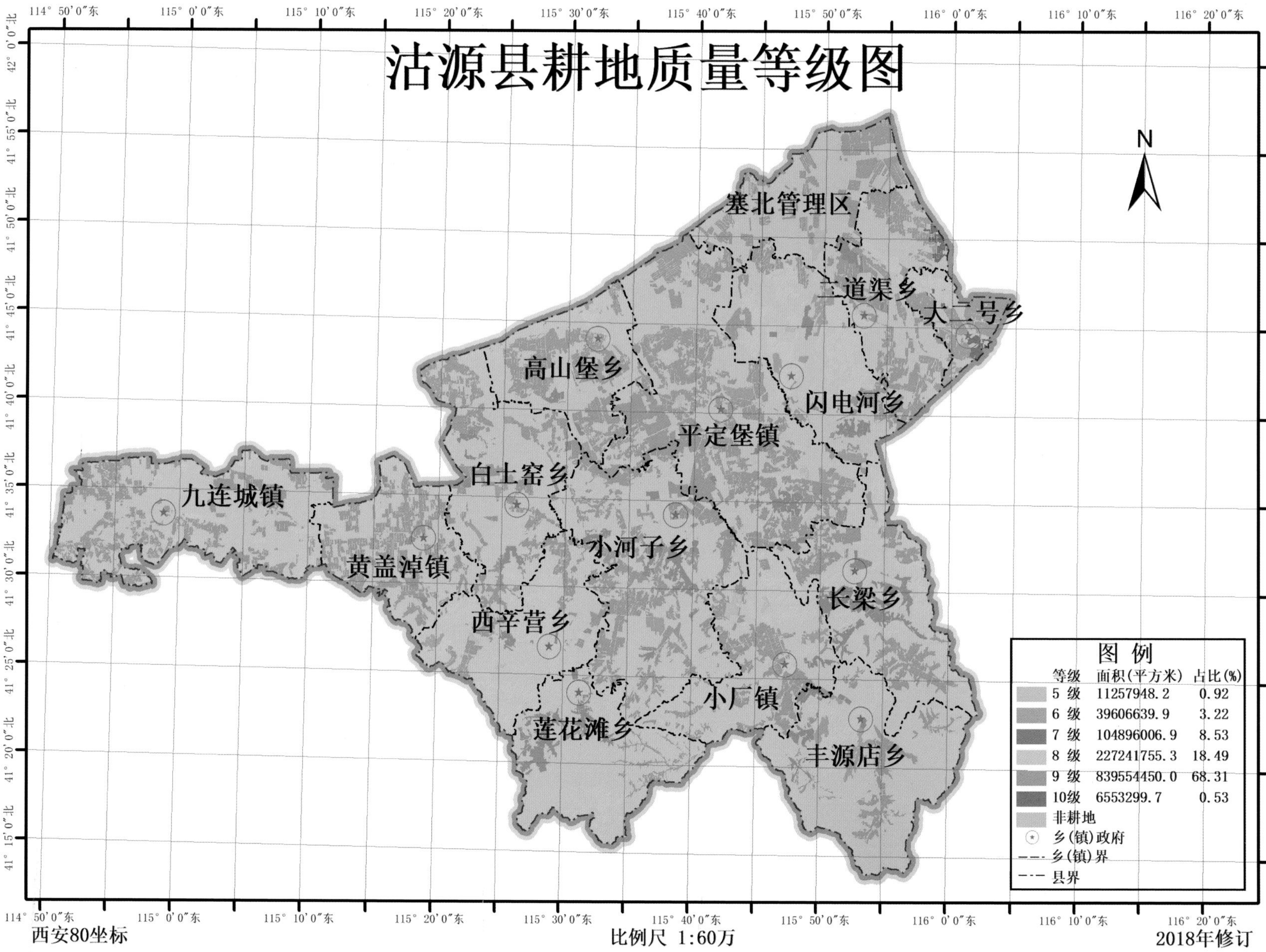

沽源县耕地质量等级图
N
塞北管理区
二道渠乡
大二号乡
高山堡乡
闪电河乡
平定堡镇
白土窑乡
九连城镇
小河子乡
黄盖淖镇
长梁乡
西辛营乡
小厂镇
莲花滩乡
丰源店乡
图 例
等级 面积(平方米) 占比(%)
5 级 11257948.2 0.92
6 级 39606639.9 3.22
7 级 104896006.9 8.53
8 级 227241755.3 18.49
9 级 839554450.0 68.31
10级 6553299.7 0.53
非耕地
乡(镇)政府
乡(镇)界
县界
西安80坐标
比例尺 1:60万
2018年修订

沽源县耕地质量等级

1．耕地基本情况

沽源县属温带大陆性季风气候，地处内蒙古高原东南部边缘，南部与燕山山地相接，总的地势是南高北低，有坝缘山地、低山丘陵、盆地3种不同的地貌。由于县内地质地貌差异明显，成土母质复杂多样，加上水热条件变化的影响，致使全县土壤类型分为栗钙土类、棕壤类、褐土类、草甸土类。全县土地总面积中耕地占35.95%，园地占0.67%，林地占28.87%，草地占29.35%，建设用地占3.05%，水域及水利设施用地占1.44%，其他土地占0.66%。耕地的总面积为 1 229 110 100.0 m²（1 843 665.2 亩），主要种植作物有燕麦、马铃薯、亚麻、杂豆、蔬菜等。

2．耕地质量等级划分

利用县域耕地资源管理信息系统，采用层次分析法，求取该县耕地综合评价指数在0.670 20 ～ 0.869 91 范围。耕地按照河北省耕地质量10等级划分标准5、6、7、8、9、10等地面积分别为 11 257 948.2、39 606 639.9、104 896 006.9、227 241 755.3、839 554 450.0、6 553 299.7 m²（见表）。通过加权平均求得该县的耕地质量平均等级为8.52级。

沽源县耕地质量等级统计表

等级	5级	6级	7级	8级	9级	10级
面积（m²）	11 257 948.2	39 606 639.9	104 896 006.9	227 241 755.3	839 554 450.0	6 553 299.7
百分比（%）	0.92	3.22	8.53	18.49	68.31	0.53

3．耕地属性特征及利用建议

（1）耕地属性特征　沽源县耕地灌溉能力大多数处于"不满足"状态，其余地块处于"基本满足"到"充分满足"状态，排水能力基本处于"基本满足"和"满足"状态。耕地无明显障碍因素。地形部位为低山丘陵，有效土层厚度大于60 cm的占96.90%，只有3.10%在50 cm，田面坡度平均值为3°。耕层质地为轻壤和砂壤，分别占取样点的89.15%和10.85%。有机质平均含量为23.20 g/kg，其中62.02%取样点有机质含量高于20 g/kg。有效磷平均含量为11.71 mg/kg，其中48.84%低于10 mg/kg。速效钾平均含量为122.32 mg/kg，其中67.44%高于100 mg/kg。该县水资源不足、灌溉保证率低，有机肥施用量少，有机质含量整体中等偏低，有效磷含量整体偏低，速效钾含量整体中等。

（2）耕地利用建议　一是推广抗旱土壤耕作技术建立节水型农业种植结构，大力发展节水抗旱品种，改造现有农田水利设施，大力发展节水灌溉，逐步实现管道输水、滴灌、微灌等节水灌溉措施，农用水总量不增的情况下扩大灌溉面积。二是推广测土配方施肥技术，肥料投入以有机肥（农家肥）为主，氮、磷、钾、微量元素合理配比，实现平衡施肥，稳步提高土壤肥力。三是积极开展中低产田改造工作，做到改良和利用相结合，生物措施和工程措施相结合，不断提高劳动生产率和农田产出率，有效地挖掘和发挥土地资源的潜力和效益。四是缓坡修筑梯田、种树种草，以蓄水保土。可修截流沟、水渠护坡、跌水、谷坊、小型蓄水池以达到减缓径流，蓄水挡土以达到保护植被的目的。

万全区耕地质量等级图

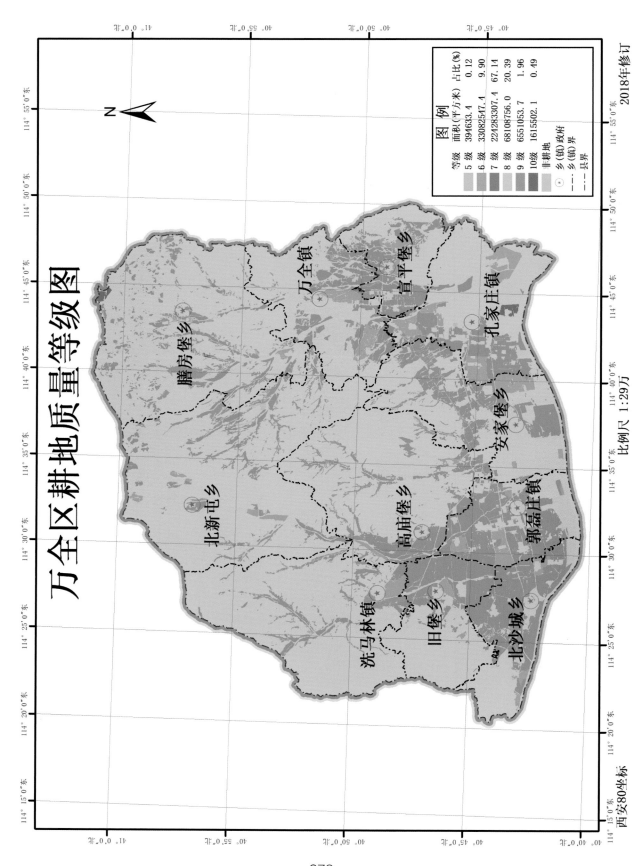

图 例		
等级	面积(平方米)	占比(%)
5 级	394633.4	0.12
6 级	33082547.4	9.90
7 级	224283307.4	67.14
8 级	68108756.0	20.39
9 级	6551053.7	1.96
10级	1615502.1	0.49
非耕地		
⊙ 乡(镇)政府		
---- 乡(镇)界		
--- 县界		

2018年修订

比例尺 1:29万

西安80坐标

膳房堡乡

北新屯乡

万全镇

宣平堡乡

孔家庄镇

安家堡乡

高庙堡乡

郭磊庄镇

洗马林镇

旧堡乡

北沙城乡

万全区耕地质量等级

1. 耕地基本情况

万全区属温带大陆性季风气候，地处坝上坝下的过渡地带，地势自北向南倾斜，地貌大致可分为中山、低山、山间盆地、洪冲积扇和河谷阶地5种类型，在各种成土因素的相互作用下，形成了栗钙土、草甸土、灌淤土3个土壤类型。全区土地总面积中耕地占30.92%，园地占8.17%，林地占7.05%，草地占41.93%，建设用地占7.28%，水域及水利设施用地占4.10%，其他土地占0.55%。耕地的总面积为334 035 800.0 m²（501 053.7亩），主要种植作物有玉米、谷黍、马铃薯、杂豆、蔬菜等。

2. 耕地质量等级划分

利用县域耕地资源管理信息系统，采用层次分析法，求取该区耕地综合评价指数在0.610 76～0.860 88范围。耕地按照河北省耕地质量10等级划分标准，万全区5、6、7、8、9、10等地面积分别为394 633.4、33 082 547.4、224 283 307.4、68 108 756.0、6 551 053.7、1 615 502.1 m²（见表）。通过加权平均求得该区的耕地质量平均等级为7.16级。

万全区耕地质量等级统计表

等级	5级	6级	7级	8级	9级	10级
面积（m²）	394 633.4	33 082 547.4	224 283 307.4	68 108 756.0	6 551 053.7	1 615 502.1
百分比（%）	0.12	9.90	67.14	20.39	1.96	0.49

3. 耕地属性特征及利用建议

（1）耕地属性特征　万全区耕地灌溉能力大多数处于"基本满足"到"充分满足"状态，小部分地块处于"不满足"状态，排水能力处于"基本满足"到"充分满足"状态。耕地无明显障碍因素。地形部位为山前倾斜平原上部。有效土层厚度40 cm以下，田面坡度平均值为3°。耕层质地以砂壤为主，占取样点的45.41%，砂土、中壤、重壤、黏土分别占取样点的8.11%、4.86%、23.24%、18.38%。有机质平均含量为14.43 g/kg，其中只有1.08%取样点有机质含量高于20 g/kg。有效磷平均含量为28.94 mg/kg，其中83.78%高于10 mg/kg。速效钾平均含量为172.63 mg/kg，其中96.76%高于100 mg/kg。该区水资源不足、灌溉保证率低，水土流失严重，有机质含量整体偏低，有效磷含量整体中等偏高，速效钾含量整体中等偏高。

（2）耕地利用建议　一是建立节水型农业种植结构，大力发展节水抗旱品种，改造农田水利设施，大力发展节水灌溉，逐步实现管道输水、滴灌、微灌等节水灌溉措施，提高灌溉保证率、提高水分利用效率。二是开展增施有机肥、种植绿肥、秸秆还田工作，稳步提升土壤有机质含量、改善土壤物理性状，推广测土配方施肥技术，实现平衡施肥，稳步提高土壤肥力。三是搞好退耕还林、封山育林、围栏封育、小流域治理、生态移民等工程，恢复植被，提高绿化覆盖率，减少水土流失，提升耕地质量。

怀安县耕地质量等级图

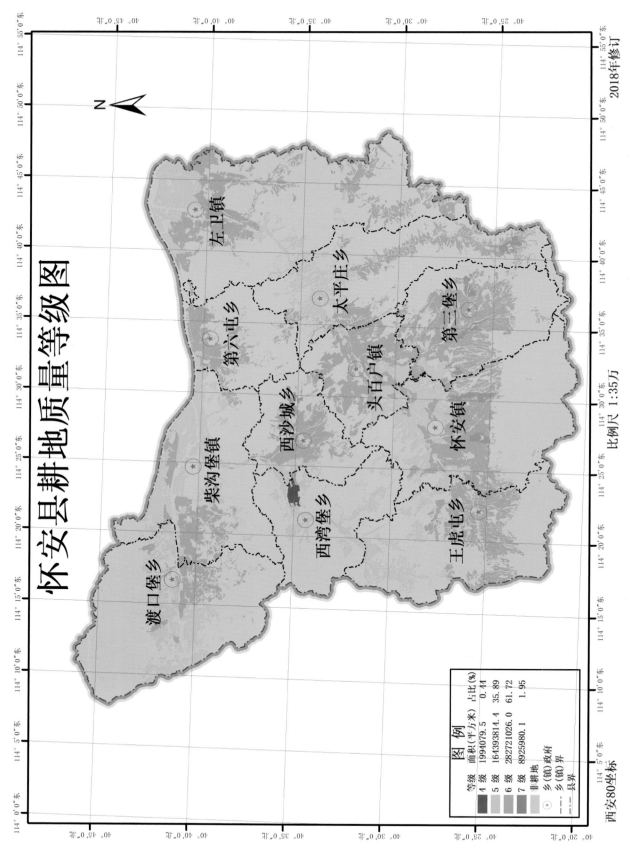

图 例

等级	面积(平方米)	占比(%)
4 级	1994079.5	0.41
5 级	164393814.4	35.89
6 级	282721026.0	61.72
7 级	8925980.1	1.95
非耕地		

⊙ 乡(镇)政府
— · — 乡(镇)界
— · · — 县界

比例尺 1:35万

2018年修订

西安80坐标

怀安县耕地质量等级

1. 耕地基本情况

怀安县属温带半干旱大陆性季风气候，地处于燕山沉陷带、内蒙古背斜、山西台背斜交界过渡地带，全县分为低山、中山、盆地、河谷地4个组成部分，气候的变化和差异较大。在各种成土因素的相互作用下，形成的土壤类型有栗钙土类、草甸土。全县土地总面积中耕地占29.66%，林地占8.17%，园地占7.87%，草地占35.17%，建设用地占4.91%，水域及水利设施用地占2.83%，其他土地占0.21%。耕地的总面积为458 034 900.0 m²（687 052.4亩），主要种植作物为玉米、马铃薯、谷子、小麦、果树等。

2. 耕地质量等级划分

利用县域耕地资源管理信息系统，采用层次分析法，求取该县耕地综合评价指数在0.786 39～0.901 49范围。耕地按照河北省耕地质量10等级划分标准怀安县4、5、6、7等地面积分别为1 994 079.5、164 393 814.4、282 721 026.0、8 925 980.1 m²（见表）。通过加权平均求得该县的耕地质量平均等级为5.65。

怀安县耕地质量等级统计表

等级	4级	5级	6级	7级
面积（m²）	1 994 079.5	164 393 814.4	282 721 026.0	8 925 980.1
百分比（%）	0.44	35.89	61.72	1.95

3. 耕地属性特征及利用建议

（1）耕地属性特征　怀安县耕地灌溉能力基本处于"满足"状态，排水能力处于"基本满足"到"充分满足"状态。耕地基本无明显障碍因素，部分地块存在轻度沙化或轻度盐碱。地形部位为低山丘陵和山前倾斜平原前缘，分别占到取样点的50.48%和49.52%。有效土层厚度大于60 cm，田面坡度平均值为1°。耕层质地为中壤、粘土、砂壤和轻壤，分别占到取样点的88.10%、0.48%、0.48%和10.95%。有机质平均含量为14.52 g/kg，其中11.90%的取样点有机质低于10 g/kg，只有10.95%取样点有机质含量高于20 g/kg。有效磷平均含量为18.81 mg/kg，其中10.48%低于10 mg/kg。速效钾平均含量为154.14 mg/kg，其中80%高于100 mg/kg。该县水土流失严重，有机质含量整体偏低，有效磷含量整体偏低，速效钾含量中等偏高水平。

（2）耕地利用建议　一是改造现有水利设施，大力发展节水灌溉，逐步实现管道输水、滴灌、微灌等节水灌溉措施，提高灌溉保证率、提高水分利用效率。二是开展增施有机肥、种植绿肥、秸秆还田工作，稳步提升土壤有机质含量、改善土壤物理性状、提高磷的有效性、提高土壤肥力。推广测土配方施肥技术，实现平衡施肥，稳步提高土壤肥力。三是搞好退耕还林、封山育林、围栏封育、小流域治理、生态移民等工程，恢复植被，提高绿化覆盖率，减少水土流失，提升耕地质量。

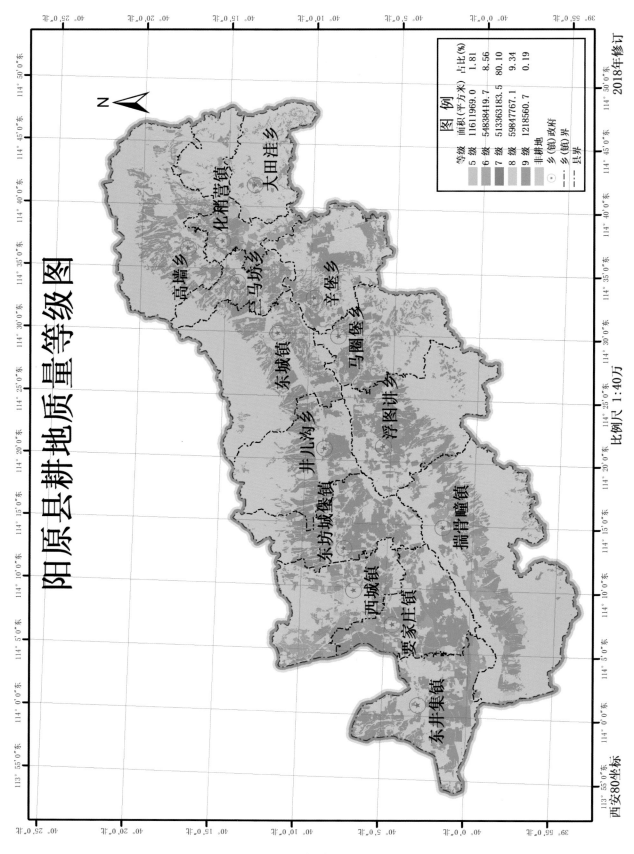

阳原县耕地地质量等级图

等级	面积(平方米)	占比(%)
5级	11611969.0	1.81
6级	54838419.7	8.56
7级	513363183.5	80.10
8级	59847767.1	9.34
9级	1218560.7	0.19

图 例

非耕地
⊙ 乡(镇)政府
--- 乡(镇)界
--- 县界

2018年修订
比例尺 1:40万
西安80坐标

阳原县耕地质量等级

1. 耕地基本情况

阳原县属温带季风气候，地处华北平原与蒙古高原过渡带，阴山余脉与恒山余脉复合处，海拔较高，全县分为山区、山麓平原、河川3个组成部分，在各种成土因素的相互作用下，形成了栗钙土、草甸土、盐土3个土壤类型。全县土地总面积中耕地占38.64%，园地占4.19%，林地占13.78%，草地占33.19%，建设用地占4.44%，水域及水利设施用地占3.25%，其他土地占2.51%。耕地的总面积为640 879 900.0 m²（961 319.9亩），主要种植作物有玉米、谷子、马铃薯、豆类、果树等。

2. 耕地质量等级划分

利用县域耕地资源管理信息系统，采用层次分析法，求取该县耕地综合评价指数在0.627 1～0.887 66范围。按照河北省耕地质量10等级划分标准，阳原县5、6、7、8、9等地面积分别为11 611 969.0、54 838 419.7、513 363 183.5、59 847 767.1、1 218 560.7 m²（见表）。通过加权平均求得该县的耕地质量平均等级为6.98级。

阳原县耕地质量等级统计表

等级	5 级	6 级	7 级	8 级	9 级
面积（m²）	11 611 969.0	54 838 419.7	513 363 183.5	59 847 767.1	1 218 560.7
百分比（%）	1.81	8.56	80.10	9.34	0.19

3. 耕地属性特征及利用建议

（1）耕地属性特征　阳原县耕地灌溉能力半数以上处于"不满足"状态，其余地块处于"基本满足"到"充分满足"状态，排水能力基本处于"满足"到"充分满足"状态。耕地基本无明显障碍因素，只有少部分地块存在轻度盐碱。地形部位为低山丘陵、河流冲积平原河谷阶地、山前倾斜平原前缘和山前倾斜平原上部，分别占取样点的16.89%、21.46%、16.89%和44.75%。有效土层厚度大于60 cm，田面坡度平均值为3°。耕层质地以中壤为主，占取样点的53.42%，砂土、砂壤、轻壤和黏土分别占取样点的0.46%、15.98%、19.63%和10.50%。有机质平均含量为13.51 g/kg，其中21.92%的取样点有机质含量低于10 g/kg，只有9.13%的取样点有机质含量高于20 g/kg。有效磷平均含量为7.24 mg/kg，其中82.19%低于10 mg/kg。速效钾平均含量为118.36 mg/kg，其中68.49%高于100 mg/kg。该县水资源不足、灌溉保证率低，有机质含量整体偏低，有效磷含量整体偏低，速效钾含量整体处于中等水平。

（2）耕地利用建议　一是推广有机旱作农业，增施有机肥料，选用抗旱、耐旱作物品种，采取蓄、节、适、肥等一系列节水抗旱耕作措施，二是改造现有水利设施，大力发展节水灌溉，逐步实现管道输水、滴灌、微灌等节水灌溉措施，提高灌溉保证率、提高水分利用效率。三是推广测土配方施肥技术，肥料投入以有机肥（农家肥）为主，氮、磷、钾、微量元素合理配比，实现平衡施肥，稳步提高土壤肥力。四是进行农田林网建设、修筑梯田、平整土地，减少水土流失，提升耕地质量。

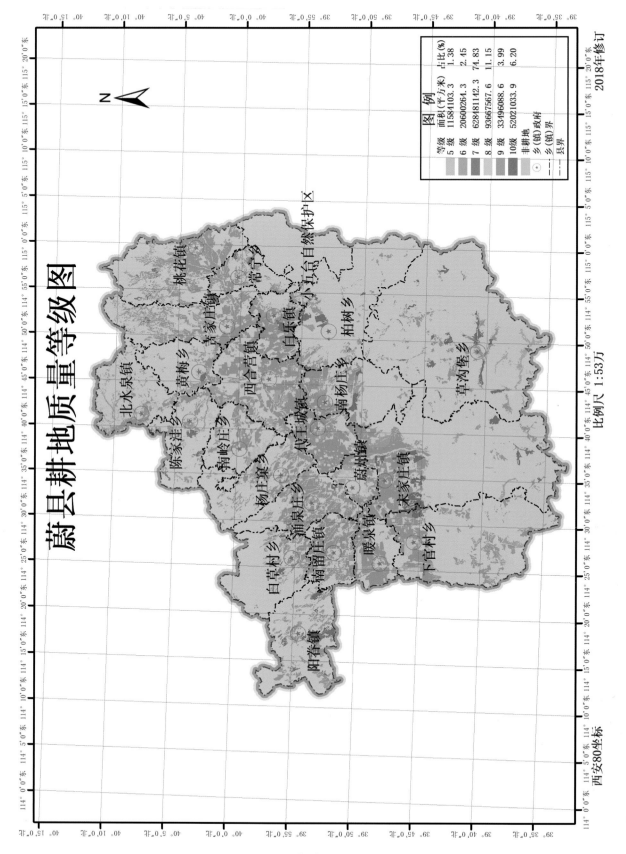

蔚县耕地质量等级图

图 例		
等级	面积（平方米）	占比（%）
5级	11584103.3	1.38
6级	20600264.3	2.45
7级	628481142.3	74.83
8级	93667567.6	11.15
9级	33496088.6	3.99
10级	52021033.9	6.20

非耕地
⊙ 乡（镇）政府
--- 乡（镇）界
--·- 县界

2018年修订

比例尺 1:53万

西安80坐标

蔚县耕地质量等级

1. 耕地基本情况

蔚县属温带季风气候，中温带亚干旱区，地处恒山、太行山、燕山三山交汇之处，形成了明显的南部深山、中部河川、北部丘陵3个不同的自然区域。由于县内地质地貌差异明显，成土母质复杂多样，加上水热条件变化的影响，致使全县土壤类型较多，分别为亚高山草甸土、棕壤、褐土、栗钙土、草甸土、盐土、水稻土等7类。全县土地总面积中耕地占28.23%，园地占9.54%，林地占24.39%，草地占20.09%，建设用地占4.35%，水域及水利设施用地占1.85%，其他土地占11.56%。耕地的总面积为839 850 200.0 m²（1 259 775.3亩），主要种植作物有玉米、谷子、马铃薯、杂粮杂豆、杏扁、烟叶、蔬菜、中药等。

2. 耕地质量等级划分

利用县域耕地资源管理信息系统，采用层次分析法，求取该县耕地综合评价指数在0.586 32～0.873 62范围。耕地按照河北省耕地质量10等级划分标准，蔚县5、6、7、8、9、10等地面积分别为11 584 103.3、20 600 264.3、628 481 142.3、93 667 567.6、33 496 088.6、52 021 033.9 m²（见表）。通过加权平均求得该县的耕地质量平均等级为7.33级。

蔚县耕地质量等级统计表

等级	5级	6级	7级	8级	9级	10级
面积（m²）	11 584 103.3	20 600 264.3	628 481 142.3	93 667 567.6	33 496 088.6	52 021 033.9
百分比（%）	1.38	2.45	74.83	11.15	3.99	6.20

3. 耕地属性特征及利用建议

（1）耕地属性特征 蔚县耕地灌溉能力基本处于"不满足"状态，排水能力处于"基本满足"到"充分满足"状态。耕地基本无明显障碍因素，只有少部分地块存在轻度盐碱或中度沙化。地形部位为低山丘陵、河流冲积平原低阶地、河流冲积平原河谷阶地、河流冲积平原河漫滩和山前倾斜平原前缘，分别占取样点的9.46%、18.02%、5.41%、6.76%、26.58%和33.78%。有效土层厚度60 cm以下的占38.96%，田面坡度平均值为2°。耕层质地为中壤、砂壤和重壤，分别占取样点的91.67%、8.10%和0.23%。有机质平均含量为16.82 g/kg，其中只有20.72%取样点有机质含量高于20 g/kg。有效磷平均含量为7.96 mg/kg，其中75.68%低于10 mg/kg。速效钾平均含量为133.83 mg/kg，其中84.68%高于100 mg/kg。该县水资源不足、灌溉保证率低，水土流失严重，有机质含量整体偏低，有效磷含量整体偏低，速效钾含量整体处于中等水平。

（2）耕地利用建议 一是发展有机旱作农业，增施有机肥料，选用抗旱、耐旱作物品种，采取蓄、节、适、肥等一系列节水抗旱耕作措施。二是改造现有水利设施，大力发展节水灌溉，逐步实现管道输水、滴灌、微灌等节水灌溉措施，提高灌溉保证率、提高水分利用效率。三是开展增施有机肥、种植绿肥、秸秆还田工作，推广测土配方施肥技术，降低化肥用量，合理确定氮、磷、钾和微量元素的适宜用量，实现平衡施肥，稳步提高土壤肥力。四是缓坡修筑梯田、种树种草，以蓄水保土。可修截流沟、水渠护坡、跌水、谷坊、小型蓄水池以达到减缓径流，蓄水挡土以达到保护植被的目的。

涿鹿县耕地质量等级图

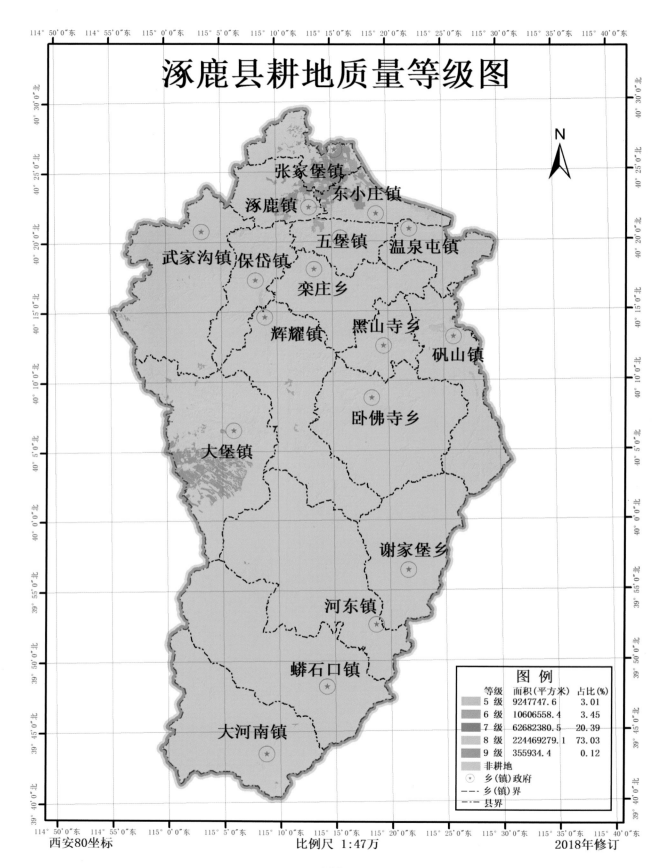

图 例		
等级	面积(平方米)	占比(%)
5 级	9247747.6	3.01
6 级	10606558.4	3.45
7 级	62682380.5	20.39
8 级	224469279.1	73.03
9 级	355934.4	0.12
非耕地		
⊙ 乡(镇)政府		
— ·— 乡(镇)界		
—··— 县界		

西安80坐标　　　　　　　比例尺 1:47万　　　　　　2018年修订

涿鹿县耕地质量等级

1. 耕地基本情况

涿鹿县属大陆性季风气候。大地构造属燕山沉降带，山西台背斜交界过渡地带，境内有高、中、低山和丘陵、盆地、河滩、阶地等多种类型。由于县内地质地貌差异明显，成土母质复杂多样，加上水热条件变化的影响，致使全县土壤类型较多，分别为亚高山草甸土、棕壤、褐土、栗钙土、灌淤土、水稻土6个土类。全县土地总面积中耕地占11.83%，园地占16.79%，林地占34.33%，草地占33.49%，建设用地占2.64%，水域及水利设施用地占0.61%，其他土地占0.30%。耕地的总面积为307 361 900.0 m²（461 042.9亩），主要种植作物有玉米、谷子、马铃薯、豆类、蔬菜、葡萄、杏扁等。

2. 耕地质量等级划分

利用县域耕地资源管理信息系统，采用层次分析法，求取该县耕地综合评价指数在0.691 60～0.874 34范围。耕地按照河北省耕地质量10等级划分标准涿鹿县5、6、7、8、9等地面积分别为9 247 747.6、10 606 558.4、62 682 380.5、224 469 279.1、355 934.4 m²（见表）。通过加权平均求得该县的耕地质量平均等级为7.64级。

涿鹿县耕地质量等级统计表

等级	5级	6级	7级	8级	9级
面积（m²）	9 247 747.6	10 606 558.4	62 682 380.5	224 469 279.1	355 934.4
百分比（%）	3.01	3.45	20.39	73.03	0.12

3. 耕地属性特征及利用建议

（1）耕地属性特征　涿鹿县耕地灌溉能力半数以上处于"不满足"状态，其余地块处于"基本满足"到"充分满足"状态，排水能力基本处于"基本满足"到"充分满足"状态。耕地基本无明显障碍因素，只有少部分地块存在轻度盐碱。地形部位为低山丘陵、河流冲积平原边缘地带、河流冲积平原河谷阶地、河流冲积平原河漫滩、河流冲积平原中阶地、山前倾斜平原上部和山前倾斜平原中下部，分别占取样点的36.23%、2.17%、17.39%、0.72%、2.17%、8.70%和32.61%。有效土层厚大于40 cm占88.41%，40 cm～60 cm占11.59%，田面坡度平均值为1°。耕层质地为重壤、中壤、砂土、砂壤和黏土，分别占取样点的42.75%、39.13%、2.90%、5.80%和9.42%。有机质平均含量为12.31 g/kg，其中39.13%的取样点有机质含量低于10 g/kg，只有5.07%的取样点有机质含量高于20 g/kg。有效磷平均含量为13.04 mg/kg，其中35.51%低于10 mg/kg。速效钾平均含量为128.73 mg/kg，其中63.77%高于100 mg/kg。该县水资源不足、灌溉保证率低，水土流失严重，有机质含量整体偏低，有效磷含量整体偏低，速效钾含量整体中等。

（2）耕地利用建议　一是推广有机旱作农业，增施有机肥料，选用抗旱、耐旱作物品种，采取蓄、节、适、肥等一系列节水抗旱耕作措施；改造现有水利设施，大力发展节水灌溉，逐步实现管道输水、滴灌、微灌等节水灌溉措施，提高灌溉保证率、提高水分利用效率。二是推广测土配方施肥技术，实现平衡施肥，开展增施有机肥、种植绿肥、秸秆还田工作，改善土壤物理性状，提高土壤肥力。三是搞好退耕还林、封山育林、围栏封育、小流域治理、生态移民等工程，恢复植被，提高绿化覆盖率，减少水土流失，提升耕地质量。

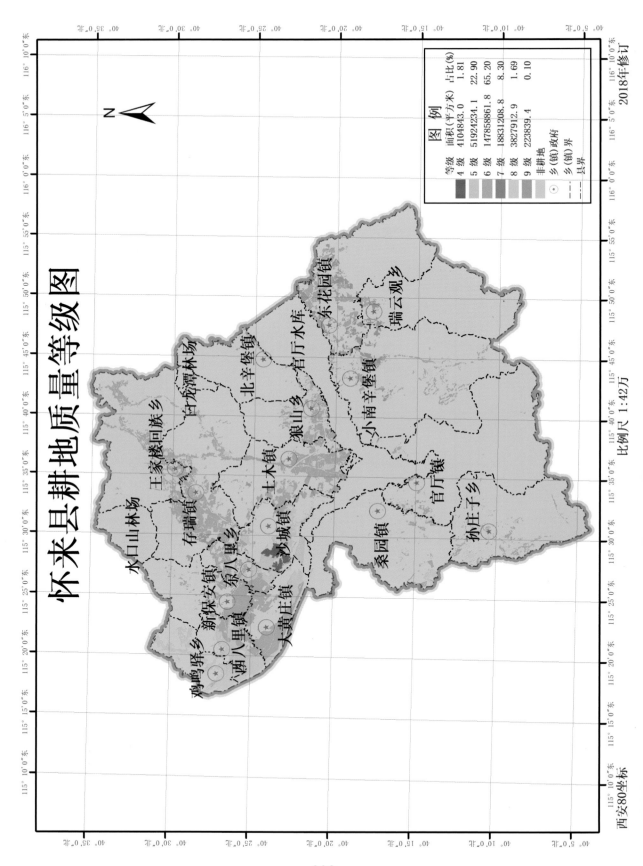

怀来县耕地地质量等级图

2018年修订

比例尺 1:42万

西安80坐标

水口山林场
王家楼回族乡
台龙潭林场
北辛堡镇
官厅水库
东花园镇
瑞云观乡
狼山乡
小南辛堡镇
存瑞镇
土木镇
官厅镇
桑园镇
孙庄子乡
鸡鸣驿乡
新保安镇
乔八里乡
沙城镇
八两八里镇
大黄庄镇

怀来县耕地质量等级

1. 耕地基本情况

怀来县地处中温带半干旱区，属温带半干旱大陆性季风气候。该县地处燕山山脉北侧，南北群山起伏，层峦叠嶂，全县分为河川平原、丘陵和山地 3 个组成部分，气候的变化和差异较大。县内地质地貌差异明显，成土母质复杂多样，加上水热条件变化的影响，致使全县土壤类型较多，分别为棕壤、褐土、草甸土、风沙土、灌淤土。全县土地总面积中耕地占 13.59%，林地占 25.06%，园地占 17.91%，草地占 27.53%，建设用地占 6.76%，水域及水利设施用地占 7.94%，其他土地占 1.21%。耕地的总面积为 226 770 900.0 m² （340 156.4 亩），主要种植作物为玉米、谷子、蔬菜、果树等。

2. 耕地质量等级划分

利用县域耕地资源管理信息系统，采用层次分析法，求取该县耕地综合评价指数在 0.681 37 ~ 0.920 52 范围。耕地按照河北省耕地质量 10 等级划分标准，怀来县 4、5、6、7、8、9 等地面积分别为 4 104 843.0、51 924 234.1、147 858 861.8、18 831 208.8、3 827 912.9、223 839.4 m²，分别占全县总耕地的 1.81%、22.90%、65.20%、8.30%、1.69% 和 0.10%（见表）。通过加权平均求得该县的耕地质量平均等级为 5.85。

怀来县耕地质量等级统计表

等级	4 级	5 级	6 级	7 级	8 级	9 级
面积（m²）	4 104 843.0	51 924 234.1	147 858 861.8	18 831 208.8	3 827 912.9	223 839.4
百分比（%）	1.81	22.90	65.20	8.30	1.69	0.10

3. 耕地属性特征及利用建议

（1）耕地属性特征　怀来县耕地灌溉能力大多数处于"基本满足"和"满足"状态，少部分地块处于"不满足"状态，排水能力处于"满足"到"充分满足"状态。耕地基本无明显障碍因素，只有少部分地块存在轻中度盐碱或轻中度沙化。地形部位为低山丘陵坡地、河流冲积平原河谷阶地、河流冲积平原河漫滩、山前倾斜平原前缘、山前倾斜平原上部和山前倾斜平原中部，分别占取样点的 19.15%、0.53%、11.17%、19.15%、37.23% 和 12.77%。有效土层厚度大于 60 cm，田面坡度平均值为 0°。耕层质地为轻壤、砂壤、砂土和中壤，分别占到取样点的 69.15%、20.21%、8.51% 和 2.13%。有机质平均含量为 14.35 g/kg，其中 13.30% 的取样点有机质低于 10 g/kg，只有 12.23% 取样点有机质含量高于 20 g/kg。有效磷平均含量为 11.71 mg/kg，其中只有 37.76% 高于 10 mg/kg。速效钾平均含量为 119.05 mg/kg，其中 63.83% 高于 100 mg/kg。该县水资源不足、灌溉保证率低，水土流失严重，有机质含量整体偏低，有效磷含量整体偏低，速效钾含量处于中等水平。

（2）耕地利用建议　一是改造现有水利设施，大力发展节水灌溉，逐步实现管道输水、滴灌、微灌等节水灌溉措施，提高灌溉保证率、提高水分利用效率。二是开展增施有机肥、种植绿肥、秸秆还田工作，稳步提升土壤有机质含量、改善土壤物理性状、提高磷的有效性，提高土壤肥力。推广测土配方施肥技术，实现平衡施肥，稳步提高土壤肥力。三是搞好退耕还林、封山育林、围栏封育、小流域治理、生态移民等工程，恢复植被，提高绿化覆盖率，减少水土流失，提升耕地质量。

赤城县耕地质量等级图

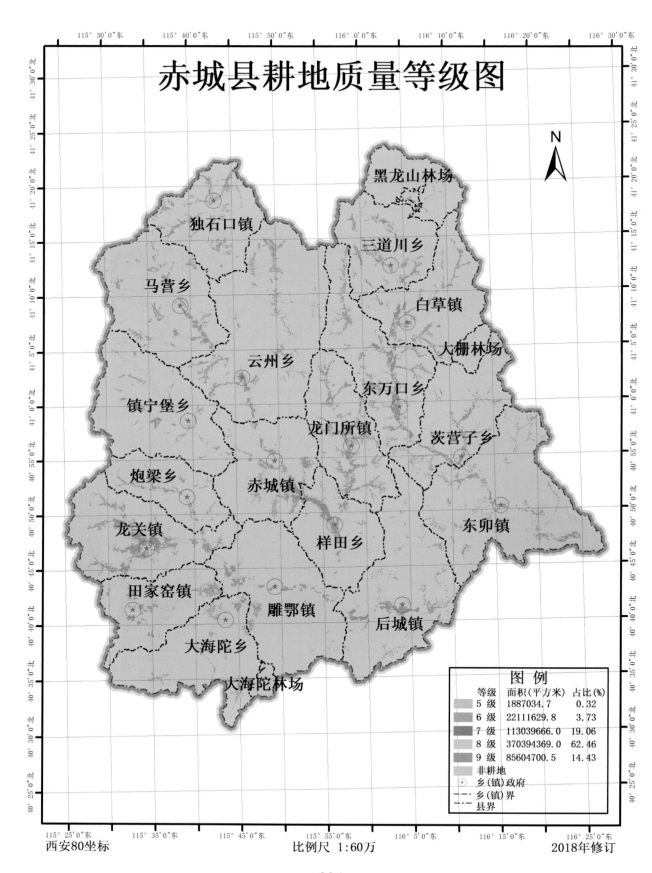

独石口镇

马营乡

镇宁堡乡

炮梁乡

龙关镇

田家窑镇

大海陀乡

大海陀林场

云州乡

赤城镇

样田乡

雕鄂镇

黑龙山林场

三道川乡

白草镇

大棚林场

东万口乡

龙门所镇

茨营子乡

东卯镇

后城镇

N

图 例		
等级	面积(平方米)	占比(%)
5 级	1887034.7	0.32
6 级	22111629.8	3.73
7 级	113039666.0	19.06
8 级	370394369.0	62.46
9 级	85604700.5	14.43
非耕地		
⊙ 乡(镇)政府		
- - - 乡(镇)界		
-·-·- 县界		

西安80坐标　　　　　　　比例尺 1:60万　　　　　　　2018年修订

赤城县耕地质量等级

1. 耕地基本情况

赤城县属温带大陆性季风气候。该县地处蒙古高原向华北平原的过渡地带，大马群山与燕山余脉交错相衔，盘亘全境，是典型的山区地貌。境内山地、丘陵、沟壑、盆地交错分布，地势由西北向东南倾斜。在各种成土因素的相互作用下，形成了棕壤、褐土、草甸、栗钙土4个土壤类型。全县土地总面积中耕地占12.0%，园地占0.14%，林地占48.83%，草地占35.63%，建设用地占1.97%，水域及水利设施用地占0.92%，其他土地占0.51%。耕地的总面积为 593 037 400.0 m² (889 556.1 亩)，主要种植作物为玉米、谷子、杂粮、蔬菜等。

2. 耕地质量等级划分

利用县域耕地资源管理信息系统，采用层次分析法，求取该县耕地综合评价指数在 0.657 10 ～ 0.865 42 范围。耕地按照河北省耕地质量10等级划分标准，赤城县5、6、7、8、9级耕地的面积分别为 1 887 034.7、22 111 629.8、113 039 666.0、370 394 369.0、85 604 700.5 m² (见表)。通过加权平均求得该县的耕地质量平均等级为7.87。

赤城县耕地质量等级统计表

等级	5级	6级	7级	8级	9级
面积（m²）	1 887 034.7	22 111 629.8	113 039 666.0	370 394 369.0	85 604 700.5
百分比（%）	0.32	3.73	19.06	62.46	14.43

3. 耕地属性特征及利用建议

（1）耕地属性特征　赤城县耕地灌溉能力多数取样点处于"不满足"状态，排水能力基本处于"满足"到"充分满足"状态。耕地无明显障碍因素。地形部位为低阶地、低山丘陵和河谷阶地，分别占取样点的49.15%、15.82% 和35.03%。有效土层厚度不足30 cm 的占95.48%，田面坡度平均值为1°。耕层质地为壤土、黏土、砂土和砂壤，分别占取样点的35.03%、51.41%、9.04% 和4.52%。有机质平均含量为 20.45 g/kg，其中 37.29% 取样点有机质含量高于 20 g/kg。有效磷平均含量为 11.44 mg/kg，其中只有 47.45% 高于 10 mg/kg。速效钾平均含量为 178.59 mg/kg，其中 92.65% 高于 100 mg/kg。该县水资源不足、灌溉保证率低，水土流失严重，有机质含量整体中等偏低，有效磷含量整体偏低，速效钾含量中等偏高。

（2）耕地利用建议　一是建立节水型农业种植结构，大力发展节水抗旱品种，改造现有农田水利设施，大力发展节水灌溉，逐步实现管道输水、滴灌、微灌等节水灌溉措施，提高灌溉保证率、提高水分利用效率。二是通过土壤培肥和磷肥的合理施用来提高土壤的磷含量以保证作物的高产。三是缓坡修筑梯田，以蓄水保土。搞好间、混种，减少雨水对地面的拍打、冲刷，蓄水挡土以达到保护植被的目的。

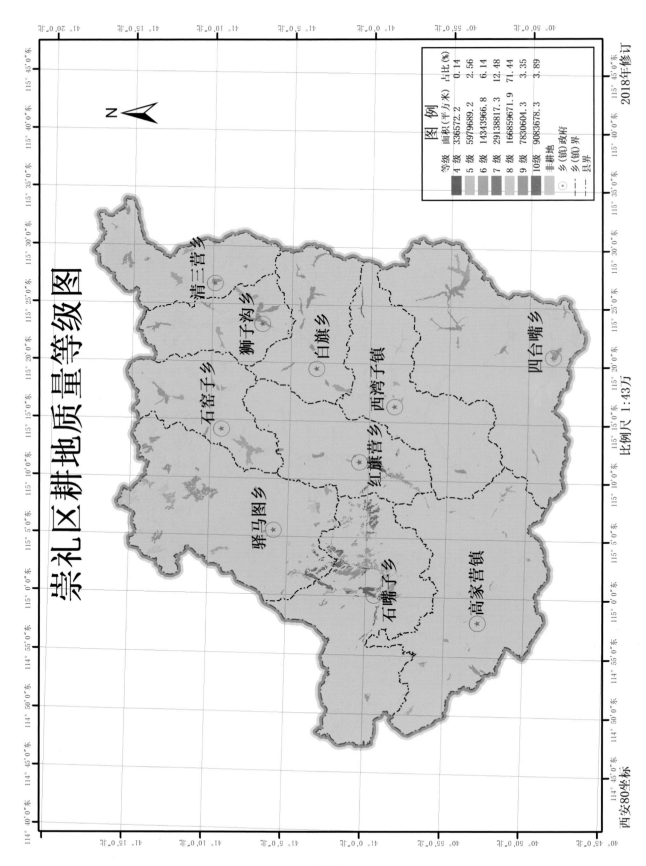

崇礼区耕地地质量等级图

崇礼区耕地质量等级

1. 耕地基本情况

崇礼区（原崇礼县）属东亚大陆性季风气候中温带亚干旱区。该区境内为冀西北山地，属阴山山脉东段到大马山群山支系和燕山余脉交接地带，地貌属坝上坝下过渡型山区。在各种成土因素的相互作用下，形成了棕壤、褐土、草甸土、栗钙土 4 个土壤类型。全区土地总面积中耕地占 11.44%，园地占 0.42%，林地占 51.98%，草地占 33.28%，建设用地占 1.67%，水域及水利设施用地占 1.10%，其他土地占 0.1%。耕地的总面积为 233 573 000.0 m²（350 359.5 亩），主要种植作物有错季蔬菜、蚕豆、马铃薯、莜麦、胡麻等。

2. 耕地质量等级划分

利用县域耕地资源管理信息系统，采用层次分析法，求取该区耕地综合评价指数在 0.635 75～0.909 95 范围。耕地按照河北省耕地质量 10 等级划分标准，崇礼县 4、5、6、7、8、9、10 等地面积分别为 336 572.2、5 979 689.2、14 343 966.8、29 138 817.3、166 859 671.9、7 830 604.3、9 083 678.3 m²（见表）。通过加权平均求得该区的耕地质量平均等级为 7.78 级。

崇礼区耕地质量等级统计表

等级	4 级	5 级	6 级	7 级	8 级	9 级	10 级
面积（m²）	336 572.2	5 979 689.2	14 343 966.8	29 138 817.3	166 859 671.9	7 830 604.3	9 083 678.3
百分比（%）	0.14	2.56	6.14	12.48	71.44	3.35	3.89

3. 耕地属性特征及利用建议

（1）耕地属性特征　崇礼区耕地灌溉能力大多数处于"基本满足"状态，其余地块处于"不满足"状态，排水能力基本处于"基本满足"状态。耕地无明显障碍因素。地形部位为低山丘陵坡地、河流冲积平原边缘地带、河流冲积平原河漫滩和山前倾斜平原前缘，分别占取样点的 4.27%、17.54%、6.64% 和 71.56%。有效土层厚度不足 60 cm 的占 88.15%，田面坡度平均值为 2°。耕层质地为轻壤、中壤、砂土和砂壤，分别占取样点的 63.51%、24.64%、2.84% 和 9.01%。有机质平均含量为 25.39 g/kg，其中 22.27% 取样点有机质含量高于 20 g/kg。有效磷平均含量为 25.94 mg/kg，其中 92.89% 高于 10 mg/kg。速效钾平均含量为 219.47 mg/kg，其中 97.63% 高于 100 mg/kg。该区水资源不足、灌溉保证率低，有机质含量整体中等偏高，有效磷含量整体中等偏高，速效钾含量整体偏高。

（2）耕地利用建议　一是积极开展以田、水、路、林、村综合整治为主的中低产田改造工作，用地和养地相结合，改良和利用相结合，生物措施和工程措施相结合，不断提高劳动生产率和农田产出率，有效地挖掘和发挥土地资源的潜力和效益。二是建立节水型农业种植结构，大力发展节水抗旱品种，改造农田水利设施，发展节水灌溉，逐步实现管道输水、滴灌、微灌等节水灌溉措施，提高灌溉保证率、提高水分利用效率。三是通过免耕、深松耕、秸秆覆盖还田等技术，改善土壤结构，大力推广测土配方施肥技术，合理确定氮、磷、钾和微量元素的施用量，实行有机无机相结合，合理化肥用量，提高肥料利用率和土地产出率。

承德市

围场满族蒙古族自治县

隆化县

丰宁满族自治县

双滦区

滦平县 双桥区

平泉市

承德县

鹰手营子矿区 宽城满族自治县

兴隆县

承德市耕地质量等级

1. 耕地基本情况

承德市位于河北省东北部，属山地丘陵区，地理坐标东经 115° 53′ 55″ ~ 119° 14′ 36″，北纬 40° 11′ 28″ ~ 42° 37′ 04″，辖区总面积 39 420 km²。地势北高南低，海拔 118 ~ 2 215 m。北部为高原地貌（丰宁县、围场县），中南部为中低山、丘陵地貌（隆化县、滦平县、承德县、平泉市、兴隆县、宽城县）。属大陆性中温带季风型半湿润气候区，气候南北差异明显，气象要素呈立体分布，使气候具有多样性。年均温度 -2 ~ 10℃，≥ 10℃积温 1 400 ~ 3 800℃，无霜期 60 ~ 180 d，年降水量 400 ~ 750 mm。在各种成土因素的相互作用下形成的土壤类型主要有栗钙土、棕壤、褐土、黑土、灰色森林土、潮土、草甸土、沼泽土、新积土和风沙土等。成土母质类型包括：冲积物、洪积物、风沙沉积物、黄土、人工堆垫物和各种岩石残坡积物等。全市耕地面积 402 952.51 hm²，主要种植作物有玉米、蔬菜、马铃薯等。

2. 耕地质量等级划分

本次实际统计的是承德市 8 个县（市、区），其中 1 个县级市（平泉市）、4 个县（承德县、兴隆县、滦平县、隆化县）、3 个自治县（丰宁满族自治县、宽城满族自治县、围场满族蒙古族自治县），共完成 1 610 个调查点。承德市 3 个市辖区（双桥区、双滦区、鹰手营子矿区）作物产量与周边县市区作物产量相当。通过专家论证，确定耕地质量等级暂定使用周边县市区等级。由此，承德市 11 个县（市、区）按照河北省耕地质量 10 等级划分标 3、4、5、6、7、8、9、10 等地面积分别为 3 989.23、9 066.43、19 261.13、45 775.41、117 702.43、109 764.26、53 149.44、44 244.19 hm²，分别占全市总耕地面积的 0.99%、2.25%、4.78%、11.36%、29.21%、27.24%、13.19% 和 10.98%（见表）。通过加权平均求得承德市的耕地质量平均等级为 7.55。

承德市耕地质量等级统计表

等级	3 级	4 级	5 级	6 级	7 级	8 级	9 级	10 级
面积（hm²）	3 989.23	9 066.43	19 261.13	45 775.41	117 702.43	109 764.26	53 149.44	44 244.19
百分比（%）	0.99	2.25	4.78	11.36	29.21	27.24	13.19	10.98

3. 结果确定

结合此次得到的耕地质量等级图，将评价结果与全市各县（区）农户近 3 年的春玉米产量进行对比分析，同时邀请市、省级专家进行论证，表明承德市本次耕地质量评价结果与当地实际情况吻合。

承德县耕地质量等级图

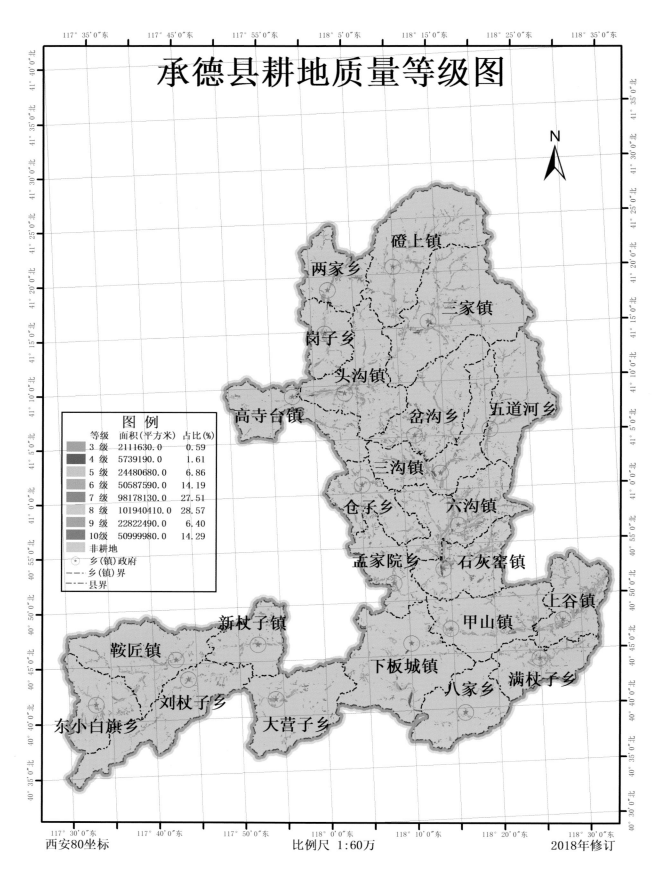

承德县耕地质量等级

1. 耕地基本情况

承德县属于温带半湿润间半干旱大陆性季风型燕山山地气候。境内崇山峻岭，分为北部中低山、平行岭谷中低山、宽谷低山丘陵 3 个地貌类型。全县土壤类型有棕壤类、褐土类、草甸土类。全县土地总面积中耕地占 10.11%，园地占 6.18%，林地占 58.83%，草地占 20.43%，建设用地占 2.68%，水域及水利设施用地占 1.72%，其他用地占地占 0.05%。耕地的总面积为 356 860 100.0 m²（535 290.2 亩），主要种植作物为玉米、蔬菜、果树等。

2. 耕地质量等级划分

利用县域耕地资源管理信息系统，采用层次分析法，求取该县耕地综合评价指数在 0.523 521 ～ 0.981 923 范围。耕地按照河北省耕地质量 10 等级划分标准，承德县 3、4、5、6、7、8、9、10 等地面积分别为 2 111 630.0、5 739 190.0、24 480 680.0、50 587 590.0、98 178 130.0、101 940 410.0、22 822 490.0、50 999 980.0 m²（见表）。通过加权平均求得该县的耕地质量平均等级为 7.49。

承德县耕地质量等级统计表

等级	3 级	4 级	5 级	6 级	7 级	8 级	9 级	10 级
面积（m²）	2 111 630.0	5 739 190.0	24 480 680.0	50 587 590.0	98 178 130.0	101 940 410.0	22 822 490.0	50 999 980.0
百分比（%）	0.59	1.61	6.86	14.19	27.51	28.57	6.40	14.29

3. 耕地属性特征及利用建议

（1）耕地属性特征　承德县耕地灌溉能力基本处于"不满足"状态，排水能力处于"满足"到"充分满足"状态。耕地无明显障碍因素。地形部位为低阶地、低山坡地、低山丘陵坡地、河谷高阶地、河谷阶地、河流宽谷阶地、缓丘坡麓、近代河床低阶地、山谷谷底、山麓及坡腰平缓地、中低山上中部坡腰、沟谷地和沟谷、梁、峁、坡，分别占取样点的 16.29%、2.25%、11.24%、2.25%、1.69%、22.47%、3.93%、11.24%、1.69%、2.81%、1.69%、1.69% 和 20.79%。有效土层厚度大于 60 cm 占 60%，30 ～ 60 m 占 28.89%，有 11.11% 耕地土层较薄小于 30 cm，田面坡度平均值为 7°。耕层质地以轻壤为主，占到取样点的 55.56%，砂壤、中壤分别占 16.11% 和 28.33%。有机质平均含量为 17.03 g/kg，其中 4.44% 的取样点有机质低于 10 g/kg，23.89% 取样点有机质含量高于 20 g/kg。有效磷平均含量为 20.53 mg/kg，其中 32.22% 低于 10 mg/kg。速效钾平均含量为 142.77 mg/kg，其中 81.67% 高于 100 mg/kg。该县水资源不足、灌溉保证率低，有机质含量整体偏低，有效磷含量整体中等，速效钾含量中等偏高。

（2）耕地利用建议　一是水资源短缺制约承德县耕地质量的提升，针对其农业生产现状，改造现有水利设施，大力发展节水灌溉，逐步实现管道输水、滴灌、微灌等节水灌溉措施，提高灌溉保证率，提高水分利用效率。二是针对承德县有机质含量低的状况，开展增施有机肥，科学施用化肥，提升土壤有机质含量，改善土壤物理性状，提高养分利用率，提高土壤肥力。三是针对部分田面坡度较大的现状，平整土地，减少水土流失风险。四是由于本区水土流失严重，除封山育林、种树种草等措施外，应该缓坡修筑梯田、桑坝和挖鱼鳞坑，以蓄水保土。搞淤地坝、塘坝和小水库等以达到减缓径流，蓄水挡土，保护植被的目的。

围场满族蒙古族自治县耕地质量等级图

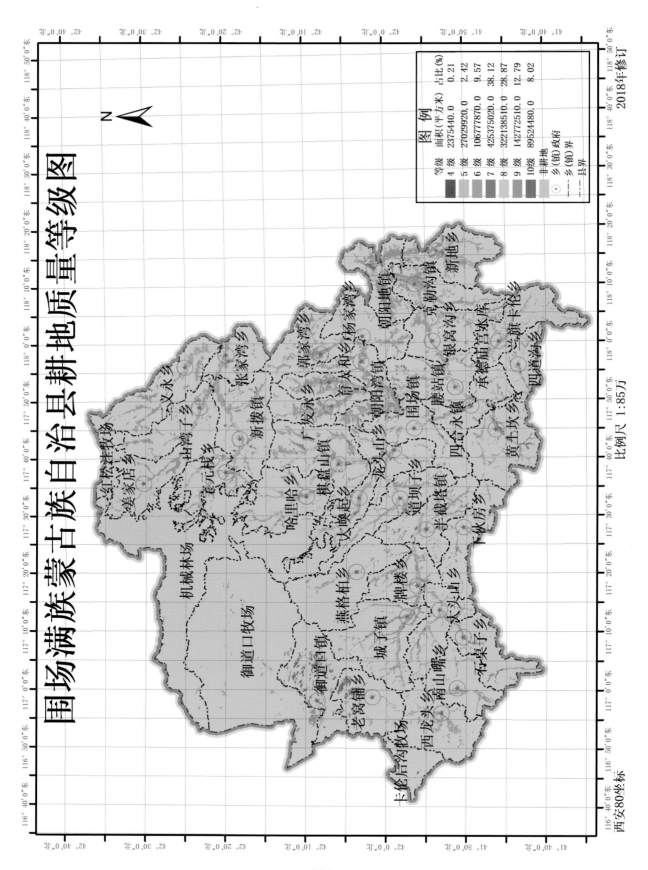

比例尺 1:85万

2018年修订

西安80坐标

等级	面积（平方米）	占比（%）
4级	2375440.0	0.21
5级	27029920.0	2.42
6级	106777870.0	9.57
7级	425375020.0	38.12
8级	322138510.0	28.87
9级	142772510.0	12.79
10级	89524480.0	8.02
非耕地		

图 例

⊙ 乡（镇）政府
—·— 乡（镇）界
—·— 县界

围场满族蒙古族自治县耕地质量等级

1. 耕地基本情况

围场满族蒙古族自治县（围场县）属大陆性、季风型高原山地气候，地处大兴安岭余脉、内蒙古高原和燕山余脉交汇处，海拔较高。全县分坝缘山地、疏缓丘陵、波状高原、中山、低山、黄土台地、谷地几个组成部分，气候的变化和差异较大。全县土壤类型较多，分别为棕壤、褐土、风沙土、草甸土、灰色森林土、黑土。全县土地总面积中耕地占 13.31%，林地占 65.56%，园地占 0.31%，草地占 15.39%，建设用地占 1.47%，水域及水利设施用地占 1.68%，其他用地占 2.27%。耕地的总面积为 1 115 993 800.0 m²（1 673 990.7 亩），主要种植作物为玉米、马铃薯、蔬菜、果树等。

2. 耕地质量等级划分

利用县域耕地资源管理信息系统，采用层次分析法，求取该县耕地综合评价指数在 0.470 245 ~ 0.921 891 范围。耕地按照河北省耕地质量 10 等级划分标准，围场县 4、5、6、7、8、9、10 等地面积分别为 2 375 440.0、27 029 920.0、106 777 870.0、425 375 020.0、322 138 510.0、142 772 510.0、89 524 480.0 m²（见表）。通过加权平均求得该县的耕地质量平均等级为 7.63。

围场满族蒙古族自治县耕地质量等级统计表

等级	4级	5级	6级	7级	8级	9级	10级
面积（m²）	2 375 440.0	27 029 920.0	106 777 870.0	425 375 020.0	322 138 510.0	142 772 510.0	89 524 480.0
百分比（%）	0.21	2.42	9.57	38.12	28.87	12.79	8.02

3. 耕地属性特征及利用建议

（1）耕地属性特征　围场县耕地灌溉能力基本处于"不满足"状态，排水能力处于"基本满足"状态。地形部位为低阶地、低山缓坡地、沟谷地、河谷谷地、河谷阶地、河流阶地、湖泊沼泽洼地、梁面平地和缓坡地、坡麓坡腰、山谷谷底、山麓及坡腰平缓地、中低山上中部坡腰和沟谷、梁、峁、坡，分别占取样点的 2.57%、1.14%、0.86%、0.29%、28.29%、2.00%、1.14%、2.86%、1.71%、10.57%、10.29%、6.29% 和 32.00%。有效土层厚度大于 60 cm 占 86.86%，30 ~ 60 cm 占 8%，有 5.14% 耕地土层较薄小于 30 cm，田面坡度平均值为 3°。耕层质地以轻壤为主，占到取样点的 61.43%，砂壤、中壤分别占 18.86%、19.71%。有机质平均含量为 18.67 g/kg，其中 6% 取样点有机质含量低于 10 g/kg，35.43% 的取样点有机质含量高于 20 g/kg。有效磷平均含量为 24.01 mg/kg，其中 18.57% 低于 10 mg/kg。速效钾平均含量为 127.79 mg/kg，其中 64% 高于 100 mg/kg。该县水资源不足、灌溉保证率低，有机质含量整体偏低，有效磷含量整体中等，速效钾含量处于中等水平。

（2）耕地利用建议　一是面对围场县水资源短缺的现状，实施结构调整，建立节水型农业种植结构，种植抗旱作物及品种，建设井灌区综合节水工程，大力发展节水灌溉农业，发展节水灌溉配套设施，积极推广推广先进的喷灌、滴灌、微灌、管灌等灌溉节水技术；大力实施蓄水工程，提高地表水的调蓄能力。建设高标准农田灌溉体系、高标准农田排涝体系、农田灌溉监测体系、农田抗旱体系等农田抗旱工程。二是针对围场县有机质含量偏低的状况，实施沃土工程，秸秆还田，利用当地养殖业的发展增施腐熟粪肥，减少环境污染，提高土壤有机质含量，培肥地力。推广测土配方施肥技术，实现平衡施肥，稳步提高土壤肥力。三是针对部分田面坡度较大的现状，平整土地，严禁粗耕滥用，防止水土流失。

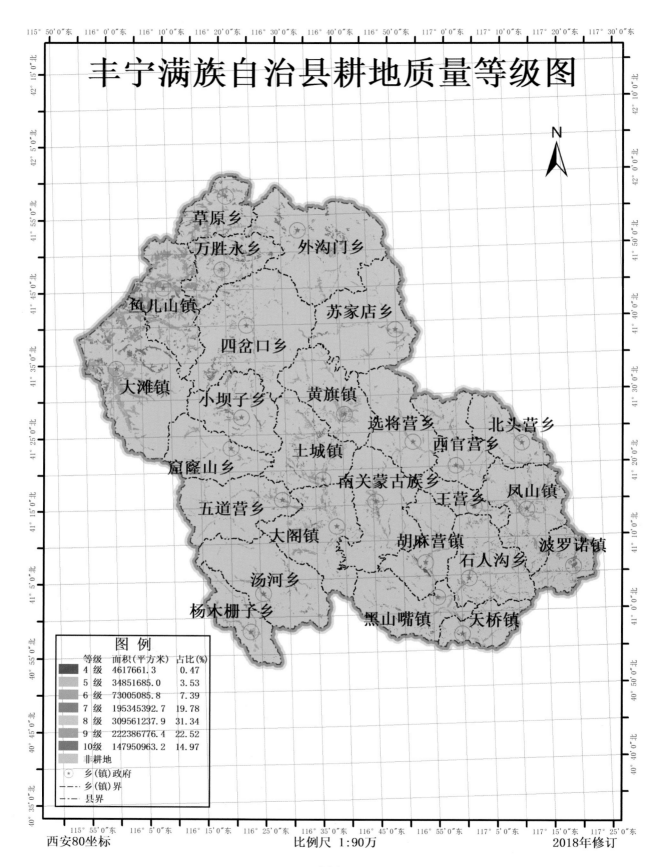

丰宁满族自治县耕地质量等级图

N

图例		
等级	面积(平方米)	占比(%)
4级	4617661.3	0.47
5级	34851685.0	3.53
6级	73005085.8	7.39
7级	195345392.7	19.78
8级	309561237.9	31.34
9级	222386776.4	22.52
10级	147950963.2	14.97
非耕地		
乡(镇)政府		
乡(镇)界		
县界		

草原乡
万胜永乡　外沟门乡
鱼儿山镇
苏家店乡
四岔口乡
大滩镇　小坝子乡　黄旗镇
选将营乡　北头营乡
土城镇　西官营乡
窟窿山乡
南关蒙古族乡　凤山镇
五道营乡　王营乡
大阁镇　胡麻营镇　波罗诺镇
石人沟乡
汤河乡
杨木栅子乡　黑山嘴镇　天桥镇

西安80坐标　　　　比例尺 1:90万　　　　2018年修订

丰宁满族自治县耕地质量等级

1.耕地基本情况

丰宁满族自治县（丰宁县）属于中温带半湿润半干旱大陆性季风型高原山地气候，地处燕山北麓和内蒙古高原南缘。全县分为高原、中山、低山、山麓平原 4 个组成部分。由于县内地质地貌差异明显，成土母质复杂多样，加上水热条件变化的影响，致使全县土壤类型较多，分为棕壤类、褐土类、草甸土类、栗钙土类、沼泽土类、风沙土类。全县土地总面积中耕地占 11.37%，园地占 0.17%，林地占 62.47%，草地占 21.91%，建设用地占 1.81%，水域及水利设施用地占 1.25%，其他用地占 1.02%。耕地的总面积为 931 868 500.0 m²（1 397 802.8亩），主要种植作物为玉米、水稻、蔬菜、马铃薯、莜麦、杂粮杂豆等。

2.耕地质量等级划分

利用县域耕地资源管理信息系统，采用层次分析法，求取该县耕地综合评价指数在0.499 169 ～ 0.932 14 范围。耕地按照河北省耕地质量 10 等级划分标准，丰宁县 4、5、6、7、8、9、10 等 地 面 积 分 别 为 4 617 661.3、34 851 685.0、73 005 085.8、195 345 392.7、309 561 237.9、222 386 776.4、147 950 963.2 m²（见表）。通过加权平均求得该县的耕地质量平均等级为 8.05。

丰宁满族自治县耕地质量等级统计表

等级	4级	5级	6级	7级	8级	9级	10级
面积（m²）	4 617 661.3	34 851 685.0	73 005 085.8	195 345 392.7	309 561 237.9	222 386 776.4	147 950 963.2
百分比（%）	0.47	3.53	7.39	19.78	31.34	22.52	14.97

3.耕地属性特征及利用建议

（1）耕地属性特征　丰宁县耕地 89.33% 的取样点灌溉能力处于"不满足"状态，排水能力处于"基本满足"状态。耕地无明显障碍因素。地形部位为低岗地。有效土层厚度大于 60 cm 占 82%，30 ～ 60 cm 占 12.33%，有 5.67% 耕地土层较薄小于 30 cm，田面坡度平均值小于 1°。耕层质地以轻壤为主，占到取样点的 67.67%，砂土、砂壤、中壤分别占 4%、18.33% 和 10%。有机质平均含量为 17.80 g/kg，其中 12.04% 的取样点有机质低于 10g/kg，28.47% 取样点有机质含量高于 20 g/kg。有效磷平均含量为 9.63 mg/kg，其中 61.67% 低于10 mgkg。速效钾平均含量为 143.03 mg/kg，其中 83.58% 高于 100 mg/kg。该县水资源不足、灌溉保证率，有机质含量整体偏低，有效磷含量整体偏低水平，速效钾含量中等偏高水平。

（2）耕地利用建议　一是丰宁县水资源不足，大力推广地膜覆盖、膜下滴灌、微喷灌、水肥一体化等先进的节水技术措施，提高水资源的利用率。二是针对丰宁县有机质、有效磷含量偏低的状况，大力推广保护性耕作技术、秸秆还田技术、平衡施肥技术、施用有机肥、轮作、种植绿肥等，不断培肥土壤肥力，调整种植业结构，因地制宜发展生产，提高耕地的产出效益。三是对大于 25° 的坡耕地，逐步实施退耕还林、还草措施，加强荒山、荒坡植树造林、封山育林的建设，涵养水源，通过保护自然资源来改善生态环境，防止水土流失。

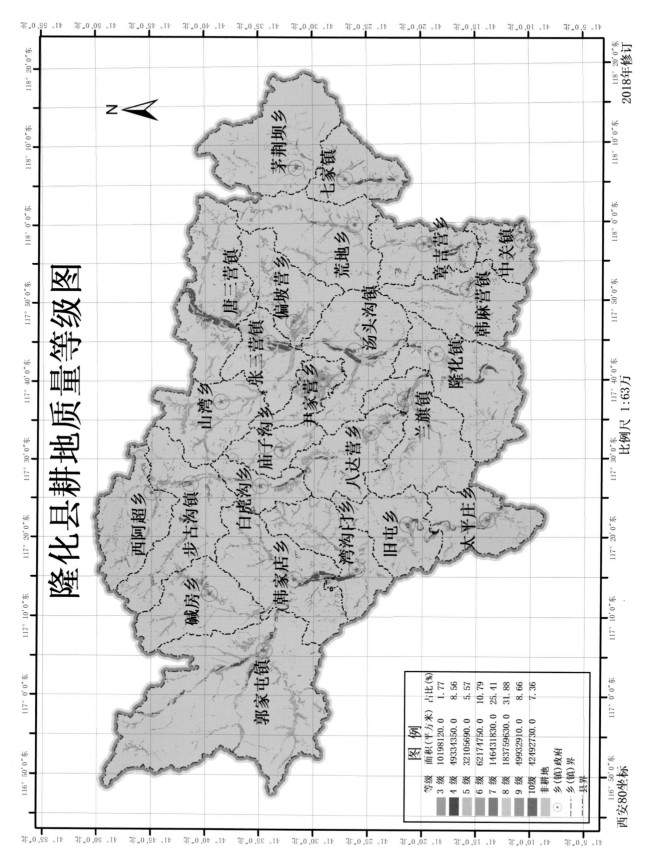

隆化县耕地质量等级图

2018年修订

比例尺 1:63万

等级	面积(平方米)	占比(%)
3 级	10198120.0	1.77
4 级	49334350.0	8.56
5 级	32105690.0	5.57
6 级	62174750.0	10.79
7 级	146431830.0	25.41
8 级	183759630.0	31.88
9 级	49932910.0	8.66
10级	42492730.0	7.36
非耕地		

图 例

乡(镇)政府
乡(镇)界
县界

西安80坐标

隆化县耕地质量等级

1. 耕地基本情况

隆化县属于温带季风气候。该县处于内蒙古高原与燕山山脉之间的冀北山地，海拔较高，全县分为中山、低山、黄土岗丘、谷地4个组成部分。大地貌类型单一，各种成土条件差异不很大，因此隆化县土壤类型较简单，分别为棕壤类、褐土类、草甸土类。全县土地总面积中耕地占12.35%，林地占61.28%，园地占1.52%，草地20.13%，建设用地占2.23%，水域及水利设施用地占2.17%，其他用地占0.31%。耕地的总面积为576 435 500.0 m²（864 653.3亩），主要种植作物为玉米、谷子、大豆、果树等。

2. 耕地质量等级划分

利用县域耕地资源管理信息系统，采用层次分析法，求取该县耕地综合评价指数在0.520 749～0.990 736范围。耕地按照河北省耕地质量10等级划分标准，隆化县3、4、5、6、7、8、9、10等地面积分别为10 198 120.0、49 334 350.0、32 105 690.0、62 174 750.0、146 431 830.0、183 759 630.0、49 932 910.0、42 492 730.0 m²（见表）。通过加权平均求得该县的耕地质量平均等级为7.17。

隆化县耕地质量等级统计表

等级	3级	4级	5级	6级	7级	8级	9级	10级
面积（m²）	10 198 120.0	49 334 350.0	32 105 690.0	62 174 750.0	146 431 830.0	183 759 630.0	49 932 910.0	42 492 730.0
百分比（%）	1.77	8.56	5.57	10.79	25.41	31.88	8.66	7.36

3. 耕地属性特征及利用建议

（1）耕地属性特征　隆化县耕地灌溉能力基本处于"不满足"状态，排水能力基本处于"基本满足"状态。地形部位为低阶地、低山丘陵、河谷阶地和河漫滩，分别占取样点的37.08%、30.42%、32.08%和0.42%。有效土层厚度大于60 cm占86.67%，30～60 cm占10.83%，有2.5%耕地土层较薄小于30 cm，田面坡度平均值为4°。耕层质地以砂壤、轻壤为主，占到取样点的95.83%，砂土和黏土占4.17%。有机质平均含量为17.78 g/kg，其中8.75%取样点有机质含量低于10 g/kg，35.42%取样点高于20 g/kg。有效磷平均含量为21.35 mg/kg，其中14.53%低于10 mg/kg。速效钾平均含量为159.35 mg/kg，其中79.17%高于100 mg/kg。该县水资源不足、灌溉保证率低，有机质含量整体偏低，有效磷含量整体中等，速效钾含量中等偏高。

（2）耕地利用建议　一是隆化县水资源缺乏，为满足隆化农业用水需求，需建立节水型农业种植结构，种植抗旱作物及品种；建设井灌区综合节水工程，大力发展节水灌溉农业；大力实施蓄水工程，提高地表水的调蓄能力。建设高标准农田灌溉体系、高标准农田排涝体系、农田灌溉监测体系、农田抗旱体系等农田抗旱工程。二是针对隆化县有机质含量偏低的状况，实施沃土工程，秸秆还田，利用当地养殖业的发展增施腐熟粪肥，减少环境污染，提高土壤有机质含量，培肥地力。推广测土配方施肥技术，实现平衡施肥，稳步提高土壤肥力。三是针对部分田面坡度较大的现状，平整土地，防止水土流失。

平泉市耕地质量等级图

图 例		
等级	面积(平方米)	占比(%)
3 级	1119850.0	0.23
4 级	3846970.0	0.79
5 级	9844640.0	2.02
6 级	91122870.0	18.71
7 级	194547520.0	39.93
8 级	106093640.0	21.78
9 级	27790900.0	5.70
10 级	52799520.0	10.84
非耕地		
⊙ 乡(镇)政府		
--- 乡(镇)界		
·-·- 县界		

西安80坐标　　　　　　比例尺 1:52万　　　　　　2018年修订

平泉市耕地质量等级

1. 耕地基本情况

平泉市属温带季风气候，四季分明，地处冀北燕山丘陵区，全境皆山，蜿蜒起伏的层层山峦之间是形状各异、大小不同的沟谷盆地。全市分为中山、低山、丘陵、谷地4个组成部分。大地貌类型单一，各种成土条件差异不很大，造成平泉市土壤类型较简单，分别为棕壤类、褐土类、草甸土类。全市土地总面积中耕地占16.40%，园地占3.53%，林地占53.74%，草地占20.10%，建设用地占4.01%，水域及水利设施用地占2.13%，其他用地占0.09%。耕地的总面积为487 165 900.0 m²（730 748.8亩），主要种植作物为玉米、谷子、蔬菜、果树等。

2. 耕地质量等级划分

利用市域耕地资源管理信息系统，采用层次分析法，求取该市耕地综合评价指数在0.525 506～0.981 790范围。耕地按照河北省耕地质量10等级划分标准，平泉市3、4、5、6、7、8、9、10等地面积分别为1 119 850.0、3 846 970.0、9 844 640.0、91 122 870.0、194 547 520.0、106 093 640.0、27 790 900.0、52 799 520.0 m²（见表）。通过加权平均求得该市的耕地质量平均等级为7.40。

平泉市耕地质量等级统计表

等级	3级	4级	5级	6级	7级	8级	9级	10级
面积（m²）	1 119 850.0	3 846 970.0	9 844 640.0	91 122 870.0	194 547 520.0	106 093 640.0	27 790 900.0	52 799 520.0
百分比（%）	0.23	0.79	2.02	18.71	39.93	21.78	5.70	10.84

3. 耕地属性特征及利用建议

（1）耕地属性特征　平泉市耕地灌溉能力处于"不满足"状态，排水能力基本处于"不满足"到状态。绝大多数耕地无明显障碍因素，只有一小部分障碍因素为盐积层。地形部位为低阶地、低丘坡麓、低山丘陵坡地、河谷谷地、河谷阶地、河流阶地、河流宽谷阶地、缓丘坡麓、近代河床低阶地、坡麓坡腰、山谷谷底、山麓及坡腰平缓地、中低山上中部坡腰、沟谷地和沟谷、梁、峁、坡，分别占取样点的9.64%、0.36%、1.79%、0.71%、22.86%、0.36%、3.21%、5.00%、2.50%、3.57%、1.43%、6.43%、2.86%、0.36%和38.57%。有效土层厚度大于60 cm占100%。耕层质地以轻壤居多，占到取样点的46.79，砂土、砂壤、中壤和重壤分别占0.71%、20.71%、30%和1.79%。有机质平均含量为18.39 g/kg，其中1.43%的取样点低于10 g/kg，27.14%取样点含量高于20 g/kg。有效磷平均含量为20.41 mg/kg，其中26.79%低于10 mg/kg。速效钾平均含量为126.38 mg/kg，其中68.57%高于100 mg/kg。该县水资源不足、灌溉保证率低，有机质含量整体偏低，有效磷含量整体中等，速效钾含量中等水平。

（2）耕地利用建议　一是水资源短缺是制约平泉市耕地质量提升的瓶颈因素，针对平泉市水资源现状，改造现有水利设施，大力发展节水灌溉，逐步实现管道输水、滴灌、微灌等节水灌溉措施，提高灌溉保证率，提高水分利用效率。二是针对平泉市有机质含量低状况，开展增施有机肥、种植绿肥、秸秆还田工作，稳步提升土壤有机质含量、改善土壤物理性状、提高磷的有效性、降低土壤pH值，提高土壤肥力。推广测土配方施肥技术，实现平衡施肥，稳步提高土壤肥力。三是针对部分田面坡度较大的现状，平整土地，减少水土流失风险。

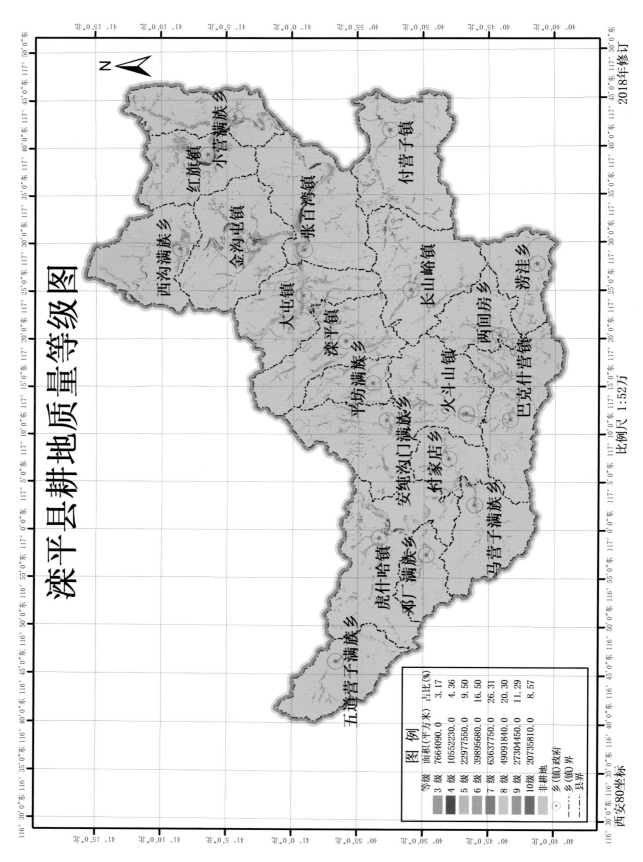

滦平县耕地质量等级图

2018年修订

比例尺 1:52万

西安80坐标

小营满族乡

红旗镇

付营子镇

张百湾镇

西沟满族乡

金沟屯镇

长山峪镇

大屯镇

滦平镇

虎山县

两间房乡

涝洼乡

平坊满族乡

火斗山镇

安纯沟门满族乡

付家店乡

巴克什营镇

虎什哈镇

马营子满族乡

邓厂满族乡

五道营子满族乡

图 例		
等级	面积(平方米)	占比(%)
3级	7664090.0	3.17
4级	10552230.0	4.36
5级	22977550.0	9.50
6级	39895680.0	16.50
7级	63637750.0	26.31
8级	49091840.0	20.30
9级	27304450.0	11.29
10级	20735810.0	8.57
非耕地		

乡(街)政府

乡(街)界

县界

滦平县耕地质量等级

1. 耕地基本情况

滦平县属温带季风气候。全县四周群山环抱，中部沟谷纵横，海拔较高，分为中山、低山、丘陵、谷地4个组成部分。滦平县土壤类型较简单，分别为棕壤类、褐土类、草甸土类。全县土地总面积中耕地占8.55%，园地占3.19%，林地占58.92%，草地占24.70%，建设用地占2.50%，水域及水利设施用地占1.43%，其他用地占0.71%。耕地的总面积为241 859 400.0 m^2（362 789.1亩），主要种植作物为玉米、谷子、蔬菜、果树等。

2. 耕地质量等级划分

利用县域耕地资源管理信息系统，采用层次分析法，求取该县耕地综合评价指数在0.443 845～0.984 761范围。耕地按照河北省耕地质量10等级划分标准，滦平县3、4、5、6、7、8、9、10等地面积分别为7 664 090.0、10 552 230.0、22 977 550.0、39 895 680.0、63 637 750.0、49 091 840.0、27 304 450.0、20 735 810.0 m^2（见表）。通过加权平均求得该县的耕地质量平均等级为7.07。

滦平县耕地质量等级统计表

等级	3级	4级	5级	6级	7级	8级	9级	10级
面积（m^2）	7 664 090.0	10 552 230.0	22 977 550.0	39 895 680.0	63 637 750.0	49 091 840.0	27 304 450.0	20 735 810.0
百分比（%）	3.17	4.36	9.50	16.50	26.31	20.30	11.29	8.57

3. 耕地属性特征及利用建议

（1）耕地属性特征　滦平县耕地灌溉能力基本处于"不满足"状态，排水能力基本处于"不满足"的状态。耕地无明显障碍因素。地形部位为低阶地、低山坡地、低山丘陵坡地、河谷阶地、河流阶地、中低山上中部坡腰、沟谷地、沟谷阶地和沟谷、梁、峁、坡。分别占取样点的30.83%、5.00%、10.83%、25.83%、5.83%、3.33%、2.50%、0.83%和15.00%。有效土层厚度大于60 cm占61.67%，有38.33%位于河谷阶地的耕地土层较薄，田面坡度平均值为1°。耕层质地以轻壤、中壤为主，占到取样点的72.5%，砂土、砂壤和重壤分别占3.33%、13.33%、10.83%。有机质平均含量为19.38 g/kg，其中1.67%的取样点有机质低于10 g/kg，34.17%取样点有机质含量高于20 g/kg。有效磷平均含量为13.2 mg/kg，其中52.5%低于10 mg/kg。速效钾平均含量为148 mg/kg，其中91.67%高于100 mg/kg。该县水资源不足、灌溉保证率低，有机质含量中等，有效磷含量整体偏低，速效钾含量中等偏高。

（2）耕地利用建议　一是针对滦平县不同类型的中低产田，采取平整土地、加深耕层、修建梯田等工程措施，增施有机肥、秸秆还田、校正施肥、种植绿肥和深松耕、免耕相结合的综合措施进行改造。二是滦平县缺乏灌溉条件，为促进其农业的良好发展，需发展节水灌溉农业，建立节水型农业种植结构，大力推广节水抗旱品种，减少地下水开采量。积极发展管灌、滴灌、喷灌等先进节水技术。实施拦蓄水工程，提高地表水的调蓄能力。三是针对滦平县有机质、有效磷含量低的现状，推广测土配方施肥技术，开展农作物秸秆就地还田和过腹还田；充分利用山场广阔的优势，压绿肥，大力种植绿肥作物，改善土壤物理性状、提高磷的有效性，提高土壤肥力。四是针对部分田面坡度较大的现状，平整土地，减少水土流失风险。

兴隆县耕地地质量等级图

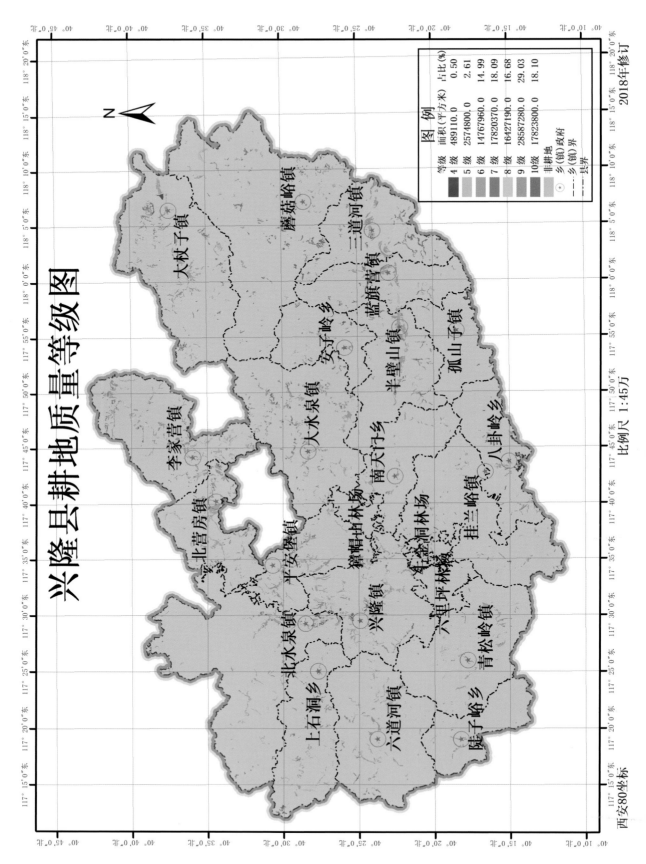

兴隆县耕地质量等级

1. 耕地基本情况

兴隆县属于温带季风气候。该县位于燕山山脉的东部，海拔较高，全县分为中山、低山、沟谷河川3个组成部分。县内大地貌单一，各种成土条件差异不大，兴隆县土壤类型较简单，分为棕壤类、褐土类、草甸土类。全县土地总面积中耕地占3.75%，林地占54.61%，园地占18.78%，草地占18.35%，建设用地占2.37%，水域及水利设施用地占1.67%，其他用地占0.47%。耕地的总面积为98 490 500.0 m²（147 735.8亩），主要种植作物为玉米、高粱、谷子、果树等。

2. 耕地质量等级划分

利用县域耕地资源管理信息系统，采用层次分析法，求取该县耕地综合评价指数在0.565 713～0.939 749范围。耕地按照河北省耕地质量10等级划分标准，兴隆县4、5、6、7、8、9、10等地面积分别为489 110.0、2 574 800.0、14 767 960.0、17 820 370.0、16 427 910.0、28 587 280.0、17 823 800.0 m²（见表）。通过加权平均求得该县的耕地质量平均等级为8.07。

兴隆县耕地质量等级统计表

等级	4级	5级	6级	7级	8级	9级	10级
面积（m²）	489 110.0	2 574 800.0	14 767 960.0	17 820 370.0	16 427 910.0	28 587 280.0	17 823 800.0
百分比（%）	0.50	2.61	14.99	18.09	16.68	29.03	18.10

3. 耕地属性特征及利用建议

（1）耕地属性特征 兴隆县耕地灌溉能力处于"不满足"状态，排水能力处于"满足"状态。耕地无明显障碍因素。地形部位为低阶地、低山缓坡地、低山丘陵坡地、河谷阶地、河流阶地、黄土性阶地、山麓及坡腰平缓地、山麓及坡腰平缓地山麓和中低山上中部坡腰，分别占取样点的8.33%、8.33%、26.67%、16.67%、1.67%、6.67%、13.33%、8.33%和10.00%。有效土层厚度大于60 cm占23.33%，20～50 m占20%，30～60 m占28.33%，有28.33%耕地土层较薄小于30 cm。耕层质地以轻壤为主，占到取样点的68.33%，砂壤、中壤分别占28.33%、3.33%。有机质平均含量为24.44 g/kg，其中65%取样点有机质含量高于20 g/kg。有效磷平均含量为23.69 mg/kg，其中48.33%低于20 mg/kg。速效钾平均含量为164.16 mg/kg，其中86.67%高于100 mg/kg。该县水资源不足、灌溉保证率低，有机质含量中等水平，有效磷含量整体中等，速效钾含量中等偏高水平。

（2）耕地利用建议 一是针对兴隆县不同类型的中低产田，采取平整土地、加深耕层、修建梯田等工程措施，增施有机肥、秸秆还田、校正施肥、种植绿肥和深松耕、免耕相结合的综合措施进行改造。二是兴隆水资源匮乏，需发展节水灌溉农业，建立节水型农业种植结构，大力推广节水抗旱品种，减少地下水开采量。积极发展滴灌、喷灌等先进节水技术。实施拦蓄水工程，提高地表水调蓄能力。三是充分利用农作物秸秆，进行就地还田和过腹还田；充分利用山场广阔优势，压绿肥，大力种植绿肥作物；大力发展鸡、猪等禽畜，积造有机肥；建立猪－沼－菜、猪－沼－果的循环经济模式。四是针对部分田面坡度较大的现状，平整土地，减少水土流失风险。

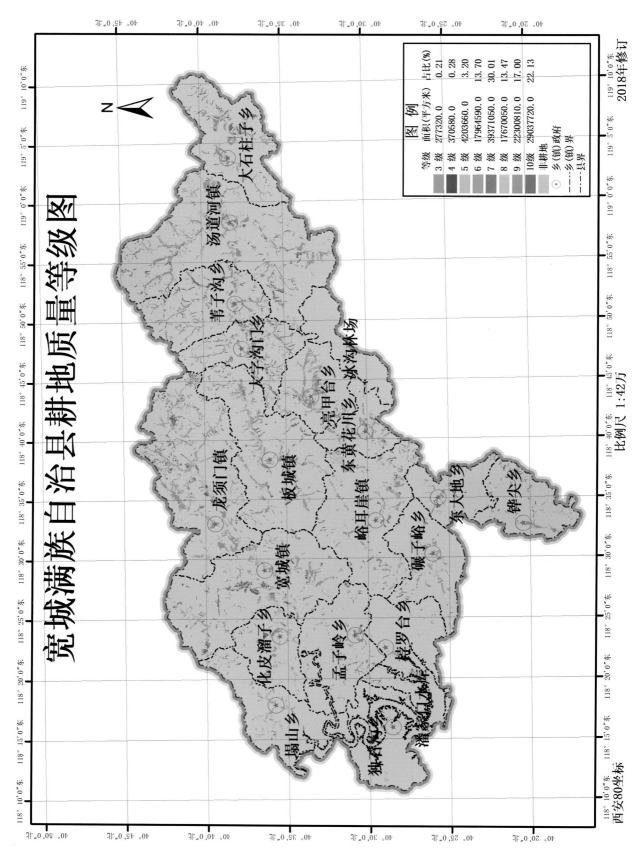

宽城满族自治县耕地地质量等级图

N

2018年修订

比例尺 1:42万

西安80坐标

图 例		
等级	面积(平方米)	占比(%)
3级	277320.0	0.21
4级	370580.0	0.28
5级	4203660.0	3.20
6级	17964590.0	13.70
7级	39371050.0	30.01
8级	17670050.0	13.47
9级	22300810.0	17.00
10级	29037720.0	22.13
非耕地		
⊛ 乡(镇)政府		
----- 乡(镇)界		
----- 县界		

大石柱子乡

汤道河镇

苇子沟乡

大字沟门乡

亮甲台乡

龙须门镇

板城镇

宽城镇

化皮溜子乡

孟子岭乡

碣山乡

独石沟乡

东黄花川乡

峪耳崖镇

塌子沟乡

饽罗台乡

碾子峪乡

东大地乡

铧尖乡

冰沟林场

宽城满族自治县耕地质量等级

1. 耕地基本情况

宽城满族自治县（宽城县）属于温带季风气候。宽城地处燕山山脉东段，海拔较高，全县分为中山、低山、丘陵3个组成部分，气候的变化和差异较大。全县土壤类型较多，分别为亚高山草甸土类、棕壤类、褐土类、草甸土类。全县土地总面积中耕地占7.83%，林地占42.46%，园地占10%，草地占32.40%，建设用地占3.30%，水域及水利设施用地占3.63%，其他用地占地占0.38%。耕地的总面积为131 195 800.0 m²（196 793.7亩），主要种植作物为玉米、蔬菜、果树等。

2. 耕地质量等级划分

利用县域耕地资源管理信息系统，采用层次分析法，求取该县耕地综合评价指数在0.535 133～0.952 240范围。耕地按照河北省耕地质量10等级划分标准，宽城县3、4、5、6、7、8、9、10等地面积分别为277 320.0、370 580.0、4 203 660.0、17 964 590.0、39 371 050.0、17 670 050.0、22 300 810.0、29 037 720.0 m²（见表）。通过加权平均求得该县的耕地质量平均等级为7.92。

宽城满族自治县耕地质量等级统计表

等级	3级	4级	5级	6级	7级	8级	9级	10级
面积（m²）	277 320.0	370 580.0	4 203 660.0	17 964 590.0	39 371 050.0	17 670 050.0	22 300 810.0	29 037 720.0
百分比（%）	0.21	0.28	3.20	13.70	30.01	13.47	17.00	22.13

3. 耕地属性特征及利用建议

（1）耕地属性特征　宽城县耕地灌溉能力基本处于"不满足"状态，排水能力处于"基本满足"状态。耕地无明显障碍因素。地形部位为低山丘陵坡地、沟谷地、河谷阶地、阶地、近代河床低阶地、坡麓坡腰、丘陵缓坡和山谷谷底，分别占取样点的11.25%、2.50%、3.75%、33.75%、6.25%、23.75%、2.5%和16.25%。有效土层厚度大于60 cm占60%，30～60 cm占28.89%，有11.11%耕地土层较薄小于30 cm，田面坡度平均值为6°。耕层质地以砂壤为主，占到取样点的57.5%，砂土、轻壤、中壤和重壤分别占6.25%、12.5%、17.5%和6.25%。有机质平均含量为22.3 g/kg，其中56.25%取样点有机质含量高于20 g/kg。有效磷平均含量为39.54 mg/kg，其中71.25%高于20 mg/kg。速效钾平均含量为143.96 mg/kg，其中72.5%高于100 mg/kg。该县水资源不足、灌溉保证率低，有机质含量中等水平，有效磷含量整体偏高，速效钾含量中等偏高。

（2）耕地利用建议　一是针对宽城县不同类型的中低产田，采取平整土地、加深耕层、修建梯田等工程措施，增施有机肥、秸秆还田、校正施肥、种植绿肥和深松耕、免耕相结合的综合措施进行改造。二是宽城县水资源匮乏，需发展节水灌溉农业，建立节水型农业种植结构，大力推广节水抗旱品种，减少地下水开采量。积极发展管灌、滴灌、喷灌等先进节水技术。实施栏蓄水工程，提高地表水的调蓄能力。三是充分利用农作物秸秆，进行就地还田和过腹还田；充分利用山场广阔的优势，压绿肥，大力种植绿肥作物；大力发展鸡、猪等禽畜，积造有机肥；建立循环经济模式。四是针对部分田面坡度较大的现状，平整土地，减少水土流失风险。

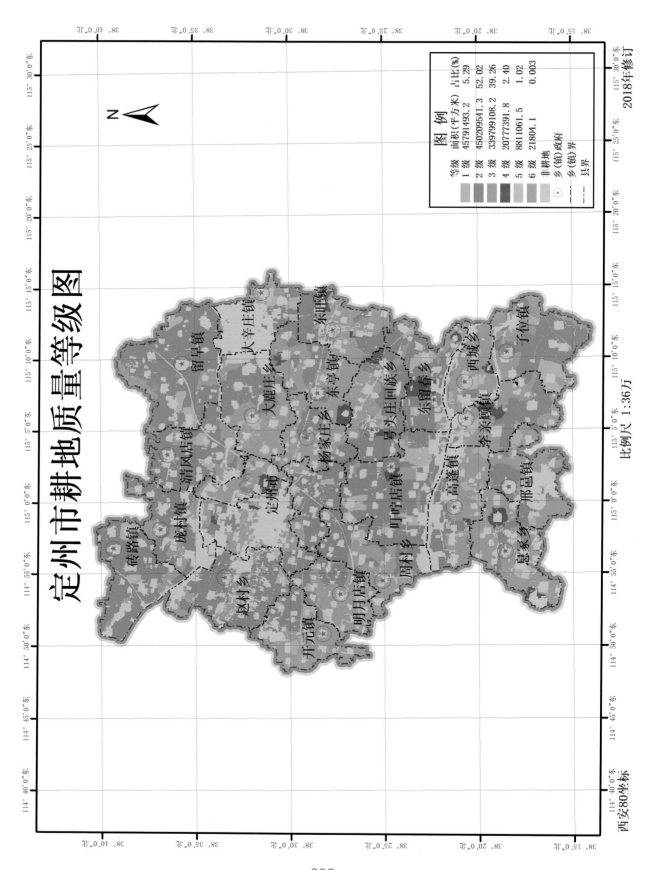

定州市耕地质量等级图

比例尺 1:36万

西安80坐标

图 例		
等级	面积(平方米)	占比(%)
1级	4579493.2	5.29
2级	45209541.3	52.02
3级	33979108.2	39.26
4级	2077391.8	2.40
5级	8811061.5	1.02
6级	21804.1	0.003

非耕地
乡(镇)政府
乡(镇)界
县界

定州市耕地质量等级

1. 耕地基本情况

定州市属暖温带半湿润半干旱大陆性季风气候。该市位于太行山东侧，属冀中平原，由太行山东麓洪积、冲积物堆积而成，地势平坦。定州市地貌比较单一，各种成土条件差异不大，因此定州市土壤类型较简单，分为褐土、潮土两类。全市土地总面积中耕地占70.13%，园地占1.14%，林地占4.47%，草地占0.05%，建设用地占18.62%，水域及水利设施用地占3.64%，其他用地占1.68%。耕地的总面积为865 410 400.0 m²（1 298 115.6亩），主要种植作物为玉米、小麦、薯类、豆类、蔬菜等。

2. 耕地质量等级划分

利用县域耕地资源管理信息系统，采用层次分析法，确定该市耕地综合评价指数在0.759 262～0.926 369范围。按照河北省耕地质量10等级划分标准，耕地等级划分为1、2、3、4、5、6级耕地，面积分别为45 791 493.2、450 209 541.3、339 799 108.2、20 777 391.8、8 811 061.5、21 804.1 m²（见表）。通过加权平均求得该市的耕地质量平均等级为2.42。

定州市耕地质量等级统计表

等级	1级	2级	3级	4级	5级	6级
面积（m²）	45 791 493.2	450 209 541.3	339 799 108.2	20 777 391.8	8 811 061.5	21 804.1
百分比（%）	5.29	52.02	39.26	2.40	1.02	0.003

3. 耕地属性特征及利用建议

（1）耕地属性特征　定州市耕地灌溉能力处于"充分满足"状态，排水能力处于"基本满足"状态。地形部位为洪冲积扇。耕地无盐渍化，无明显障碍因素。耕层质地以轻壤和中壤为主，占取样点的73.89%，砂壤和重壤占取样点的26.11%。有机质平均含量为17.71 g/kg，其中12.81%的取样点有机质低于10 g/kg，只有29.06%取样点有机质含量高于20 g/kg。有效磷平均含量为39.46 mg/kg，其中97.54%高于10 mg/kg。速效钾平均含量为93.85 mg/kg，其中只有37.93%高于100 mg/kg。该市有机质含量整体偏低，有效磷含量整体偏高，速效钾含量整体中等偏低。

（2）耕地利用建议　一是积极开展以水、土、田、林、路综合整治为主的中低产田改造工作，不断提高劳动生产率和农田产出率，有效地挖掘和发挥土地资源的潜力和效益，提高耕地地力水平和综合生产能力。二是改造现有水利设施，大力发展节水灌溉，逐步实现管道输水、滴灌、微灌等节水灌溉措施，提高灌溉保证率、提高水分利用效率。三是推广测土配方施肥技术，开展增施有机肥、种植绿肥、秸秆还田工作，稳步提升土壤有机质含量、改善土壤物理性状，增强土壤透气性和保水保肥蓄热能力，提高土壤肥力。

辛集市耕地质量等级图

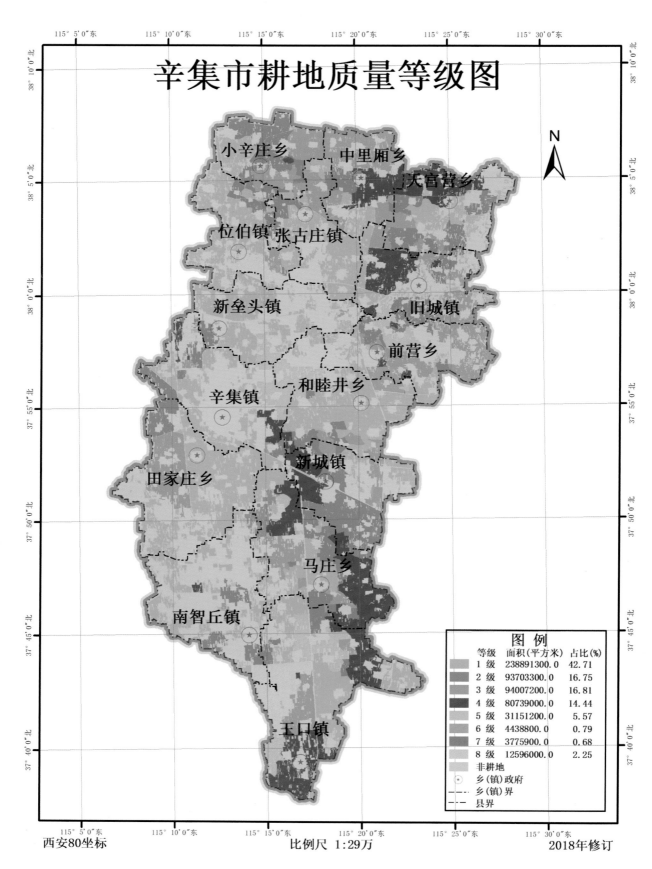

图 例		
等级	面积（平方米）	占比（%）
1 级	238891300.0	42.71
2 级	93703300.0	16.75
3 级	94007200.0	16.81
4 级	80739000.0	14.44
5 级	31151200.0	5.57
6 级	4438800.0	0.79
7 级	3775900.0	0.68
8 级	12596000.0	2.25
非耕地		
⊙ 乡（镇）政府		
---- 乡（镇）界		
—··— 县界		

西安80坐标　　　　　　　比例尺 1:29万　　　　　　2018年修订

辛集市耕地质量等级

1. 耕地基本情况

辛集市属于暖温带季风气候，处在洪积冲积扇缘，全境是一倾斜平缓的地形，境内地势平坦，地面开阔平坦，无大的起伏变化，局部地区有高地、洼地、沙质岗地等微形地貌。该市地质地貌单一，成土母质简单，水热条件变化不大，使得全市土壤类型简单，分为潮土、盐化土和风沙土。全市土地总面积中耕地占61.80%，园地占19.25%，林地占1.55%，草地占0.20%，建设用地占15.83%，水域及水利设施用地占1.08%，其他土地占0.29%。耕地的总面积为559 302 600.0 m²（838 953.9 亩），主要种植作物为小麦、玉米、花生等。

2. 耕地质量等级划分

利用县域耕地资源管理信息系统，采用层次分析法，确定该市耕地综合评价指数在0.66 685～0.93 377 范围。按照河北省耕地质量10等级划分标准，耕地等级划分为1、2、3、4、5、6、7、8、级耕地，面积分别为238 891 300.0、93 703 300.0、94 007 200.0、80 739 000.0、31 151 200.0、4 438 800.0、3 775 900.0、12 596 000.0 m²（见表）。通过加权平均求得该市的耕地质量平均等级为2.4。

辛集市耕地质量等级统计表

等级	1级	2级	3级	4级	5级	6级	7级	8级
面积（m²）	238 891 300.0	93 703 300.0	94 007 200.0	80 739 000.0	31 151 200.0	4 438 800.0	3 775 900.0	12 596 000.0
百分比（%）	42.71	16.75	16.81	14.44	5.57	0.79	0.68	2.25

3. 耕地属性特征及利用建议

（1）耕地属性特征　辛集市耕地灌溉能力有40.46%处于"不满足"状态，排水能力处于"基本满足"到"充分满足"状态。耕层厚度平均值为19 cm，地形部位为冲洪积扇、洪冲积扇、交接洼地、平原高阶和微斜平原，分别占取样点的0.58%、0.58%、20.81%、16.76%和61.27%。绝大多数耕地无盐渍化，极少数存在轻度盐渍化，大多数无明显障碍因素，少数耕地障碍因素为夹砂层和黏化层。耕层质地以轻壤为主，占到取样点的68.21%，砂土、砂壤、中壤和重壤分别占3.47%、15.61%、10.98%和1.73%。有机质平均含量为16.25 g/kg，其中4.05%的取样点有机质低于10 g/kg，只有15.03%取样点有机质含量高于20 g/kg。有效磷平均含量为32.19 mg/kg，其中42.2%高于30 mg/kg。速效钾平均含量为145.57 mg/kg，其中71.68%高于100 mg/kg。该市地下水资源不足，结合地上水，能充分满足耕地灌溉。有机质含量整体偏低，有效磷含量整体偏高，速效钾含量处于中等偏高水平。

（2）耕地利用建议　一是推广节水灌溉的工程节水技术、管理节水技术以及农业节水技术，包括防渗渠道、低压管道、喷灌、微灌、滴灌以及各种节水栽培技术等，提高灌溉保证率、提高水分利用效率。二是推广测土配方施肥技术，实现平衡施肥，开展增施有机肥、种植绿肥、秸秆还田工作，重视作物轮作技术，稳步提升土壤有机质含量、改善土壤理化性质，提高土壤肥力。